长三角典型复杂江河湖水资源联合调度关键技术研究与应用

何建兵　李敏　吴修锋　王元元　等　著

中国水利水电出版社
www.waterpub.com.cn
·北京·

内 容 提 要

本书针对太湖流域水利工程众多、调度体系复杂的特点，深入剖析新形势下太湖流域不同时空尺度多目标协同需求，归纳提出了太湖流域多目标协同调度情景及协同策略，构建了太湖流域水资源多目标协同联合调度模型以及太湖流域水资源联合调度决策系统，形成了基于多目标协同的水资源联合调度关键技术，优选提出了保障太湖流域水安全的水资源联合调度技术方案，并开展了应用示范。本书从理论与技术两个层面，系统探讨了长三角地区太湖流域复杂江河湖多尺度、多目标、多对象和多时空的水资源调度问题，研究提出的多目标协同决策优选技术，可为破解平原河网地区水资源协同调度和智能决策难题、实现水资源安全保障提供技术支撑。

本书可供关心和研究平原河网水资源联合调度的技术人员借鉴和参考，也可供水资源保护与管理、流域综合治理等水行政主管部门的管理人员，以及水利、环保相关专业师生参考使用。

图书在版编目（ＣＩＰ）数据

长三角典型复杂江河湖水资源联合调度关键技术研究
与应用 / 何建兵等著. -- 北京 : 中国水利水电出版社，
2019.12
　　ISBN 978-7-5170-8317-7

Ⅰ．①长… Ⅱ．①何… Ⅲ．①长江三角洲－水资源管
理－研究 Ⅳ．①TV213.4

中国版本图书馆CIP数据核字(2019)第297723号

书　　名	长三角典型复杂江河湖水资源联合调度关键技术研究与应用 CHANG - SANJIAO DIANXING FUZA JIANG HE HU SHUI ZIYUAN LIANHE DIAODU GUANJIAN JISHU YANJIU YU YINGYONG
作　　者	何建兵　李敏　吴修锋　王元元　等著
出版发行	中国水利水电出版社 （北京市海淀区玉渊潭南路 1 号 D 座　100038） 网址：www. waterpub. com. cn E - mail：sales@ waterpub. com. cn 电话：(010) 68367658（营销中心）
经　　售	北京科水图书销售中心（零售） 电话：(010) 88383994、63202643、68545874 全国各地新华书店和相关出版物销售网点
排　　版	中国水利水电出版社微机排版中心
印　　刷	清淞永业（天津）印刷有限公司
规　　格	184mm×260mm　16 开本　22 印张　535 千字
版　　次	2019 年 12 月第 1 版　2019 年 12 月第 1 次印刷
印　　数	0001—1000 册
定　　价	**98.00 元**

前言

水是生命之源、生产之要、生态之基。河湖水系是水资源的载体，是生态环境的重要组成部分，也是社会经济发展的重要支撑。经济社会的快速发展以及我国主要治水矛盾的变化，强调水资源系统、生态系统和人类社会之间的相互协调，重视水资源的配置和高效利用。现代水资源管理的内涵与外延已发生变化，与此同时，水资源调度的内涵不断丰富，调度理念不断发展，调度服务领域不断拓宽。在强调污染源治理的同时，合理利用流域水利工程群的水资源调控已成为缓解流域水问题、保障水安全的重要手段。

长江三角洲是长江入海之前的冲积平原，是我国经济最具活力、开放程度最高、创新能力最强、人口最密集的区域之一，是"一带一路"与长江经济带的重要交汇地带，在国家现代化建设大局和全方位开放格局中具有举足轻重的战略地位，也是江、河、湖水系最为复杂的区域之一。太湖流域位于长三角核心地区，北依长江，东临东海，南滨钱塘江，西以天目山、茅山为界，是长三角地区典型的复杂江河湖水网区。太湖流域河网水系为流域经济社会发展提供了良好的水利条件，也决定了流域防洪、水资源、水环境等问题的复杂性、艰巨性和长期性。

为解决流域水问题，太湖流域经过大量的水利工程建设，已初步形成北向长江引排、东出黄浦江供排、南排杭州湾且利用太湖调蓄的流域防洪与水资源调控工程体系，为统筹考虑流域和区域、防洪与水量调度奠定了"硬件"基础。科学调度水利工程是合理调控流域洪涝、改善水资源与水环境条件的重要手段。《太湖流域洪水调度方案》（1999 年）、《太湖流域引江济太调度方案》（2009 年）和《太湖流域洪水与水量调度方案》（2011 年）先后获批并实施后，太湖流域调度初步实现了"四大转变"，即从洪水调度向资源调度转变，从汛期调度向全年调度转变，从水量调度向水量水质统一调度转变，从区域调度向流域与区域相结合的调度转变。流域调度方案的制订和实施、调度理念的转变和升华，为科学实施流域水资源联合调度初步提供了良好的"软件"基础。

随着太湖流域治理的不断推进，经济社会的快速发展和水利工程调度理念的逐步升华，水资源联合调度在保障水安全中发挥的作用愈加明显，但复杂江河湖地区水资源联合调度技术领域的研究相对薄弱。新形势下太湖流域综合治理与管理工作对流域水资源联合调度提出了更高的要求，适用于长三角复杂江河湖地区的水资源联合调度关键技术是一个值得研究的课题。为此，太湖流域管理局水利发展研究中心联合南京水利科学研究院、长江勘测规划设计研究有限责任公司共同承担国家重点研发计划"水资源高效开发利用"专项"长三角地区水安全保障技术集成与应用"项目第6课题"长三角复杂江河湖水资源联合调度技术与应用（2016YFC0401506）"。课题旨在以长三角地区江河湖水系复杂的太湖流域为研究对象，以水资源联合调度关键技术为重点，探索提出流域水资源多目标协同准则和优化调度方法，构建保障水安全的太湖流域水资源多目标协同联合调度模型与水资源联合调度决策系统，提出保障水资源安全的水利工程体系联合调度技术方案，并实现技术的应用示范，支撑长三角地区枯水季节供水安全保障，为长三角一体化发展提供水利支撑。

　　本书以该课题研究成果为基础，结合其他相关研究成果编著而成。全书共分为9章，第1章简述复杂江河湖地区特性，国内外水资源联合调度及多目标优化调度领域的相关理论、方法、调度实践相关研究进展，太湖流域概况、水资源联合调度新形势及存在问题、本书关键技术等；第2章简述太湖流域水利工程及调度体系、太湖流域水资源联合调度难点及需求；第3章基于太湖流域调度实际，提出了多目标协同的联合调度技术理论，构建太湖流域水资源多目标协同联合调度模型，研发水资源联合调度决策系统，集成形成基于多目标协同的水资源联合调度技术；第4～6章围绕近年太湖流域出现的调度新形势、新需求，构建"水文-外边界-突发水污染事件"交互的调度研究边界条件，分别立足提升流域区域防洪安全、供水安全、水环境安全，研提相应的水利工程调度方案集，采用多目标协同调度方案模拟与优化决策技术相结合的方法，决策优选提出保障防洪安全、供水安全的水利工程体系联合调度技术方案，以及改善水环境的水利工程体系联合调度技术方案；第7章以保障防洪安全、供水安全的水利工程体系联合调度技术方案，以及改善水环境的水利工程体系联合调度技术方案为依据，综合提出基于多目标协同的水利工程群联合调度技术方案，同时提出应对突发水污染事件的应急调控策略，形成保障水安全的水利工程体系联合调度技术方案；第8章基于第7章研究提出的调度方案，结合流域区域实际需求，在太湖流域典型区域实施应用示范，并分析应用示范效果；第9章对研究内容进行简要总结，并提出下阶段深化研究建议。

　　本书第1章由何建兵、王元元、戴江玉执笔；第2章由李蓓、蔡梅、马农乐执笔；第 3 章由吴修锋、戴江玉、张宇、朱森林执笔；第 4 章由李敏、王元元、马农乐、龚李莉执笔；第 5 章由刘克强、陆志华、钱旭、肖昌虎、唐兵执笔；第 6 章由李蓓、王元元、钱旭、陆志华执笔；第 7 章由何建兵、蔡梅、王元元、龚李莉、钱旭执笔；第 8 章由李敏、刘克强、李蓓、蔡梅、龚李莉、马农乐执笔；第 9 章由李敏、王元元执笔；全书由李敏、王元元统稿。

本书编撰过程中，得到了水利部太湖流域管理局、江苏省水利厅、南京水利科学研究院、长江勘测规划设计研究有限责任公司、太湖流域水文水资源监测中心、无锡市水利局、常州市水利局等单位领导、专家的大力支持和帮助，同时李琛、潘明祥、向美焘、刘增贤、韦婷婷、李勇涛、刘冬临也参与了本书的相关研究工作，在此一并表示感谢。

由于太湖流域河网水系纵横交错，防洪、供水与水生态环境问题复杂，涉及因素较多，同时研究人员水平有限，工作的深度和广度仍有待于在今后进一步加强，书中难免存在疏漏，恳请广大读者批评指正。

如无特殊说明，本书高程系统均为镇江吴淞基面。

作者

2019 年 11 月

目录

1

绪　　论

1.1　问题提出

水资源是人类社会赖以生存和发展不可替代的自然资源，具有可再生性、社会性、经济性、重复利用性，也是一种区域性和时间性很强的资源。联合国教科文组织（UNESCO）和世界气象组织（WMO）在《水资源评价活动——国家手册》中定义，作为资源的水应当是可供利用或有可能被利用，具有足够数量和可用质量，并可适合某地对水的需求而能长期供应的水源。

以河流为主体的淡水资源是人类生存和社会发展不可或缺的物质资源。当前，我国正处于全面建成小康社会决胜阶段，水资源可持续利用是支撑我国经济社会可持续发展的重要因素，同时，随着社会经济的发展，全社会对水安全保障的需求不断提高。然而，在社会经济快速发展、城镇化水平持续攀升、全球气候变化影响加剧等多重变化条件下，水灾害频发、水资源短缺、水生态损害、水环境污染等新老水问题相互交织、更加凸显，越来越成为我国经济社会可持续健康发展的突出瓶颈制约，常态化的水资源短缺、水生态损害、水环境污染越来越成为实现人民群众对美好生活向往的重要制约。治水矛盾的变化对水资源在需要结构、层次类别、功能价值上提出了更高要求，这意味着水资源问题的研究方向和目标也要进行相应调整，要从单一的除水害兴水利向提供良好水资源水生态水环境转变。河湖水系是水资源的载体，是社会经济发展的重要支撑。利用水利工程进行水资源调度是应对我国新老水问题，实现水资源优化配置、保障水资源安全的重要途径。

自然地理中的"长江三角洲"概念，是指以扬州、镇江附近为顶点，北起通扬运河、南至杭州湾长江入海口附近的区域。长江三角洲的前身是由长江、钱塘江河口沙堤围出的潟湖，由长江等河流所携带的泥沙不断堆积，最终成为陆地，成陆之后的长江三角洲又因洼地积水在核心区域形成太湖等湖泊。长江三角洲水系复杂，江串河，河连湖，水系纵横交错，湖泊星罗棋布，水资源禀赋优异。长三角地区是我国经济最具活力、开放程度最高、创新能力最强、人口最密集的区域之一，以全国 1/26 的土地面积和 1/6 的人口创造了约全国 1/4 的 GDP，是"一带一路"与长江经济带的战略交汇点，在国家现代化建设大局和全方位开放格局中具有举足轻重的战略地位。2014 年，国务院《关于依托黄金水道推动长江经济带发展的指导意见》提出，促进长江三角洲一体化发展，打造具有国际竞争力的世界级城市群。2018 年 4 月，习近平总书记对长三角一体化发展作出重要批示，要求长三角地区实现更高质量的一体化发展，更好引领长江经济带发展，更好地服务国家发展大局；同年11月，长三角区域一体化发展正式上升为国家战略。长三角地区正处在从快速发展向更高质量的一体化发展转变期，需要水利发挥更为有效的约束引领和支撑保障作用。

太湖流域位于长三角的核心地区，城市众多、财富聚集、人口密集，流域内的超大城市上海，大中城市杭州、苏州、无锡、常州、镇江、嘉兴以及湖州等，均被列入长三角地区核心城市。流域水系发达、河流纵横、水利工程众多、江河湖海相贯通，流域内地势低平，河道坡降小，且北部、东部、南部分别受长江和杭州湾水位影响及潮汐顶托，水流流向往复、流速缓慢，是长三角典型的复杂江河湖地区。为解决洪水排泄问题，太湖流域经过大量的水利工程建设，已初步形成北向长江引排、东出黄浦江供排、南排杭州湾且利用太湖调蓄的流域防洪与水资源调控工程体系，为统筹考虑流域和区域、防洪与水量调度奠定了基础。随着《太湖流域防洪规划》、《太湖流域水资源综合规划》、《太湖流域水环境综合治理总体方案》及其修编、《太湖流域综合规划》等先后经国务院批复实施，规划中明确的相关水利工程以及区域部分水利工程均已开始或完成建设，太湖流域水资源调控工程体系愈加完善。同时，随着《太湖流域洪水调度方案》（1999年）、《太湖流域引江济太调度方案》（2009年）和《太湖流域洪水与水量调度方案》（2011年）的先后获批和实施，太湖流域调度初步实现了"四大转变"，即从洪水调度向资源调度转变，从汛期调度向全年调度转变，从水量调度向水量水质统一调度转变和从区域调度向流域与区域相结合的调度转变。

太湖流域经济社会发展的不同阶段，对流域水利、区域水利在防洪、供水和水生态安全方面的需求有所不同，新形势下流域综合治理与管理工作对流域水资源联合调度提出了更高的要求。水利部明确提出要加强河湖水系连通，提高水利工程综合调度能力，构建布局合理、生态良好，引排得当、循环通畅，蓄泄兼筹、丰枯调剂，多源互补、调控自如的江河湖库水系连通体系，着力提升水资源调蓄能力、水环境自净能力和水生态修复能力。习近平总书记提出的"节水优先、空间均衡、系统治理、两手发力"新时期治水思路，为新时期水利工作指明了方向。随着太湖流域新一轮治理工程陆续建设，工程体系进一步完善，工程调度产生的影响越来越复杂，经济社会发展对水利在防洪、供水、水生态环境安全保障等方面的需求不断增加并呈现多样性。同时，在全球气候变化、极端天气事件等不确定性因素增多的大背景下，流域尺度的水资源调度需要考虑的因素日益增多。综合考虑不同时空尺度、不同利益主体需求的多目标协同调度是太湖流域水资源联合调度的重点和难点。因此，本书所指的水资源联合调度为广义的水资源调度，涵盖防洪、水资源供给、水生态环境等方面。

尽管国内外在复杂平原河网地区进行了一些水资源联合调度实践尝试，但尚未形成较为成熟的方法与技术体系。随着长三角一体化发展上升到国家战略层面，太湖流域也步入了追求更高水平、更高质量发展的关键阶段。在未来一段时期内，利用水利工程进行水资源调度仍然是应对太湖流域复杂水问题、实现流域水资源优化配置、保障水安全的重要途径。面对长三角一体化高质量发展需求和庞杂的水利工程群，如何实现防洪、供水、水生态环境多目标协同和流域、区域、城市多尺度协同的水资源联合调度是流域调度问题研究的关键。本书围绕上述问题开展研究，以期在长三角典型复杂江河湖水资源联合调度关键技术方面有所突破，为进一步提升太湖流域调度的科学化、精细化、智能化水平提供支撑，丰富和完善长三角复杂江河湖地区的水资源联合调度技术体系，为长三角一体化高质量发展提供水利保障。

1.2　复杂江河湖地区特性

1. 江海河湖相通形成了复杂江河湖地区，呈现水面率高、水系密度大以及水情复杂等特征

不同尺度、层级、功能类型的江河水系纵横交错、相互影响，加之大小湖泊星罗棋布与其互相连通，水量交换频繁、江河湖关系复杂，构成复杂江河湖系统。自然状态下的河流水系有其自身独特的形态结构特点，多为树枝状或网状水系，通常呈现水面率高、河频率大、水系密度大等特征。我国复杂江河湖河网区主要集中在长江、淮河、海河、珠江下游。例如，长江三角洲属长江中下游平原的一部分，区域内河网纵横，水系密布，主要包括黄浦江、东西苕溪、曹娥江、甬江、秦淮河、大运河以及环太湖水系等河流，主要有江苏的太湖、洪泽湖、高邮湖、骆马湖、邵伯湖和浙江的杭州西湖、绍兴东湖、嘉兴南湖、鄞县东钱湖等著名湖泊，长江三角洲河网密度为 $6.4 \sim 6.7 \text{km/km}^2$。其中，太湖流域是长江三角洲的典型区域，太湖流域内不同水利分区水面率为 $3.3\% \sim 19\%$，河网密度为 3.3km/km^2。再如，珠江流域来水入注珠江三角洲河网后，分经虎门、蕉门、洪奇门、横门、磨刀门、鸡啼门、虎跳门、崖门八大口门入注南海，形成"三江汇流，八口出海"的水系特色，总体特征属于树枝状水系，但由于来水量大，地势平坦，丘陵散布，干流多，珠江三角洲内水系发育呈多个扇形分布的干支流河道交错，具有分汊放射河道多、水道宽度尺度多样、宽深水道多等独有特征，形如密树枝状的繁密水网，河流数量及长度均高度发育，主要水道有 100 多条，长度约 1700km，网状特征明显，平均河网密度达到 0.9km/km^2。

此外，部分复杂江河湖地区河网尾闾受潮汐顶托影响，水流表现为往复流，具有与其他复杂河湖水系地区显著不同的特点，也是水资源联合调度需要考虑的因素。以珠江三角洲为例，三角洲水情受潮汐影响极大，在潮差、潮流顶托影响之下，河水流向、流速随时间和空间的变化明显，遍布三角洲的小河流，在涨潮时期外江干流潮水涌进，在落潮时期流出，随潮起潮落往返涌动。枯水期潮流界线基本覆盖整个三角洲范围，可以说潮汐基本影响了三角洲整个范围，三角洲河流受径流和潮汐的共同影响，形成径潮流交汇的滨海河网平原。

2. 复杂江河湖地区"人-地-水"关系复杂，河湖水系格局受人类活动影响大，水资源联合调度与水安全保障需求尤为突出

人类文明因水而生，因水而兴，人类从缘水而居到缘水而兴，人类社会发展与水系密切相关，"人-地-水"三者构成了一种特殊的共轭关系，全球中纬度地区大型河流的河口三角洲及冲积平原是三者关系最为活跃，也是人类活动最重要的区域，孕育了灿烂的文明，如尼罗河流域、恒河流域、两河流域、黄河流域以及长江三角洲、珠江三角洲等。因此，复杂江河湖地区往往也是人类活动影响剧烈、城市发展程度高的地区。随着经济社会的发展，高强度、大范围、长历时的人类活动深刻改变了江河湖水系特点，导致"人-地-

3

水"关系尤为复杂，纵观国内外复杂江河湖地区水系，除具有鲜明的自然特性，还与社会发展相互依存。

人水关系是指人文系统与水系统之间复杂的相互关系，河湖水系与人类社会发展之间既相互对立，又相互依存，不断进行物质、能量和信息的交换。郑大俊等[1]认为人类社会与水的关系主要经历了"人水相争"、"人水抗和"及"人水和谐"3个阶段。河湖水系促进了城市的发展演变，提高了城市的资源调配能力、防洪排涝能力，并为城市建设提供生态屏障和水系资源，是城市建设的基础和保障。社会经济发展过程日益剧烈的人类活动对天然河湖水系的干扰不断增强，河流湖泊的天然联系正发生着深刻的变化。20世纪以来，在快速城镇化进程下，人类活动频繁，对江河湖水系产生了深刻的影响，全球60%的河流随着城市化进程而改变[2]。长江三角洲地区是中国城市化程度最高、人口最为稠密的地区。近30年，剧烈的人类活动严重破坏该地区的河流系统，导致河网密度下降、水面率衰减。人类活动不仅改变了河网的水系结构和形态，也间接导致河流的功能发生改变，造成了汇流时间缩短、河流调蓄能力下降、防洪压力增加[3]。此外，平原河网地区自然条件下水体流动性差，河流自净能力差，但随着工业化与城镇化的快速发展，污染物入河量远远超过河道纳污能力，水功能区达标率低，河网生态系统不断退化，水体富营养化严重，水环境污染日益加剧。因此，对于复杂江河湖地区，通过水资源联合调度以保障防洪安全、保护水生态环境等需求尤为突出。

3. 区域内水利工程众多，可为水资源联合调度提供良好的工程条件

复杂江河湖地区具有河网水系密布、水体流动性复杂的特点，以及经济社会发展对防洪安全、水资源供给安全的需要，决定了修建水利工程成为其治水过程中的必要措施，用于发挥排涝功能，兼顾引水、水资源调度等综合功能。我国长江、淮河、海河、珠江下游等区域均修建了众多的水利工程。淮河流域是我国最具代表性的多闸坝调控流域，目前全流域已修建不同类型闸坝1万多座[4]。太湖流域内各类水闸近1万座，泵站数量6000座以上，水库数量400座以上。珠江三角洲地区也是典型地区之一。由节制闸、泵站、水库以及相关配套工程组成的水利工程体系，对于水资源调蓄和有效利用发挥着重要作用，为开展水资源联合调度提供了良好的工程条件。

复杂江河湖地区水系密如蛛网，湖泊星罗棋布，江河湖海相贯通，部分地区河网尾闾受潮汐顶托影响，水流表现为往复流，水资源调度的制约因素较多，调度问题复杂，而此类区域水资源联合调度与水安全保障需求尤为突出，通过工程体系合理调控是提升复杂江河湖地区防洪、供水、水生态环境安全保障程度的现实需要。

1.3 国内外研究进展

1.3.1 水资源联合调度理论与方法发展

水资源联合调度理论与方法在传统的单目标（防洪、供水、水生态环境等）与单对象调度基础上，结合运筹学、协同学以及人工智能学等理论而逐步发展。目前，有关水资源联合调度的研究主要关注联合调度方法的改进，集中体现在优化调度方法与调度决策方法

等方面。本节分类综述了防洪、供水、水生态环境调度研究技术与方法进展，归纳了以调度目标优化与决策优选为核心的水资源联合调度理论及方法；结合太湖流域水资源调度现状，指出了复杂江河湖水资源联合调度亟须突破的技术瓶颈，为复杂江河湖水资源联合调度关键技术研究指明了方向。

1.3.1.1 水资源调度研究进展

1. 防洪调度

数值模拟技术是防洪调度常用的方法。平原河网地区水系、工程调度复杂，其洪水演进过程常需通过数学建模进行研究，河网水动力数学模型可分为节点-河道模型、单元划分模型、混合模型、人工神经网络模型和蒙特卡罗随机游动模型[5-8]。杨洪林[9]将数值模拟技术运用于太湖流域骨干河道调度方案研究，通过设定太湖流域骨干河道太浦河、望虞河若干不同调度方案，并经数值模拟提出了相应调度方案，认为太浦河、望虞河采用分级调度，可以克服以前根据单个水位调度的缺陷，充分发挥两河分泄流域洪水的功能。石林等[10]从洪灾风险出发，通过运用 ERDAS、Damage Calculator 等模型相关模块，在 GIS 环境下对复杂河网平原地区进行洪水灾害的时间和空间动态模拟，预测和分析区域内各种条件下的洪灾风险时空分布，计算洪水优化调度分洪序列，制定针对性的防洪调度决策。

2. 供水调度

水资源优化配置的概念首次提出于 20 世纪 80 年代初。随着人口增长和社会经济快速发展，水资源供需矛盾日益突出，为了有效解决日益增长的水资源供需矛盾，流域的供水调度研究成为水资源优化配置的重点。

基于解决水资源短缺、保障城市生产生活供水等单目标或多目标，国内外进行了诸多流域供水调度研究。流域供水调度的研究首先根据供水调度的目标，确立相关的供水指标，在此基础上进行供水调度模型构建，通过算法对模型求解，进行流域的供水调度研究，实现水资源的优化配置。针对平原河网地区，许多学者分别围绕水资源调度方案与措施、闸泵联合调度引水等方面对水资源调度问题开展了大量研究。梁庆华等[11]结合区域引排控制水位、防洪限制水位等因素，确定了太湖流域阳澄区汛期、非汛期的最低目标水位，并通过数值模拟技术分析最低目标水位可达性，提出了水资源优化调度建议。贺新春等[12]基于珠江三角洲河网区水资源问题，针对受咸潮影响河网区水资源调度需求，提出了保障供水安全的调度策略，探讨提出了由感潮河网区一维水动力模型、河网一维水质模型、闸泵调控模拟模型、水库（河涌）调度模型等多个模块构成的水资源调度模型技术。

3. 水生态环境调度

水利工程的生态效应，既包括工程建成之后对自然界的生态破坏，也包括对自然界的生态修复两种生态后果。水生态调度是伴随水利工程对河流生态系统健康如何补偿而出现的一个新概念，是为促进河流生态系统自我修复能力提高而实施的各项河流和水利工程调度措施的统称，其实质就是将生态因素纳入到区域水资源配置方案、水库调度中。

生态调度的理念最早源于美国、澳大利亚等国，很早就在水库调度运行中考虑生态因素，并进行恢复流域生态系统的相关研究和实践。国外针对河湖（库）生态（环境）水位、流量的定义和计算分析方法，以及相应的水利工程调度等进行了大量的研究，但仍尚未形成统一、规范和公认的成果[13]。

我国对生态调度的研究早期主要集中在水库调度领域。随着经济社会发展及人类对生态系统认识的深入，生态调度逐渐受到重视，目前，生态调度的研究与实践已从前期的水库生态调度拓展到流域生态调度的新阶段，并逐步融入到流域综合管理范畴，以满足流域水资源优化调度和河流生态健康为目标的流域生态调度日益成为社会共识。相较于水库生态调度，近年来，有学者提出更为广义的水利工程生态环境调度的概念，认为水生态环境调度是指科学合理调度运用各类水利工程，在时间、空间上优化江河湖库的水位、水量、流动性和水质等调度指标，使其充分发挥生态（环境）效益，满足河湖（库）水体自然景观、旅游、交通、水产养殖、水质达标考核以及水生生物可持续发展等多功能需求。

近年来，水生态环境调度研究方法多集中在方案研究、数值模拟以及多目标优化等方面，以经济、社会、环境和生态效益的最大化为目标设计了不同的生态调度优化模型和方案。其中，河网地区水生态环境调度方面，针对太湖流域存在的主要水问题，吴浩云[14]采用数值模拟和引江济太调水试验工程相结合的方法，探索适合提高中国河流湖泊的水生态系统承载能力的方法途径。郝文彬等[15]采用环境流体动力学模型（Environmental Fluid Dynamics Code，EFDC）对引江济太工程的水动力调控效果、水体交换过程及经济调水量通过湖体水龄（描述湖泊水体交换速率的参数）的时空分布来进行分析。蔡梅等[16]以杭嘉湖区作为典型研究区，采用太湖流域河网水量水质数学模型，研究区域水利工程不同调度方案对于水体流动性及河网水环境的改善作用。

随着调度研究的深入以及计算机技术的发展，一些新的分析技术，如基于地理信息系统的网络分析技术等逐渐被应用于水生态环境调度研究。石林[17]以西洞庭湖典型区域为例，针对该地区河网的复杂性和河流关系的不确定性，引入基于 GIS 的网络分析技术，对区域河网进行网络模型化，并在 GIS 网络分析模块下完成河流追踪和突发事件应急响应模拟研究。

1.3.1.2 优化调度理论与方法

1. 水资源优化调度概念

水资源调度涉及防洪、供水、水生态环境等多方面效益，决定了流域水资源调度的多目标特点，因而多目标优化方法在水资源联合调度中起着不可或缺的作用。

水资源优化调度的概念最早起源于国外。在 20 世纪 40 年代，国外就已经将优化调度的常规方法应用到实际的水资源优化调度系统中。1946 年美国学者 Masse 通过大量研究后，在水资源优化配置中引入了优化的概念，这是优化概念与水资源系统的最早结合，成为水资源优化研究的先例。1960 年 R. A. Howard 提出了利用动态规划与马尔可夫理论过程（MDP），在理论上进一步完善了水资源调度的概念，解决了以往模型所得调度策略的短暂性，也在一定程度上克服了效益与安全相矛盾的理论性缺陷[18]。

我国对水资源调度的深入研究始于 20 世纪 80 年代初。流域水资源优化调度可分为单目标调度与多目标调度。单目标调度分为防洪调度、供水调度、水生态调度以及发电调度等，多目标优化调度则为集合多个单目标的联合调度。目前，国内的水资源优化调度研究主要是着眼于优化算法。

2. 水资源优化调度求解方法

20 世纪 50 年代以来，随着系统工程的迅速发展与广泛应用，系统分析方法被引入到水资源优化调度研究中来。系统分析方法一般可分为数学规划及概率模型两大类。数学规划在系统分析中占显要地位，其中包括线性规划、非线性规划、动态规划、多目标优化技术等；概率模型考虑事态发生的不确定性，包括排队论、马尔可夫决策过程、系统可靠性分析。另外还有模拟算法、大系统分解协调法及现代启发式智能算法等[19-21]。

（1）线性规划方法。线性规划（Linear Programming，LP）作为运筹学的重要分支，是水资源调度领域应用最早且最广泛的规划技术之一，有成熟的算法和应用程序。1939年法国数学家傅立叶提出线性规划的想法，但未引起注意；1947年美国数学家 Dantzig 提出线性规划的通用解法，为这门学科奠定了基础。LP 具有计算简单、模型方法成熟、处理大规模优化问题时不存在维数灾问题等优势，被广泛应用于单目标优化调度研究领域[22,23]。然而，其不足之处在于无法处理实际调度问题中的大量复杂非线性因素。因此，应用 LP 求解流域单目标优化调度问题时需要将其目标、约束函数表达式进行线性化处理。

（2）非线性规划方法。与 LP 相比，非线性规划（Nonlinear Programming，NLP）可以准确地描述调度问题中的非线性目标函数和约束条件，所构建的模型具有更强的普适性。一些典型的非线性规划方法，如逐次线性规划、逐次二次规划、增量拉格朗日方法、梯度下降法等，因其可有效处理单目标调度问题中耦合目标函数和复杂非线性约束条件表达式，在大量实际工程问题的建模与求解中得到了广泛应用[24,25]。但由于非线性规划模型中的目标函数或约束条件是非线性的，其计算过程比较复杂，目前没有可行的解法和程序，通常将非线性问题转化为线性问题求解，或与其他方法结合。

（3）动态规划方法。动态规划（Dynamic Programming，DP）作为运筹学的另一重要分支，是处理多阶段决策问题的有效方法，是水库群优化调度中应用最广泛的数学规划法。最早将动态规划法应用于水库优化调度的是美国的 Little[26]，他提出了基于随机径流的水库优化调度数学模型。DP 的主要思路是将复杂多阶段最优决策问题分解为一系列单阶段问题，并利用各阶段之间的联系逐阶段进行问题求解。DP 对于任何形式的多阶段最优决策问题均具有适用性，是一种求解复杂非线性多阶段优化问题的有效手段，因此成为优化调度问题研究中理论最为成熟、应用最为广泛的方法之一[27,28]。

（4）大系统分解协调方法。大系统具有高维性、不确定性、规模庞大、结构复杂、功能综合因素众多等特征，分解协调法几乎贯穿于大系统理论的所有方面。大系统分解协调方法以强对偶定理为理论基础，其主要思路是将复杂的"大系统"分解为相互独立的若干个"子系统"，然后通过独立优化决策变量与约束条件相对简单的"子系统"，并设置协调器综合考虑各"子系统"之间的相互联系，以达到降低复杂系统求解难度和实现系统全局优化的目的[29]。目前，大系统分解协调法在水电站水库群系统调度领域渐受重视。大系统分解协调法较 LP 而言可以更精确地描述水库调度模型，较 NLP 而言求解效率较高，可有效避免调度模型求解的"维数灾"难题。谢新民等[30]研究和提出一种基于大系统理论和传统动态规划技术的水电站水库群优化调度模型与改进目标协调法，有效地克服了动态规划的"维数灾"问题。

（5）现代启发式智能优化方法。随着系统工程理论、人工智能理论的发展以及计算机技术的进步，水资源优化调度发展到 1990 年左右取得了很大进展，研究方向从单一的实际配置转向到对水资源调度的求解算法和系统开发上，现代智能优化理论研究逐渐受到国内外学者的广泛关注，特别是现代启发式智能优化算法的兴起，在常规优化算法求解困难时，现代启发式智能优化算法便开始体现优势。一系列仿生智能优化算法，诸如遗传算法（Genetic Algorithm，GA）、粒子群优化算法（Particle Swarm Optimization，PSO）、蚁群算法（Ant Colony Algorithm，ACA）、混沌优化算法（Chaos Optimization Algorithm，COA）、模糊退火算法（Simulated Annealing，SA）以及差分进化算法（Differential Evolution Algorithm，DE）等不断涌现。这些智能优化方法多基于生物物种演变过程中的进化机制，具有内在的并行搜索能力，可以避免大部分数学规划方法所面临的"维数灾"难题，求解效率较高。

1）遗传算法。遗传算法（GA）[31]求解问题的思路源于自然界生物的进化过程，是模仿自然界生物进化过程中自然选择机制而发展起来的一种全局优化方法，由 Holland 在 20 世纪 70 年代初期提出，是演算算法的重要分支。遗传算法在处理大规模复杂多维非线性优化问题时具有良好的性能，此外，遗传算法还具有占用计算资源少、计算效率高等优点，因此成为梯级水电群优化调度研究领域最常用的优化方法之一。遗传算法相比传统数学规划方法而言具有并行优化、求解效率高以及实现简单等优势，但其在实际应用中仍存在"早熟收敛"的问题。

2）粒子群优化算法。粒子群优化算法（PSO）[32]是 Kennedy 和 Eberhart 于 1995 年提出一种具有仿生物理机制的启发式优化方法，它通过模拟鸟类在迁徙过程中觅食行为实现问题求解。近年来，粒子群优化算法因其具有简单易实现、收敛速度快等优点在水电站（群）联合优化调度研究领域获得了较为广泛的应用。与遗传算法类似，粒子群优化受其进化机制和实现方式所限，仍然面临着"早熟收敛"难题。

3）蚁群算法。蚁群算法（ACA）[33]是一种通过模拟蚂蚁群觅食过程的新型仿生智能进化算法，其借用了蚁群觅食过程中的信息共享机制以及蚂蚁个体间的协作互助机制实现问题的求解。蚁群算法具有内在的分布式并行寻优能力，且算法框架中包含的随机算子使得其不容易过早陷入局部最优，因而被广泛地应用于求解复杂组合优化问题。其不足之处在于初始信息素这一参数难以率定，往往需要通过多次迭代试算以确定合理的参数取值，从而导致算法计算时间偏长。高海东等[34]进行了冶峪河流域供水水库优化调度及用水补偿研究，建立流域可供水量之和最大的多水源联合调度数学模型，采用蚁群算法对多水源联合调度数学模型进行求解。

4）混沌优化算法。混沌优化算法（COA）[35]是一种基于混沌理论的新型智能进化算法，其通过模拟混沌现象所具有的随机性、遍历性在问题的解空间中进行全局无重复搜索来求解问题。混沌优化算法具有全局遍历搜索特性，故而不存在早熟收敛问题，但其计算耗时随着问题规模的扩大呈指数级增长，因此多和其他进化算法结合进行优势互补以提升求解问题的效率[36]。

5）差分进化算法。差分进化算法（DE）[37]是 Storn 和 Price 于 1995 年提出的一种基于群体差异信息的智能优化算法，在第一届 IEEE 进化算法大赛上，DE 表现出鲁棒性强、计算速度快以及寻优能力强等特点，成为进化算法中的一个重要分支。差分进化算法在水资源联合优化调度领域的应用研究起步较晚。

6）人工神经网络。人工神经网络[38]以生物神经网络为模拟模型，具有自学习、自适应、自组织、高度非线性和并行处理等优点，是目前国内外比较流行和具有发展前途的系统之一。胡铁松等[39]基于 Hopfield 连续模型，建立了一般意义上的混联水库群优化调度的神经网络模型，通过 BP 网络对样本的学习得到水库群优化调度函数，并应用于 3 个并联水库的调度。

7）其他优化算法。其他应用于求解流域水资源优化调度问题的现代启发式智能优化算法还有人工免疫算法[40]、人工鱼群算法[41]、克隆选择算法等。这些方法计算效率较高，但它们的共性缺陷是均缺乏处理问题复杂约束的能力，且搜索能力随着问题解空间规模的增大逐步减弱，当应用于求解流域湖库群优化调度此类复杂的大规模非线性组合优化问题时，需要依据实际问题特点思考相应的改进方案，缺乏工程实用性和普适性。

3．多目标优化调度方法

对单目标调度问题而言，可根据目标函数采用特定的优化调度求解方法直接进行优化求解，决策过程比较简单。进入 20 世纪 80 年代后，仅仅面向单一任务的优化调度研究已经无法满足实际需求。水资源调度逐渐向多目标优化调度发展，综合考虑防洪、发电、供水、航运以及生态等多个目标效益的调度要求。多目标调度优化要对多个目标同时进行处理。目前，多目标调度优化求解方法有两种：一是将多目标问题转化为单目标问题进行求解；二是利用启发式多目标算法对多个目标直接优化，得到多目标前沿解集（Pareto解集）。

（1）多目标转化为单目标问题求解。将多目标转化为单目标常用的方法包括：权重法、约束法、隶属度函数法、网络分析法等。Nagesh Kumar 等[42]围绕大型水利枢纽的综合利用需求，综合考虑防洪风险、灌溉供水保证率和发电效益等调度目标，通过联立效益函数的方式构建了水库群优化调度模型，并提出一种基于约束转化策略的模型求解方法。Kumar 等和 Reddy 等[43]同样采用约束法，将灌溉目标、发电目标和防洪目标相结合，转化成单一目标进行求解。高仕春等[44]根据黄柏河流域水库群供水、发电以及灌溉等综合利用的工程需求，分析了三个用水目标的优先权，并通过将次优先级的目标转化为约束的方式构建了水库综合利用多目标优化调度模型。叶云鹏等[45]根据汾河灌区各类水资源不同的水质水量，将灌区内水资源系统分为三个子系统，建立了灌区水资源系统调度模型，以多年平均缺水量最小为主要目标、年发电量最大为次要目标进行水资源系统优化，采用分层序列法将多目标转化为单目标求解最优解。

这种多目标处理方式具有实现简单的优点，但其不足之处在于人工设定的权重向量或模糊隶属度难以反映各调度目标间的制约与竞争关系，当问题多目标前沿非凸非连续时，这些方法求解出的非劣调度方案集无法反映真实目标前沿的特性，给予决策者的调度信息十分有限。

（2）多目标直接优化调度方法。随着多目标进化算法（Multi - Objective Evolutionary Algorithm，MOEA）的提出和发展，多目标优化问题可以将多个目标放在同一的标准上对种群进行进化，生成一系列非劣调度方案集，为决策者提供可靠的决策参考。MOEA 从本质上说依然是基于群体智能的优化算法，其以 Pareto 优化为同时处理多个目标的理论基础和必要机制，理论上单次计算即可并行优化多个目标，获得关于不同目标的、相互之间互为非劣的一组解集，计算效率较高。同时，MOEA 对非劣前沿不规则的多目标优化问题仍具有适用性，因此，多目标进化算法得到流域湖库群多目标优化调度研究领域国内外学者的广泛关注，成为了该领域的发展趋势之一。

目前，最为常用的多目标进化算法为非支配排序遗传算法（NSGA、NSGA - Ⅱ）。Tabari[46]使用序贯遗传算法（Sequential Genetic Algorithm，SGA）和非支配排序遗传算法（Non - dominated Sorting Genetic Algorithm，NSGA）Ⅱ型号的多目标优化模型对地表水和地下水的联合使用进行规划和管理。除了非支配排序遗传算法之外，在水库多目标调度领域应用较多的算法还包括：非支配排序微粒群算法（NSPSO）、多目标粒子群优化算法（MOPSO）、差分进化算法（DE）等。2007 年，杨俊杰等提出了自适应网格多目标粒子群优化（AGA - MOPSO）算法，其中包括非劣解密度，在三峡梯级水电系统的多目标发电系统中进行了应用，很好地解决了优化调度中遇到的问题。

目前采用多目标进化算法对多目标直接优化获得 Pareto 前沿解，是解决多目标调度问题的发展趋势，与转化为单目标相比，其优势体现在：可获得更加全面的 Pareto 解集，以便从多个角度来分析目标间的竞争、协同关系，有助于决策者更好地理解各目标间的关系；每个目标都具有明确的物理意义，便于决策者进行多目标分析和决策；不需要设定权重系数，受到人为因素的干扰小[47]。

1.3.1.3　多目标决策理论与方法

1. 多目标决策概念

决策是人们为达到某一种目的而进行的有意识的、有选择的行动，是在一定的条件制约下，为实现特定的目标，而从多种可供选择的策略中做出决断，以求得满意效果的过程[48]。决策随着人类社会活动的发展而产生，并在日常生活中起着十分重要的作用。尽管人类活动离不开决策，但决策作为一门科学，是最近 50 多年来才发展起来的一门交叉学科分支。多目标决策研究中最早的研究可追溯到 1896 年提出的帕累托最优概念，这一概念是由 Pareto 从经济学角度把本质上不可比较的多个目标转化成单个目标进行求解，并提出了向量优化的概念。1944 年，对策论创始人 Neumann 和 Morgenstern 从对策论角度提出了彼此矛盾情况下的多准则决策问题，近代意义上多目标决策由此诞生。1952 年，美国经济学家提出了多目标决策问题，首次使用了有效向量的概念，这是现代多目标决策非劣解的概念。

2. 多目标决策方法

将多目标问题转化为单目标问题进行求解、多目标直接优化求解方法均集中在如何对多目标问题进行求解，在得到最优解集（方案集）后还需要制定合理的多目标决策，即方案优选与决策制定。但是这一过程需要综合考虑实时信息、决策偏好等多方面因素，且多个因素之间还存在着相互影响和制约的关系，决策难度大。多目标决策方法的发展经历了三个阶段[49]。

第一阶段：决策的规范化、程序化阶段。将一些常规性问题，根据已有经验，选择并确定一个有效的求解过程和算法，作为通用的求解模式。

第二阶段：决策的数学化、模型化、计算机化阶段。把工程数学大量引入到决策，提倡模型化、定量化，以解决单变量到多变量、确定性到非确定性的多准则决策问题。

第三阶段：决策的硬技术与软技术相结合、定量与定性相结合、技术与艺术相结合的阶段。较为传统的多目标决策方法主要包括基于二元对比排序和分层逐级评判的层次分析法[50]、主成分分析法[51]、因子分析法[52]等。近年来，模糊集理论、灰色理论、可拓物元理论、证据理论、熵权迭代理论等数学方法在多目标领域不断发展，形成了一些智能的决策方法。

　　（1）层次分析法。层次分析法（Analytic Hierarchy Process，AHP）是由美国运筹学家 Saaty 教授提出的定性与定量相结合的多准则决策分析方法。AHP 将人的判断用数量形式表示出来，其基本思想是将组成复杂问题的多个元素权重的整体判断转变为对这些元素进行"两两比较"，并将比较结果转化为定量的判断数据，形成判断矩阵。AHP 方法改变了长期以来人们对复杂问题靠主观判断，缺乏逻辑思维方法进行决策的状况。

　　（2）模糊优选理论决策方法。基于模糊理论的多目标决策方法应用最广，模糊决策是指目标含有模糊性的决策，模糊数学是其理论基础。1970 年，Bellman 等[53]首次将模糊集理论引入到多目标决策的领域，并提出了相关基础理论。1990 年，陈守煜[54]提出了一个多阶段、多目标决策系统模糊优选理论，将其与动态规划原理相结合，用来解决水库调度中的方案优选问题。在此之后，模糊优选理论得到不断发展，其在洪水调度决策乃至整个水资源领域得到了广泛应用。邹强等[55]针对多目标、多属性、多层次、多阶段的水库防洪调度方案决策优选问题，以累积前景理论为基础，综合考虑决策专家的心理行为和风险态度，建立了正负前景价值矩阵；并引入最大熵理论以降低评价过程的不确定性，构建了基于累积前景理论和最大熵理论的水库多目标防洪调度决策优选模型（CPT - MET）。

　　（3）可拓物元理论决策方法。可拓学理论是由我国学者蔡文于 1983 年提出的，目前广泛应用于人工智能、预测、控制、系统、信息、评价等诸多领域的研究。物元则是可拓学的逻辑细胞之一，是形式化描述物的基本元，用一个有序三元组 $R=$（物 N、特征的名称 c、量值 v）表示。它把物的质与量有机地结合起来，反映了物的质和量的辩证关系。太湖流域太浦河取水安全调度优化研究采用可拓物元优选模型与蚁群算法模型进行调度策略决策优选，避免了复杂河湖与水利工程体系下优化调度求解计算效率低的问题，取得了较好效果[56]。

　　流域水资源联合调度是一个复杂的多目标问题，其需要权衡防洪、供水、水环境等多个目标间的竞争协同关系。传统的模糊优选可从众多可行方案中优选出最优决策，但是其权重设置至关重要，如何生成具有代表性的权重组合，既能保证决策偏好的多样性，又能避免偏好组合数目过多，是多目标决策中的关键问题，也是多目标优化调度的热点问题。

1.3.2　水资源联合调度实践

1.3.2.1　国外水资源调度实践及特点

　　在国外，最早的跨流域调水工程可追溯到公元前 2400 年的古埃及，为满足埃塞俄比亚境内南部灌溉和航运要求，埃及兴建了世界第一条跨流域调水工程[57]，在一定程度上促进了埃及文明的发展与繁荣。20 世纪 40—80 年代是世界范围内调水工程建设的高峰期，国外绝大多数调水工程是在这个时期完成的，为了实施跨流域或区域水资源的时空平衡，兴建了包括美国加州调水工程、澳大利亚"雪山调水工程"在内的诸多跨流域调水工程。

　　注重生态环境保护及恢复是国外水资源调度的突出特点之一，相关工程建设和调度运行过程中注重将库区、河道保持在天然状态，维护生态环境完整性和良好性，同时将生态调度列入日常管理工作，制定明确管理和补偿制度[58]。1990 年，美国田纳西河流域编写了环境评估报告，提出了改进流域内 20 座大坝的调度方式建议，并于 1996 年完成了历时 5 年的田纳西河流域 20 座大坝生态调度项目。1995 年，日本河川审议会的《未来日本河川应有的环境状态》报告指出推进"保护生物的多样生息和生育环境""确保水循环系统健全""重构河川和地域关系"的必要性。1997 年，日本对其河川法做出修改，不仅治水、疏水，而且"保养、保全河川环境"也被写进了新河川法。

综合国外水资源调度实践，具有以下基本特点：

（1）水资源调度实践具有鲜明的阶段性特征。西方发达国家最初也仅针对水量开展调度，从 20 世纪 80—90 年代前后开始实施水生态环境调度，其中美国开展最早。从社会经济发展阶段看，生态调度是在具备必要的社会经济可承受能力条件下才得以开展。

（2）水资源联合调度已经融入流域综合管理。20 世纪 80 年代末，西方发达国家从整体性管理角度提出流域综合管理理念，在生态调度逐渐受到重视后，近年来又提出了动态管理，即通过在某种程度上恢复河流的自然变化动态来维持或恢复河流的生态活力。

（3）强调适应性管理。通过加强实验、监测、研究和及时反馈来不断减少水资源调度实践中存在的不确定性。西方发达国家正视河流生态系统自身的复杂性和河流生态响应的不确定性，强调利用最新的科学知识来提出指导水资源调度的可供验证的基本假设，再利用长期的系统监测研究计划以及效果评价计划来积极地对已有的假设进行验证，并不断地反馈改进。

1.3.2.2 国内水资源调度实践及特点

中国自古以来就是一个水利大国，为减除水害而修筑了不可胜数的水利工程，其中数量最多的当属调水工程，如公元前 486 年修建的引长江水入淮河的邗沟工程、公元前 256 年修建的引岷江水入成都平原的都江堰引水工程等。

自 1949 年新中国成立以来，我国水资源调度工作经历了两个阶段：从新中国成立初期至 20 世纪 90 年代，水资源调度以水利工程的兴利调度和跨流域调水为主，较少从流域水资源综合利用考虑；2000 年以来，水资源调度逐步重视河流自身的生态用水，统筹兼顾，综合协调，依据可持续发展的要求，逐步开展了黄河流域的全河水量调度、南四湖生态调度补水、引江济太等跨流域、远距离的多项水量调度工作，逐渐形成了短期抗旱应急、中期供需平衡、长期生态维系的综合调度体系，水资源调度工作取得了长足进展，在水旱灾害防御、缓解水资源短缺、修复水生态等方面发挥了显著作用。于 2002 年正式开工的南水北调工程是目前世界上正在实施的最大规模调水工程，也是我国跨流域调水的标志性工程，该工程把长江流域水资源自其上游、中游、下游，结合中国疆土地域特点，分东、中、西三线抽调部分送至华北与淮海平原和西北地区水资源短缺地区。针对珠江三角洲河网区的水系特征和水动力特点，为改善内河（涌）水环境和保障供水安全，珠江三角洲各地开展了一系列水资源调度实践。太湖流域自 2002 年以来组织开展了引江济太水资源调度，在确保流域防洪安全前提下，增加流域水资源总量。据统计，自 2002 年至 2017 年年底，引江济太累计通过常熟水利枢纽调引长江水 291.26 亿 m³，累计引水入湖 120.40 亿 m³，累计向下游地区增供水 207.22 亿 m³。引江济太的实施成功缓解了 2003

年、2004 年和 2011 年流域严重旱情，并在应对 2003 年黄浦江上游特大燃油污染事故、2007 年太湖蓝藻暴发引发的无锡市供水危机、2013 年上海金山船舶水污染事件，以及保障上海世博会供水安全等方面发挥了重要作用。此外，江苏秦淮河流域、里下河地区均开展了一系列水资源调度或水生态环境调度实践。

从目前国内的情况来看，基于多目标的工程调度实践取得了较为显著的效果，但仍处于尝试和摸索阶段，其特点及主要存在问题如下：

（1）满足多目标要求的水资源调度实践较少。随着工程管理技术水平及管理要求不断提高，大多数的工程调度目标不再单一，但各项工程的调度侧重点不同，能够同时满足多目标要求的水资源联合调度实践还较少。

（2）水资源联合调度的长效机制尚未建立。从近年来开展的诸多水资源调度试验来看，多目标联合调度有助于工程综合效益的发挥，但目前水利工程多目标联合调度的能力与地方需求相比仍存在不足，需要进一步加强地区水利工程多目标联合调度需求分析，总结流域及区域水资源联合调度实践的宝贵经验，逐渐推动水资源多目标联合调度由应急调度向常态化运行转变。

1.3.3 启示与建议

纵观国内外水资源联合调度研究及相关实践，水资源联合调度领域研究趋势主要体现在以下方面：①研究目标由传统的单目标优化调度发展成兼顾防洪、兴利、生态等多项指标的多目标优化调度；②研究范围从单一水库调度发展到梯级水库、闸坝群甚至是流域水利工程体系、跨流域水库群的联合调度；③研究时段从汛期防汛调度为主转变为全年保障水安全、利用水资源、改善水环境、保护水生态相协调的水资源联合调度；④研究的方法由传统的优化决策方法发展到人工智能方法，同时各种优化理论和调度模型的联合运用在生产实践中也得到不断的发展和应用，但相关调度方法与技术主要在水库及水库群调度领域运用较为成熟。

根据我国水资源时空分配不均的现状，在未来一段时期内，利用水利工程进行水资源联合调度仍然是实现水资源优化配置、保障水资源安全的重要途径，城市集中、人口聚集的复杂平原河网地区的水资源联合调度、优化调度问题将是近期的研究重点。然而，国内外对于复杂江河湖地区的水资源联合调度研究相对较少，且尚未形成较为成熟的理论与方法体系。就太湖流域而言，一是目前多数调度研究仍停留在利用各类数学模型进行调度方案的模拟优选上，调度研究的层次性和多样性还有待进一步拓展；二是优化调度及多目标决策领域的研究相对薄弱，尚未形成基于多目标协同的水资源联合调度理论体系。目前，太湖流域水资源多目标联合调度处在探索阶段，有必要深入探讨太湖流域江河湖水资源联合调度理论，进一步提升流域调度的科学化、精细化、智能化水平。

本书针对长三角典型复杂江河湖地区太湖流域，围绕基于多目标协同的水资源联合调度技术、保障太湖流域水安全的水利工程体系联合调度技术方案两项关键技术，研究流域水资源多目标协同准则和优化调度方法，构建保障水安全的太湖流域水资源多目标协同联合调度模型与水资源联合调度决策系统，并优选提出相应技术方案。国内外水资源联合调度相关研究与实践为本书研究提供了启示与建议。

1. 太湖流域水资源保障应统筹考虑防洪、供水、水生态环境需求

太湖流域经济发达，人口密集，地势低洼，水网交错。太湖流域自古至今因水而兴、因水而富、因水而美，水资源作为基础性自然资源、战略性经济资源，在支撑太湖流域经济社会快速发展中发挥了重要作用。随着社会经济发展，对水资源安全保障的需求越来越高，越来越多元化。现状流域水环境承载能力不堪重负，流域整体供水安全受到严重威胁，尤其是饮用水水源地安全问题突出，突发性水污染事件频发，太湖蓝藻引发的无锡供水危机曾被全国关注。从水质角度看，太湖流域是严重的"水质型缺水"地区。水资源优化配置是可持续开发利用水资源的有效调控举措。面对太湖流域经济持续稳定增长、城市人口持续聚集、居民生活水平不断提高，优化配置太湖流域水资源、保障供水安全、改善水生态环境势在必行。因此，太湖流域的水资源联合调度需要在保障流域防洪安全的前提下，以保障流域水资源配置安全为目标，兼顾水生态环境改善，从全流域角度对水资源进行统一规划、统一调配，通过优化调整流域水资源配置格局，加强优质水资源配置，改善水生态环境质量，为流域经济社会发展提供更加可靠的水安全保障。

2. 基于多目标协同的水资源联合调度技术研究可借鉴层次分析法及相关多目标优化与决策方法

在不同阶段，流域经济社会发展对防洪、供水和水生态环境安全有不同的需求和侧重；同时，流域与区域、区域与区域之间往往需求不同，同一时期不同对象调度目标间存在差异。因此，太湖流域水资源联合调度包含多目标、多尺度协同的思想，包含了保障流域防洪安全、供水安全、水生态环境安全等多目标协同，以及流域与区域多层次、多尺度的协同。层次分析法是一种定性与定量分析相结合的多准则决策方法，把人的思维过程层次化、数量化，并用数学方法为分析、决策或控制提供定量的依据。本书基于太湖流域及区域防洪、供水以及水生态环境改善调度问题与需求分析，考虑采用层次分析法的思路，分防洪目标、供水目标、水生态环境目标三个目标领域，构建太湖流域水资源多目标联合调度模型和决策指标体系。结合太湖流域平原河网地区特点，从防洪目标领域、供水目标领域、水生态环境目标领域三个方面选取评价指标。防洪目标领域可以考虑从水利工程的排水状况、地区代表站的水位状况、地区排水量状况等方面构建评价指标；供水目标领域可以考虑从地区代表站的水位状况、引供水工程的运行状况、饮用水源地的水质状况等方面构建评价指标；水生态环境目标领域可以考虑从湖泊的生态水位满足状况、地区河网的水质状况、水体流动状况等方面构建评价指标。在进行具体决策优选计算时，可以考虑采用可拓物元理论决策方法等方法。

1.4 太湖流域概况

1.4.1 自然条件

太湖流域地处长江三角洲南翼，三面临江滨海，一面环山，北抵长江，东临东海，南滨钱塘江，西以天目山、茅山等山区为界，位于东经 $119°08' \sim 121°55'$、北纬 $30°05' \sim 32°08'$ 之间。行政区划分属江苏省、浙江省、上海市和安徽省，面积 $36895km^2$，其中江苏省 19399km²，浙江省 12093km²，上海市 5178km²，安徽省 225km²。

太湖流域地形特点为周边高、中间低，呈碟状。流域地貌分为山丘和平原，西部为山丘区，约占流域总面积的 20%；中间为平原河网和以太湖为中心的洼地及湖泊；北、东、南周边受长江口和杭州湾泥沙堆积影响，地势相对较高，形成碟边。

太湖流域属亚热带季风气候区，四季分明，雨水丰沛，热量充裕。太湖流域多年平均年降水量 1177mm，空间分布自西南向东北逐渐递减。受地形影响，西南部天目山区多年平均年降水量最大；东部沿海及北部平原区多年平均年降水量均少于 1100mm，宝山最少，为 1010mm。受季风强弱变化影响，降水的年际变化明显，年内雨量分配不均，其中，夏季（6—8月）降水量最多，春季（3—5月）其次。全年有 3 个明显的雨季：3—5月为春雨，特点是雨日多，雨日数占全年雨日数的 30% 左右；6—7月为梅雨期，梅雨期降水总量大、历时长、范围广，易形成流域性洪水；8—10月为台风雨，降水强度较大，但历时较短，易造成严重的地区性洪涝灾害。

1.4.2　河湖水系

太湖流域是长江水系最下游的支流水系，江湖相连，水系沟通，犹如瓜藤相接，依存关系密切。长江水量丰沛，多年平均地表径流量 9856 亿 m³，最小月平均流量达 5000m³/s，是太湖流域的重要补给水源，也是流域排水的主要出路之一。太湖流域现有 75 处沿长江口门，水量交换频繁，多年平均引长江水量为 62.6 亿 m³，排长江水量（不含黄浦江）为 49.3 亿 m³。

太湖流域内河网如织，湖泊棋布，属典型的平原河网地区，水面面积达 5551km²，水面率为 15%；河道总长约 12 万 km，河道密度达 3.3km/km²。太湖流域河道水面比降小，平均坡降约十万分之一；水流流速缓慢，汛期一般仅为 0.3～0.5m/s；河网尾闾受潮汐顶托影响，流向表现为往复流。太湖流域水系以太湖为中心，分上游水系和下游水系。上游水系主要为西部山丘区独立水系，包括苕溪水系、南河水系及洮滆水系；下游主要为平原河网水系，包括东部黄浦江水系、北部沿长江水系和东南部沿长江口、杭州湾水系。京杭运河贯穿太湖流域腹地及下游诸水系，起着水量调节和承转作用，也是流域重要的内河航道。太湖流域湖泊面积 3159km²（按水面积大于 0.5km² 的湖泊统计），占流域平原面积的 10.7%，湖泊总蓄水量 57.68 亿 m³，是长江中下游 7 个湖泊集中区之一。以太湖为中心，形成西部洮滆湖群、南部嘉西湖群、东部淀泖湖群和北部阳澄湖群，面积大于 10km² 的湖泊有 9 个，分别为太湖、滆湖、阳澄湖、洮湖、淀山湖、澄湖、昆承湖、元荡、独墅湖。流域湖泊均为浅水型湖泊，平均水深不足 2.0m，个别湖泊最大水深达 4.0m。

1.4.3　经济社会概况

太湖流域位于长江三角洲的核心地区，自然条件优越，物产丰富，交通便利，素有"上有天堂，下有苏杭"之美誉。改革开放后，流域内凭借良好的经济基础、强大的科技实力、高素质的人才队伍和日益完善的投资环境，经济社会得到了高速发展，成为我国经济最发达、大中城市最密集的地区之一。流域内除特大城市上海外，还有杭州、苏州、无锡、常州、镇江、嘉兴和湖州等大中城市，以及迅速发展的众多小城市和建制镇，已形成等级齐全、群体结构日趋合理的城镇体系，城镇化率达 74.7%。

太湖流域内人口密集、产业密集。2018 年，太湖流域人口 6104 万人，占全国总人口的 4.4%，人口密度约 1642 人/km²。全流域地区生产总值 87663 亿元，约占全国 GDP 的 9.7%；人均生产总值达 14.4 万元，是全国平均水平的 2.2 倍。

1.4.4 水资源开发利用现状

太湖流域濒临长江，内部有本地水资源可供利用，外部有长江提供充足的过境水资源。流域多年平均水资源总量为 176.0 亿 m³，其中地表水资源量为 160.1 亿 m³，地下水资源量为 53.1 亿 m³，地表水和地下水资源的重复计算量为 37.2 亿 m³。太湖流域多年平均本地地表水可利用量为 64.1 亿 m³，占多年平均地表水资源量的 40%。平原区浅层地下水可开采总量为 24.3 亿 m³，可开采系数约为 0.6。太湖流域本地水资源有限，流域供需水总体平衡主要依靠调引长江水、钱塘江水和上下游重复利用。近年来，太湖流域引长江、钱塘江水量趋增。2018 年，太湖流域沿长江口门（不含黄浦江）引水量 104.6 亿 m³，排长江水量 49.1 亿 m³，其中，江苏省引水量 91.7 亿 m³，上海市引水量 12.9 亿 m³；沿钱塘江口门引水量 13.7 亿 m³，排水量 19.9 亿 m³。

太湖流域供水水源主要以地表水源为主，除取用本地河网水量外，也直接取用自长江和钱塘江。2018 年，太湖流域实际供水总量 342.9 亿 m³，其中地表水源供水量 335.4 亿 m³，地下水源供水量 0.2 亿 m³，其他水源（污水处理回用及雨水利用）供水量 7.3 亿 m³。2018 年，太湖流域本地水源供水量 131.5 亿 m³，其中太湖供水 17.6 亿 m³，太浦河供水 1.4 亿 m³，望虞河供水 0.1 亿 m³；长江水源供水 206.0 亿 m³，其中江苏省 135.5 亿 m³、上海市 70.5 亿 m³；钱塘江水源供水 5.4 亿 m³（全部供自来水厂）。2018 年太湖流域用水总量 342.9 亿 m³。供水方式上，有优质用水需求的生活以及部分工业用水由自来水厂、自备水源集中供水，水质要求较低的农业和部分工业用水直接从当地河网取水。

太湖流域水资源开发利用程度较高，开发利用率高达 82%。1980 年以来，太湖流域人均用水量先增后降，万元 GDP 用水量大幅度下降，居民生活用水量增长较快，农田亩均灌溉用水量有所下降。太湖流域用水水平和效率均有较大程度的提高，但与发达国家相比，仍存在较大差距。2018 年太湖流域人均综合用水量为 562m³，万元国内生产总值用水量 39m³，万元工业增加值（当年价）用水量 67m³，流域农田灌溉亩均用水量为 439m³。

1.4.5 流域综合治理

1.4.5.1 水利分区

自然情况下，太湖流域的平原地区浑然一片，洪水和地区涝水交混通过河网扩散，易造成较大范围的洪涝灾害，是太湖流域治理重点。为了提高治理效果，根据流域地形地貌、河道水系分布及治理特点等，将流域分成 8 个水利分区，分别为湖西区、浙西区、太湖区、武澄锡虞区、阳澄淀泖区、杭嘉湖区、浦西区和浦东区，见图 1.4-1。

湖西区位于太湖流域的西北部，东自德胜河与澡港分水线南下至新闸，向南沿武宜运河东岸经太滆运河北岸至太湖，再沿太湖湖岸向西南至苏、浙两省分界线；南以苏、浙两

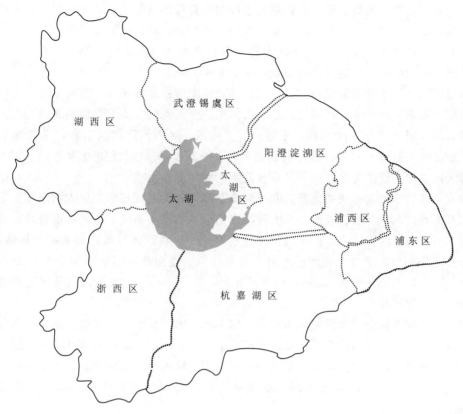

图 1.4-1　太湖流域水利分区图

省分界线为界；西以茅山与秦淮河流域接壤；北至长江。湖西区行政区划大部分属江苏省，上游约 0.9％的面积属安徽省。该区地形极为复杂，高低交错，山圩相连，地势呈西北高、东南低，周边高、腹部低，腹部低洼中又有高地，逐渐向太湖倾斜。该区北部运河平原区地面高程一般为 6～7m，洮滆、南河等腹部地区和东部沿湖地区地面高程一般为 4～5m。区内又分为运河平原片（运河片）、洮滆平原片（洮滆片）、茅山山区、宜溧山区四片。

浙西区位于太湖流域的西南部，东侧以东导流堤线为界；北与湖西区相邻；西、南以流域界为限。浙西区行政区划大部分属浙江省，上游约 2.6％的面积属安徽省。区内东西苕溪流域上、中游为山区，山峰高程一般在 500m 以上，其中龙王峰高程 1587m，为流域最高峰，下游为长兴平原，地面高程一般在 6m 以下。浙西区又分为长兴、东苕溪及西苕溪三片。

太湖区位于太湖流域中心，以太湖和其沿湖山丘为一独立分区。该区周边与其他水利分区相邻。行政区划分属江苏省和浙江省。太湖湖底平均高程约 1.0m，湖中岛屿 51 处，洞庭西山为最大岛屿，其最高峰高程 338.5m。湖西侧和北侧有较多零星小山丘，东侧和南侧为平原。

武澄锡虞区位于太湖流域的北部，西与湖西区接壤；南与太湖湖区为邻；东以望虞河东岸为界；北滨长江。行政区划属江苏省。全区地势呈周边高、腹部低，平原河网纵横。

该区以白屈港为界分为高、低两片：白屈港以西地势低洼呈盆地状，为武澄锡低片；白屈港以东地势高亢，局部地区有小山分布，为澄锡虞高片。该区地形相对平坦，其中平原地区地面高程一般在 5～7m，低洼圩区主要分布在武澄锡低片，地面高程一般在 4～5m，南端无锡市区及附近一带地面高程最低，仅 2.8～3.5m。

阳澄淀泖区位于太湖流域的东部，西接武澄锡虞区；北临长江；东自江苏、上海分界线，沿淀山湖东岸经淀峰，再沿拦路港、泖河东岸至太浦河；南以太浦河北岸为界。阳澄淀泖区行政区划大部分属江苏省，小部分属上海市。区内河道湖荡密布，东北部沿江稍高，地面高程一般为 6～8m，腹部地面高程为 4～5m，东南部低洼处为 2.8～3.5m。阳澄淀泖区内以沪宁铁路为界，南北又分成淀泖片和阳澄片。

杭嘉湖区位于太湖流域的南部，北与阳澄淀泖区和太湖区相邻，以太湖南岸大堤和太浦河南岸为界；东自斜塘、横潦泾至大泖港向南沿惠高泾接浙江、上海省市行政分界线至杭州湾；西部与浙西区接壤；南滨杭州湾和钱塘江。杭嘉湖区行政区划大部分属浙江省，小部分属江苏省和上海市。地势自西南向东北倾斜，地面高程沿杭州湾为 5～7m，腹部为 3.5～4.5m，东部一般为 3.2m，局部低地为 2.8～3.0m。杭嘉湖区又分成运西片、运东片及南排片等三片。

浦西区、浦东区位于太湖流域东部，东临东海，南滨杭州湾，北以江苏、上海分界线及长江江堤为界，西邻阳澄淀泖区和杭嘉湖区。浦西区、浦东区以黄浦江为分界线，行政区划均属上海市。该区北、东、南部地势比西部高，境内以平原为主，有零星的小山丘分布。金山、青浦、松江地区为上海最低地区，地面高程一般为 2.2～3.5m，最低处不到 2.0m。

1.4.5.2 流域综合治理格局

由于太湖流域降水年际、年内分布不均，历史上洪旱灾害频发。新中国成立以来，太湖流域开展了大规模的水利建设对洪旱灾害进行治理。经过多年的水利工程建设，特别是《太湖流域综合治理总体规划方案》及国务院四次治淮治太会议确定的治太 11 项骨干工程建设，流域防洪与供水能力得到了较大提高，已经初步形成了利用太湖调蓄、北向长江引排、东出黄浦江供排、南排杭州湾的流域综合治理格局。

根据流域自然地理特点、水资源和水环境条件，结合经济社会对防洪、供水和改善水环境等方面需求，针对流域综合治理存在的主要问题，《太湖流域综合规划》按照"蓄泄兼筹、引排结合、量质并重、综合治理"的原则，以太湖洪水安全蓄泄、水资源优化配置、水环境改善为重点，进一步加强江河湖连通，增强太湖与长江、杭州湾、平原河网的水力联系，统筹协调流域、区域与城市三个层次的综合治理，提高流域洪涝水外排和引江济太水资源配置能力，加强太湖及骨干河道等重点水域的水资源保护和水生态修复，进一步完善利用太湖调蓄、北向长江引排、东出黄浦江供排、南排杭州湾的流域治理格局及综合治理工程布局。

1.5 太湖流域水资源调度新形势及存在问题分析

经过多年的调度实践，太湖流域调度初步实现了从洪水调度向资源调度转变、从汛期调度向全年调度转变、从水量调度向水量水质统一调度转变、从区域调度向流域与区域相结合的"四大转变",体现了综合调度理念,取得了诸多实践经验和研究成果。独特而丰富的水利资源为太湖流域经济社会发展提供了良好的水利支撑,也决定了太湖流域水资源调度问题的复杂性、艰巨性和长期性。党的十九大以来,中国特色社会主义进入新时代,水利事业发展也进入了新时代,我国治水的主要矛盾已经发生深刻变化,长三角一体化发展等国家战略对水利支撑保障能力提出了更高要求,流域片水利改革发展面临着新形势、新机遇、新挑战、新要求。

1. 长三角一体化上升至国家战略,对太湖流域供水安全保障提出了更高的要求

太湖流域本地水资源不足,多年平均水资源量 176 亿 m^3,远小于 2017 年流域用水总量 340.5 亿 m^3,水资源供需平衡主要依靠引长江水和上下游重复利用弥补。同时,太湖流域工业化进程快,城市化水平高,人口密集,经济增长方式尚未根本转变,造成了大量的废污水排放,流域呈现常年水质型缺水。

长三角一体化已经上升至国家战略,太湖流域也步入了追求更高水平、更高质量发展的关键阶段。目前中央已明确,在江苏苏州吴江地区、浙江嘉兴嘉善地区和上海青浦地区,建设生态绿色一体化发展的示范区,太浦河水源地位于苏浙沪交界地区,处于长三角生态绿色一体化发展示范区的核心位置,事关 700 余万人饮水安全。根据国务院批复的《太湖流域水功能区划(2010—2030 年)》,太浦河从东太湖到西泖河全段划分为苏浙沪调水保护区,长度为 57.6km,水质目标为Ⅱ~Ⅲ类。目前,太浦河南岸芦墟以西 7 处支河口门敞开,太浦河两岸未控制支河对太浦河水质有一定影响。此外,由于太浦河上游地区不合理的产业结构导致含锑污水的大量排放,太浦河干流锑浓度存在超标风险。因此,长三角一体化发展新形势对太浦河水源地供水保障水平提出新的更高要求。

2. 变化环境下流域水资源调度潜在风险加剧,江河湖水资源联合调控能力亟须强化,以实现长江、太湖、河网水资源联合调度与优化配置

联合国政府间气候变化专门委员会(IPCC)的评估报告显示,近百年来地球气候正经历以全球变暖为主要特征的显著变化,全球变暖将使地球上数十亿人口面临水和食物短缺,洪涝、干旱、台风等自然灾害的发生频率也将增加。有关研究成果表明,太湖流域暴雨、洪水、大潮和台风"四碰头"的可能性增大[60]。

太湖流域三面滨江临海,汛期主要通过沿江各口门趁低潮位时抢排入江、入海、入杭州湾,其排水能力与流域周边水情密切相关。海平面上升,使得流域周边口门低潮位抬高,沿江、沿海(杭州湾)河道自排能力降低,洪涝威胁进一步加大。另外,太湖流域本地水资源不足,经多年水利建设,流域水资源调控能力明显提升,现状工程可实现中等干旱年($P=75\%$)水资源供需平衡,但难以满足经济社会发展需求。现状太湖流域引江入湖能力不足,目前仅望虞河引长江水直接入太湖,在强化节水条件下,遇枯水年、特枯水年流域仍面临缺水 25 亿~39 亿 m^3,而《太湖流域综合规划》等相关规划确定的望虞河拓宽等骨干引水通道工程实施缓慢。在建的新孟河延伸拓浚工程,是《太湖流域水环境综合治理总体方案》《太湖流域防洪规划》《太湖流域水资源综合规划》确定的具有防洪、排涝、水资源配置、水生态改善和航运等综合效益的骨干工程,是规划流域重要引水河道,工程需满足太湖流域水资源规划配置要求,并兼顾区域水资源供给,增强流域和区域水资

源配置能力。因此，有必要通过新孟河工程的实施和科学调度，在太湖西部及西北部区域开辟形成引江济太第二通道。然而，在全球气候变化、极端天气事件增多的大背景下，长江枯水及其与太湖流域枯水遭遇的可能性增大，加之咸潮入侵、突发水污染事件等不确定因素，如何统筹利用长江过境水资源与本地水资源，合理调度水利工程，实现长江、太湖、河网水资源联合调度与优化配置，改善河湖水生态环境，是保障太湖流域水安全的重要落脚点。

3. 太湖流域新一轮治理工程陆续建设，亟须开展新建骨干水利工程调度研究，形成流域与区域复杂水利工程群联合协同的调度模式

太湖流域属典型平原河网地区，为实现防洪、供水等目的，流域修建了大量堤坝、土圩、节制闸、泵站等水利工程，已初步形成北向长江引排、东出黄浦江供排、南排杭州湾并且利用太湖调蓄的防洪与水资源调控工程体系，初步具备了防洪减灾、水资源调度的基本条件。近年来，随着太湖流域治理的不断推进，经济社会的快速发展和水利工程调度理念的逐步升华，流域水利工程合理调度在保障水安全中发挥的作用愈加明显，但是由于流域与区域、区域与区域水利工程尚未形成相对稳定有效的流域性统一管理、运行体制，且流域与区域、区域与区域之间调度需求不同，同一时期各对象调度目标之间也存在差异，统筹协调不同水利工程调度的难度较大，流域与区域工程体系尚未实现联合调度。

随着太湖流域新一轮治理工程陆续建设，工程体系进一步完善，工程调度产生的影响越来越复杂，面对气候变化带来的愈加复杂的水情形势和经济社会发展不断增加的水利保障需求，亟须开展新建骨干水利工程调度研究，形成流域与区域复杂水利工程群联合协同的调度模式，实现流域工程体系效益最大化，进一步提升太湖流域水安全保障能力。

4. 太湖流域防洪、供水与水生态环境多目标调度统筹需求突出，不同利益主体间水资源调度需求协调难度大，多目标、多尺度、多对象的水资源联合调度缺乏理论依据，有必要探索长三角复杂江河湖多尺度水资源协同调度理论

太湖流域内各省市、上下游利益诉求冲突明显，矛盾多，协调难。在水资源问题上，上游地区的省、市要求尽可能多地留住优质水资源，而下游地区的省、市则要求尽可能多地得到优质水源，各个利益主体之间水资源调度需求不一又相互交织，协调处理这些矛盾缺乏理论依据。流域防洪、供水与水生态环境多目标调度统筹需求突出，进一步增加了多目标调度统筹难度。太湖流域河湖属浅水型，水位变幅不大，调蓄能力小，遇降雨极易发生旱涝急转，而且太湖洪水出路不足，水位易涨难消，加上流域中长期水文气象预测预报准确性不高等，在确保防洪安全的同时，流域供水调度、雨洪资源的利用会受到严重的限制。

目前，国内外在复杂平原河网地区水资源联合调度领域研究相对较少，尚未形成较为成熟的理论体系。太湖流域水资源多目标联合调度处在探索阶段，有必要深入分析不同阶段协调不同利益主体关系的主要途径，提出与流域水资源联合调度目标相适应的多目标协同准则，探索长三角复杂江河湖多尺度水资源协同调度理论。

5. 太湖流域调度研究成果丰富，但多目标优化调度及多目标智能决策研究方面相对薄弱，亟须开展水资源联合调度关键技术攻关，提升流域调度的科学化、精细化、智能化水平

太湖流域积累了丰富的调度研究成果和调度实践经验，目前多数调度研究仍停留在利

用各类数学模型进行调度方案的模拟和人工优选上,多目标优化调度及多目标智能决策领域的研究相对薄弱。尽管国内外在水库群优化调度领域开展了诸多研究,形成了一系列优化调度方法,但相关方法在平原河网复杂江河湖地区的可移用性较差。因此,亟须开展太湖流域水资源联合调度关键技术攻关,探索适用于太湖流域的多目标智能决策优选技术,进一步提升流域调度的科学化、精细化、智能化水平。

面对太湖流域片水利改革发展的新形势、新挑战,为保障太湖流域经济社会可持续发展,支撑长三角一体化发展,尽可能地适应经济社会发展对流域水资源,特别是江河湖清洁水源高效利用提出的新要求,迫切需要探索流域江河湖水资源联合调度关键技术。

1.6 关键技术

太湖流域是长三角典型的复杂江河湖地区,已初步形成流域防洪与水资源调控工程体系。太湖流域防洪、水资源、水生态环境问题相互交织,开展基于多目标协同的水资源联合调度技术以及保障太湖流域水安全的水利工程体系联合调度技术方案研究,是实现协同不同季节、不同区域、不同情形下流域及区域防洪、水资源供给、水生态环境改善等多方需求的必由之路,也是本书拟探索的水资源联合调度关键技术。

1. 基于多目标协同的水资源联合调度技术

流域经济社会发展的不同阶段,对流域水利、区域水利在防洪、供水和水生态安全方面的需求有所不同。在全球气候变化、极端天气事件增多的大背景下,长江枯水及其与太湖流域枯水或突发污染事件遭遇的可能性增大,加之流域、区域、城市对于水资源调度的需求不一,需从流域层面进一步统筹流域、区域、城市多目标、多对象的不同要求。而多目标优化问题原则要求各分量目标都达到最优,但实际上解决多目标优化问题是个复杂的问题,尤其当各分量目标存在矛盾时更是如此,甚至有时不存在唯一的全局最优解,反映到水资源调度问题上亦是如此。本书第 3 章基于综合集成方法论,针对太湖流域平原河网水资源及其调度特点和流域、区域水资源联合调度存在的主要问题,围绕流域及区域不同典型年下的实际调度需求,深入分析不同阶段协调不同利益主体关系的主要途径,并结合流域及区域水利工程的实际调度能力,归纳提出太湖流域多目标协同调度情景及协同策略;在此基础上采用适用于太湖流域的优化算法,开发已有流域数学模型缺乏的优化决策模块,构建保障水安全的太湖流域水资源联合调度模型和决策系统,以目标实现为导向,实现基于多目标满足的多种调度方案的自动决策优选,集成形成基于多目标协同的水资源联合调度技术。该项技术是从流域层面上统筹多目标多对象的不同要求的关键,可为实现流域、区域、城市多尺度水安全保障提供技术支撑。

2. 保障水安全的水利工程体系联合调度技术方案

太湖流域位于长江三角洲地区的核心地带,是我国典型的水网地区,河流密如蛛网,湖泊星罗棋布,全区江河湖海相贯通,水系复杂,本地水资源有限,主要依靠调引长江水和上下游重复利用实现供需水平衡。经过多年的综合治理,太湖流域已初步具备了防洪减灾、水资源调度的基本条件,并以保障防洪与供水安全、兼顾水环境改善为目标开展了具体实践,积累了一定调度管理经验。然而,随着流域新一轮治理工程陆续建设,工程体系进一步完善，工程调度产生的影响越来越复杂，面对气候变化带来的愈加复杂的水情形势和经济社会发展不断增加的保障需求，亟须提出一套保障流域区域水安全的水利工程体系联合调度技术方案。本书采用情景分析法，综合考虑太湖流域内丰、平、枯不同降雨情形和外边界来水的丰、平、枯不同情形，构建调度研究边界，研究太湖流域不同时空尺度多目标协同情景下的调控策略与技术方案。第4～6章分别研究提出保障防洪安全、供水安全的水利工程体系联合调度技术方案，以及改善水环境的水利工程体系联合调度技术方案；第7章按照多目标协同的思路，研究提出常规情景下多目标协同的水利工程体系联合调度技术方案，以及应对典型突发水污染事件的工程应急调控策略，上述相关成果集成形成了保障水安全的水利工程体系联合调度技术方案。

2

太湖流域水资源联合调度需求分析

2.1 流域工程体系

2.1.1 水利工程体系

本书根据《太湖流域综合治理总体规划方案》《太湖流域综合规划》等重要治太规划确定的流域重点治理工程推进与实施进展、区域骨干工程以及相关引排水工程建设实施情况，综合确定采用的工程体系。

1991年江淮大水之后，根据国务院关于进一步治理淮河和太湖的决定，按照原国家计委批复的《太湖流域综合治理总体规划方案》，太湖流域先后实施完成了望虞河、太浦河、环湖大堤、杭嘉湖南排后续、湖西引排、武澄锡引排、东西苕溪防洪、杭嘉湖北排通道、红旗塘、扩大拦路港泖河及斜塘、黄浦江上游干流防洪等11项综合治理骨干工程建设，即流域一轮治太11项骨干工程。流域一轮治太11项骨干工程与流域内的其他水利工程，共同构成了太湖流域北向长江引排、东出黄浦江供排、南排杭州湾并且利用太湖调蓄的防洪与水资源调控工程体系。同时，考虑到《太湖流域水环境综合治理总体方案》《太湖流域防洪规划》《太湖流域水资源综合规划》《太湖流域综合规划》等二轮治太规划确定的重点治理工程中（图2.1-1），部分与流域区域水资源联合调度关系密切的工程已建设完成或开工建设，如新孟河延伸拓浚工程、新沟河延伸拓浚工程、望虞河后续工程、太嘉河工程等，此次一并纳入工程体系。

本书水资源联合调度研究采用的工程体系，具体包括：流域一轮治太11项骨干工程，已建成或基本建成的走马塘拓浚延伸工程、新沟河延伸拓浚工程、太嘉河工程、杭嘉湖地区环湖河道整治工程、苕溪清水入湖河道整治工程、扩大杭嘉湖南排工程、平湖塘延伸拓浚工程，已开工建设的新孟河延伸拓浚工程、望虞河西岸控制工程等流域性治理骨干工程，已建成的苏州市七浦塘拓浚整治工程、西塘河引水工程、常熟市海洋泾引排综合整治工程等区域性治理骨干工程，杨林塘、京杭运河"四改三"等航道整治工程，以及苏州、无锡、常州、嘉兴、湖州等城市大包围工程。

流域、区域骨干工程在太湖流域水量调控、水资源配置过程中发挥了重要作用，是流域水利工程体系联合调度的关键所在。流域现有骨干工程已形成相对成熟的调度方案，即现行的《太湖流域洪水与水量调度方案》，区域骨干工程也遵循着各区域制定的调度原则，

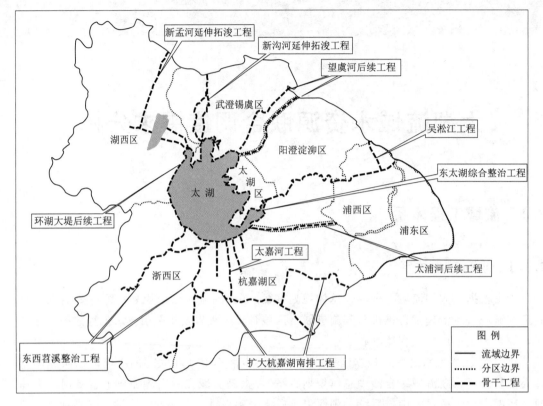

图 2.1-1 太湖流域二轮治太规划工程布局示意图

发挥了较好的工程效益。因此，本书重点针对新孟河、新沟河、望虞河西岸控制工程等新建工程开展调度研究，同时考虑到流域区域水资源调度新需求，结合望虞河、太浦河等流域现有骨干工程优化，开展面向防洪、供水、水环境安全不同调度目标的联合调度技术研究，以及保障水安全的水利工程体系联合调度技术方案研究。

2.1.2 主要水利工程

1. 环湖大堤及环湖口门

环湖大堤工程是 1987 年原国家计委批复的《太湖流域综合治理总体规划方案》规划建设的流域骨干工程之一，目前已实施完成。环湖大堤北以直湖港口、南以长兜港口为界，其以东部分称为"东段"，以西部分称为"西段"。按照"东控西敞"的原则，东段大堤口门全部控制，西段基本敞开。大堤总长 282km，其中江苏段 217km、浙江段 65km。按照 1954 年型洪水设计，原防洪设计水位 4.66m，东段为 2 级堤防，顶高程 7.0m；西段为 3 级堤防，顶高程 7.0m、上设 0.8m 高挡浪墙，堤顶宽 5～6m。

《太湖流域综合规划》《太湖流域防洪规划》《太湖流域水环境综合治理总体方案（2013 年修编）》等提出实施环湖大堤后续工程，规划按防御流域 100 年一遇洪水标准设计，按 1999 年实况洪水位复核。东段堤防级别暂定为 2 级，西段堤防级别暂定为 3 级，重点堤段可适当提高等级。堤顶高程维持原设计 7.0～7.8m 不变，部分堤段采取消浪或允许越浪的工程措施。

目前，环湖大堤大部分堤段已结合环湖道路建设、东太湖综合整治、退田（渔）环湖等工程建设，达到《太湖流域综合规划》确定的工程设计标准。

2. 沿江引排工程

流域沿江共有口门 18 座，合计宽度 512.6m，泵站合计抽水流量 1150m³/s，合计最大引水流量 4603.4m³/s，排水 4507m³/s。

湖西区由东向西丘陵高地与平原相间，湖西引排工程充分利用原有通江河道进行拓浚，干河总长 248km，底宽 6～110m，底高 0.5～−1.0m，沿江共有口门 6 座，合计排水能力 1690m³/s，引水能力 1390m³/s。遇 1954 年型流域性洪水，湖西引排工程可排当地洪水 11.3 亿 m³ 入江，同时减少入湖水量 6 亿 m³；遇干旱年，可引长江水入太湖，是流域主要的引江供水工程之一。

武澄锡虞区引排工程干河总长 72km，底宽 15～35m，底高程 0.0～−1.0m，沿江口门 6 座，合计排水能力 477.4m³/s，引水能力 516m³/s。通过兴建沿江枢纽、拓浚入江河道，并在湖西高片遇武澄锡低片间修建控制建筑物形成西控制线，从而与环太湖控制线、望虞河西控制线一起形成防洪排涝体系。

阳澄淀泖区区内河道纵横，湖泊众多，发达的沿江水系是阳澄区的主要排水通道，有常浒河、白茆塘、七浦塘、杨林塘、浏河等通江骨干引排河道以及浒浦闸、白茆闸、七浦闸、杨林闸、浏河闸等沿江口门工程，排涝流量 2061m³/s，引水流量 2226m³/s。

3. 望虞河工程

望虞河是沟通太湖和长江的流域骨干排洪河道，又是流域重要的将长江水源直接引入太湖的"引江济太"通道，南起太湖边的沙墩口，北至长江狭泾口，全部在江苏省内，全长 62.3km。望虞河底宽 72～90m，河底高程 −3.0m。

望虞河工程主要包括常熟水利枢纽、望亭水利枢纽以及河道两侧配套涵闸等。其中，常熟水利枢纽泵站设计流量 180m³/s，节制闸设计流量 375m³/s；望亭水利枢纽为"上槽下洞"立交的工程结构型式，涵洞设计流量为 400m³/s；望虞河东岸支河已全部设控，西岸大部分口门敞开。遇 1954 年型洪水（50 年一遇），望虞河工程 5—7 月承泄太湖洪水 23.1 亿 m³，占太湖外排水量的 51%；遇干旱年引长江水入太湖水量 28 亿 m³。

4. 太浦河工程

太浦河是承泄太湖洪水和区域涝水的流域性骨干河道，也是向上海市等下游地区供水的主要河道，具有防洪、除涝、改善水环境和航运条件等综合效益。太浦河西起东太湖边的苏州市吴江区庙港镇时家港，东至上海市青浦区南大港入泖河接黄浦江，河道全长 57.6km。

太浦闸为太浦河上的重要控制建筑物，设计流量 580m³/s，校核流量 864m³/s，太浦河泵站设计流量 300m³/s。目前，太浦河两岸除京杭运河南、北岸未控制，以及南岸芦墟以西尚有 9 个口门未实施控制外，其他口门已全部控制。

5. 新孟河工程

新孟河延伸拓浚工程是《太湖流域水环境综合治理总体方案》《太湖流域防洪规划》《太湖流域水资源综合规划》确定的具有防洪、排涝、水资源配置、水生态改善和航运等综合效益的骨干工程，也是列入国家 172 项节水供水重大水利工程、长江经济带建设的重点项目。工程北起长江，沿现有新孟河拓浚至京杭运河，通过立交过京杭运河后，新开河道向南延伸至北干河，拓浚北干河连接长荡湖和滆湖，拓浚太滆运河、漕桥河入太湖，河道全长 116.47km。新孟河河床上口宽度 128～150m，底部宽度为 70m。新孟河干河控制建筑物主要包括界牌水利枢纽和奔牛水利枢纽。同时，对京杭运河以北段两侧支河口门、太滆运河北侧的支河口门实施有效控制，其中，太滆运河与锡溧漕河改道段交汇处北侧兴建前黄水利枢纽、在太滆运河的北侧武宜运河上兴建牛塘水利枢纽。主要控制建筑物情况如下。

（1）界牌水利枢纽。位于新孟河向北延伸段入江口处的浦河和小夹江之间，是新孟河延伸拓浚工程的重要控制性建筑物之一，工程由节制闸、泵站、船闸和上下游引河组成，其中，节制闸底宽 80m，闸槛底高程-3.0m；泵站规模为引排双向 300m³/s。界牌水利枢纽主要功能为引水、排涝、挡洪及通航等。

（2）奔牛水利枢纽。主要由京杭运河立交地涵、船闸、节制闸、上下游引河及孟九桥组成。京杭运河立交地涵设计过水面积为 618m²。

（3）支河口门建筑物。沿线支河口门敞开 227 处，封堵 13 处，维持现有控制 12 处，支河新改建口门控制建筑物 27 座。新改建的 27 座口门控制建筑物中，前黄水利枢纽、牛塘水利枢纽为主要支河口门控制建筑物，其余为一般支河口门控制建筑物，共计 25 座。

6. 新沟河工程

新沟河延伸拓浚工程既是《太湖流域水环境综合治理总体方案》安排的近期治理引排工程项目，也是《太湖流域防洪规划》中需实施流域洪水北排长江的重点工程之一。在区域污染源难以在短期内彻底治理的情况下，实施新沟河延伸拓浚工程后，可有效控制直武地区入湖口门，减少梅梁湖外源污染入湖，结合区域防洪除涝，将直武地区由现状入湖改为北排，还可通过新沟河外排梅梁湖水体，提高梅梁湖湖区水动力条件，遇水污染突发事件时应急调长江水入湖。新沟河延伸拓浚工程全长 97.47km，武进段总长 47.97km，沿线涉及横山桥、遥观等 6 个乡镇，主要建设内容包括建设遥观南、北枢纽、采菱港节制闸，整治武进港、三山港、漕河，新建、改建 18 座跨河桥梁等。

（1）河道工程。河道工程北起长江，利用现有的新沟河拓浚至石堰，分成东、西两支。东支利用现有的漕河—五牧河拓浚至规划京沪高速铁路处，平地开河立交穿京杭运河与锡溧漕河改道段（北直湖港即京杭运河—锡溧漕河段）形成两河三堤即西直湖港，立交穿锡溧漕河接利用南直湖港段（锡溧漕河—太湖段）入太湖；西支利用已有的三山港拓浚至京杭运河，疏浚武进港至太湖。

（2）江边枢纽。江边枢纽位于新沟河入长江口处，距长江约 400m。工程由节制闸和泵站各一座组成。节制闸主要功能为排水（流域 100 年一遇洪水北排入江、区域洪涝水入江以及改善太湖等水环境排水入江）、挡潮、应急引水（向太湖梅梁湖等湖湾送长江水）需要；泵站是排水遇长江高潮位或引水遇长江低潮位，利用泵站抽排或抽引满足新沟河承担的工程任务。节制闸规模总净宽 48m，泵站规模为 180m³/s。

（3）西直湖港北枢纽。西直湖港北枢纽位于新沟河延伸段五牧河与京杭运河高等级航道（规划Ⅲ级）交汇处，为减轻京杭运河压力，满足新沟河与梁溪河（梅梁湖泵站）交替外排梅梁湖水、直武地区水流调向的要求,以及满足新沟河应急引长江水补充梅梁湖的要求,减轻对京杭运河高等级航道和沪宁铁路的影响,五牧河穿京杭运河采用立交形式,立交地涵尺寸为 75m²。

(4) 西直湖港闸站枢纽。西直湖港闸站枢纽由泵站和节制闸组成,其中泵站的主要功能是抽排梅梁湖和直武地区的水和应急向梅梁湖抽送长江水,泵站规模为 90m³/s;节制闸的主要功能是在不需要泵站进行抽引、排水时,利用节制闸引、排水,减少工程年运行费,同时在地区遭遇 5 年一遇以上洪水时,汇集西岸涝水南排入太湖。

(5) 西直湖港南枢纽。西直湖港南枢纽位于新沟河延伸段西直湖港与锡溧漕河高等级航道(规划Ⅲ级)交汇处,工程由立交地涵、节制闸和船闸组成。为满足新沟河与梁溪河(梅梁湖泵站)交替外排梅梁湖水减轻京杭运河压力、直武地区 5 年一遇及其以下降雨径流由南排调向北排,以及应急引长江水和减轻对锡溧漕河高等级航道的影响,西直湖港穿锡溧漕河采用立交地涵,立交地涵尺寸为 134m²。

(6) 遥观南枢纽。遥观南枢纽位于新沟河延伸段武进港河道上,工程由泵站、节制闸和船闸组成。泵站的主要功能是满足直武地区遭遇 5 年一遇及其以下降雨其水流由南排入太湖通过抽排改变其流向北排入长江,泵站规模为 60m³/s;节制闸主要在直武地区遭遇 5 年一遇以上洪水,满足京杭运河分泄洪水南排入太湖的需要,即维持现有京杭运河高水分泄武进港的功能。

(7) 遥观北枢纽。遥观北枢纽位于新沟河延伸段三山港河道上,工程由泵站、节制闸组成。泵站的主要功能为遥观南枢纽(武进港)接力泵站,及时将遥观南枢纽(武进港)抽排入运河水量北排长江,减轻京杭运河上、下游压力,泵站规模为 80m³/s;节制闸功能是维持现有三山港与京杭运河相通的功能,减少泵站的运行费,在地区遭遇 5 年一遇以上洪水,满足京杭运河高水通过三山港自排入江,减轻太湖的防洪压力。

(8) 采菱港节制闸。采菱港节制闸位于采菱港入京杭运河河道上,为防止武进港泵站抽排直武地区 5 年一遇及其以下降雨径流时京杭运河高水通过采菱港进入,造成武进港抽排京杭运河高水形成"短路",抽不到直武地区的涝水;并在直武地区遭遇 5 年一遇以上洪水时,满足京杭运河分泄洪水南排入太湖的需要,维持现有京杭运河高水分泄采菱港的功能,减轻京杭运河上、下游防洪压力。闸孔总净宽 12m。

7. 南排工程

(1) 杭嘉湖南排工程。杭嘉湖南排工程是浙江省杭嘉湖地区的主要排涝骨干工程,遇 1954 年型洪水可排涝水入杭州湾 22.4 亿 m³。杭嘉湖南排工程干河总长 180.4km,主要包括长山河、海盐塘、盐官下河、盐官上河 4 条主要排水河道(疏浚河道总长 122.4km)、长山闸、南台头闸、盐官下河枢纽、盐官上河闸 4 座出海口枢纽工程及河道沿岸配套建筑物等。4 座出海枢纽排涝闸总净宽 144m,其中,盐官下河枢纽另设排涝流量 200m³/s 的泵站 1 座。

(2) 扩大杭嘉湖南排工程。扩大杭嘉湖南排工程的建设任务是增加太湖流域水环境容量,促进杭嘉湖东部平原河网水体流动,提高向杭州湾排水能力,改善流域和杭嘉湖东部平原水环境;提高流域和区域防洪排涝和水资源配置能力,兼顾航运等综合利用。工程位于浙江省杭嘉湖东部平原,由长山河排水泵站、南台头排水泵站(包括南台头干河防冲加固工程)、三堡排水泵站、八堡排水泵站、长山河延伸拓浚工程、长水塘整治工程、洛塘河整治工程、盐官下河延伸拓浚工程等组成。

2.2　工程调度体系

太湖流域的工程调度是随着流域治理中控制性建筑物的建成而产生，并在流域管理工作深化的同时不断得到完善，实现以单项工程调度为基础，逐渐与其他工程进行联合调度，走向精细化、全面化、常态化调度。太湖流域调度模式经历了以泄为主、蓄泄兼筹、多目标调度等三个阶段。太湖流域调度从单一的防洪调度转向防洪、供水、水环境的综合调度，逐步实现从洪水调度向洪水调度与资源调度相结合、从汛期调度向全年调度、从水量调度向水量水质统一调度、从区域调度向流域与区域相结合调度的"四个转变"，为保障流域防洪、供水安全，改善水环境发挥了重要作用。

本书调度体系包括以治太 11 项骨干工程为核心的现有工程现行调度方案，以及以新孟河、新沟河、望虞河西岸控制工程等为代表的新建工程规划调度原则。

2.2.1　现行工程调度体系

2.2.1.1　流域调度

1. 防洪调度

在太湖流域治太骨干工程❶实施后，随着流域防洪工程体系逐步完善，1987 年水利部太湖流域管理局（以下简称"太湖局"）在国家防汛抗旱总指挥部（以下简称"国家防总"）指导下，第一次提出了太湖洪水调度方案，掀开了太湖流域洪水调度的篇章。1991 年大水后，流域治太骨干工程相继开工，根据水情和工情的变化，太湖局按年度制定和修改洪水调度方案，并征求苏、浙、沪两省一市的意见，报请国家防总批准后执行。按照国家防总批准的洪水调度方案，施行流域统一调度，并按现行工程分级管理体制分级负责。从 1992 年起，按照国家防总的授权，太湖局对 1993 年、1995 年、1996 年、1999 年洪水进行了科学调度。1999 年国家防总批复同意《太湖流域洪水调度方案》，标志着流域性防洪调度走向规范化。

目前，太湖流域防洪调度主要以 2011 年 8 月经国家防总正式批准并发布执行的《太湖流域洪水与水量调度方案》为依据，该方案明确太湖水位高于防洪控制水位且低于 4.65m 时实施洪水调度，并制定了相应的调度原则。同时，该方案提出当太湖水位超过 4.65m 时实施非常措施，要进一步加强流域统一指挥调度，局部服从全局，重点保护环湖大堤和大中城市等重要保护对象安全，尽可能加大太浦河、望虞河的泄洪流量，充分发挥沿长江各口门以及杭嘉湖南排工程的排水能力，加大东苕溪导流东岸各闸泄洪流量，打

---

❶　由 1987 年国家计委批复的《太湖流域综合治理总体规划方案》提出，并经 1992 年国务院第四次治淮治太工作会议完善，一期治太 11 项骨干工程包括望虞河工程、太浦河工程、环湖大堤工程、杭嘉湖南排后续工程、湖西引排工程、武澄锡引排工程、东西苕溪防洪工程、杭嘉湖北排通道、红旗塘工程、扩大拦路港疏浚泖河及斜塘工程、黄浦江上游干流防洪工程。

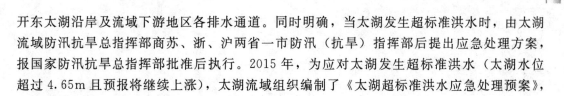

开东太湖沿岸及流域下游地区各排水通道。同时明确，当太湖发生超标准洪水时，由太湖流域防汛抗旱总指挥部商苏、浙、沪两省一市防汛（抗旱）指挥部后提出应急处理方案，报国家防汛抗旱总指挥部批准后执行。2015 年，为应对太湖发生超标准洪水（太湖水位超过 4.65m 且预报将继续上涨），太湖流域组织编制了《太湖超标准洪水应急处理预案》，经批复后实施。

2. 水资源调度

随着经济社会不断发展、人口迅速增长，太湖流域的水污染问题开始凸显，水资源的供需矛盾愈加突出，由此引起的水质型缺水和水污染已经严重影响经济社会的发展和人民生活的质量。自 2002 年起，太湖局组织实施了引江济太调水试验工程，开启了大规模的集中的影响全流域的引江济太水资源调度。2005 年起，引江济太转入长效运行，有效调活了水体，改善了太湖水体水质和流域河网的水环境。2009 年，太湖流域结合多年实践组织编制了《太湖流域引江济太调度方案》，经水利部批复执行。之后，在此基础上编制形成了《太湖流域洪水与水量调度方案》，2011 年经国家防总批复成为目前流域水资源调度的主要依据。该方案将洪水调度与水量调度相结合，为流域防洪与水资源统一调度提供了调度依据。2015 年，为应对太湖水位过低影响流域供水安全（太湖水位降至 2.80m，且预报将继续下降）的情形，太湖流域组织编制了《太湖抗旱水量应急调度预案》，目前已获得批复并实施。

3. 突发水污染事件应急调度

目前，太湖流域开展了应对特定突发水污染事件的水利工程调度研究，但尚未形成针对突发水污染事件的较为成熟的应急调度方案。《新沟河延伸拓浚工程初步设计报告》初步提出了新沟河工程调度原则，根据太湖、地区水情及梅梁湖水质状况分别实施防洪调度、常态调度、排水调度、应急引水调度以及流域防洪调度，其中，应急引水调度是指根据梅梁湖水环境需要，通过新沟河延伸拓浚工程引长江水入梅梁湖，以改善梅梁湖水质。《太浦河水源地供水调度方案（试行）》研究提出了应对太浦河下游地区水污染事件时的太浦河闸泵应急调度方式，包括当预测太浦河可能出现水质恶化情况、当太浦河下游地区发生水污染事件影响水源地供水时太浦河闸泵应急调度方式。

2.2.1.2 区域调度

目前，区域骨干工程和主要控制线现行调度方案仍以防洪调度为主。为保障区域防洪排涝安全，2015 年江苏省根据《江苏省防洪规划》《太湖流域洪水与水量调度方案》以及钟楼闸、丹金闸等工程的调度运用方案，制定了《苏南运河区域洪涝联合调度方案（试行）》，成为江苏省太湖地区有关工程调度的重要依据。

水资源及水环境调度方面尚未制定统一的调度方案，由各地区根据当地水资源、水环境状况实行相机调度。近年来，流域内各区域和相关城市结合本地水资源、水环境状况积极开展了水环境改善调度，如湖西区水量调度与水环境改善试验（2013 年）、武澄锡虞区（无锡市）区域调水试验（2013 年、2014 年）、阳澄淀泖区水体有序流动调水试验（2017 年）、杭嘉湖区嘉兴河网地区水资源联合调度试验（2015 年）。

2.2.1.3 城市调度

2005 年以来，太湖流域经济社会持续高速发展，防洪工程体系进一步完善，流域内各大中型城市为防洪减灾，建设了不同防洪级别的城市包围工程，编制了相应的调度方案。常州市编制了《常州市主要水利工程调度控制运用方案》《常州市运北片城市防洪大包围节点工程运行调度方案（试行）》，无锡市编制了《无锡市水情调度方案》《无锡市防洪大包围调度方案（试行）》，苏州市编制了《苏州市日常调度原则》；上海市水利工程调度主要依据《上海市水利控制片水资源调度实施细则》实施；浙江省嘉兴市、湖州市水利工程调度主要依据城市防洪工程调度方案。

水资源及水环境调度方面，流域内常州、无锡、苏州、嘉兴等城市正在开展活水畅流工程建设，如常州运北片主城区畅流活水工程、无锡市锡澄片骨干河网畅流活水工程、苏州市自流活水工程、嘉兴市水系连通及活水畅流工程。部分城市形成了相关的调度方案，如常州市编制了《常州市区河道引清调水调度方案（试行）》，通过区域工程调度增加水资源供给、调活水体，结合截污减排、水系连通工程，对区域水环境进行改善、修复水生态系统。

2.2.2 新建工程规划调度原则

太湖流域近期新建或在建骨干工程主要包括新孟河工程、新沟河工程、望虞河西岸控制工程等，流域新建工程在其前期研究阶段均提出了相应的工程调度原则。

1. 新孟河工程规划调度原则

新孟河延伸拓浚工程为《太湖流域水环境综合治理总体方案》《太湖流域防洪规划》《太湖流域水资源综合规划》确定的具有防洪、排涝、水资源配置、水生态改善和航运等综合效益的骨干工程，也是列入国家172项节水供水重大水利工程、长江经济带建设的重点项目。新孟河延伸拓浚工程是规划流域重要引水河道，工程需满足太湖流域水资源规划配置要求，并兼顾区域水资源供给，增强流域和区域水资源配置能力。《新孟河延伸拓浚工程初步设计总报告》提出新孟河工程调度服从改善太湖流域水环境、提高流域及区域防洪能力、提高流域水资源配置能力为前提，并考虑流域已有调度运行办法（太湖水位调度线）以及区域主要控制点水位进行引、排水调度，具体为：

（1）当太湖水位处于自引区或泵引区时，工程通过界牌枢纽自引或泵引长江水入太湖。

（2）当太湖水位处于适时调度区时，视地区水情适时引排；若地区水位高于多年平均高水位，则停止引水。

（3）当太湖水位位于防洪调度区时，界牌水利枢纽进行防洪调度。根据界牌水利枢纽的调度运行原则，其他建筑物进行相应调度。

2. 新沟河工程规划调度原则

新沟河延伸拓浚工程既是《太湖流域水环境综合治理总体方案》安排的近期治理引排工程项目之一，也是《太湖流域防洪规划》中须实施流域洪水北排长江的重点工程之一。根据《太湖流域水环境综合治理总体方案》《太湖流域防洪规划》《太湖流域水资源综合规划》，新沟河主要工程任务是控制直武地区入太湖污染负荷，提高太湖水环境容量；配合望虞河引水、新孟河引水，优化太湖引排格局，形成并完善太湖调水引流体系，加快太湖水体置换，促进太湖水体有序流动，改善太湖及梅梁湖水质；并具备应急引长江水入梅梁湖，兼顾提高流域、区域的防洪排涝能力。

根据《新沟河延伸拓浚工程初步设计报告》，新沟河延伸拓浚工程的控制调度运用应服从改善太湖水环境、减轻太湖防洪压力为前提，并考虑武澄锡虞区已有控制建筑物的调度运行办法，进行新沟河引、排水和改善水环境等工程调度。新沟河延伸拓浚工程是以常年排水为主的工程，根据太湖水环境需要具有应急引水的功能。新沟河工程根据太湖水位及直武地区戴溪水位分别进行防洪调度、常态调度、排水调度和应急引水调度，具体为：

（1）当直武地区水位高于 4.5m 时，区域防洪除涝压力增大，全面进入防洪调度，改善水环境需服从防洪，简称"防洪调度"。

（2）当直武地区水位处于 2.8～4.5m，且梅梁湖不需要向外排水，工程调度以形成区域水流有序流动为主，简称"常态调度"；当直武地区水位低于 2.8m 时，受区域河网水环境容量、各行各业对水资源利用等要求的限制，需控制北排。

（3）当直武地区水位处于 2.8～4.5m，如梅梁湖需要通过新沟河向北排水，工程调度排梅梁湖水为主，简称"排水调度"；根据太湖流域水资源综合规划，按照流域防洪、水环境、水资源、生态用水等要求，当太湖水位低于 2.8m 时，原则上梅梁湖不外排。

（4）根据梅梁湖水环境需要，需通过新沟河延伸拓浚工程引长江水时，工程调度以服从应急引水为主，简称"应急引水调度"。

（5）当太湖水位超过 3.5m 时，工程进入"流域防洪调度"状态。

2.3 水资源调度实践

2.3.1 防洪调度实践

太湖流域现状防洪调度主要以 2011 年经国家防总正式批准并发布执行的《太湖流域洪水与水量调度方案》为依据。随着治太骨干工程的逐步实施，流域防洪工程体系逐步完善，通过实施洪水调度方案和超标准洪水应急处理预案，降低了太湖最高水位，缩短了太湖高水位持续时间，在 2016 年应对流域大洪水中尤为显著。

1. 2016 年水雨情

受超强厄尔尼诺事件影响，2016 年太湖流域连续发生春汛、梅汛、秋汛，降雨量之大、太湖水位之高、汛情持续时间之长为历史罕见。

2016 年，太湖流域降雨量 1792.4mm，较常年偏多 47.1%，创历史新高，汛期（5—9 月）降雨量 1088.0mm，较常年偏多 50.1%。太湖流域 6 月 19 日入梅，7 月 20 日出梅，梅雨量 412.0mm，较常年偏多 70.5%；降雨主要集中在北部及太湖区，均为常年的 2 倍以上。

太湖高水位入汛入梅的同时，沿江遭遇高潮位。2016 年 5 月 1 日太湖水位为 3.51m，为历史同期最高入汛水位；至入梅日，太湖水位上涨至 3.77m，为历史第 2 高入梅水位。春夏期间，长江来水偏多，外江潮位持续偏高。入梅后，受强降雨影响，太湖水位迅速上涨。7 月 3 日，太湖水位达到并超过 4.65m，太湖流域发生超标准水位洪水；7 月 6 日，太湖水位涨至 4.80m，流域发生特大洪水；7 月 8 日，太湖出现最高水位 4.87m，仅次于

1999 年历史最高水位。全年太湖水位超警戒水位 90 天，汛期持续超警戒水位 46 天、超保证水位 16 天。地区河网水位全面超过警戒水位，苏南地区有 15 站超历史水位。

　　2.2016 年洪水调度方案

　　2016 年太湖流域发生大洪水，太湖水位上涨至 4.65m 之前，水利工程依据《太湖流域洪水与水量调度方案》。2016 年 7 月 3 日太湖水位涨至 4.65m，太湖发生超标准洪水，根据《太湖超标准洪水应急处理预案》进行调度，采取加大望虞河、太浦河两河外排力度，沿长江、沿杭州湾全力排水，太湖及河网适当超蓄，适时适度分泄洪水，农业圩区限排、城镇圩区减排等措施。

　　3.2016 年洪水调度措施

　　2016 年大洪水期间，通过合理调度水利工程，充分发挥了工程的防洪减灾效益，太湖流域经济社会发展和人民群众生产生活基本未受大的影响，实现了大汛无大灾。

　　（1）腾出太湖调蓄库容。2015 年 12 月初起太浦闸加大泄量，提前预泄。2015 年 12 月至 2016 年 3 月累计通过太浦闸泄水 10.84 亿 m³，太湖水位由 2015 年 12 月 13 日的 3.51m 降至 2016 年 4 月 1 日的 3.09m，为近年同期最低，实现了调度方案要求降至 3.10m 的目标，为充分发挥太湖调蓄作用、减轻太湖洪水威胁创造了有利条件。

　　（2）加大流域洪水外排。采取超常规调度，比调度方案规定的条件提前 38 天启用望虞河常熟水利枢纽泵站全力排水，多排洪水 1.5 亿 m³，调度太浦闸全力泄洪；同时加大沿长江、杭州湾排水力度，提前启用排水泵站，全力降低河湖水位。

　　（3）减轻区域防洪压力。全面统筹流域与区域、防洪与排涝，在区域遭遇暴雨、汛情严重时，实施错峰调度。在太湖流域北部遭遇强降雨、京杭运河及望虞河水位创历史新高之际，3 次开启蠡河船闸向望虞河排水，对加快京杭运河和望虞河西岸地区涝水外排、缓解流域北部汛情发挥了重要作用；在杭嘉湖地区出现高水位时，控制太浦闸下泄流量，甚至关闭太浦闸，为及时排泄区域涝水、缓解区域紧张汛情创造条件。

　　（4）妥善应对超标准洪水。在《太湖超标准洪水应急处理预案》基础上，积极与地方水利部门沟通协调东苕溪东导流口门、东太湖 88m 口门、望虞河东岸口门等工程分泄超标准洪水的可行性，提出了科学、合理、可操作的《太湖流域 2016 年超标准洪水应对方案》。7 月 7 日国家防总批复该方案后，部署望虞河、太浦河、沿长江、沿杭州湾水利工程继续全力排水的同时，开启东太湖、东导流、淀浦河、蕴藻浜及望虞河、太浦河两岸有关水闸参与分流排水，黄浦江部分河道开闸纳潮。

　　4.2016 年洪水调度效果

　　据统计，4 月 1 日至 7 月 27 日，望虞河、太浦河累计排泄太湖洪水 53.76 亿 m³，相当于降低太湖水位 2.30m，其中望亭水利枢纽排水 19.77 亿 m³，太浦闸排水 33.99 亿 m³。沿长江闸泵（含常熟水利枢纽）、浙江省杭嘉湖南排工程分别排水 64.58 亿 m³、20.92 亿 m³。梅雨期间，环太湖出湖水量 28.9 亿 m³，其中太浦闸出湖水量占比为 56%、望亭水利枢纽出湖水量占比为 29%、阳澄淀泖区环湖口门出湖水量占比为 11%。7 月 3—18 日太湖发生超标准洪水期间，望虞河、太浦河累计排泄太湖洪水 16.25 亿 m³，相当于降低太湖水位 0.7m；望亭水利枢纽、太浦闸持续按照校核流量控制运行，最大日均排水流量分别达到 452m³/s 和 898m³/s，超过了 1999 年两河最大泄量；常熟水利枢纽闸泵全力排水，共计排水 6.21 亿 m³。江苏省其他沿长江闸泵、浙江省杭嘉湖南排工程全力排水，分别排水 12.87 亿 m³、5.07 亿 m³。

自 7 月 8 日工程启用至 7 月 18 日，江苏省东太湖瓜泾口闸累计排泄太湖洪水 1.0 亿 m³，相当于降低太湖水位 0.04m；望虞河西岸福山船闸及东岸谢桥以下口门累计分流 0.57 亿 m³。浙江省东苕溪东岸德清大闸等 5 处口门累计分流 2.4 亿 m³，相当于降低太湖水位 0.10m；太浦河南岸浙江段陶庄、大舜、丁栅累计分流 1.13 亿 m³。上海市淀浦河西闸和蕴藻浜西闸累计泄洪 0.85 亿 m³，黄浦江、太浦河有关口门累计纳潮 1.01 亿 m³。在两省一市防指的大力支持下，太湖超标准洪水调度措施延续执行至 7 月 27 日，对加快降低太湖水位发挥了重要作用。

2.3.2 供水与水生态环境调度实践

太湖流域供水与水生态环境调度主要依据现行的有关调度方案进行，包括 2009 年水利部批复执行的《太湖流域引江济太调度方案》和 2011 年国家防汛抗旱总指挥部批复的《太湖流域洪水与水量调度方案》；区域水资源调度方面尚未制定统一的调度方案，主要由各地区根据当地水资源、水环境状况实行相机调度。此外，针对突发污染事件，流域、区域也开展了保障供水安全、保障水生态环境安全的应对调度实践。

2.3.2.1 流域引江济太调度实践

2002 年起，太湖局会同江苏省、浙江省、上海市水利部门，依托现有水利工程，利用流域性骨干河道望虞河、太浦河及流域骨干工程常熟水利枢纽、望亭水利枢纽和太浦河闸泵，实施了引江济太，历经 2002—2003 年引江济太调水试验、2004 年扩大引江济太调水试验，自 2005 年起进入长效运行，引长江水进入太湖及河网地区，增加水资源量的同时，有效改善了水环境，在提升流域水资源与水环境承载能力方面发挥了重要作用。从 2005 年进入长效运行至今，总体可以分为三个阶段：

2005—2006 年，长效运行第一阶段，调度目标是增加流域水资源、改善水环境。这一阶段的调度主要是增加流域水资源供给、加快河湖水体流动、改善河湖水环境，主要在流域用水高峰期开展应急调水。

2007—2009 年，长效运行第二阶段，调度目标提升为增加水资源、改善水环境、保护水生态。2007 年，通过引江济太应急调水有效应对了无锡供水危机。2008 年，国务院批复《太湖流域水环境综合治理总体方案》，明确将引江济太作为综合治理的重要措施之一。由此，防止太湖蓝藻暴发、保障流域水生态及水源地供水安全成为调水的又一重要任务。每年 4—9 月蓝藻暴发高风险时段成为应急调水的重点时段。

2010 年至今，规范化运行新阶段，调度目标进一步提升为增加水资源、保障供水安全，改善水环境、保护水生态。在多年实践基础上，根据引江济太长效运行需要，太湖局和太湖防总先后编制了《太湖流域引江济太调度方案》和《太湖流域洪水与水量调度方案》，使引江济太调度有了法定依据，引江济太进入规范化运行的新阶段。

2010 年上海世界博览会期间，结合雨洪资源利用，通过太浦闸向下游地区供水 18.9 亿 m³/s，日平均流量达 120m³/s，其中增加供水 14.8 亿 m³（相当于 3.4 个青草沙水库设计库容量），较往年同期多供 8 亿多 m³/s，黄浦江松浦大桥水源地氨氮指标从 Ⅴ 类降低至Ⅲ类。引江济太调度为保障世博会期间供水安全、创造世博园区良好水环境做出了重要贡献。

根据上海市青草沙原水系统通水切换工作计划，在 2010 年 12 月 1 日至 2011 年 1 月 15 日严桥原水渠道检修期间，上海市杨树浦、南市、居家桥、陆家嘴等四家水厂将临时在黄浦江下游就地取水。为改善抢修期间临时取水水源地水质，应上海市请求，太湖局综合协调太湖流域两省一市用水需求，组织编制应急调水实施方案，并于 11 月 19 日组织召开引江济太应急调水工作协调会，太湖局和江苏省工程管理部门及时调整了常熟和望亭水利枢纽更新改造施工组织计划，太浦河沿线两省一市水利工程加强控制，确保太浦河清水畅泄。11 月 20 日引江济太应急调水工作正式启动，12 月 30 日，通水切换工作提前完成，引江济太应急调水正式结束。据统计，引江济太应急调水期间，望虞河常熟水利枢纽引水 4.11 亿 m³/s，望亭水利枢纽引水入湖 2.4 亿 m³/s，太浦闸向下游供水 4.5 亿 m³/s，有力保障了黄浦江下游临时取水口水源地的水质稳定。

2013 年 1 月，上海市金山朱泾镇突发水污染事件，严重威胁黄浦江上游水源地供水安全。应上海市要求，太湖局及时联系江苏、浙江两省水行政主管部门，协商紧急开启太浦河泵站，于 11 日 12 时开启太浦河泵站，按 200 m³/s 向下游供水，对抑制污染物随潮水上溯、增大水体稀释能力、保障黄浦江上游水源地供水安全发挥了显著作用。至 15 日 18 时应急供水结束，太浦河泵站共运行 102 小时，累计向下游供水 0.80 亿 m³。

2013 年夏季流域持续晴热高温，面对异常的气象干旱，太湖局坚持统筹防洪、供水两个安全，充分考虑流域供水保障及夏季太湖蓝藻防控需要，于 7 月 22 日即启动引江济太，为近年来梅雨期后最早启动调水工作。本阶段引水一直持续到 10 月 5 日才因强台风"菲特"影响停止。期间，望虞河常熟水利枢纽日引江水量基本维持在 1500 万 m³ 左右，最大日引水量 2240 万 m³，望亭水利枢纽日入湖水量基本维持在 1200 万 m³ 左右，最大日入湖水量达 1700 万 m³。持续大流量引水入湖有效缓解了太湖水位快速下降的态势，避免了流域旱情发生；同时，加快了湖体流动和水量交换，缓解了太湖贡湖等湖湾的蓝藻暴发，保护了太湖供水安全。

2015 年 9 月 30 日，受台风"杜鹃"影响，太浦闸出现倒流。太湖局及时调度关闭太浦闸并组织对开展应急监测，发现太浦河南岸支流京杭运河平西大桥断面锑浓度异常，随后发现太浦河干流锑浓度异常。太湖局于当年国庆期间启动突发水污染事件Ⅲ级应急响应，并及时向流域两省一市环保、水利部门通报情况，向水利部水资源司报告事件处置进展。10 月 3 日太浦闸具备开启条件后，立即实施太浦河应急调度并逐步加大下泄流量至 80 m³/s。江苏、浙江和上海地方政府相关部门启动应对措施，开展应急调查、增加监测并密切关注水质变化情况。据统计，从 10 月 3 日太浦闸开启至 10 月 6 日应急响应结束，太浦闸累计向下游供水 2100 万 m³，对增大水体稀释能力，减少太浦河南岸支流污染物汇入，加快污染物下移，缩短取水口受影响时间起到了积极的作用。

据统计，2002 年至 2017 年年底，引江济太累计通过常熟水利枢纽调引长江水 291.26 亿 m³，年均引长江水 18.20 亿 m³；累计通过望亭水利枢纽引水入湖 130.40 亿 m³，年均引水入湖 8.15 亿 m³；累计通过太浦闸向下游地区增供水 207.22 亿 m³，年均 12.95 亿 m³，详见表 2.3-1。

表 2.3-1　　　　　　　　　**2002 年至 2017 年年底引江济太水量表**　　　　　　　　单位：亿 m³

年份	常熟水利枢纽引水量	望亭水利枢纽入湖量	太浦闸泄水量	其中太浦闸增供水量
2002	18.02	7.91	28.71	9.00
2003	24.16	12.27	31.54	23.19
2004	22.43	10.09	14.69	9.72
2005	10.8	1.98	15.3	14.22
2006	14.66	6.17	18.27	15.34
2007	23.3	13.08	17.72	14.23
2008	22.03	8.92	23.00	15.37
2009	13.08	4.88	20.29	11.61
2010	23.72	10.02	38.57	28.7
2011	31.85	16.08	18.42	8.03
2012	16.12	6.86	20.27	10.90
2013	22.39	11.41	11.55	10.11
2014	20.17	10.56	23.86	9.15
2015	9.61	3.89	33.18	10.8
2016	4.80	1.44	65.47	15.01
2017	14.12	4.84	20.96	1.84
总计	291.26	130.40	401.80	207.22
多年平均	18.20	8.15	25.11	12.95

实践证明，引江济太加快了太湖及河网水体流动，增加了河网水动力，改善了水流条件，促进了河湖有序流动，提高了河道自净能力，同时带动了区域水资源、水环境调度。引江济太使太湖水体置换周期从原来的 309 天缩短至 250 天，加快了太湖水体的置换速度；太湖平均水位抬升 0.09m，相应增加下游河网水量供给（非汛期出湖水量增加），太湖湖区大部分时间保持在 3.0～3.4m 的适宜水位，增加了水环境容量；平原河网水位抬高 0.3～0.4m，太湖、望虞河、太浦河与下游河网的水位差控制在 0.2～0.3m，河网水体流速由调水前的 0.0～0.1m/s 增至 0.2m/s，受益地区河网水体流速明显加快，水体自净能力增强。

根据太湖局引江济太调水效益评估系统评估，2013 年引江济太调水的综合效益为 74.97 亿元，其中直接经济效益 58.57 亿元，对环境和社会的间接效益 16.40 亿元。各水利分区中阳澄淀泖区调水综合效益相对较大，为 51.79 亿元，高于其他水利分区，主要原因是引水线路主要在苏州市境内，环湖增供水和太浦闸下泄增供水亦供给阳澄淀泖区。杭嘉湖区、武澄锡虞区和浦东浦西区的调水综合效益分别为 18.37 亿元、2.54 亿元和 2.27 亿元。2014 年，引江济太调水对经济、社会和生态环境的综合影响为"较大正面影响"，全年引江济太调水增供水的综合效益为 50.97 亿元，其中直接效益 39.82 亿元。行政区中苏州的供水效益最大为 19.89 亿元；其次为嘉兴和上海，分别为 14.79 亿元和 12.69 亿元。

2.3.2.2　太浦河供水调度实践

太浦河是流域的重要泄洪通道，也是流域重要水源地之一。嘉兴市的平湖自来水厂和嘉善自来水厂直接从太浦河取水，上海市重要的水源工程——金泽水库取水水源位于太浦河。为保障饮用水源地供水安全，太浦河工程调度需统筹考虑上下游、左右岸的防洪、除涝、水资源及水环境等多方面需求，科学合理制定调度方案。2011 年批复的《太湖流域洪水与水量调度方案》明确，为保障太湖下游地区供水安全，原则上太浦闸下泄流量不低于 50m³/s，当太湖下游地区发生饮用水源地水质恶化或突发水污染事件时，可加大太浦闸供水流量，必要时启用太浦河泵站增加流量。

为确保太浦河金泽水库取水水质达标，2014 年在金泽水库建设前期工作过程中进行了原型试验，结果表明：金泽断面来水受太浦闸下泄流量、区间汇水和下游潮水的多重影响，当太浦闸分别按照 50m³/s、80m³/s、200m³/s 调度时，金泽断面来水中太浦河下泄流量的比例分别为 18%～27%、30%～31%、77%，太浦闸水流传递到金泽断面所需时间分别为 3.9 天、2.6 天、1.7 天。当金泽水库取水口发生突发性污染事故时，增加太浦闸下泄流量至 200m³/s 的应急调度措施可以满足金泽水库 2～3 天的设计运行条件。

2016 年 12 月 29 日，上海市太浦河金泽水库正式投入使用，日供水规模 351 万 m³。从太浦河干流取水的还有浙江省嘉兴市嘉善县、平湖市的水源地（紧邻金泽水库，位于太浦河南岸），日供水规模 65 万 m³。随着太浦河水源地供水规模大幅增加和人民群众生活水平的日益提高，对保障太浦河供水安全提出了新的更高要求。金泽水库建成后，太浦闸下泄流量一般稳定在 80m³/s 以上，成功保障了下游金泽水源地供水安全。

2.3.2.3　区域调度实践

区域调度实践主要包括湖西区水量调度与水环境改善试验（2013 年）、武澄锡虞区（无锡市）区域调水试验（2013 年、2014 年）、阳澄淀泖区水体有序流动调水试验（2017 年）、杭嘉湖区嘉兴河网地区水资源联合调度试验（2015 年），等等；流域内相关城市正在开展活水畅流工程，包括常州运北片主城区畅流活水工程、无锡市锡澄片骨干河网畅流活水工程、苏州市自流活水工程、嘉兴市水系连通及活水畅流工程，等等。

2.4　太湖流域调度难点及需求

2.4.1　流域调度难点及需求分析

太湖流域具有鲜明的自然、社会特征，地势低平、河网密布、闸泵众多，因为明显的感潮特征和频繁的人类活动，水流往复不定，上下游、左右岸关系复杂，而且流域内经济总量巨大，水安全与经济社会发展的矛盾十分突出，属于全国乃至全世界最复杂的河网地区之一，流域的防洪、供水、水生态环境安全之间相互交织、相互影响，而流域现有调度尚未实现真正意义上的水资源多目标协同联合调度。

2.4.1.1　防洪领域调度需求

1. 遇流域性降雨太湖水位易涨难消，高水位持续时间较长，流域防洪安全与上游地区排泄洪涝水有待协调

太湖是流域防洪调蓄和水资源调配中心，其水位主要受降雨、太湖上游地区来水及环湖口门工程控制运用的影响。洪水期遇流域性降雨，河湖水位齐涨，流域上游地区来水量

大，下游地区河网水位涨率往往高于太湖，太湖排水一定程度上受下游高水位限制，同时，下游外排河道受潮汐顶托，排水受阻，致使洪水期太湖水位呈现上涨快、高水位持续时间长、退水过程慢的特点。鉴于此，亟须加快新孟河、新沟河等流域骨干排水通道建设，通过工程合理调度增加上游地区洪水出路，协调流域防洪安全与上游地区排泄洪涝水的需要；充分挖掘现有水利工程潜力，增加太湖流域洪水外排能力，有效降低太湖水位；从发挥太湖调蓄能力的角度，考虑在汛前对太湖进行提前预泄，提出基于提前预降太湖水位的流域骨干工程调度策略。

2. 汛期统筹太湖流域骨干河道调度与地区防洪除涝难度大

由于城镇化快速发展，圩区规模迅速扩大，加大了流域骨干河道、圩外河道的防洪压力，使洪涝矛盾加剧，较为突出的是望虞河、太浦河及黄浦江上游。尤其是太浦河调度与杭嘉湖区防洪调度的矛盾，杭嘉湖地区目前整体防洪能力不足 20 年一遇标准，在流域集中暴雨和太湖涨水达到高水位期间，杭嘉湖区如果同时发生较大降雨，在太湖急需排水削峰时，往往反要减小太浦河下泄量，对流域防洪的影响较大。

2.4.1.2　供水领域调度需求

1. 流域用水需求总体较为突出，水资源调控能力有待进一步提升

太湖流域本地水资源不足，流域总用水量远大于流域本地水资源量，用水需求仍较为突出。2017 年流域用水总量为 340.5 亿 m^3，远大于多年平均水资源量 176 亿 m^3。同时，太湖流域工业化进程快，城市化水平高，人口密集，经济增长方式尚未根本转变，流域呈现常年水质型缺水。引江济太调水是改善太湖流域水资源配置、修复太湖流域水环境、保障太湖流域用水安全的重要措施。为满足太湖流域经济社会高质量发展的需要，有必要依托太湖流域现有及规划引江济太通道，通过优化工程调度进一步发挥工程效益，增强流域水资源调控能力。

2. 太湖流域高质量发展对太湖水源地供水安全提出了更高要求

太湖流域经济社会发展与环境承载能力之间的矛盾依旧突出，2018 年流域废污水排放量 61.0 亿 t，化学需氧量（COD）、氨氮（NH_3—N）、总磷（TP）入河量仍为流域水功能区纳污能力的 2～3 倍；近几年太湖主要出入湖河道入湖污染负荷总体呈降低趋势，但仍超出湖体限制纳污总量。太湖是流域内重要水源地，是苏州、无锡、嘉兴、湖州等环湖城市的主要生产、生活水源。自 2007 年 5 月无锡供水危机后，中央决定全面开展太湖流域水环境综合治理，国务院于 2008 年 5 月、2013 年 12 月先后批复实施了《太湖流域水环境综合治理总体方案》及其修编。经过多年的流域综合治理和科学实施引江济太，太湖流域水环境得到明显改善，富营养化趋势得到遏制，太湖主要水源地水质总体较好。然而太湖各湖区水质状况有所差异，对太湖水源地水质存在潜在影响；此外，汛期京杭运河水位较高时，可能会造成苏州环湖地区河网水倒流入太湖，一定程度上影响金墅港等水源地水质。因此，在太湖流域高质量发展背景下，需进一步发挥望虞河、新孟河等引水通道引水入湖效益，提升太湖水源地供水安全保障程度。

3. 长三角生态绿色一体化发展示范区建设对太浦河水源地供水安全提出了更高要求

长三角区域一体化已经上升至国家战略，目前中央已明确在江苏苏州吴江地区、浙江嘉兴嘉善地区和上海青浦地区，建设生态绿色一体化发展的示范区。太浦河沿途穿越江苏省吴江区、浙江省嘉善县和上海市青浦区，南岸为杭嘉湖区、北岸为阳澄淀泖区。根据国务院批复的《太湖流域水功能区划（2010—2030 年）》，太浦河从东太湖到西泖河全段划分为苏浙沪调水保护区，长度为 57.6km，水质目标为 Ⅱ～Ⅲ 类。2016 年年底，上海市太浦河金泽水源地正式启用，设计取水规模为 351 万 t/d，加上浙江省嘉兴市此前已建的太浦河水源地取水规模 65 万 t/d，从太浦河取水规模大幅增加。由于太浦河上游地区不合理的产业结构导致含锑污水的大量排放，当杭嘉湖区域遭遇强降雨时，太浦河周边河网含锑水将大量进入干流，太浦河干流锑浓度存在超标风险，而此时太浦闸往往因倒流而被迫关闭。目前，太浦河北岸支河除京杭运河敞开外，其余均已建闸控制，南岸芦墟以东支河口门已全部控制，芦墟以西 7 处支河口门敞开，太浦河两岸未控制支河对太浦河水质有一定影响。太浦河水源地位于苏浙沪交界地区，处于长三角生态绿色一体化发展示范区的核心位置，事关 700 余万群众饮水安全。随着长三角一体化快速发展，对太浦河水源地供水保障水平提出新的更高要求，因此，需要通过优化太浦河闸泵联合调度，应对太浦河干流或周边区域发生水质恶化的情形，提升太浦河水源地供水安全保障程度。

2.4.1.3　水生态环境领域调度需求

太湖暴发大面积蓝藻水华的潜在风险仍然存在，有必要开展水资源联合调度，缓解湖泊水环境危机。近年来太湖营养状况虽有所改善，但太湖氮磷营养盐长期累积，湖体藻型生境已经形成，目前尚未得到有效改变。只要气温、光照、风力等外部条件具备，部分湖区仍有蓝藻水华大面积暴发的可能，受东南季风影响，西北部湖湾、西部沿岸区和湖心区等仍将是蓝藻水华主要发生水域。近几年太湖蓝藻水华发生持续时间均较长，太湖蓝藻多发生于 4—5 月，但发生时间仍具有一定的不确定性，尤其是近几年蓝藻暴发时间有提前趋势，甚至个别年份全年均有蓝藻水华。2013 年 3 月底太湖便出现小面积蓝藻水华，11 月 19 日太湖水华面积达到最大，与 2012 年相比，2013 年太湖蓝藻水华出现时间提前，并且冬季水华强度有所增加；2014 年全年均有蓝藻水华发生，总体以零星湖区水华为主；2017 年，太湖蓝藻数量和蓝藻水华发生最大水华面积均为近年来最高值，其中，太湖蓝藻平均密度为 11766 万个/L，已经超过重度标准（＞8000 万个/L）。据研究，太湖暴发大面积蓝藻水华的潜在风险仍然存在。目前应对蓝藻水华方式多样，人工捞藻、化学灭藻等收效甚微；生境修复、鱼类控藻、生态清淤等手段见效缓慢。因此，需要开展水资源联合调度以缓解湖泊水华危机，保障湖泊尤其是大型富营养化湖泊的水环境安全。

2.4.2　区域调度难点及需求分析

2.4.2.1　防洪领域调度需求

京杭运河沿线排涝能力远超运河安全泄量，区域洪涝调度新问题突出，亟须依托新沟河等新建骨干工程开展洪涝联合调度，拓宽运河沿线排水出路。太湖流域内重要城市防洪包围圈陆续建成，城市自保能力显著提升，环太湖城市总排涝动力近 1900m³/s。但随着城市排涝动力激增，城市涝水外排河道规模与城市大包围排涝能力明显不匹配的问题日益凸显，城市排涝和区域排涝矛盾较大。京杭运河是流域水体转承的主要通道，对于流域防洪、区域排涝具有重要作用。近年来，由于京杭运河沿线苏州、无锡、常州等城市大包围陆续建成，排涝动力显著增强，以及部分原有排涝通道受阻等原因，一直以航运为主要任务的京杭运河两岸排水量加大，京杭运河渐渐成为两岸地区的主要排涝通道。据统计，运河沿线已建和在建的泵站总排涝动力已超过 1500m³/s，其中常州、无锡、苏州都将运河或运河改线段作为其中心城区行洪和排水的主要通道。加之 2007 年太湖蓝藻暴发后，为改善太湖水质，无锡市环太湖口门长期关闭，原主要涝水出路受阻，转而向运河排涝。京杭运河沿线排涝能力远远大于河道安全泄量，京杭运河外排出路也明显不足，区域、城市已建工程缺乏有效协调，一旦遭遇强降雨，京杭运河水位将迅速上涨，给京杭运河沿线区域及上下游各大城市防洪排涝带来巨大的压力。2015 年，京杭运河洛社站最高水位达 5.36m，无锡站水位最高达 5.18m；2016 年，京杭运河无锡站最高水位 5.28m。近年来，京杭运河洛社水文站倒流时间也有所增加，2011 年甚至达到 120 天。此外，各通江河道与京杭运河连接特点不同，特别是望虞河以西的通江河道方向与京杭运河洪水走向基本呈逆水流方向，河道形态上不利于京杭运河洪水快速分泄入江。因此，依托新沟河工程、新孟河工程等流域新建工程，开展新建骨干工程的洪涝联合调控研究，拓宽运河沿线排水出路，缓解运河及地区防洪压力，具有十分重要的现实意义。

2.4.2.2　供水领域调度需求

流域整体供水安全与相关区域水资源配置需求仍需进一步统筹平衡。太湖是流域内最重要的水源地，常年担任着重要的供水任务。经过多年水利建设，流域水资源调控能力虽有较大提升，现状工程可实现中等干旱年（$P=75\%$）水资源供需平衡，但仍然难以满足经济社会高质量发展需求。为保障太湖供水安全，太湖水位应维持在适宜的范围，当太湖水位低于低水位控制线时，为保障流域整体供水安全，需适当限制环湖取引水；然而对环湖地区取水实施控制后，将对太湖周边相关区域生活、农业灌溉及环境用水产生一定影响。因此，供水调度方面，流域整体供水安全与相关区域水资源配置需求仍需进一步统筹平衡。

2.4.2.3　水环境领域调度需求

1. 望虞河西岸地区水环境改善对望虞河西岸控制工程与走马塘工程联合调度提出了需求

望虞河西岸地区水体污染较为严重，为增强望虞河西岸地区河网水体有序流动，避免望虞河西岸地区因"控"致"滞"导致的水质恶化，改善望虞河西岸地区水环境，《太湖流域水环境综合治理总体方案》中提出了走马塘拓浚延伸工程。从走马塘工程实际运用情况看，走马塘张家港枢纽泵排解决了望虞河西岸锡澄地区锡北运河以北地区的排水出路，有效防止了污水进入望虞河。走马塘张家港枢纽排水水量主要来自锡北运河，无法有效解决锡北运河以南地区的排水出路问题，目前，该地区水质状况亟待提升。此外，走马塘张家港枢纽泵排有时会造成望虞河水分流倒灌锡北运河，影响引江济太效益。因此，可考虑望虞河西岸控制工程与走马塘工程进行联合调度，防止引江济太期间西岸地区污水进入望虞河，同时形成西岸地区水体有序流动，改善西岸地区水环境。

2. 杭嘉湖区水环境改善对太嘉河及杭嘉湖区骨干工程联合调度提出了需求

2013 年来，随着五水共治的推进，杭嘉湖区入河污染负荷得到了一定的控制，水环境整体呈现一定程度的好转，但局部区域河网水质仍有待提升。从空间上看，杭嘉湖地区不同水系间东苕溪、西苕溪水质较好，其次环湖河道因与南太湖沟通，其水质相对较好；

而京杭运河水系位于杭嘉湖平原中部地区，因人类活动频繁，其水质相对较差，南排河道因位于排水末端，水质相对最差。从水质指标看，嘉兴地区农业面源污染及居民生活污染对河道的影响较为严重，总氮是主要超标因子，并且一直处于较高水平。近几年，为了改善区域水环境状况，杭嘉湖区开展了多次水环境调度实践，主要引水水源为太湖、太浦河，但是太浦河来水与太浦闸下泄量有直接关系，当太浦闸下泄流量较小时，水质改善效果不明显。此外，太浦河来水含氮类污染物的浓度处于较高的水平，从太浦河引水对改善杭嘉湖区河网水质效果有限。因此，有必要依托太嘉河以及杭嘉湖区骨干工程，研究联合调控策略，增强区域水体流动性，提升区域河网水环境。

2.4.3 多目标调度统筹难点

1. 流域防洪、供水、水生态环境多目标统筹之间的矛盾

由于流域与区域、区域与区域对调度的需求不尽一致，甚至互为矛盾，使得调度统筹难度大。比如，太湖流域内主要为浅水型河湖，水位变幅不大，调蓄能力小，遇降雨极易发生旱涝急转，而且太湖洪水出路不足，水位易涨难消，加上流域中长期水文气象预测预报准确性不高等因素，防洪调度与资源利用存在一定的矛盾，而汛末雨洪资源利用往往又面临台风威胁，加大了多目标统筹调度的难度。

2. 区域防洪与流域水环境保护之间的矛盾

环太湖口门中，武澄锡虞区直湖港至望虞河沙墩港段共有19座节制闸，为保护太湖尤其是梅梁湖湖湾水环境，入太湖口门进行严格控制，造成直武地区南排出路受阻，且由于受京杭运河高水位顶托，靠自流排向京杭运河的雨水严重受阻。根据环太湖口门调度原则，当无锡水位达到4.50m且有继续升高趋势，而太湖水位低于此水位时，由无锡市防总综合分析，决定是否打开沿太湖节制闸向太湖泄水。尽管根据调度原则，无锡水位达到4.50m可以开闸泄洪，但近几年实际调度中，通常无锡水位达到5.00m才开闸泄洪，区域防洪与流域水环境保护需进一步协调。

3

基于多目标协同的水资源联合调度技术

为实现太湖流域水资源多目标优化调度及多目标智能决策，构建太湖流域水资源多目标协同联合调度模型；在现有流域河网水量水质数学模型的基础上，扩充完善调度方案管理、调度目标管理、调度方案分析等功能，开发优化决策模块与相应接口，耦合形成保障水安全的太湖流域水资源联合调度决策系统，集成形成基于多目标协同的水资源联合调度技术。

3.1 关键技术研究思路

太湖流域水资源联合调度主要承担保障流域与区域防洪安全、水资源供给安全、水生态环境安全的任务，而这三方面任务相互交织、相互竞争。水资源系统联合调度最优方案的确定，本质是决策者追求约束条件下的最优目标。根据研究问题的特征不同，联合调度的决策问题又可以分为多目标决策和多属性决策两类。其中，多目标决策一般不预先给出调度方案，决策者需要在一定的调度目标和约束条件下，通过优化算法求解出解空间中的最优方案；而多属性决策则事先给定若干组备选方案，从中优选得到推荐调度方案。

太湖流域水利工程众多，工程调度与区域内的水位、水量及水质指标间具有复杂的非线性关系，且调度需求、制约因素众多，故其联合调度优化求解过程复杂、约束条件多，具有显著的非结构化特征，如直接采用优化算法驱动流域水量-水质联合调度模型求解，不仅计算代价巨大，而且未必能够得到理想的求解结果。因此，针对太湖流域调度特点，以复杂水系水资源多目标调度协同策略为基础，构建用于决策优选的指标体系；构建太湖流域水资源多目标协同联合调度模块，并在现有太湖流域河网水量水质数学模型的基础上，扩充完善调度目标管理、调度方案分析等功能，开发优化决策模块相应接口，耦合形成保障水安全的太湖流域水资源联合调度决策系统，形成基于多目标协同的水资源联合调度技术。

太湖流域水资源联合调度方案的决策优选主要采用该决策系统，按照太湖流域水量水质数学模型与水资源多目标协同联合调度决策模块联合求解的模式进行。通过拟定满足流域、区域多目标的调度方案集，由太湖流域水量水质数学模型进行不同调度方案集模拟，以水量水质模拟结果作为水资源联合调度决策的输入，通过联合调度决策模型的计算和评估，实现流域水资源多目标协同联合调度方案的优选决策，见图 3.1-1。

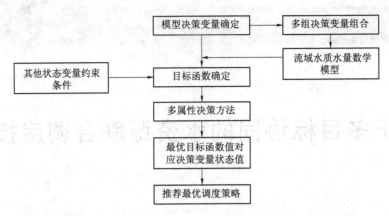

图 3.1-1 基于多目标协同的水资源联合调度技术示意图

3.2 多目标协同的联合调度技术理论基础

3.2.1 水资源联合调度多目标协同情景框架

太湖流域多目标优化调度需体现两方面内涵，一方面是防洪、供水以及水生态环境调度目标协同，即从时间尺度分析，流域在旱涝不同水情期之间的防洪、供水、水生态环境调度目标存在协调的需求；另一方面是流域、区域、城市协同调度，即在空间层面，在特定水情期，流域与区域之间的调度目标也需要互相协同。本节针对太湖流域复杂江河湖水资源联合调度存在的问题与难点，围绕复杂水系防洪、供水、水生态环境改善等多目标优化调度理论与技术需求，基于协同理论与层次分析法等理论方法，采用"问题筛选-情景构建-案例剖析-策略构建-决策优选"的全过程技术思路，通过剖析流域不同水情期、流域-区域、区域-区域、区域-城市等多目标调度矛盾与问题，考虑时间和空间两种层面，筛选典型的水资源多目标协同调度情景案例，提出集合时间与空间双重层面多目标调度矛盾的协同策略，用于指导调度方案拟订，形成多目标协同的联合调度技术的理论基础，见图 3.2-1。

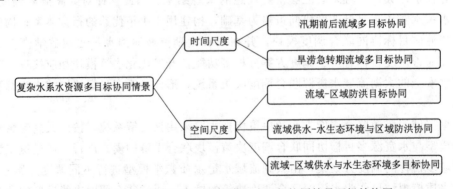

图 3.2-1 太湖流域复杂水系水资源多目标协同情景逻辑结构图

3.2.2 多目标协同情景与协同策略

3.2.2.1 汛期前后流域多目标协同策略

1. 协同情景

2015 年与 2016 年，太湖流域均发生了持续强降雨引发的超标准洪水，在进入梅雨季节前已发生明显洪水，而且洪水水量较历史同期增加显著。受此影响，太湖水位快速上涨，2015 年太湖水位从入梅日的 3.27m（6 月 7 日 8 时）上涨至出梅日的 4.17m（7 月 13 日 8 时），累计涨幅达 0.90m；地区河网水位全面超警戒水位，流域北部区域普遍超保证水位，金坛、京杭运河常州钟楼闸、无锡（大）、洛社、青阳、望虞河琳桥等 6 个站点水位超历史纪录，其中常州钟楼闸站两次刷新纪录，2015 年超历史记录达 0.91m。随着气候变化带来的流域降雨增加等不确定性因素影响，太湖流域发生类似超标准洪水的概率较以往可能会有所增加。

汛后，随着太湖洪水及区域洪涝持续外排，流域及区域河网水位都得到明显降低。考虑到极端天气等影响，流域存在着突发干旱等风险。例如，2013 年夏季，7 月 7 日出梅后，流域持续晴热高温，降雨严重偏少，至 8 月中旬降雨一度偏少近 7 成，甚至少于枯水典型年 1971 年、1978 年同时段降雨量，太湖水位快速下降。

因此，汛期防洪除涝与汛后干旱防治等不同水情期目标协同是流域重要的多目标协同情景。

2. 协同策略

首先针对汛前流域防洪、供水和水生态环境协同问题，在加强流域汛前降水预报的前提下，综合考虑汛前流域供水需求，通过汛前控制望虞河引水、加大太浦河供水等措施提前预降太湖水位，同时保证下游地区供水与水生态环境安全；汛后期，为尽可能提高雨洪资源的利用率，采取太湖与区域水位缓降的方式，减少汛后期引水成本。

3.2.2.2 旱涝急转期流域多目标协同策略

1. 协同情景

2013 年夏季，太湖流域遭遇了历史罕见的持续高温天气，部分地区旱情严重。7 月 7 日出梅后，流域进入晴热高温少雨天气，至 8 月 17 日，流域降雨量仅 58.9mm，较常年同期偏少近 7 成，甚至少于 1971 年干旱年同期降雨量（62.2mm）。为此，太湖流域于 7 月 22 日启动引江济太水量调度，截至 10 月 15 日，共通过常熟水利枢纽调引长江水 16.8 亿 m³，通过望亭水利枢纽引水入湖 9.3 亿 m³（相当于太湖 0.4m 蓄水量），通过太浦河向下游增供水 7.61 亿 m³。然而，10 月 5 日强台风"菲特"使得流域突发旱涝急转现象，台风期间太湖水位达到 4.64m 的历史新高。因此，协调旱涝急转突发汛情也是关乎流域水安全保障的重要协同情景。

2. 协同策略

针对上述旱涝急转期流域多目标协同问题情景，在加强流域降水预报，明确流域潜在发生洪涝区域的前提下，提前适当减少流域引江水量，为太湖等湖库留存适当的蓄洪空间。在发生旱涝急转后，在加强流域洪涝排泄的同时，要尽量确保流域与区域水源地及其他水功能区水质安全。

3.2.2.3 流域-区域防洪目标协同策略

1. 协同情景

（1）太湖经望虞河排水与武澄锡虞区排涝矛盾情景。望虞河东控西敞，上游客水压境和区域涝水的双重压力，使得望虞河西岸的防汛压力巨大。望虞河设计行洪能力为450m³/s，若全力排泄太湖洪水，1天时间预计能降低太湖水位1cm左右；若用于排泄区域涝水，预计能降低区域河网水位10～20cm。

（2）太浦河泄洪与杭嘉湖区洪涝北排矛盾情景。太浦河作为流域骨干河道，除了排泄太湖洪水以外，还要为下游地区涝水提供出路。由于太浦河南岸未实施有效控制，行洪期间，为避免太浦河洪水顶托南部杭嘉湖地区涝水北排或倒灌杭嘉湖地区，太浦闸需按太浦河平望水位3.30m控制行洪。但平望洪水位主要受杭嘉湖区降雨影响，受太浦闸下泄流量影响较小。在流域集中暴雨和太湖涨水达到高水位期间，下游地区往往同时发生较大降雨，在太湖急需排水削峰时，往往反要减小太浦河下泄量。

（3）汛期太湖高水位与上游湖西区排泄洪涝水需求的矛盾情景。太湖处于流域上游，是流域防洪调蓄和水资源调配中心。洪水期遇流域性降雨，河湖水位齐涨，下游涨率往往高于太湖，太湖排水受下游高水位限制。同时，下游外排河道受潮汐顶托，排水受阻，进而致使太湖水位洪水期呈现上涨快、持续时间长、退水过程慢的特点。而上游湖西区洪水也需要及时排泄，流域与区域防洪安全需要进一步协调。

2. 协同策略

（1）流域与武澄锡虞区防洪调度协同策略。本着重点防洪保护对象优先原则，应首先考虑太湖防洪压力与泄水通畅。锡澄地区是否可通过望虞河泄水与太湖水位以及锡澄地区水位均有关，根据目标满足程度最大与综合经济损失最小原则，当锡澄片水位高于地区汛限水位，并有进一步升高趋势，且太湖尚未经望虞河排水时，应错峰保证望虞河西岸地区涝水排泄。如太湖水位高于警戒水位，且持续上升，则应首先确保太湖泄洪安全。

（2）流域与杭嘉湖区防洪调度协同策略。太浦河泄洪与杭嘉湖地区排涝矛盾突出，尤其是流域集中暴雨时更为明显。本着重点防洪保护对象优先原则与综合经济损失最小原则，流域遭遇此防洪调度矛盾时，应首先确保太湖安全，维持太浦河下泄洪水水量。杭嘉湖区应加强南排工程与城市防洪工程建设，提高地区防洪除涝标准，提高太浦河平望站控制水位，在遭遇流域暴雨洪水时不影响太湖行洪与地区防洪。

（3）流域与湖西区防洪调度协同策略。一是需要加快新孟河、新沟河等流域骨干排水通道建设，增加洪水出路；二是充分挖掘现有水利工程潜力，增加太湖流域洪水外排能力，有效降低太湖水位。

3.2.2.4 流域供水-水生态环境与区域防洪目标协同策略

1. 武澄锡虞区环湖口门泄洪与太湖水质保护协同情景

根据环太湖口门调度原则，汛期当无锡水位达到4.50m且有继续升高趋势，而太湖水位低于地区水位时，可向太湖排水。然而，区域涝水如果排入太湖后再由太湖经望虞河、太浦河排江入海，不仅延长了排洪路径，还可能造成大量区域污染物随洪水被携带入湖。

2. 协同策略

该矛盾应本着目标满足程度最大原则与相机调度原则，综合考虑武澄锡虞区防洪排涝安全与太湖水质保护需求，通过数值计算形成汛期无锡水位达到 4.50m 且有继续升高趋势情况下，武澄锡虞区向太湖泄水的适宜流量与排水时长。若无锡水位进一步上升至超保证水位时，应遵循重点防洪保护对象优先原则与综合经济损失最小原则，首先考虑降低无锡水位。

3.2.2.5 流域-区域供水与水生态环境目标协同策略

1. 协同情景

（1）供水调度期太湖低水位与环湖地区取水协同案例。为保障太湖供水安全，太湖水位应维持在一定范围内，从而对太浦闸下泄量有一定的要求。当太湖水位低于调水限制水位时，流域骨干引水河道望虞河和新孟河引长江水相机入太湖；当太湖水位低于低水位控制线时，须启用望虞河常熟枢纽和新孟河界牌水利枢纽泵站，抽引长江水入太湖，加大入湖水量，同时，为保障流域整体供水安全，适当限制环湖取引水。但是对环湖地区取水实施控制后，将对相关区域生活及环境用水产生影响，难以满足其供水、航运、农业灌溉、水环境等需求，较为典型的是嘉兴市。

（2）望虞河西岸地区水环境改善与引江济太协同情景。望虞河西岸地区水体污染较为严重，为增强望虞河西岸地区河网水体有序流动，避免望虞河西岸地区因"控"致"滞"导致的水质恶化，改善望虞河西岸地区水环境，《太湖流域水环境综合治理总体方案》中提出了走马塘拓浚延伸工程。从走马塘工程实际运用情况看，无法有效解决锡北运河以南地区的排水出路问题，目前，该地区水质状况亟待提升。此外，走马塘张家港枢纽泵排有时会造成望虞河水分流倒灌西岸地区，影响引江济太效益。

2. 协同策略

（1）太湖低水位与环湖地区取水协同策略。遵循权益各方对等互让原则，适当减少太浦河下游区域取用水量，保障太湖环湖各区水资源利用的平等权益。同时，制定该调度时段太浦河下游区域取用水与水资源循环利用应急方案，减轻下游取用水对太浦河下泄水量的依赖程度。重点是制定在太湖处于不同低水位情景下，太浦河具体的下泄水量与下游区域取用水量方案。

（2）望虞河西岸地区水环境改善与引江济太协同策略。针对望虞河西岸地区水环境改善与引江济太协同情景，考虑望虞河西岸控制工程与走马塘工程进行联合调度，防止引江济太期间西岸地区污水进入望虞河，同时优化望虞河西岸地区引水的时空分配，形成西岸地区水体有序流动，促进西岸地区水环境改善。

3.3 太湖流域水资源多目标协同联合调度模型

太湖流域水资源多目标协同联合调度模型是水资源联合调度决策系统的核心计算模块。为实现太湖流域水资源多目标调度的决策优选，目标函数和决策优选方法是太湖流域水资源多目标协同联合调度模型的核心，其中，目标函数用于评估不同方案对于不同调度目标的响应，目标函数的确定又与决策指标体系以及指标权重等密切相关；决策优选方法则是联合调度模型的关键，模型决策优选结果在一定程度上受到决策优选方法影响。

3.3.1　联合调度模型决策指标体系

决策变量是指最优决策问题中所涉及的与约束条件和目标函数有关的待确定的控制变量或操作变量。一组决策变量相对应的状态即为最优决策问题的一组方案。太湖流域水资源多目标协同联合调度模型的决策变量即决策指标体系，用于流域水资源联合调度优化与决策优选。

本书立足太湖流域实际，在水利部公益性行业科研专项项目"太湖流域综合调度及河湖有序流动技术研究"（201501015）的专题成果"太湖流域综合调度目标研究"基础上做了进一步完善，分别从防洪目标领域、供水目标领域、水生态环境目标领域，从流域区域防洪风险、骨干工程外排效果、太湖预泄效果、水源地供水安全保障程度、流域区域水生态环境改善情况等方面考虑，并借鉴国内外水资源调度领域相关成果，最终提出联合调度模型决策指标，见表 3.3-1。

表 3.3-1　　　　　　　　　　联合调度模型决策指标体系

对　象　层	指　标　层	对　象　层	指　标　层
防洪	重点外排枢纽排水效率	供水	饮用水水源地水质改善度
	防洪代表站超保风险		饮用水水源地水质达标保证率
	区域外排水量系数	水生态环境	湖泊生态水位满足度
	预泄目标满足度		调度影响区水质改善程度
供水	供水代表站水位满足度		河道流速改善程度
	骨干引供水工程供水效率		重点口门引供水成本

1. 防洪目标领域决策指标

防洪目标领域选择重点外排枢纽的排水效率、防洪代表站的超保风险、区域外排水量系数以及预泄目标满足度 4 个指标作为决策变量。

（1）重点外排枢纽 i 的排水效率 DS_i：

$$DS_i = Q_i / Q_i^d \cdot (Z_i / Z_i^w)^{-1} \tag{3.3-1}$$

式中：Q_i 为重点外排枢纽 i 控制断面实际泄流流量；Q_i^d 为重点外排枢纽 i 最大设计过流流量；Z_i 为调度期间流域与区域代表站实际水位；Z_i^w 为流域与区域代表站防洪警戒水位。

重点外排枢纽 i 的排水效率 DS_i 为越大越好型指标。

（2）防洪代表站 i 的超保风险 CB_i：

$$CB_i = [H_i^f(t) - H_i^w] / H_i^w \cdot t \tag{3.3-2}$$

式中：$H_i^f(t)$ 为 t 时刻防洪代表站 i 的水位；H_i^w 为防洪代表站的保证水位；t 为超保时长。

防洪代表站 i 的超保风险 CB_i 为越小越好型指标。

（3）区域 i 的外排水量系数 WP_i：

$$WP_i = P_i / (R_i + W_i) \tag{3.3-3}$$

式中：P_i 为调度期内区域 i 的外排水量；R_i 为调度期内区域 i 的本地产水量；W_i 为调度期内区域 i 的其他区域来水量。

区域 i 的外排水量系数 WP_i 为越大越好型指标。

（4）预泄目标满足度 PY。针对太湖预泄调度，如果 4 月 1 日太湖计算水位 $Z_{4/1}$ 满足预泄目标，即太湖水位不超过 3.1m，则 $PY=1$；若不满足预泄目标，即 4 月 1 日太湖水位超过 3.1m，则：

$Z_{4/1}-3.1\mathrm{m}$ 不超过 0.02m，$PY=0.8$；

$Z_{4/1}-3.1\mathrm{m}$ 不超过 0.04m，$PY=0.6$；

$Z_{4/1}-3.1\mathrm{m}$ 不超过 0.06m，$PY=0.4$；

$Z_{4/1}-3.1\mathrm{m}$ 不超过 0.08m，$PY=0.2$；

$Z_{4/1}-3.1\mathrm{m}$ 超过 0.08m，$PY=0$。

预泄目标满足度 PY 为越大越好型指标。

2. 供水目标领域决策指标

供水目标领域选择骨干引供水工程的供水效率、供水代表站水位满足度、水源地水质指标（NH_3—N、DO、TN、TP、COD）的改善程度、水源地水质指标（NH_3—N、DO、TP、COD）的达标保证率 4 个指标作为决策变量。

（1）骨干引供水工程 i 的供水效率 η_i：

$$\eta_i = \frac{R_i}{Y_i} \tag{3.3-4}$$

式中：R_i 为骨干引供水工程 i 的入湖水量；Y_i 为骨干引供水工程 i 的沿江引水水量。

骨干引供水工程 i 的供水效率 η_i 为越大越好型指标。

（2）供水代表站 i 的水位满足度（满足时长）PG_i：

$$PG_i = \sum_{t=1}^{T} \mathrm{sgn}[H_i^g(t) - H_i^s] \tag{3.3-5}$$

式中：$H_i^g(t)$ 为第 t 时刻供水代表站 i 的水位；H_i^s 为供水代表站 i 的允许最低旬均水位；$\mathrm{sgn}(*)$ 为符号函数，若 $*$ 值大于 0，$\mathrm{sgn}(*)$ 值为 1，否则 $\mathrm{sgn}(*)$ 值为 0。

供水代表站 i 的水位满足度（满足时长）PG_i 为越大越好型指标。

（3）水源地 i 的水质指标 x（NH_3—N、DO、TN、TP、COD）的改善程度 ID_i^x：

$$ID_i^x = \frac{R_i^x(1) - R_i^x(t)}{R_i^x(1)} \tag{3.3-6}$$

式中：$R_i^x(t)$ 为水源地 i 的水质指标 x 在时刻 t 的浓度值。

水源地 i 的水质指标 x（NH_3—N、DO、TN、TP、COD）的改善程度 ID_i^x 为越大越好型指标。

（4）水源地 i 的水质指标 x（NH_3—N、DO、TP、COD）的达标保证率 PQ_i^x：

$$PQ_i^x = \frac{\sum_{i=1}^{T} \mathrm{sgn}[R_i^x(t) - R^x] \cdot \Delta t}{T} \tag{3.3-7}$$

式中：$R_i^x(t)$ 为水源地 i 的水质指标 x 在时刻 t 的浓度值；R^x 为水质指标 x 满足Ⅲ类的临界值；$\text{sgn}(*)$ 为符号函数，若 $*$ 值大于 0，$\text{sgn}(*)$ 值为 1，否则 $\text{sgn}(*)$ 值为 0；Δt 为调度步长；T 为调度期长。

水源地 i 的水质指标 x（$NH_3—N$、DO、TP、COD）的达标保证率 PQ_i^x 为越大越好型指标（TN 不参加）。

3. 水生态环境目标领域决策指标

（1）湖泊 i 生态水位保证率 PW_i：

$$PW_i = \frac{\sum_{t=1}^{T} \text{sgn}[WL_i(t) - WL_{Bi}]}{T} \qquad (3.3-8)$$

式中：$WL_i(t)$ 为湖泊 i 时刻 t 的计算水位；WL_{Bi} 为湖泊 i 的生态水位；$\text{sgn}(*)$ 为符号函数，若 $*$ 值大于 0，$\text{sgn}(*)$ 值为 1，否则 $\text{sgn}(*)$ 值为 0；T 为调度期长。

湖泊 i 生态水位保证率 PW_i 表征满足湖泊生态水位要求的程度，为越大越好型指标。

（2）调度影响区（代表断面 i）的水质指标 x（$NH_3—N$、DO、TN、TP、COD）的改善程度 WD_i^x：

$$WD_i^x = \frac{PT_i^x(1) - PT_i^x(t)}{PT_i^x(1)} \qquad (3.3-9)$$

式中：$PT_i^x(t)$ 调度影响区代表断面 i 的水质指标 x 在时刻 t 的浓度值。

调度影响区代表断面 i 的水质指标 x（$NH_3—N$、DO、TN、TP、COD）的改善程度 WD_i^x 为越大越好型指标。

（3）河道（代表断面 i）的流速改善程度 WL_i：

$$WL_i = \frac{v_i(t) - v_i(1)}{v_i(1)} \qquad (3.3-10)$$

式中：$v_i(t)$ 为河道代表断面 i 时刻 t 的流速。

河道代表断面 i 的流速改善程度 WL_i 为越大越好型指标。

（4）重点口门 i 的引供水成本（泵引水量）W_i：

$$W_i = \sum_{1}^{T} Q_i^P(t) \qquad (3.3-11)$$

式中：$Q_i^P(t)$ 为重点口门 i 在时刻 t 的引水流量。

重点口门 i 的引供水成本 W_i 为越小越好型指标。

4. 指标归一化

为了消除指标间物理量纲不同对计算结果的影响，对指标进行归一化处理。假设有 m 个方案，每个方案包括 n 个指标，那么关于 n 个指标的特征值矩阵为：

$$X = (x_{ij})_{m \times n} = \begin{bmatrix} x_{11} & x_{12} & \cdots & x_{1n} \\ x_{21} & x_{22} & \cdots & x_{2n} \\ \vdots & \vdots & \cdots & \vdots \\ x_{m1} & x_{m2} & \cdots & x_{mn} \end{bmatrix} \quad (i=1,2,\cdots,m; j=1,2,\cdots,n)$$

$$(3.3-12)$$

式中：x_{ij} 为第 i 个方案的第 j 个指标。

按照下述公式将特征值矩阵 $X=(x_{ij})_{m\times n}$ 进行归一化处理，得到归一化矩阵 $R=(r_{ij})_{m\times n}$。

递减型（越大越优型）：

$$r_{ij}=\frac{x_{ij}-\min x_{ij}}{\max x_{ij}-\min x_{ij}} \tag{3.3-13}$$

递增型（越小越优型）：

$$r_{ij}=\frac{\max x_{ij}-x_{ij}}{\max x_{ij}-\min x_{ij}} \tag{3.3-14}$$

式中：r_{ij} 为第 i 个方案的第 j 个指标的归一化指标值；$\max x_{ij}$ 为总体中指标 j 的最大特征值；$\min x_{ij}$ 为总体中指标 j 的最小特征值。

对于部分决策指标，存在各方案间差异较小的可能情况，这种情况下按上述归一化方法进行归一化后，可能造成其归一化后差异十分显著，不能较好地反映实际情况。鉴于此，联合调度模型归一化时支持用户根据经验定义特定指标或特定站点的最大值、最小值，使得指标归一化值尽可能反映各方案间实际差异情况。

3.3.2 决策指标权重确定

3.3.2.1 决策指标权重分配方法

本书中决策指标体系权重分配方法采用层次分析法，具体按以下步骤进行。

（1）建立层次结构模型：针对评价问题，将评价对象所包含的因素划分为不同层次，一般可分为目标层、对象层和指标层。

（2）构造判断矩阵：判断矩阵表示针对上一层次某因素，本层次与其有关因素间相对重要的比较。判断矩阵是计算权重的根据，是唯一的信息来源，对最终结果有决定性影响，因此，构造判断矩阵是 AHP 中非常重要的一步。构造判断矩阵时对层间有连线的元素，进行两两对比，并按其重要程度评定等级。记 a_{ij} 为 i 元素比 j 元素的重要性等级，a_{ij} 赋值及其重要性含义见表 3.3-2。将两两比较结果构成的矩阵 $A=[a_{ij}]$ 称作判断矩阵。可知，$a_{ij}>0$，$a_{ii}=1$ 且 $a_{ij}=1/a_{ji}$。

表 3.3-2　　　　判　断　矩　阵

a_{ij} 赋值	重要性等级	a_{ij} 赋值	重要性等级
1	i，j 两元素同样重要	9	i 元素比 j 元素绝对重要
3	i 元素比 j 元素稍重要	2，4，6，8	上述两相邻判断的中值
5	i 元素比 j 元素比较重要	倒数	i 元素与 j 元素比较结果的反值
7	i 元素比 j 元素十分重要		

（3）计算权重向量：为了从判断矩阵群中提炼出有用的信息，达到对事物的规律性认识，为决策提供科学的依据，需要计算每个判断矩阵的权重向量和全体判断矩阵的合成权重向量。本书采用和值法求判断矩阵的权重向量。

首先将判断矩阵每一列正规化：

$$\overline{a_{ij}} = \frac{a_{ij}}{\sum\limits_{j=1}^{n} a_{ij}} \quad (i,j=1,2,\cdots,n) \tag{3.3-15}$$

然后每一列经正规化后的判断矩阵按行相加：

$$\overline{w_i} = \sum_{j=1}^{n} \overline{a_{ij}} \quad (i,j=1,2,\cdots,n) \tag{3.3-16}$$

最后对向量 $\overline{w} = (\overline{w_1}, \overline{w_2}, \cdots, \overline{w_n})^{\mathrm{T}}$ 正规化：

$$\overline{w_{ij}} = \frac{w_i}{\sum\limits_{j=1}^{n} \overline{w_j}} \quad (i,j=1,2,\cdots,n) \tag{3.3-17}$$

所得到的 $\overline{w} = (\overline{w_1}, \overline{w_2}, \cdots, \overline{w_n})^{\mathrm{T}}$ 即为所求的权重向量。

（4）判断矩阵的一致性。在判断矩阵的构造中，并不要求具有传递性和一致性，这是由客观事物的复杂性与人的认识的多样性决定的。但要求将判断矩阵的偏差限制在一定范围内，使矩阵满足大体上的一致性，因此，要对判断矩阵的一致性进行检验。

求矩阵的最大特征值 $l_{\max}$，并按下式计算 CI、CR 值：

$$CI = \frac{l_{\max} - n}{n-1} \tag{3.3-18}$$

$$CR = \frac{CI}{RI} \tag{3.3-19}$$

式中：CI 为判断矩阵一致性指标；CR 为一致性比例；RI 为平均随机一致性指标，其值的大小与评价因子的个数有关，RI 值见表 3.3-3。

表 3.3-3 平均随机一致性指标 RI 值

阶数	RI 值	阶数	RI 值
1	0	8	1.41
2	0	9	1.45
3	0.58	10	1.49
4	0.90	11	1.51
5	1.12	12	1.48
6	1.24	13	1.56
7	1.32	14	1.57

一般的，一致性比例 CR 越小，判断矩阵的一致性越好。当一致性比例 $CR < 0.1$ 时，认为判断矩阵有满意的一致性，特征向量即可作为权重向量；否则需要重新调整和修正判断矩阵，使其满足 $CR < 0.1$。当阶数 $n < 3$ 时，判断矩阵具有完全一致性。

（5）获得层次总排序。计算同一层次所有因素对于最高层（目标层）相对重要性排序权值称为总排序，该过程是从最高层到最低层逐层进行的，若上一层 A 包含有 m 个因素，A_1，A_2，$\cdots$，A_m，其层次总排序权值分别为 a_1，a_2，$\cdots$，a_m，下一层次 B 包含 n 个因素，B_1，B_2，$\cdots$，B_n，且相对于因素 A_j 的单排序权值分别为 b_{1j}，b_{2j}，$\cdots$，b_{nj}（当 B_k 与 A_j 无关联时，$b_{kj}=0$），此时 B 层次总排序权值为：

$$B_1 = \sum_{j=1}^{m} a_j b_{1j}, B_2 = \sum_{j=1}^{m} a_j b_{2j}, \cdots, B_n = \sum_{j=1}^{m} a_j b_{nj} \qquad (3.3-20)$$

再按 B_i 值从大到小排序并编写对象名次，便得层次总排序。

3.3.2.2 决策指标权重分配缺省方案

太湖流域水资源联合调度需综合考虑防洪、供水与水生态环境调度目标，不同水情条件下，流域在防洪、供水与水生态环境调度方面的侧重点有所不同，而同一时期太湖流域及流域内不同区域调度需求与目标也存在差异。因此，本书从流域层面统筹考虑，划分 4 种基础调度情景，并分别计算各调度情景防洪、供水、水生态环境目标层以及下属各调度指标的权重。

太湖流域实际调度中太湖水位是调度期划分的依据，为与实际调度衔接，本书依据太湖水位进行调度情景划分，具体为：

（1）防洪调度情景：太湖水位处于防洪控制水位以上，流域以防洪调度为主。

（2）水生态环境调度情景：太湖水位处于防洪控制水位与调水限制水位之间，水生态环境调度重于防洪与供水调度。

（3）供水与水生态环境调度情景：太湖水位处于调水限制水位以下，且高于 2.8m，供水与水生态环境调度并重。

（4）太湖水位在 2.8m 水位以下，流域以供水调度为主，详见图 3.3-1。

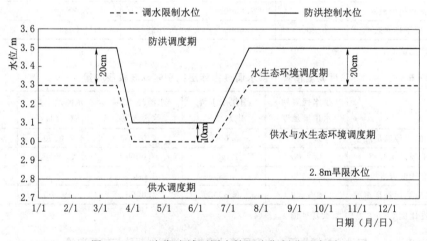

图 3.3-1 太湖流域不同水情调度期划分示意图

1. 防洪调度情景

防洪调度情景下对象层防洪调度、供水调度以及水生态环境调度相互间的权重向量赋值依据《太湖流域洪水与水量调度方案》中防洪安全保障优先的原则，综合考虑供水安全与水生态环境安全，防洪调度较供水调度和水生态环境调度的重要性处于绝对优势地位，防洪调度过程中同时需保证流域重要饮用水源地供水安全，而水生态环境安全保障相对处于兼顾的地位，根据该原则构建防洪调度情景下对象层判别矩阵，并得到权重向量值，详见表 3.3-4。防洪调度指标中，防洪代表站超保风险与区域外排水量系数、重点外排枢纽排水效率相比处于十分重要地位，权重比设置为 7:1；防洪代表站超保风险与预泄目标满足度则稍重要，权重比设置为 3：1（表 3.3-5）。供水调度指标中，供水代表站水位满足度与水源地水质改善度、水源地水质达标保证率相比，处于十分重要的地位，权重比设置为 7：1，供水代表站水位满足度与引水工程供水效率相比，处于比较重要的地位，权重比设置为 5：1（表 3.3-6）。水生态环境调度指标中湖泊生态水位通常满足，而调度影响区水质改善程度应当是重点，其次是河道流速改善程度与重点口门引供水成本指标（表 3.3-7）。

表 3.3-4　　　　　　　　防洪调度情景下对象层判别矩阵与权重向量值

联合调度	防洪调度	供水调度	水生态环境调度	$\overline{W_i}$
防洪调度	1.00	7.00	9.00	0.7928
供水调度	0.14	1.00	2.00	0.1312
水生态环境调度	0.11	0.50	1.00	0.0760

注　一致性比例 $CR=0.02$；最大特征值 $\lambda_{max}=3.02$。

表 3.3-5　　　　　　　防洪调度情景下防洪调度指标层判别矩阵与权重向量

防洪调度	预泄目标满足度	区域外排水量系数	防洪代表站超保风险	重点外排枢纽排水效率	$\overline{W_i}$
预泄目标满足度	1.0000	5.0000	0.3333	5.0000	0.2825
区域外排水量系数	0.2000	1.0000	0.1429	1.0000	0.0674
防洪代表站超保风险	3.0000	7.0000	1.0000	7.0000	0.5827
重点外排枢纽排水效率	0.2000	1.0000	0.1429	1.0000	0.0674

注　一致性比例 $CR=0.03$；最大特征值 $\lambda_{max}=4.07$。

表 3.3-6　　　　　　防洪调度情景下供水调度指标层判别矩阵与权重向量

供水调度	供水代表站水位满足度	引供水工程供水效率	水源地水质改善程度	水源地水质达标保证率	$\overline{W_i}$
供水代表站水位满足度	1.0000	5.0000	7.0000	7.0000	0.6570
引供水工程供水效率	0.2000	1.0000	3.0000	3.0000	0.1911
水源地水质改善程度	0.1429	0.3333	1.0000	1.0000	0.0760
水源地水质达标保证率	0.1429	0.3333	1.0000	1.0000	0.0760

注　一致性比例 $CR=0.03$；最大特征值 $\lambda_{max}=4.07$。

表 3.3-7　　　防洪调度情景下水生态环境调度指标层判别矩阵与权重向量

水生态环境调度	调度影响区水质改善度	河道流速改善程度	湖泊生态水位满足度	重点口门引供水成本	$\overline{W_i}$
调度影响区水质改善度	1.0000	3.0000	5.0000	7.0000	0.5650
河道流速改善程度	0.3333	1.0000	3.0000	5.0000	0.2622
湖泊生态水位满足度	0.2000	0.3333	1.0000	3.0000	0.1175
重点口门引供水成本	0.1429	0.2000	0.3333	1.0000	0.0553

注　一致性比例 $CR=0.08$；最大特征值 $\lambda_{max}=4.22$。

表 3.3-4～表 3.3-7 中各判别矩阵的一致性比例 CR 均低于 0.1，表明联合调度对象层判别矩阵、防洪调度、供水调度以及水生态环境调度的判断矩阵均有很好的一致性，

各判别矩阵的权重向量赋值合理。

防洪调度情景下，对象层与指标层权重分配方案见图 3.3-2。从指标的权重排序可知，防洪调度情景下，代表站超保风险指标权重最高，预泄目标满足度指标次之，客观反映了防洪调度安全保障的实际情况；供水代表站水位满足度等指标的权重次之，较好地体现了防洪安全保障优先、综合考虑供水安全与水生态环境安全的原则。

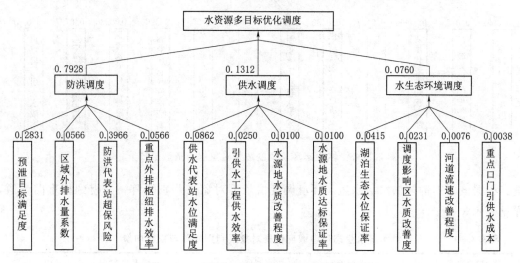

图 3.3-2　防洪调度情景对象层与指标层权重

2. 水生态环境调度情景

水生态环境调度情景下太湖流域水资源多目标调度应以水生态环境调度为重心，同时兼顾防洪调度和供水调度，但防洪调度较供水调度稍重要，水生态环境调度相对于防洪调度处于比较重要的地位，相对于供水调度处于十分重要的地位，根据该原则构建水生态环境调度情景下对象层判别矩阵，并得到权重向量值，详见表 3.3-8。各对象层下指标重要性与防洪调度情景一致。

表 3.3-8　　　　　水生态环境调度情景对象层判别矩阵与权重向量

联合调度	防洪调度	供水调度	水生态环境调度	$\overline{W_i}$
防洪调度	1.00	3.00	0.20	0.1884
供水调度	0.33	1.00	0.14	0.0810
水生态环境调度	5.00	7.00	1.00	0.7306

注　一致性比例 $CR=0.06$；$\lambda_{\max}=3.06$。

水生态环境调度情景下，对象层与指标层权重分配方案见图 3.3-3。从指标的权重排序可知，水生态环境调度指标的权重均较高，其中湖泊生态水位保证率、调度影响区水质改善度等指标是该阶段调度较为关注的指标，权重相应最高；防洪调度指标权重次之，供水调度指标权重最低。其中，代表站超保风险、供水代表站水位满足度指标权重值相对较高，体现了以水生态环境调度为重心、同时兼顾防洪与供水调度的宗旨。

3. 供水与水生态环境调度情景

供水与水生态环境调度情景下太湖流域水资源联合调度应以供水与水生态环境调度并

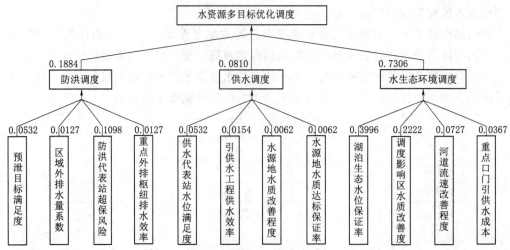

图 3.3-3　水生态环境调度情景对象层与指标层权重

重。根据该原则构建供水与水生态环境调度情景下对象层判别矩阵，并得到权重向量值，详见表 3.3-9。

表 3.3-9　　　供水与水生态环境调度情景对象层判别矩阵与权重向量

联合调度	防洪调度	供水调度	水生态环境调度	$\overline{W_i}$
防洪调度	1.00	0.11	0.11	0.0526
供水调度	9.00	1.00	1.00	0.4737
水生态环境调度	9.00	1.00	1.00	0.4737

注　一致性比例 $CR=0$；$\lambda_{max}=3$。

供水与水生态环境调度情景下，对象层与指标层权重分配方案见图 3.3-4。从指标的权重排序可知，供水代表站水位满足度、湖泊生态水位满足度、调度影响区水质改善度等指标的权重值相对较高，体现了供水与水生态环境调度并重的宗旨。

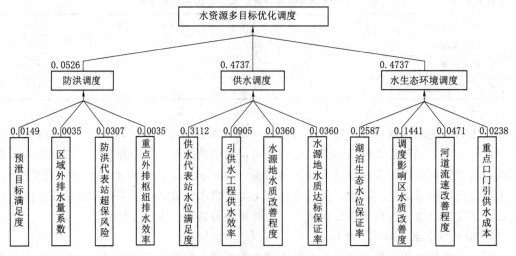

图 3.3-4　供水与水生态环境调度情景对象层与指标层权重

4. 供水调度情景

供水调度情景太湖流域水资源联合调度应以供水调度为中心，同时兼顾水生态环境调度与防洪调度，根据该原则构建供水调度情景下对象层判别矩阵，并得到权重向量值，详见表 3.3-10。

表 3.3-10 供水调度情景对象层判别矩阵与权重向量

联合调度	防洪调度	供水调度	水生态环境调度	$\overline{W_i}$
防洪调度	1.00	0.11	0.14	0.0549
供水调度	9.00	1.00	3.00	0.6554
水生态环境调度	7.00	0.33	1.00	0.2897

注 一致性比例 $CR=0.08$；$\lambda_{max}=3.08$。

供水调度情景下，对象层与指标层权重分配方案见图 3.3-5。从指标的权重排序可知，供水调度指标的权重最高，其中又以供水代表站水位满足度指标权重值相对最高；水生态环境调度指标权重次之，其中湖泊生态水位保证率指标权重相对较高；防洪调度指标权重最低，体现了以供水调度为中心，同时兼顾水生态环境调度与防洪调度的原则。

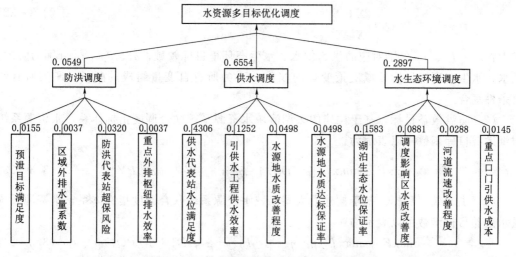

图 3.3-5 供水调度情景对象层与指标层权重

3.3.3 目标函数与约束条件

3.3.3.1 目标函数

为了降低流域与区域的防洪压力、提高水资源供给保障、促进流域区域水生态环境改善，水资源系统联合调度目标函数须统筹社会、经济以及生态等多方面要求，从地区实际要求出发，研究各目标效益之间的非劣转换关系，确定水资源系统中各控制工程的最佳运行方式。

（1）总目标。水资源系统联合调度以社会效益、经济效益和生态环境效益的综合效益最大为总目标，数学表达式为：

$$\begin{cases} \max W(x) = [F_1(x), F_2(x), \cdots, F_i(x), \cdots, F_n(x)] \\ \text{s. t} \begin{cases} X \in S \\ X \geqslant 0 \end{cases} \end{cases} \tag{3.3-21}$$

式中：$F_i(x)$ 为第 i 个综合利用目标，包括生态环境、社会和经济效益等目标；X 为所有自变量组成的向量；n 为综合利用目标的个数；S 为所有综合利用要求的约束条件集合。

水资源系统联合调度的目标往往涉及社会、经济等各个方面，目标间的不可公度性和矛盾性是水资源适应性调度问题的主要特点。为平衡和协调不同目标之间的关系，权重法和约束法是较常用的两种方法。其中，权重法是对不同的目标给予相应的权重，把各目标函数加权和作为总目标函数，通过改变权重值，生成多目标问题的非劣解集；约束法是从全体目标函数中选择一个作为主目标，并将其他目标函数转化为约束条件，通过变换约束水平，生成多目标的非劣解集。

按照上文对太湖流域水资源系统联合调度指标体系的构建，目标函数可以进一步具体化为：

$$\begin{cases} \max W(x) = [\alpha_i f_1(x_i), \beta_j f_2(x_j), \gamma_k f_3(x_k)] \\ \text{s. t} \begin{cases} X \in S \\ X \geqslant 0 \end{cases} \end{cases} \tag{3.3-22}$$

式中：f_1、f_2、f_3 分别对应防洪、供水、水生态环境目标领域；α_i、β_j、γ_k 分别为防洪、供水、水生态环境目标领域决策变量的权重；X 为所有自变量组成的向量；S 为所有约束条件集合。

（2）防洪效益目标。基于构建的太湖流域水资源系统联合调度指标体系，水资源系统防洪效益目标函数可以表示为：

$$\max F_1 = \max f_1\left(\alpha_{1,i}DS_i + \frac{\alpha_{2,i}}{CB_i} + \alpha_{3,i}WP_i + \alpha_{4,i}PY\right) \tag{3.3-23}$$

（3）供水效益目标。基于构建的太湖流域水资源系统联合调度指标体系，水资源系统供水效益目标函数可以表示为：

$$\max F_2 = \max f_2\left(\beta_{1,j}\eta_j + \beta_{2,j}PG_j + \beta_{3,j}ID_j^x + \beta_{4,j}PQ_j^x\right) \tag{3.3-24}$$

（4）水生态环境效益目标。基于构建的太湖流域水资源系统联合调度指标体系，水资源系统水生态环境效益目标函数可以表示为：

$$\max F_3 = \max f_3\left(\gamma_{1,k}PW_k + \gamma_{2,k}WD_k^x + \gamma_{3,k}WL_k + \frac{\gamma_{4,k}}{W_k}\right) \tag{3.3-25}$$

3.3.3.2　约束条件

模型的约束条件包括水量平衡约束、水位约束、流量约束、流速约束、水质约束、水质平衡约束、工程运行约束等。

（1）水量平衡约束。水资源系统中，水库、泵站、水闸等单元需要遵循水量平衡约束，表达为：

$$S_{n,t+1} = S_{n,t} + (W_{n,t} - Q_{n,t})\Delta t - I_{n,t} \tag{3.3-26}$$

式中：$W_{n,t}$ 为第 n 个单元 t 时段内的入流量；$Q_{n,t}$ 为第 n 个单元 t 时段内的出流量；$S_{n,t+1}$

为第 n 个单元 t 时段末的蓄水量；$S_{n,t}$ 为第 n 个单元 t 时段初的蓄水量；$I_{n,t}$ 为第 n 个单元 t 时段内的损失水量；Δt 为计算时段区间。

（2）水位约束。水资源系统中，水库、河道等单元的水位在不同时期均需满足特定最低限和最高限要求，以满足防洪、供水、航运、生态等需要，表达为：

$$Z_{n,t,\min} \leqslant Z_{n,t} \leqslant Z_{n,t,\max} \tag{3.3-27}$$

式中：$Z_{n,t}$ 为第 n 个单元 t 时段的水位；$Z_{n,t,\min}$ 为第 n 个单元 t 时段允许最低水位；$Z_{n,t,\max}$ 为第 n 个单元 t 时段允许最高水位。

（3）流量约束。除水位约束外，水库、水闸、水轮机以及重要河道断面等单元在不同时段也有相应流量、流速要求，一般与调度规则、工程特性等因素相关，表达为：

$$Q_{n,t,\min} \leqslant Q_{n,t} \leqslant Q_{n,t,\max} \tag{3.3-28}$$

式中：$Q_{n,t}$ 为第 n 个单元 t 时段的流量；$Q_{n,t,\min}$ 为第 n 个单元 t 时段允许的最小流量；$Q_{n,t,\max}$ 为第 n 个单元 t 时段允许的最大流量。

（4）流速约束。

$$V_{n,t,\min} \leqslant V_{n,t} \leqslant V_{n,t,\max} \tag{3.3-29}$$

式中：$V_{n,t}$ 为第 n 个单元 t 时段的流速；$V_{n,t,\min}$ 为第 n 个单元 t 时段允许的最小流速；$V_{n,t,\max}$ 为第 n 个单元 t 时段允许的最大流速。

（5）水质约束。

$$q_{n,t} \leqslant q_{n,t,\max} \tag{3.3-30}$$

式中：$q_{n,t}$ 为第 n 个单元 t 时段水质指标；$q_{n,t,\max}$ 为第 n 个单元 t 时段最低水质目标对应的水质浓度。

（6）水质平衡约束，由水量水质模型描述。

（7）工程运行约束，主要包括太湖流域诸多水利工程的过水能力、调度运行方式约束等。

3.3.4 基于可拓物元的优选方法

针对太湖流域水资源联合调度方案优选的多目标矛盾，提出基于可拓物元（Extenics Matter Element，EME）的优选方法。可拓学是由我国学者蔡文于 1983 年提出的，目前该方法被广泛应用于人工智能、预测、控制、系统、信息、评价等诸多领域的研究。物元是可拓学的逻辑细胞之一，是形式化描述物的基本元，可以用一个有序的三元组 $R=$（物 N、特征的名称 c、量值 v）表示。它把物的质和量有机地结合起来，反映了物的质和量的辩证关系。物元具有发散性、相关性、共轭性、蕴含性、可扩性等可拓性，这些物质是进行物元变换的依据。而物元变换是可拓集合中"是"与"非"相互转化的工具。可拓集合中的元素是物元时，就形成物元可拓集合。

设 I_i（$i=1,2,\cdots,m$）是可拓集合 P 的 m 个子集，$I_i \subset P$（$i=1,2,\cdots,m$）对任何待测对象 $p \in P$，用以下步骤判断 P 属于哪个子集 I_i，并计算 P 属于每个子集 I_i 的

关联度。

（1）确定经典域和节域。

令

$$E_i = (I_i, C, R_i) = \begin{bmatrix} I_i, & c_i, & R_{i1} \\ & \vdots & \vdots \\ & c_n, & R_{in} \end{bmatrix} = \begin{bmatrix} I_i, & c_1, & [a_{i1}, b_{i1}] \\ & \vdots & \vdots \\ & c_n, & [a_{in}, b_{in}] \end{bmatrix} \qquad (3.3-31)$$

式中：c_1，$\cdots$，c_n 为子集 I_i 的 n 个不同特征；R_i 为 X_i 的归一化指标值，由指标归一化计算求得；R_{i1}，$\cdots$，R_{in} 分别为子集 I_i 关于特征 c_1，$\cdots$，c_n 的取值范围，即经典域，记作 $R_{ij} = [a_{ij}, b_{ij}]$（$i=1, 2, \cdots, m$；$j=1, 2, \cdots, n$）。

再令

$$E_p = (P, C, R_p) = \begin{bmatrix} P, & c_1, & R_{p1} \\ & \vdots & \vdots \\ & c_n, & R_{pn} \end{bmatrix} = \begin{bmatrix} P, & c_1, & [a_{p1}, b_{p1}] \\ & \vdots & \vdots \\ & c_n, & [a_{pn}, b_{pn}] \end{bmatrix} \qquad (3.3-32)$$

式中：R_{p1}，$\cdots$，R_{pn} 分别为关于 P 的取值范围，即称为 P 的节域，记作 $R_{pj} = [a_{pj}, b_{pj}]$（$j=1, 2, \cdots, n$）。

（2）确定待测样本物元。待测样本物元表示为：

$$E_x = (P, C, r) = \begin{bmatrix} P, & c_1, & r_1 \\ & \vdots & \vdots \\ & c_n, & r_n \end{bmatrix} \qquad (3.3-33)$$

式中：r_1，r_2，$\cdots$，r_n 分别为待测样本 n 个特征的观测值的归一化值。

（3）确定关联函数值。关联程度按下式计算：

$$K_i(r_j) = \begin{cases} \dfrac{-\rho(r_j, R_{ij})}{|R_{ij}|} & r_j \in R_{ij} \\[3mm] \dfrac{\rho(r_j, R_{ij})}{\rho(r_j, R_{pj}) - \rho(r_j, R_{ij})} & r_j \notin R_{ij} \end{cases} \qquad (3.3-34)$$

其中

$$\rho(r_j, R_{ij}) = |r_j - (a_{ij} + b_{ij})/2| - (b_{ij} - a_{ij})/2 \qquad (3.3-35)$$

$$\rho(r_j, R_{pj}) = |r_j - (a_{pj} + b_{pj})/2| - (b_{pj} - a_{pj})/2 \qquad (3.3-36)$$

（4）确定权重系数。权重系数确定可以通过主观赋权法和客观赋权法。本节采用主观赋权法中的层次分析法确定优选模型的指标权重，充分考虑专家意见以及各指标在实际调度中的作用，使结果更符合实际情况。

（5）确定待测样本对各类的关联度。待测样本 p 对 I_i 类的关联程度为：

$$K_i(p) = \sum_{j=1}^{n} W_j K_i(r_j) \qquad (3.3-37)$$

（6）依据最大隶属度原则，对待测样本所属类别的判定。

若

$$K_i = \max K_s(p) \quad (s=1, 2, \cdots, m) \qquad (3.3-38)$$

则判定样本 p 属于第 i 类；若对一切 s，$K(p) \leqslant 0$（$s=1, 2, \cdots, m$），则表示样本 p 已

不在划分的类别之内。

（7）对每类进行样本优选。根据（1）～（6），如果第 i 类中有 l 个样本，

$$K_{i\max} = \max K_v(q) \quad (v=1,2,\cdots,l) \tag{3.3-39}$$

那么，判断样本 q 是第 i 类中的最优方案。

可拓物元方法利用了可拓集合的基本理论和物元的可拓分析，通过关联函数进行定量计算，反映一个评价对象的利弊程度；另外可拓物元方法对指标体系没有要求和限制，通过距离函数对评价指标和评价标准之间的关联程度进行度量。

3.4 太湖流域水资源联合调度决策系统

太湖流域水资源联合调度决策系统是联合调度方案决策优选的关键技术工具。为实现不同方案的决策优选，在现有太湖流域水量水质数学模型的基础上，扩充完善调度目标管理、调度方案分析等功能，开发优化太湖流域水资源多目标协同联合调度决策模块相应接口，形成用于决策支持的联合调度决策系统。决策系统主要包括方案管理、数模调用、决策计算、决策评估、站点与权重管理等功能。

3.4.1 总体设计

3.4.1.1 系统架构

太湖流域水资源联合调度决策系统总体架构设计由 B/S 架构的预警支持服务端构成，包括业务应用层、数据服务层、数据资源层、基础设施层。

（1）业务应用层。业务应用主要实现模型接口封装、站点权重配置、水量水质数学模型调用、方案可视化、决策计算、方案决策结果可视化等。

（2）数据服务层。数据服务层是系统的逻辑核心，该层位于数据库与业务应用层之间，围绕业务需要，对数据、模型接口进行统一封装，对外提供统一的服务。主要包括各类数据查询、统一登录、地图业务处理、模型运行命令处理、模型成果分析统计处理等。

（3）数据资源层。数据资源层提供数据的统一存储、统一管理，为应用支撑层提供数据支撑。数据资源主要包括模型基础信息、水资源联合调度方案集、各指标站点、指标权重、站点权重、各方案水量水质模拟结果、各方案决策结果等信息。

（4）基础设施层。基础设施层提供系统部署环境、数据库存储、网络资源等硬件支持。

太湖流域水资源联合调度决策系统总体架构详见图 3.4-1。

3.4.1.2 技术架构

采用基于 Web Service 的面向服务架构 SOA（Service Oriented Architecture）的体系架构予以实现。面向服务架构体系架构的优点体现在以下几方面。

（1）独立的功能实体：通过 UDDI 的目录查找，可以动态改变一个服务的提供方而无需影响客户端的应用程序配置。所有的访问均通过 SOAP 访问进行，只要 WSDL 接口封装良好，外界客户端无法直接访问服务器端的数据。

（2）大数据量低频率访问：通过使用 WSDL 和基于文本（Literal）的 SOAP 请求，实现一次性接收大量数据。

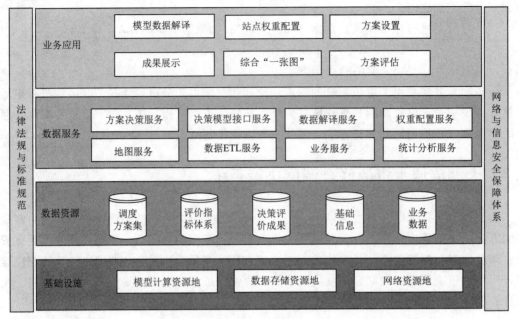

图 3.4-1　太湖流域水资源联合调度决策系统总体架构图

（3）基于 XML 的消息传递：Web Service 所有的通信是通过 SOAP 进行的，而 SOAP 是基于 XML 的，不同版本之间可以使用不同的 DTD 或者 XML Schema 加以辨别和区分。因此，只需要为不同的版本提供不同的处理即可轻松实现版本控制的目标。

3.4.2　主要功能模块

为实现太湖流域水资源多目标智能决策，在现有流域水量水质数学模型的基础上，扩充完善调度方案管理、调度目标管理、调度方案决策分析等功能，开发优化决策模块与相应接口，耦合形成保障水安全的太湖流域水资源联合调度决策系统，系统功能模块如图 3.4-2 所示。

图 3.4-2　水资源联合调度决策系统功能模块示意图

1. 方案管理

提供决策方案管理功能，主要包括了方案集基本信息、方案基本信息、水量水质模型模拟成果调用等功能，见图 3.4-3。其中，方案集基本信息包括方案集名称、方案集简介等；方案基本信息包括方案编号、调度目标、主要涉及的水利工程、方案简介等；水量水质模型模拟成果调用支持水量水质模型模拟成果自动解译提取、模拟成果数据导入等方式，获取数据存入方案数据中心，为决策模块提供方案数据支撑。

图 3.4 - 3　决策系统方案管理界面

2. 数模调用

基于太湖流域"一张图"支持方案成果数据在线浏览，展示数据包括水位、流量、水质、流速等，并提供了各站点过程数据查询和多方案数据对比分析功能，见图 3.4 - 4。

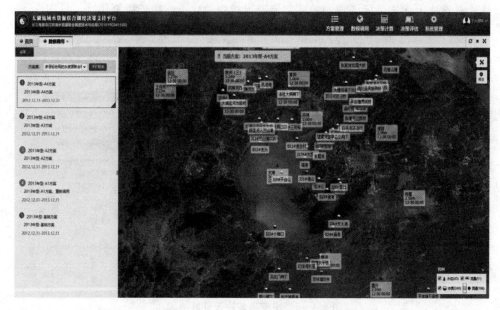

图 3.4 - 4（一）　决策系统数模调用界面

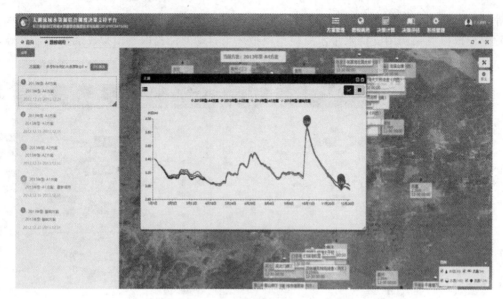

图 3.4-4（二）　决策系统数模调用界面

3. 决策计算

建立了决策计算模块，通过决策模型封装的接口，将方案数据、代表站点权重指标、调度模式等数据输入到决策模型中进行决策分析。决策计算模块主要功能包括：

（1）启动水资源多目标协同联合调度模型进行方案决策分析。

（2）根据水量水质模型的计算结果，实现各方案调度期的自动动态识别，在调度期识别的基础上，自动匹配各指标权重系数。

（3）根据不同的评估需求，在站点库中选取相应的水位、水量、水质站点，并根据站点重要性、对于决策优选目标函数的敏感度等配置相应的权重，用于决策优选，见图 3.4-5。

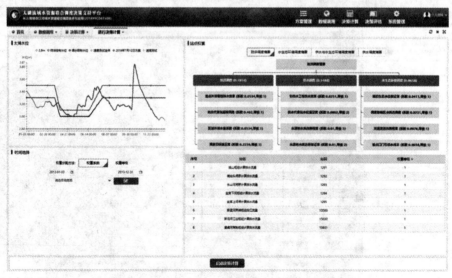

图 3.4-5　决策系统决策计算界面

4．决策评估

实现决策分析成果可视化，支持重要指标的对比分析，并进行方案推荐，见图 3.4-6。

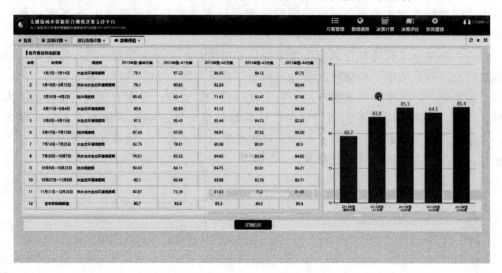

图 3.4-6　决策系统决策评估界面

5．站点管理

提供站点基础信息管理，包括站点名称、经纬度、站点类型等基本信息，为数模调用、权重配置管理提供基础支撑。

6．权重管理

针对防洪调度情景、水生态环境调度情景、供水与水生态环境调度情景、供水调度情景四类调度情景，对决策指标权重、站点权重进行自定义配置管理。

3.5　小结

（1）按时间尺度与空间层面分类，从协同问题与矛盾类型角度出发，筛选了太湖流域典型多目标优化调度问题案例，据此归纳提出了太湖流域 5 种主要类型的多目标优化问题情景：汛期前后流域多目标协同情景、旱涝急转期流域多目标协同情景、流域-区域防洪目标协同情景、流域供水-水生态环境与区域防洪目标协同情景、流域-区域供水与水生态环境目标协同情景；提出了针对 5 种多目标协同情景的协同策略，作为多目标协同的联合调度技术理论基础。

（2）构建了包括防洪目标、供水目标、水生态环境目标的由 12 项具体指标构成的决策指标体系，用于太湖流域水资源多目标联合调度决策优选。以层次分析法为基础建立了指标体系权重分配方法，提出了防洪调度、水生态环境调度、供水与水生态环境调度、供水调度 4 种基础调度情景下的指标体系权重分配缺省方案，为联合调度模型构建和调度方案的决策优选提供了基础。综合考虑防洪、供水以及水生态环境改善目标下的 12 项决策指标，以防洪、供水以及水生态环境改善效益最大化为目标函数，在水量水质综合约束条件下，提出了基于可拓物元理论的太湖流域水资源多目标协同联合调度模型。

（3）基于多目标协同的水资源联合调度技术采用太湖流域水量水质数值模型与水资源多目标协同联合调度决策模块联合求解的模式进行，在现有太湖流域水量水质数学模型的基础上，以太湖流域水资源多目标协同联合调度模型为核心，研发了由 B/S 架构预警支持服务端构成的太湖流域水资源联合调度决策系统。

（4）太湖流域水资源联合调度决策系统总体架构包括业务应用层、数据服务层、数据资源层以及基础设施层。决策系统功能结构包括系统管理、方案管理、数模调用、决策计算以及决策评估，其中，系统管理用于决策软件的信息管理；方案管理负责备选调度方案的输入管理；数模调用引入太湖流域水量水质数学模型计算结果，作为方案管理输入条件；决策计算涉及情景设置、站点与指标权重配置及方案计算；决策评估为决策者提供方案优选过程及优选结果的可视化呈现。

4

保障防洪安全的水利工程体系
联合调度技术方案

目前太湖流域已初步形成北通长江、东出黄浦江、南排杭州湾的骨干水利工程体系。然而汛期太湖水位易涨难落，上游湖西地区洪水难以排出，高水位持续时间较长，京杭运河沿线排涝能力持续增加，远超运河安全泄量，流域、区域洪涝调度新问题突显，亟须拓宽流域上游以及京杭运河沿线排水出路。随着太湖流域治理进一步开展，172 项节水供水重大水利工程持续推进，流域骨干工程新孟河延伸拓浚工程已开工建设，区域骨干工程新沟河延伸拓浚工程已基本建成。本章立足保障流域区域防洪安全，从流域扩大外排和充分发挥太湖调蓄作用两个方向开展研究，流域扩大外排调度研究主要依托新孟河、新沟河工程调度，从扩大太湖流域上游湖西区、武澄锡虞区北排长江角度，发挥新建骨干工程效益；利用太湖调蓄主要针对太湖汛前预泄的需要，依托望虞河、太浦河等流域直管工程以及沿江、沿杭州湾重要水利工程开展太湖预泄调度模式研究，实现汛前预降太湖水位的目的。

4.1 流域扩大外排技术方案研究

4.1.1 问题提出

1. 太湖流域上游地区防洪压力依然较大

湖西区、武澄锡虞区属太湖流域的上游地区。2015 年、2016 年，湖西区部分区域连续两年发生了持续强降雨引发的洪水，2016 年由于暴雨集中，湖西区最大 15 日、30 日、60 日降雨重现期分别达 216 年、96 年和 65 年，导致坊前、王母观、金坛、常州（三）站点最高水位分别达 5.79m、6.53m、6.61m、6.17m，超过历史纪录，见表 4.1-1。

表 4.1-1　　2015 年、2016 年太湖流域上游地区主要水位站特征水位情况统计

站点	2015 年			2016 年		
	最高水位/m	超警天数/d	超保天数/d	最高水位/m	超警天数/d	超保天数/d
坊前	5.19	40	10	5.79	41	23
王母观	6.04	17	5	6.53	28	10
金坛	6.51	12	4	6.61	21	8
常州（三）	5.04	16	4	6.17	36	18

为减小流域上游地区防洪压力,提高湖西区外排长江的能力,减少区域入湖水量,从而减轻流域防洪压力,有必要通过新孟河等新建骨干工程调度扩大上游地区外排长江能力。

2. 武澄锡虞区排水格局有待优化

受厄尔尼诺等气候影响,近年来武澄锡虞区防洪形势十分严峻。2015年受副热带高压增强北抬和北方冷空气南下共同影响,无锡市受强降雨影响,地区水位上涨迅猛,大运河、锡澄运河等主要河道水位均超历史水位,洛社站最高水位达5.36m,无锡站最高水位达5.18m,青阳站最高水位达5.33m。2016年无锡市雨量总体偏多,全市面平均梅雨量543.2mm,是常年的2.25倍,受连续降雨影响,无锡市各地河网水位持续上涨,全市共有6个站点水位超历史最高水位,大运河无锡站最高水位5.28m,比2015年最高水位5.18m高0.10m,较1991年最高水位4.88m高0.40m,锡澄运河青阳站最高水位5.34m,比历史最高水位5.32m(2015年6月17日)高0.02m,直武地区直湖港闸上最高水位达4.91m,武进港闸上最高水位为4.86m。

为保护太湖尤其是梅梁湖湾水环境,目前对入太湖口门实施严格控制,直武地区洪涝水以北排为主,且由于受京杭运河高水位顶托,靠自流排向京杭运河的雨水严重受阻。根据环太湖口门调度原则,当无锡水位达到4.50m且有继续升高趋势,而太湖水位低于此水位时,由无锡市防总综合分析,决定是否打开沿太湖节制闸向太湖泄水。尽管根据调度原则,无锡水位达到4.50m可以开闸泄洪,但近几年实际调度中,通常无锡水位达到5.00m才开闸泄洪。

因此,在直武地区入湖受限后,有必要通过新建的新沟河工程调度,优化区域排水格局,增加区域洪水北排长江。

3. 京杭运河沿线区域洪涝矛盾突显

太湖流域内重要城市防洪包围圈陆续建成,城市防洪除涝能力显著提升,环太湖城市总排涝动力约1900m³/s。但随着城市排涝动力激增,城市涝水外排河道规模与城市大包围排涝能力明显不匹配的问题日益凸显,城市排涝和区域排涝矛盾较大。京杭运河是流域水体转承的主要通道,对于流域防洪、区域排涝具有重要作用。近年来,由于京杭运河沿线苏州、无锡、常州等城市排涝动力显著增强,以及部分原有排涝通道受阻等原因,一直以航运为主要任务的京杭运河两岸排水量加大,京杭运河渐渐成为两岸地区的主要排涝通道。其中常州、无锡、苏州都将京杭运河或运河改线段作为其中心城区行洪和排水的主要通道。同时,由于流域内圩区规模迅速扩大,加大了京杭运河等流域骨干河道、圩外河道的防洪压力,使洪涝矛盾加剧。

2007年太湖蓝藻暴发后,为保护太湖水质,无锡市环太湖口门长期关闭,原主要涝水出路受阻,转而向京杭运河排涝,而京杭运河外排出路也明显不足,区域、城市已建工程缺乏有效协调,一旦遭遇强降雨,京杭运河水位将迅速上涨,给京杭运河沿线区域及城市防洪排涝带来巨大的压力。

此外,京杭运河沿线交汇河道众多,但连接京杭运河与长江的区域河道过流能力较低,加之各通江河道与京杭运河连接特点不同,特别是望虞河以西的通江河道方向与京杭运河洪水走向基本呈逆水流方向,从河道形态上导致京杭运河洪水分流不畅,与京杭运河上游洪水快速入江要求极不适应。

综上，在太湖流域现状工程体系、调度体系基础上，依托新孟河、新沟河工程等新建骨干工程开展洪涝联合调度，增加太湖流域上游湖西区、武澄锡虞区北排长江能力，减少洪水期上游地区入湖水量，减轻流域防洪压力，同时拓宽京杭运河沿线排水出路，缓解京杭运河及周边地区防洪压力，发挥新建骨干工程效益，具有十分重要的现实意义。

4.1.2 研究思路

以新孟河、新沟河工程初步设计阶段提出的调度原则为基础，结合流域区域调度新需求，以扩大湖西区洪水外排、减少区域入湖水量，减轻流域防洪压力为目标导向，针对太湖水位处于防洪控制水位以上时段，优化新孟河工程调度，构建新孟河工程扩大外排方案集；以增加武澄锡虞区北排、优化武澄锡虞区排水格局，兼顾缓解京杭运河沿线防洪压力为目标导向，构建新沟河工程扩大外排方案集；基于降雨、长江潮位边界等因素设计调度研究边界条件，并采用调度方案模拟与优化决策技术相结合的方法，提出基于保障防洪安全目标的流域扩大外排技术方案。

4.1.2.1 调度研究边界条件

太湖流域三面滨江临海，汛期主要通过沿江各口门趁低潮位时抢排入江、入海、入杭州湾，另外，太湖流域本地水资源不足，水资源供需平衡主要依靠引长江水和上下游重复利用弥补。然而，在全球气候变化、极端天气事件增多的大背景下，太湖流域暴雨、洪水、大潮和台风"四碰头"的可能性，以及长江枯水与太湖流域枯水遭遇的可能性均有所增大。因此，本章综合考虑流域内强降雨、流域外边界来水较丰、不利于排水，构建调度研究边界条件。

1. 降雨条件

本章重点研究保障防洪安全的水利工程体系联合调度技术方案，故主要考虑太湖流域降雨量较大的情况。《太湖流域防洪规划》根据历史特大暴雨类型和时空分布特征的代表性、水文气象条件相似性和资料充分性的典型暴雨选择原则，选取 1954 年、1991 年和 1999 年作为设计暴雨典型年，确定了相应的流域百年一遇设计降雨。考虑到新孟河工程和新沟河工程均位于太湖流域北部地区，故降雨雨型上采用"91 北部"百年一遇设计降雨条件。"91 北部"雨型以湖西区、武澄锡虞区与流域同频率，按 1991 年雨型缩放推求设计暴雨过程，基本保持 1991 年实况雨型的降雨特性。流域面平均 90 天降雨量为 975.1mm，湖西区、武澄锡虞区面平均 90 日降雨量分别为 1019.31mm、995.3mm。

2. 长江边界条件

根据长江干流上游不同来水条件，河口不同潮汐条件，结合不同引排水情景以及重要引调水工程影响等设计长江边界条件。本章重点研究保障防洪安全的水利工程体系联合调度技术方案，故依据长江流域来水情况，选择的入流典型年为丰水年 2012 年（长江来水频率 $P=25\%$）。同时，根据 2003—2013 年长系列潮汐资料，选取不同高潮位、潮差的年潮汐过程，结合长江来水丰水条件设计不利情景，用于反映长江上游来水较大，同时下游潮汐作用强烈，长江潮位总体较高造成的排水不利情况，即将 $P=25\%$ 的长江干流来水与最高潮位年实际潮位组合。2003—2013 年间年最高潮位最大值在 2005 年，且明显高于其他年份，年平均潮位均较高，平均高潮位处于多年平均水平，通过综合比较，选择 2005 年为年潮差最高年。太湖流域长江边界条件设计及成果见表 4.1-2。

表 4.1-2 太湖流域长江边界条件设计及成果表

长江边界条件				潮位成果/m					
序号	大通来水条件	潮汐边界	说明		谏壁	利港	十一圩	钱泾	五号沟
长江边界条件1	$P=25\%$，2012年	2012年实际情况		年最高潮位	5.31	4.62	4.12	3.30	3.08
				年最低潮位	0.01	−0.30	−0.69	−1.11	−2.03
				平均高潮位	2.94	2.59	2.36	2.00	1.68
				平均低潮位	1.85	0.83	0.20	−0.35	−1.16
长江边界条件2	$P=25\%$，2012年	统计年潮位最高年，2005年	设计不利情景	年最高潮位	5.92	5.31	5.18	3.37	3.31
				年最低潮位	0.31	−0.29	−0.92	−0.98	−2.41
				平均高潮位	3.07	2.76	2.69	1.74	1.87
				平均低潮位	2.20	1.26	0.28	−0.26	−1.42

注 表中数据基面为黄海高程。

通过对比1991年太湖流域长江实况潮位与上述长江边界潮位，1991年实况潮位太湖流域主要沿江口门处的高潮位较长江边界设计潮位更高，更不利于太湖流域排水。

3. 调度研究边界条件

确定降雨条件采用太湖流域"91北部"百年一遇设计降雨后，充分考虑流域内可能发生的不利条件，从流域洪水年时长江潮位和潮差是否不利于排水方面考虑，基于偏不利原则确定采用典型年相应的长江实况潮位，形成调度研究边界条件，见表4.1-3。

表 4.1-3 调度研究边界条件表

调度研究边界条件	太湖流域降雨	流域典型年	太湖流域长江边界
调度研究边界条件1	"91北部"百年一遇设计降雨	1991年	典型年实况潮位

4.1.2.2 调度研究基础

流域扩大外排调度研究主要基于现有工程体系，并重点依托新建的新孟河、新沟河工程开展研究。

1. 新孟河工程相关调度

新孟河工程位于湖西区，是《太湖流域水环境综合治理总体方案》《太湖流域防洪规划》《太湖流域水资源综合规划》确定的具有防洪、排涝、水资源配置、水生态改善等综合效益的骨干工程（图4.1-1）。

新孟河工程调度研究以《新孟河延伸拓浚工程初步设计总报告》中的调度方案为基础，工程调度方案具体为：

（1）界牌水利枢纽。当太湖水位位于防洪调度区，坝前水位高于4.2m时，界牌水利枢纽开启节制闸排水，坝前水位超过4.6m时，界牌水利枢纽开启泵站排水；当太湖水位处于适时调度区，坝前水位高于4.2m时，界牌水利枢纽开启节制闸排水，坝前水位低于3.7m时，界牌水利枢纽开启节制闸引水；当太湖水位处于泵引区或自引区，界牌水利枢纽开启泵站或节制闸引水，若此时地区水位坝前高于多年平均高水位4.2m，则界牌水利枢纽排水。

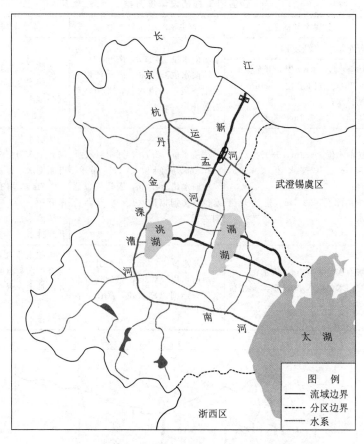

图 4.1-1　新孟河延伸拓浚工程位置示意图

（2）奔牛水利枢纽立交地涵。根据界牌水利枢纽调度运行情况进行相应调度运行。界牌水利枢纽引水调度时，立交地涵开启，引长江水入太湖；界牌水利枢纽防洪调度时，在京杭运河以北水位高于以南水位时，立交地涵关闭；其他时刻，立交地涵敞开；界牌水利枢纽不引不排时，敞开。

（3）奔牛水利枢纽节制闸。界牌水利枢纽引水时，节制闸实施有效控制，防止京杭运河水体进入新孟河；奔牛水利枢纽处京杭运河水位高于多年平均年最高水位（5.10m）时，节制闸排水入新孟河。界牌水利枢纽防洪调度时，节制闸可排部分京杭运河洪水入新孟河，最大流量按现状新孟河分泄京杭运河洪水流量（128m³/s）控制；若新孟河水位高于京杭运河，节制闸关闭。其他时段，节制闸敞开，详见表 4.1-4。

2. 新沟河工程相关调度

新沟河延伸拓浚工程既是《太湖流域水环境综合治理总体方案》安排的近期治理引排工程项目之一，也是《太湖流域防洪规划》确定的实施流域洪水北排长江的重点工程之一（图 4.1-2）。根据《新沟河延伸拓浚工程初步设计报告》，新沟河工程具有提高流域、区域的防洪排涝能力的任务，与望虞河、太浦河、新孟河等流域防洪工程共同防御不同降雨典型 100 年一遇的流域洪水，与武澄锡虞区其他治理工程共同防御区域 50 年一遇洪水。

表 4.1－4   新孟河工程初设调度方案

太湖水位	界牌水利枢纽	奔牛水利枢纽立交地涵	奔牛水利枢纽节制闸
≥4.65m	开泵排水，泵全开	坊前水位<4.2m，敞开；坊前水位≥4.2m，若运河以北水位>运河以南水位，关闭，否则敞开	坊前水位<4.2m，敞开；坊前水位≥4.2m，有控制地开闸排水
防洪控制水位～4.65m	坊前水位≥4.6m时，开泵排水；4.2m≤坊前水位<4.6m时，开闸排水；坊前水位<4.2m，关闸		
调水限制水位～防洪控制水位	坊前水位≥4.2m，开闸排水；3.7m≤坊前水位<4.2m，关闸；坊前水位<3.7m，适当开闸引水	坊前水位<3.7m，开闸引水；3.7m≤坊前水位<4.2m，敞开；坊前水位≥4.2m，若运河以北水位>运河以南水位，关闭，否则敞开	坊前水位<3.7m，若京杭运河奔牛水利枢纽处水位>5.1m，开闸排水，否则关闸；3.7m≤坊前水位<4.2m，敞开；坊前水位≥4.2m，有控制地开闸排水
<调水限制水位	坊前水位≥4.2m，排水；坊前水位<4.2m，视太湖水位关闸或开闸引水	坊前水位<4.2m，开闸引水；坊前水位≥4.2m，若运河以北水位>运河以南水位，关闭，否则敞开	坊前水位<4.2m，若京杭运河奔牛水利枢纽处水位>5.1m，开闸排水，否则关闸；坊前水位≥4.2m，有控制地开闸排水

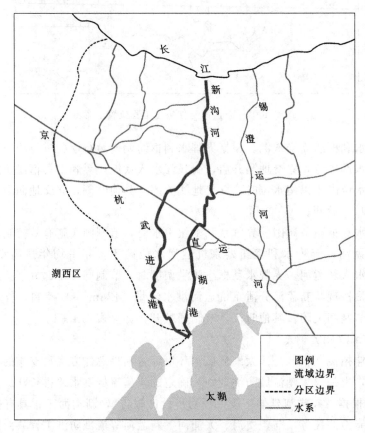

图 4.1－2 新沟河延伸拓浚工程位置示意图

新沟河工程调度研究以《新沟河延伸拓浚工程初步设计报告》中的调度方案为基础，根据太湖水位及直武地区戴溪水位分别进行防洪调度、常态调度、排水调度和应急引水调度，具体调度方案见表4.1-5。

表 4.1-5　　　　　　　　　　　新沟河工程基础调度方案

工　程	调　度　方　案
新沟河江边枢纽	（1）当太湖水位≥4.65m时，启用闸泵排水。 （2）当太湖水位<4.65m时： 戴溪≥4.5m，启用闸泵排水； 2.8m≤戴溪<4.5m，若青阳≥4.0m，启用闸泵排水；若青阳<4.0m，开闸排水； 戴溪<2.8m，关闸
西直湖港闸站枢纽	（1）戴溪>4.5m，敞开； （2）戴溪水位处于2.8~4.5m，若节制闸南侧水位≥2.5m，启用闸泵北排，否则开闸北排； （3）戴溪<2.8m，敞开
西直湖港南枢纽节制闸	戴溪>4.5m，开闸排水入太湖；否则关闭
遥观北枢纽	（1）戴溪≥3.6m，开闸开泵北排运河水； （2）戴溪<3.6m，开闸北排
遥观南枢纽	（1）戴溪≥4.5m，敞开； （2）3.6m≤戴溪<4.5m，启用闸泵北排； （3）戴溪<3.6m，开闸北排
直湖港闸、武进港闸	（1）戴溪>4.5m，开闸排水入太湖； （2）戴溪水位处于2.8~4.5m，关闭； （3）戴溪<2.8m，若太湖水位≥2.8m，适当从太湖引水，否则关闭

4.1.2.3　调控优化策略

1. 新孟河工程调控优化策略

（1）调度参考站选取。湖西区相关水文（水位）站主要有王母观站、坊前站、溧阳站及宜兴站，见图4.1-3。王母观站和坊前站位于湖西区洮滆片，是湖西区现有沿江口门调度的主要水位参考站，溧阳站、宜兴站位于南河片。根据《太湖流域水资源调度方案研究技术报告》，王母观站与溧阳站、坊前站与宜兴站水位相关关系较好，说明王母观、坊前亦可较好地反映南河片水位变化。因此，考虑到与湖西区现有沿江口门调度的衔接性和调度可操作性，新孟河工程调度参考站可考虑从坊前站和王母观选取。

根据2000—2017年水位资料，坊前、王母观两站日均水位相关系数为0.96，表明两站日均水位相关性较好，选用双站作为调度参考站的必要性不大，故可选取单站作为调度参考站。进一步分析坊前、王母观站超警戒水位及超保证水位的情况，详见表4.1-6和表4.1-7。2000—2017年，坊前站水位超警天数和超保天数分别为222天和41天，王母观站水位超警天数和超保天数分别为107天和15天，坊前水位超警天数、超保天数均为王母观站的约2倍。当坊前水位超警时，王母观站水位超警（含超保）概率约为0.33，坊前水位超保时，王母观水位超保概率约为0.34；当王母观水位超警时，坊前站水位超警（含超保）概率为0.93，王母观超保证水位时，坊前基本也超保证水位。可以认为，

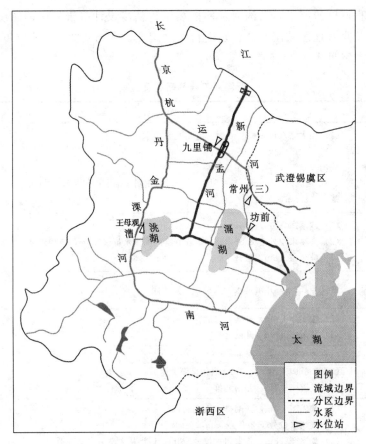

图 4.1 - 3　新孟河沿线地区水位代表站分布图

表 4.1 - 6　"91 北部"百年一遇降雨情况下王母观、坊前水位对应分级统计表

坊前水位	发生天数/d	王母观水位	发生天数/d	概率
超警戒（4.1~4.6m）	222	未超警戒	148	0.67
		超警戒（4.6m）	74	0.33
		超保证（5.6m）	0	0
超保证（≥4.6m）	41	超警戒（4.6m）	26	0.63
		超保证（5.6m）	15	0.37

注　坊前站警戒水位为 4.1m，保证水位为 4.6m；王母观站警戒水位为 4.6m，保证水位为 5.6m。

表 4.1 - 7　"91 北部"百年一遇降雨情况下坊前、王母观水位对应分级统计表

王母观水位	发生天数/d	坊前水位	发生天数/d	概率
超警戒（4.6~5.6m）	107	未超警戒	7	0.07
		超警戒（4.1m）	74	0.69
		超保证（4.6m）	26	0.24
超保证（≥5.6m）	15	超警戒（4.1m）	0	0
		超保证（4.6m）	15	1

王母观水位超警时，坊前水位也已超警或超保的可能性较大，坊前水位超警时，王母观仍未超过警戒水位的可能性较大。因此，从偏安全的角度，坊前站相对王母观站更宜作为新孟河防洪调度的参考站，本书采用坊前站作为新孟河工程防洪调度的区域参考站。

（2）排水调度参考水位分析。《新孟河延伸拓浚工程初步设计总报告》提出的太湖水位位于防洪调度区时，新孟河工程排水调度的参考水位为坊前水位 4.2m。基于新孟河工程初设阶段提出的调度方案，模拟"91 北部"百年一遇降雨情景下流域区域防洪风险，见图 4.1-4。太湖水位高于防洪控制水位时，湖西区主要站点超警戒水位情况见表 4.1-8。计算结果显示，坊前、金坛、王母观、常州（三）等站超警时间普遍较长，其中，坊前、常州（三）两站超警天数分别为 53 天、35 天。汛期界牌水利枢纽按照坊前大于 4.20m 开闸排水时，排水天数共计 35 天，外排长江水量为 7.47 亿 m³，其中泵站排水运行 22 天，外排水量为 1.65 亿 m³，新孟河入太湖水量为 11.02 亿 m³。"91 北部"百年一遇降雨情景下坊前水位大于 4.0m、3.8m 天数分别为 46 天和 64 天，表明降低防洪调度参考水位可增加新孟河外排时间。

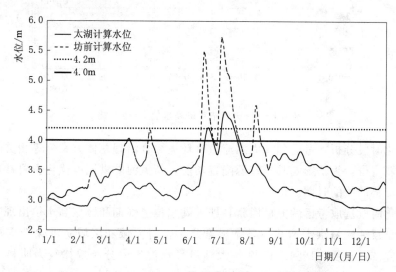

图 4.1-4 "91 北部"百年一遇降雨情况下太湖、坊前计算水位过程

表 4.1-8　　　　　　　太湖防洪调度期新孟河周边主要水位站超警天数

水位站	金坛	王母观	坊前	常州（三）
警戒水位/m	5.0	4.6	4.1	4.3
超警戒水位天数/d	20	28	53	35

上述分析表明，初设报告提出的起排水位高于湖西区代表站坊前站警戒水位（4.1m），不利于区域洪涝水及时外排。因此，为加大湖西区洪水排江，减少上游地区入湖水量，认为新孟河工程防洪调度参考水位有进一步优化的空间，界牌水利枢纽需提前开始排水，降低运河以北区域水位，为洮滆片洪水北排创造条件，同时也为京杭运河上游来水通过奔牛水利枢纽节制闸向新孟河分洪创造条件。对坊前站年最高水位进行频率分析，

经验频率按期望公式 $P = m/(n+1)$ 计算，统计参数采用矩法估计，线型为 P - Ⅲ 型（图4.1 - 5）。经计算查询，坊前水位 4.6m、4.2m、4.0m、3.8m 分别对应 $P = 20\%$、$P = 50\%$、$P = 67\%$、$P = 83\%$。结合频率分析以及模型模拟结果，认为新孟河工程排水调度参考水位可考虑坊前 4.0m（年最高水位排频 $P = 67\%$）、3.8m（年最高水位排频 $P = 83\%$）。

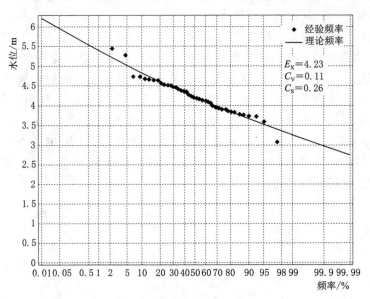

图 4.1 - 5　坊前站年最高水位 P - Ⅲ 曲线

（3）优化时段分析。考虑到《太湖流域水环境综合治理总体方案》等相关规划对新孟河工程的功能定位，为不影响其水资源配置功能，新孟河防洪调度优化主要针对上游地区及流域防洪形势严峻的时期。

重点优化时段选取考虑两方面因素，即太湖水位造峰期和区域高水位出现时间。太湖水位造峰期是反映流域洪水情势的基本要素之一，对流域和区域防洪除涝均具有指导作用。相关研究统计显示，1954—1999 年太湖最高水位年内分布规律较为明显，最高水位主要出现于 6—10 月，且出现于 7 月的频率最大，为 34.7%；由于 2000 年以后序列较短，最高水位的年内时程分布规律不显著，但同样集中发生于 6—10 月（图 4.1 - 6）。因此，考虑太湖水位造峰期，重点优化时段起始时间应早于 6 月。从区域主要站点高水位发生概率年内分布情况看，近 10 年坊前、常州（三）、金坛、王母观四站超警戒或超保证水位发生时间主要集中在 6—10 月，特别是 7 月超警戒水位发生概率较大，单月最大发生概率分别为 29%、15%、10%、10%（图 4.1 - 7）。

综合考虑上述两方面因素，选取汛期（5—9 月）作为新孟河防洪调度重点优化时段。

（4）优化策略。综合上述分析，新孟河工程防洪调度优化策略主要针对汛期，新孟河界牌水利枢纽提前开闸排水，即适当降低新孟河界牌水利枢纽排水调度的参考水位，分别按照坊前 4.0m（年最高水位排频 $P = 67\%$）、3.8m（年最高水位排频 $P = 83\%$）进行调度，奔牛水利枢纽节制闸调度根据界牌水利枢纽调度进行相应调整。

为分析该策略可行性，统计典型洪水年份坊前分级水位发生概率，1991 年、1999 年、

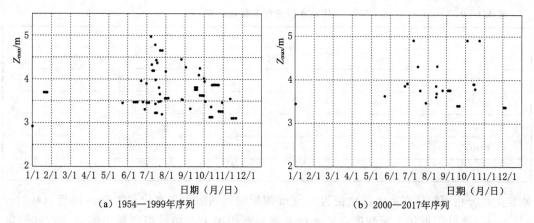

（a）1954—1999年序列　　　　　　　　　　（b）2000—2017年序列

图 4.1-6　太湖历年日最高水位年内分布

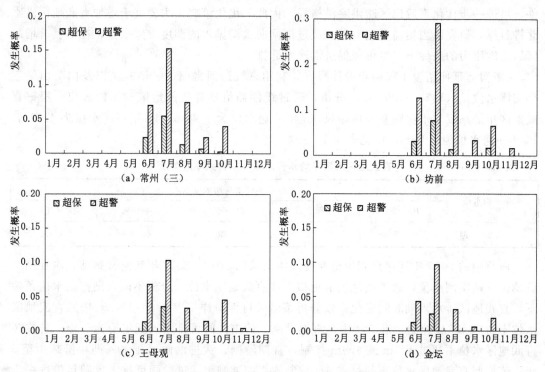

（a）常州（三）　　　　　　　　　　　　（b）坊前

（c）王母观　　　　　　　　　　　　　　（d）金坛

图 4.1-7　近 10 年新孟河周边主要水位站年内不同时间高水位发生概率

2015 年和 2016 年大洪水年份中，坊前水位在 4.0m 以上历时显著高于 4.2m 以上的历时，见表 4.1-9，表明降低新孟河工程防洪调度参考水位可增加工程排水时间，论证策略可行。

2. 新沟河工程调控优化策略

（1）优化策略 1。根据《苏南运河区域洪涝联合调度方案（试行）》，当无锡（大）水位高于 4.5m 时，直湖港闸开闸向太湖排水。但在近几年的实际调度中，直至无锡水位达到 5.0m 时直武地区环湖口门才开闸泄洪。通过 2011—2017 年直武地区水位与无锡（大）

表 4.1-9　　　　　　　　　　　　坊前水位分级天数统计表

年份	不同水位分级发生的天数/d			
	>4.6m	>4.2m	>4.0m	>3.8m
1989	0	11	45	78
1991	36	64	71	84
1999	28	60	100	107
2015	10	32	44	67
2016	28	58	84	146

水位关系分析可知，直武地区水位为 4.50m 附近时，相应无锡水位在 4.39m 附近（4.24～4.59m），远低于近年实际调度参考水位，表明新沟河工程初设报告提出的直武地区环湖口门入湖参考水位偏低，并且新沟河延伸拓浚工程实施后，为直武地区洪水北排创造了条件，可进一步优化直武地区防洪除涝格局。因此，优化策略 1 主要基于增加直武地区涝水北排目标，研究适当抬高直湖港闸、武进港闸向太湖排水的调度参考水位，在不显著增加区域防洪压力的条件下，尽可能促进洪涝水北排。

《新沟河延伸拓浚工程初步设计报告》利用京杭运河常州站、洛社站以及白芍山站三个实测水位站（1977—2006 年）分析，通过线性插值推算直武地区戴溪的水位。根据直武地区年最高日均水位频率分析结果，5 年一遇水位为 4.49m，10 年一遇水位为 4.71m，20 年一遇水位为 4.89m，详见表 4.1-10。

表 4.1-10　　　　　直武地区戴溪平均水位及最高水位频率成果表　　　　　单位：m

多年平均水位	不同重现期水位				
	$P=1\%$	$P=2\%$	$P=5\%$	$P=10\%$	$P=20\%$
3.26	5.26	5.11	4.89	4.71	4.49

白芍山站 2006 年迁建至湖山桥断面，本书采用 2010—2017 年运河常州站、洛社站及黄埝桥三站实测水位，通过线性插值近似反映直武地区水位，分析不同入湖控制水位条件下，直武地区排水入湖时间变化，以分析策略可行性，详见表 4.1-11。若按照直武地区水位不超过 4.5m 控制，近 8 年中，直湖港闸、武进港闸可排水入湖年份为 5 年；若按照直武地区水位不超过 4.7m 或 4.8m 控制，直湖港闸、武进港闸可排水入湖年份减少至 3 年；若按照直武地区水位不超过 4.9m 控制，直湖港闸、武进港闸可排水入湖年份进一步减少至 2 年，除区域遭遇较大洪水（如 2015 年、2016 年大洪水）时需排入太湖外，其余年份直武地区涝水基本可不入太湖。表明抬高直武地区入湖水位可以减少区域涝水入湖时间，一定程度上对于增加区域北排、减缓太湖水位上涨是有利的。

表 4.1-11　　　　　　直武地区不同控制水位情况下入湖年数统计

项目	入湖控制水位			
	4.5m	4.7m	4.8m	4.9m
可入湖年数	5	3	3	2

因此，从增加地区涝水北排的角度，考虑直武地区洪水维持北排，即分别抬高直武地区入太湖的调度参考水位至 4.7m（接近 10 年一遇水位）、4.8m（介于 10 年一遇和 20 年一遇之间）、4.9m（接近 20 年一遇水位）。

（2）优化策略 2。京杭运河横贯武澄锡虞区，沿线苏州、无锡、常州等城市大包围陆续建成，运河两岸排涝动力显著增强，其中，无锡、常州城市大包围的调度参考站分别为无锡（大）、常州（三）（图 4.1-8）。优化策略 2 主要基于增加运河沿线及周边区域涝水北排的目标，在策略 1 的基础上，探索新沟河工程配合常州、无锡等城市防洪工程启用，增加新沟河工程北排力度的可能性。

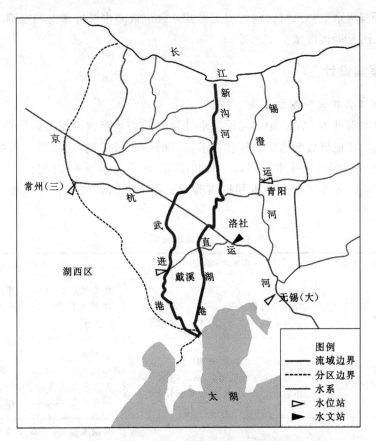

图 4.1-8　新沟河延伸拓浚工程沿线水文（位）站点示意图

首先分析在新沟河工程防洪调度中增加常州、无锡站作为调度参考站的必要性和可行性。新沟河工程常态为排直武地区涝水，青阳为其调度参考站之一。根据 2011—2017 年青阳、常州、无锡水位资料，分析常州、无锡启用防洪包围圈后青阳水位情况，青阳水位处于 4.0m 以下时，无锡城市防洪工程启用的发生概率约 0.49，常州城市防洪工程也有一定启用概率，详见表 4.1-12。因此，从新沟河周边区域排涝需求角度考虑，认为新沟河江边枢纽配合无锡、常州城市防洪工程启用，加大地区涝水北排具有一定的优化空间。

表 4.1-12 　　　　　2011—2017 年无锡、常州与青阳实测水位情况统计表

城市防洪工程启用情况	天数/d	青阳水位	天数/d	概率
无锡城市防洪工程启用 （无锡水位超过 3.8m）	274	青阳＜3.8m	6	0.02
		3.8m＜青阳＜4.0m	133	0.49
		青阳≥4.0m	135	0.49
常州城市防洪工程启用 （常州水位超过 4.3m）	88	青阳＜3.8m	0	0
		3.8m＜青阳＜4.0m	3	0.03
		青阳≥4.0m	85	0.97

　　考虑到新沟河东支与京杭运河为立交形式，故该策略中维持东支调度不变，依靠新沟河西支增加运河及周边区域涝水北排。

4.1.3　方案集设计

　　1. 新孟河工程扩大外排方案集

　　基于减少上游洪水入湖、增加运河洪水外排的目的，当太湖水位高于防洪控制水位，适当降低新孟河江边枢纽闸排、泵排参考水位。FH1-XM1 为 5—9 月，当坊前水位高于 4.0m，界牌水利枢纽开闸排水；FH1-XM2 为 5—9 月，当坊前水位高于 3.8m，界牌水利枢纽开闸排水。各方案中奔牛水利枢纽节制闸调度根据界牌水利枢纽调度进行相应调整，详见表 4.1-13。

表 4.1-13 　　　　　新孟河工程洪涝联合调控方案

方案	太湖水位	界牌水利枢纽	奔牛水利枢纽节制闸
JC 方案	≥防洪控制水位	坊前水位＜4.2m，关闸； 4.2m≤坊前水位＜4.6m，开闸排水； 坊前水位≥4.6m，开闸、开泵排水	坊前水位＜4.2m，敞开； 坊前水位≥4.2m，开闸排水（不超过 128m³/s）
	调水限制水位～ 防洪控制水位	坊前水位≥4.2m，开闸排水； 3.7m≤坊前水位＜4.2m，关闸； 坊前水位＜3.7m，适当开闸引水	坊前水位＜3.7m，若京杭运河奔牛水利枢纽处水位＞5.1m，开闸排水，否则关闸； 3.7m≤坊前水位＜4.2m，敞开； 坊前水位≥4.2m，有控制地开闸排水
	＜调水限制水位	坊前水位≥4.2m，排水； 坊前水位＜4.2m，引水	坊前水位＜4.2m，若京杭运河奔牛水利枢纽处水位＞5.1m，开闸排水，否则关闸； 坊前水位≥4.2m，有控制地开闸排水
FH1-XM1 方案	≥防洪控制水位	(1) 5 月 1 日至 9 月 30 日： 坊前水位＜4.0m，关闸； 4.0m≤坊前水位＜4.6m，开闸排水； 坊前水位≥4.6m，开闸、开泵排水。 (2) 其余时间，同 JC 方案	(1) 5 月 1 日至 9 月 30 日： 坊前水位＜4.0m，敞开； 坊前水位≥4.0m，开闸排水（不超过 128m³/s）。 (2) 其余时间，同 JC 方案
	调水限制水位～ 防洪控制水位	同 JC 方案	同 JC 方案
	＜调水限制水位	同 JC 方案	同 JC 方案

方案	太湖水位	界牌水利枢纽	奔牛水利枢纽节制闸
FH1-XM2方案	≥防洪控制水位	(1) 5月1日至9月30日： 坊前水位<3.8m，关闸； 3.8m≤坊前水位<4.6m，开闸排水； 坊前水位≥4.6m，开闸、开泵排水。 (2) 其余时间，同JC方案	(1) 5月1日至9月30日： 坊前水位<3.8m，敞开； 坊前水位≥3.8m，开闸排水（不超过128m³/s）。 (2) 其余时间，同JC方案
	调水限制水位～防洪控制水位	同JC方案	同JC方案
	<调水限制水位	同JC方案	同JC方案

2. 新沟河工程扩大外排方案集

优化策略1从增加地区涝水北排的角度，考虑抬高直武地区入太湖的调度参考水位至4.7m、4.8m、4.9m；优化策略2新沟河西支增加运河及周边区域涝水北排，当常州城防工程或无锡城防工程启用时，新沟河江边枢纽、遥观北枢纽启用泵站北排，具体方案见表4.1-14。

4.1.4　方案智能决策

4.1.4.1　新孟河工程扩大外排方案智能决策

新孟河扩大外排方案降低了汛期新孟河界牌水利枢纽排水调度参考水位（太湖水位处于防洪控制水位以上时），以增加汛期新孟河外排湖西区水量，进而减少汛期上游入太湖水量。

1. 水量水质模型模拟

根据各方案太湖水位以及联合调度决策调度期识别原则●，"91北部"百年一遇降雨条件下各方案全年划分为防洪调度期、水生态环境调度期、供水与水生态环境调度期等不同调度期，共计9个，见表4.1-15。水量水质模拟成果重点关注反映流域区域防洪安全的太湖及湖西区水位、新孟河排水流量等。考虑到方案调控策略重点优化时段为汛期且太湖水位处于防洪控制水位以上，因此，分析时段重点针对防洪调度期。

（1）区域及太湖水位。湖西区及太湖高水位情况是反映新孟河扩大外排方案调控效果的最直接因素。遇"91北部"百年一遇降雨，JC方案王母观、坊前、金坛、常州（三）最高水位分别为6.35m、5.73m、6.51m、5.64m，各站中坊前、常州（三）超保历时较长，分别为22天、19天；太湖最高水位4.49m。FH1-XM1、FH1-XM2方案区域水位过程与JC方案基本一致，但随着新孟河排水调度参考水位降低，区域、太湖最高水位呈降低趋势，详见图4.1-9。

（2）新孟河外排流量。遇"91北部"百年一遇降雨，防洪调度期JC方案新孟河界牌水利枢纽平均排江流量为75m³/s，FH1-XM1方案、FH1-XM2方案新孟河界牌水利枢纽平均排江流量分别为81m³/s、82m³/s，详见图4.1-10。

● 为确保不同方案间具有可比性，首先依据3.3.2.2节调度情景划分方法，得到单个方案的调度期划分结果，然后对同一类型调度期取交集，最终得到联合调度决策调度期划分结果。

表 4.1－14　新沟河工程洪涝联合调控方案

方案	新沟河江边枢组	西直湖港闸站枢组	遥观北枢组	遥观南枢组	直湖港闸、武进港闸
JC方案	(1) 太湖水位≥4.65m，闸泵排水。 (2) 太湖水位<4.65m： 戴溪≥4.5m，闸泵排水； 2.8m≤戴溪<4.5m，若青阳≥4.0m，闸泵排水；若青阳<4.0m，开闸排水； 戴溪<2.8m，关闸	戴溪>4.5m，敞开； 戴溪水位处于2.8~4.5m，若节制闸南侧水位≥2.5m，闸泵北排；否则开闸北排； 戴溪<2.8m，敞开	戴溪≥3.6m，开闸开泵北排； 戴溪<3.6m，闸开	戴溪>4.5m，敞开； 3.6m≤戴溪<4.5m，闸泵北排； 戴溪<3.6m，闸北排	戴溪>4.5m，开闸向太湖排水
FH1－XG1方案	同JC方案	戴溪>4.7m，敞开； 戴溪水位处于2.8~4.7m，若节制闸南侧水位≥2.5m，闸泵北排；否则开闸北排； 戴溪<2.8m，同JC方案	同JC方案	戴溪>4.7m，敞开； 3.6m≤戴溪<4.7m，闸泵北排； 戴溪<3.6m，同JC方案	戴溪>4.7m，开闸向太湖排水
FH1－XG2方案	同JC方案	戴溪>4.8m，敞开； 戴溪水位处于2.8~4.8m，若节制闸南侧水位≥2.5m，闸泵北排；否则开闸北排； 戴溪<2.8m，同JC方案	同JC方案	戴溪>4.8m，敞开； 3.6m≤戴溪<4.8m，闸泵北排； 戴溪<3.6m，同JC方案	戴溪>4.8m，开闸向太湖排水
FH1－XG3方案	同JC方案	戴溪>4.9m，敞开； 戴溪水位处于2.8~4.9m，若节制闸南侧水位≥2.5m，闸泵北排；否则开闸北排； 戴溪<2.8m，同JC方案	同JC方案	戴溪>4.9m，敞开； 3.6m≤戴溪<4.9m，闸泵北排； 戴溪<3.6m，同JC方案	戴溪>4.9m，开闸向太湖排水
FH1－XG4方案	(1) 太湖水位≥4.65m，同JC方案。 (2) 太湖水位<4.65m： 戴溪≥4.5m，闸泵排水； 2.8m≤戴溪（大）<4.5m：常州（三）≥3.8m，或无锡阳≥4.0m，闸泵排水；其他情况开闸排水；戴溪<2.8m，同JC方案	同JC方案	戴溪≥3.6m，或常州（三）（大）≥4.3m，或无锡≥3.8m，启用泵站北排；否则开闸北排	同JC方案	
FH1－XG5方案	(1) 太湖水位≥4.65m，同JC方案。 (2) 太湖水位<4.65m： 戴溪≥4.5m，闸泵排水； 2.8m≤戴溪（大）<4.5m：常州（三）≥3.8m，或青阳≥4.0m，闸泵排水；其他情况开闸排水；戴溪<2.8m，同JC方案	戴溪>4.8m，敞开； 戴溪水位处于2.8~4.8m，若节制闸南侧水位≥2.5m，闸泵北排；否则开闸北排； 戴溪<2.8m，同JC方案	戴溪≥3.6m，或常州（三）（大）≥4.3m，或无锡≥3.8m，泵站北排；否则开闸北排	戴溪≥4.8m，敞开； 3.6m≤戴溪<4.8m，闸泵北排； 戴溪<3.6m，同JC方案	戴溪>4.8m，开闸向太湖排水

表 4.1－15　　　　　新孟河工程扩大外排方案联合调度决策调度期识别
（"91 北部"百年一遇降雨）

序号	时　　间	调　度　期
1	1 月 3 日至 3 月 23 日	供水与水生态环境调度期
2	3 月 26 日至 5 月 3 日	防洪调度期
3	5 月 4—8 日	水生态环境调度期
4	5 月 10—23 日	水生态环境调度期
5	5 月 24 日至 8 月 2 日	防洪调度期
6	8 月 4—7 日	水生态环境调度期
7	8 月 8—17 日	防洪调度期
8	8 月 18—25 日	水生态环境调度期
9	8 月 27 日至 12 月 30 日	供水与水生态环境调度期

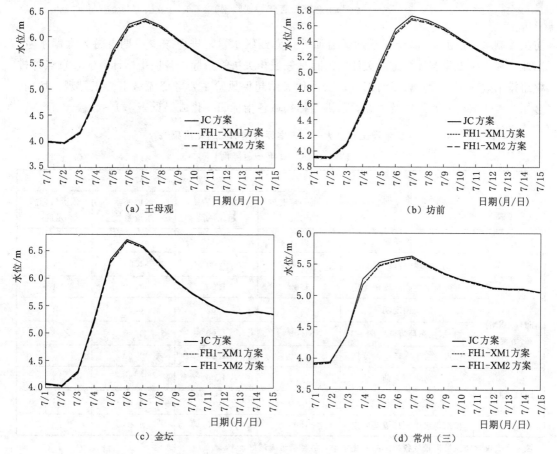

图 4.1－9　各方案区域代表站水位过程线（"91 北部"百年一遇降雨）

2. 联合调度模型计算与决策

新孟河扩大外排方案降低了汛期新孟河界牌水利枢纽排水调度参考水位（太湖水位处于

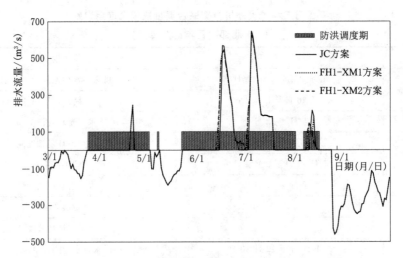

图 4.1-10 各方案新孟河界牌水利枢纽排水流量过程
（"91北部"百年一遇降雨）

防洪控制水位以上），以增加汛期新孟河外排湖西区水量，进而减少汛期上游入太湖水量。
因此，联合调度模型计算重点关注防洪目标领域相关决策指标，各项指标计算时，重点外排
枢纽排水效率主要针对新孟河工程；防洪代表站超保风险主要考虑流域上游王母观、坊前、
金坛、常州（三）等站以及太湖，防洪目标领域各指标归一化成果见表 4.1-16。

表 4.1-16   新孟河工程扩大外排方案评价指标归一化成果表
（"91北部"百年一遇降雨）

方案	调 度 期	防 洪 目 标 领 域			
		重点外排枢纽排水效率	防洪代表站超保风险	区域外排水量系数	预泄目标满足度
JC方案	防洪调度期	0.37	0.44	0.40	1
	水生态环境调度期	1.00	1.00	1.00	1
	供水与水生态环境调度期	1.00	1.00	1.00	1
FH1-XM1方案	防洪调度期	0.85	0.87	0.83	1
	水生态环境调度期	1.00	1.00	1.00	1
	供水与水生态环境调度期	1.00	1.00	1.00	1
FH1-XM2方案	防洪调度期	0.92	1.00	0.92	1
	水生态环境调度期	1.00	1.00	1.00	1
	供水与水生态环境调度期	1.00	1.00	1.00	1

注　本表仅含防洪目标领域各指标归一化结果，值越接近1越好。

"91北部"百年一遇降雨条件下，该方案集防洪目标领域的敏感指标为重点外排枢纽
排水效率、防洪代表站超保风险、区域外排水量系数；而由于各方案中4月1日太湖水位
无差异，因此，预泄目标满足度为非敏感性指标。各方案中重点外排枢纽排水效率差异体

现在防洪调度期，JC方案、FH1-XM1方案、FH1-XM2方案该指标分别为0.37、0.85、0.92，湖西区区域外排水量系数分别为0.40、0.83、0.92，表明FH1-XM1方案、FH1-XM2方案新孟河工程、湖西区排水量较JC方案均有所增加。随着湖西区外排水量的增加，FH1-XM1方案、FH1-XM2方案防洪代表站超保风险指标值分别由JC方案的0.44增加至0.87、1.00。

各方案目标函数分别为94.4、97.7、98.8，防洪调度期FH1-XM2方案目标函数值均高于JC方案和FH1-XM1方案，见表4.1-17。各方案目标函数值及防洪目标领域主要决策指标情况表明，FH1-XM2方案为新孟河扩大外排方案集中较优方案。

表 4.1-17　　　新孟河工程扩大外排方案决策表（"91北部"百年一遇降雨）

调 度 期		JC方案	FH1-XM1方案	FH1-XM2方案
1月3日至3月23日	供水与水生态环境调度期	95.6	100.0	100.0
3月26日至5月3日	防洪调度期	95.6	100.0	100.0
5月4—8日	水生态环境调度期	95.6	100.0	100.0
5月10—23日	水生态环境调度期	95.6	100.0	100.0
5月24日至8月2日	防洪调度期	92.0	96.6	97.1
8月4—7日	水生态环境调度期	92.9	99.4	99.7
8月8—17日	防洪调度期	91.8	97.2	99.1
8月18—25日	水生态环境调度期	94.5	97.2	99.8
8月27日至12月30日	供水与水生态环境调度期	94.7	95.9	98.6
全年		94.4	97.7	98.9

3. 调控效果分析

（1）新孟河扩大外排效果。新孟河扩大外排方案降低了汛期新孟河界牌水利枢纽排水调度参考水位（太湖水位处于防洪控制水位以上），FH1-XM2方案界牌水利枢纽汛期排水天数由JC方案的32天增加至43天，汛期、造峰期湖西区及新孟河工程排水量数据显示，新孟河排江水量、湖西区入长江水量较JC方案均明显增加，相应湖西区入太湖和入武澄锡虞区水量则有所减少。FH1-XM2方案较JC方案，汛期，新孟河界牌水利枢纽排江水量增加0.71亿 m^3（增幅9.5%），湖西区排江水量增加0.40亿 m^3，湖西区入太湖水量减少0.30亿 m^3；造峰期，新孟河界牌水利枢纽排江水量增加0.72亿 m^3（增幅12.6%），新孟河入湖水量有所减少，湖西区排江水量增加0.51亿 m^3，湖西区入太湖水量减少0.32亿 m^3，见表4.1-18。

（2）流域区域防洪效益。随着新孟河工程及湖西区外排水量的增加，"91北部"百年一遇降雨条件下FH1-XM2方案王母观、坊前、金坛、常州（三）等站最高水位较JC方案均显著降低。其中，王母观、坊前最高水位降低5cm，金坛、常州（三）最高水位降低4cm，随着上游外排水量的增加和区域水位的降低，FH1-XM2方案太湖最高水位较JC方案降低1cm，见表4.1-19。

表 4.1-18 　　　　汛期、造峰期（防洪调度期间）湖西区、新孟河水量统计 　　　单位：亿 m³

统计时段	统计项	水量统计		水量变化
		JC 方案	FH1-XM2 方案	
汛期	湖西区排长江水量	15.35	15.75	0.40
	湖西区入太湖水量	46.57	46.27	−0.30
	湖西区入武澄锡虞区水量	17.49	17.33	−0.16
	界牌水利枢纽排江水量	7.47	8.18	0.71
	新孟河入太湖水量	11.02	10.95	−0.07
造峰期	湖西区排长江水量	11.60	12.11	0.51
	湖西区入太湖水量	17.87	17.55	−0.32
	湖西区入武澄锡虞区水量	5.25	5.10	−0.15
	界牌水利枢纽排江水量	5.72	6.44	0.72
	新孟河入太湖水量	3.44	3.37	−0.07

注　湖西区入长江水量统计仅统计了时段内排水量。

表 4.1-19 　　　　太湖及区域水位特征值统计表（"91 北部"百年一遇降雨）

站点	全年最高水位/m			全年超保历时/d		
	JC 方案	FH1-XM2 方案	较 JC 方案变化	JC 方案	FH1-XM2 方案	较 JC 方案变化
太湖	4.49	4.48	−0.01	0	0	0
王母观	6.35	6.30	−0.05	10	10	0
坊前	5.73	5.68	−0.05	22	21	−1
金坛	6.71	6.67	−0.04	7	7	0
常州（三）	5.64	5.60	−0.04	19	19	0

（3）综合决策。在"91 北部"百年一遇降雨条件下，FH1-XM2 方案界牌水利枢纽汛期排水天数有所增加，汛期、造峰期湖西区及新孟河工程排江水量较 JC 方案均明显增加，相应湖西区入太湖水量有所减少，最高水位下降较为显著，也在一定程度上降低了太湖水位，降低了流域区域防洪风险。综合联合调度模型决策结果，将 FH1-XM2 方案纳入保障水安全的水利工程体系联合调度技术方案集。

4.1.4.2　新沟河工程扩大外排方案智能决策

新沟河扩大外排方案不同程度地抬高了直武地区入太湖控制水位，同时依托新沟河西支沿线工程增加运河及周边区域涝水北排水量，当常州城防工程或无锡城防工程启用时，新沟河江边枢纽、遥观北枢纽相应启用泵站北排，以增加直武地区涝水北排长江，同时减少区域入太湖水量。

1. 水量水质模型模拟

根据各方案太湖水位以及联合调度决策调度期识别原则，"91 北部"百年一遇降雨下各方案全年划分为防洪调度期、水生态环境调度期、供水与水生态环境调度期等不同调度期，共计9个，见表4.1-20。水量水质模拟成果重点关注反映流域区域防洪安全的太湖及武澄锡虞区水位、新沟河排水流量等，分析时段重点针对防洪调度期。

表4.1-20　　　　　　　新沟河工程扩大外排方案联合调度决策调度期识别
（"91北部"百年一遇降雨）

序号	时　　间	调　度　期
1	1月3日至3月23日	供水与水生态环境调度期
2	3月26日至5月3日	防洪调度期
3	5月3—7日	水生态环境调度期
4	5月10—23日	水生态环境调度期
5	5月24日至8月2日	防洪调度期
6	8月4—7日	水生态环境调度期
7	8月9—17日	防洪调度期
8	8月18—25日	水生态环境调度期
9	8月27日至12月30日	供水与水生态环境调度期

（1）区域及太湖水位。太湖及武澄锡虞区高水位情况反映新沟河扩大外排方案调控效果的最直接因素。遇"91北部"百年一遇降雨，JC方案常州（三）、无锡、青阳、洛社、戴溪最高水位分别为5.64m、4.87m、4.88m、5.00m、5.01m，其中常州（三）、无锡超保历时较长，分别为19天、6天；太湖最高水位为4.49m。策略1中FH1-XG1、FH1-XG2方案区域及太湖水位过程与JC方案基本一致，常州（三）、无锡、青阳、洛社等站以及太湖最高水位基本不变；FH1-XG3方案无锡、青阳、洛社最高水位分别抬升至4.98m、4.98m、5.18m。

策略2中FH1-XG4方案区域、太湖水位与JC方案基本一致；FH1-XG5方案太湖最高水位为4.48m，常州（三）、无锡、青阳、洛社、戴溪最高水位与JC方案基本一致。

（2）新沟河外排流量。遇"91北部"百年一遇降雨，防洪调度期JC方案新沟河江边枢纽平均排江流量为76m³/s，FH1-XG1～FH1-XG5方案抬高直武地区控制水位或在江边枢纽调度中考虑常州、无锡作为排水调度参考后，新沟河江边枢纽平均排江流量分别增加至为76m³/s、77m³/s、78m³/s、85m³/s、85m³/s，详见图4.1-11。

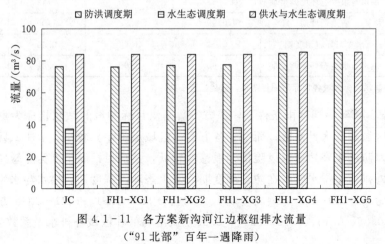

图4.1-11　各方案新沟河江边枢纽排水流量
（"91北部"百年一遇降雨）

2. 联合调度模型计算与决策

新沟河扩大外排方案不同程度地抬高了直武地区入太湖控制水位，同时依托新沟河西支增加运河及周边区域涝水北排，当常州包围圈或无锡包围圈启用时，新沟河江边枢纽、遥观北枢纽相应启用泵站北排，以增加直武地区涝水北排长江，同时减少区域入太湖水量。因此，联合调度模型计算重点关注防洪目标领域相关决策指标，其中，重点外排枢纽排水效率主要针对新沟河江边枢纽，防洪代表站超保风险主要考虑常州（三）、无锡、青阳、洛社等站以及太湖。防洪目标领域各指标归一化成果见表 4.1 - 21。

表 4.1 - 21　　　　新沟河工程扩大外排方案评价指标归一化成果表

（"91 北部"百年一遇降雨）

方案	调度期	防 洪 目 标 领 域			
		重点外排枢纽排水效率	防洪代表站的超保风险	区域外排水量系数	预泄目标满足度
JC方案	防洪调度期	0.02	1.00	0.03	1
	水生态环境调度期	0.22	1.00	0.52	1
	供水与水生态环境调度期	0.39	1.00	0.39	1
FH1 - XG1 方案	防洪调度期	0.06	0.96	0.03	1
	水生态环境调度期	0.79	1.00	0.95	1
	供水与水生态环境调度期	0.01	1.00	0.21	1
FH1 - XG2 方案	防洪调度期	0.15	0.97	0.16	1
	水生态环境调度期	0.99	1.00	0.93	1
	供水与水生态环境调度期	0.00	1.00	0.49	1
FH1 - XG3 方案	防洪调度期	0.13	0.88	0.17	1
	水生态环境调度期	0.80	1.00	0.96	1
	供水与水生态环境调度期	0.01	1.00	0.61	1
FH1 - XG4 方案	防洪调度期	0.97	1.00	0.88	1
	水生态环境调度期	0.56	1.00	0.62	1
	供水与水生态环境调度期	0.61	1.00	0.42	1
FH1 - XG5 方案	防洪调度期	0.99	0.98	1.00	1
	水生态环境调度期	0.51	1.00	0.44	1
	供水与水生态环境调度期	0.60	1.00	0.81	1

注　本表仅含防洪目标领域各指标归一化结果，值越接近 1 越好。

"91 北部"百年一遇降雨条件下，该方案集防洪目标领域的敏感指标为重点外排枢纽排水效率、区域外排水量系数；而由于各方案中区域水位差异较小，4 月 1 日太湖水位无差异，因此，防洪代表站超保风险指标敏感性较低，预泄目标满足度为非敏感性指标。各方案中重点外排枢纽排水效率在防洪调度期、水生态环境调度期、供水与水生态环境调度期差异均较为明显，其中，防洪调度期 JC 方案、FH1 - XG1～FH1 - XG5 方案该指标分别为 0.02、0.06、0.15、0.13、0.97、0.99，武澄锡低片区域外排水量系数分别为 0.03、

0.03、0.16、0.17、0.88、1.00，表明 FH1－XG1～FH1－XG5 方案新沟河工程、武澄锡低片排水量较 JC 方案均有不同程度的增加，其中以 FH1－XG4、FH1－XG5 方案最为显著。

各方案目标函数分别为 96.0、97.4、97.8、97.8、98.9、99.0，见表 4.1－22。各方案目标函数值及防洪目标领域主要决策指标情况表明，FH1－XG5 方案为新沟河扩大外排方案集的较优方案。

表 4.1－22　　　新沟河工程扩大外排方案决策表（"91 北部"百年一遇降雨）

调 度 期		JC 方案	FH1－XG1 方案	FH1－XG2 方案	FH1－XG3 方案	FH1－XG4 方案	FH1－XG5 方案
1月3日至3月23日	供水与水生态环境调度期	98.2	99.2	98.3	99.2	99.0	99.2
3月26日至5月3日	防洪调度期	97.4	97.2	97.9	97.2	98.8	98.7
5月3—7日	水生态环境调度期	54.8	98.2	97.6	98.2	98.6	98.3
5月10—23日	水生态环境调度期	97.0	98.5	98.8	98.5	98.8	98.7
5月24日至8月2日	防洪调度期	96.5	96.8	97.4	96.6	99.3	99.1
8月4—7日	水生态环境调度期	98.3	97.8	98.3	97.8	98.5	97.6
8月9—17日	防洪调度期	54.4	97.0	96.9	97.4	98.7	99.1
8月18—25日	水生态环境调度期	98.1	97.5	97.8	98.0	99.0	98.7
8月27日至12月30日	供水与水生态环境调度期	97.4	96.6	97.6	97.8	98.8	99.0
全年		96.0	97.4	97.8	97.8	98.9	99.0

3. 调控效果分析

（1）新沟河扩大外排效果。新沟河扩大外排方案抬高直武地区入太湖控制水位至 4.80m，同时依托新沟河西支增加运河及周边区域涝水北排，增加了直武地区涝水北排长江，优化了直武地区排水格局。汛期、造峰期水量数据显示，FH1－XG5 方案新沟河排江水量较 JC 方案明显增加，相应直武地区入太湖水量则有所减少。汛期，FH1－XG5 方案较 JC 方案新沟河江边枢纽排江水量增加 1.09 亿 m^3（增幅 15.9%），西直湖港闸站北排水量增加 0.46 亿 m^3，遥观南枢纽、遥观北枢纽北排水量分别增加 0.14 亿 m^3、0.12 亿 m^3，直武地区入太湖水量减少 0.39 亿 m^3（减少 32.7%）；造峰期，江边枢纽排水量增加 0.24 亿 m^3（增幅 7.6%），西直湖港闸站北排水量增加 0.38 亿 m^3，遥观南枢纽北排水量增加 0.11 亿 m^3，直武地区入太湖水量减少 0.36 亿 m^3（减少 30.9%），见表 4.1－23。

（2）流域区域防洪效益。随着新沟河工程及武澄锡低片外排水量的增加，较 JC 方案，FH1－XG5 方案太湖最高水位下降 1cm，常州（三）、无锡（大）、青阳、洛社、戴溪等站最高水位未因抬高直武地区入湖水位而升高。高水位持续历时显示，全年常州（三）、无锡（大）、洛社、戴溪站超警天数减少 1～2 天，青阳超警天数增加 1 天，见表 4.1－24。总体上 FH1－XG5 方案对于保障流域防洪安全具有一定作用，同时未增加区域防洪风险。

表 4.1-23　　　　　　　汛期、造峰期新沟河工程排水量统计　　　　　　单位：亿 m³

统计时段	统计项	水量		FH1-XG5 方案较 JC 方案变化
		JC 方案	FH1-XG5 方案	
汛期	江边枢纽排江水量	6.85	7.94	1.09
	西直湖港闸站北排水量	2.82	3.28	0.46
	遥观南枢纽北排水量	2.96	3.10	0.14
	遥观北枢纽北排水量	5.07	5.18	0.12
	直武地区入太湖水量	1.18	0.80	−0.39
造峰期	江边枢纽排江水量	3.14	3.37	0.24
	西直湖港闸站北排水量	0.78	1.16	0.38
	遥观南枢纽北排水量	1.15	1.26	0.11
	遥观北枢纽北排水量	1.95	1.95	0.00
	直武地区入太湖水量	1.15	0.80	−0.36

表 4.1-24　　　　　太湖及武澄锡虞区代表站水位特征值统计表
（"91 北部"百年一遇降雨）

站点	全年最高水位/m			全年超警历时/d		
	JC 方案	FH1-XG5 方案	较 JC 方案变化	JC 方案	FH1-XG5 方案	较 JC 方案变化
太湖	4.49	4.48	−0.01	38	38	0
常州（三）	5.64	5.64	0.00	39	38	−1
无锡（大）	4.87	4.87	0.00	30	29	−1
青阳	4.88	4.88	0.00	19	20	1
洛社	5.00	5.00	0.00	29	27	−2
戴溪	5.01	5.01	0.00			

（3）综合决策。"91 北部"百年一遇降雨条件下，FH1-XG5 方案在减少直武地区入湖水量的同时，增加直武地区北排水量，完善了武澄锡虞区防洪排涝格局，适当抬高直武地区入湖水位至 4.8m 对于区域防洪安全无明显影响，对于保障流域防洪安全具有一定作用。综合联合调度模型决策结果，将 FH1-XG5 方案纳入保障水安全的水利工程体系联合调度技术方案集。

4.1.5　流域扩大外排技术方案

基于保障流域区域防洪安全，当流域防洪压力较大，需通过增加上游地区外排水量、降低流域及区域防洪风险时，新孟河工程按 FH1-XM2 方案实施扩大外排调度，即降低汛期新孟河界牌水利枢纽排水调度参考水位至 3.8m（太湖水位处于防洪控制水位以上时）；新沟河工程按 FH1-XG5 方案实施扩大外排调度，即抬高直武地区入太湖控制水位至 4.8m，同时在新沟河工程调度中增加常州、无锡作为调度参考站，当常州包围圈或无锡包围圈启用时，新沟河江边枢纽、遥观北枢纽相应启用泵站北排，具体如下。

1. 新孟河工程

（1）界牌水利枢纽：太湖水位处于防洪控制水位以上时，5—9月，坊前水位<3.8m，关闸，3.8m≤坊前水位<4.6m，开闸排水，坊前水位≥4.6m，开闸、开泵排水；其余时间，坊前水位<4.2m，关闸，4.2m≤坊前水位<4.6m，开闸排水，坊前水位≥4.6m，开闸、开泵排水。太湖水位处于防洪控制水位以下时，调度维持不变，同JC方案。

（2）奔牛水利枢纽立交地涵：根据界牌水利枢纽相应调整调度。太湖水位处于防洪控制水位以上时，界牌水利枢纽引水调度时，立交地涵开启，引长江水入太湖；界牌水利枢纽防洪调度时，在京杭运河以北水位高于以南水位时，立交地涵关闭，其他时刻，立交地涵敞开；界牌水利枢纽不引不排时，敞开。太湖水位处于防洪控制水位以下时，调度维持不变，同JC方案。

（3）奔牛水利枢纽节制闸：根据界牌水利枢纽相应调整调度。太湖水位处于防洪控制水位以上时，5—9月，坊前水位<3.8m，敞开，坊前水位≥3.8m，开闸排水（不超过128m³/s）；其余时间，坊前水位<4.2m，敞开，坊前水位≥4.2m，开闸排水（不超过128m³/s）。太湖水位处于防洪控制水位以下时，调度维持不变，同JC方案。

2. 新沟河工程

（1）新沟河江边枢纽：直武地区水位≥4.5m，闸泵排水；2.8m≤直武地区水位<4.5m时，当常州（三）水位≥4.3m，或无锡（大）水位≥3.8m，或青阳水位≥4.0m，启用闸泵联合排水，否则开闸排水；直武地区水位<2.8m，关闸。

（2）西直湖港闸站：当直武地区水位>4.8m，敞开；2.8m≤直武地区水位处于≤4.8m，开闸北排，根据需要启用闸泵北排；直武地区水位<2.8m，敞开。

（3）遥观南枢纽：直武地区水位≥4.8m，敞开；3.6m≤直武地区水位<4.8m，启用闸泵北排；2.8m≤直武地区水位<3.6m，开闸北排；直武地区水位<2.8m，有控制地开闸北排。

（4）遥观北枢纽：直武地区水位≥3.6m，或常州（三）≥4.3m，或无锡（大）≥3.8m，启用泵站北排，其余时间开闸北排。

（5）直湖港闸、武进港闸：直武地区水位>4.8m，开闸向太湖排水，其余时间关闸。

（6）武南河闸：无锡水位>4.2m，关闸；常州水位>4.8m，关闸；无锡水位≤4.2m，且常州水位≤4.8m，开闸引水。

（7）采菱港节制闸：遥观南枢纽启用泵站北排期间，适当控制。

4.2 太湖提前预泄调度模式研究

4.2.1 问题提出

太湖属于典型的平原浅水湖泊，是太湖流域洪水和水资源调蓄中心。现行的《太湖流域洪水与水量调度方案》根据长系列水文资料确定了太湖防洪调度控制水位线、供水调度控制水位线，太湖调度线是流域骨干工程调度的重要指示指标，也是太湖水位预期性指标，对流域防洪及供水调度具有关键性作用。相关研究和调度实践表明，降雨是影响太湖水位的主要因素。出于为汛期降雨预留调蓄空间的考虑，防洪控制水位从 3 月 16—31 日按 3.50m 至 3.1m 直线递减，调水限制水位则按 3.30m 至 3.00m 直线递减。

近几年，汛前太湖水位调控是流域调度关注点之一。汛前适当控制太湖水位可增加太湖调蓄能力，为减轻太湖洪水威胁创造有利条件。相关研究也表明，水草和蓝藻存在一定的相互制约关系，每年太湖水位季节性变化对太湖水草生长较为适宜，尤其是冬春季太湖水位适当降低后，对水草萌芽有较大的促进作用。江苏省提出建议适当降低冬春季太湖水位，以恢复太湖水草生长，浙江省也提出汛前适度控制太湖水位的期望。

目前，太湖流域已开展了汛前提前预降太湖水位的调度实践。为增加太湖调蓄能力，实际调度中，通常将 4 月 1 日的太湖水位降至 3.10m 或以下，使太湖低水位入汛作为调控目标。冬春季流域调度通常结合下游地区供水，采取"小引大排，边引边排"的原则，逐步加大太湖预泄力度，适度控制太湖水位。2015 年 12 月初至 2016 年 3 月，通过实施太湖预泄调度，望虞河、太浦河累计泄水 10.84 亿 m³，相当于太湖 0.47m 的蓄水量，太湖水位由 2015 年 12 月 13 日的 3.51m 降至 2016 年 4 月 1 日的 3.09m（其中，汛前水位预降期流域平均降雨量 7.4mm），实现了 4 月 1 日太湖水位降至 3.10m 的目标。2017 年，通过提前预降，4 月 1 日太湖水位降至 3.14m。调度实践表明，通过提前预降太湖水位，能够充分发挥太湖调蓄作用，为减轻太湖洪水威胁创造了有利条件，满足流域下游地区供水需求，一定程度上也有利于太湖水生态环境改善。

目前，太湖流域已开展了汛前提前预降太湖水位的调度实践，并取得一定效益，但预泄调度方式主要是基于经验研判，尚未形成相对成熟的汛前水位调控模式。同时考虑到近几年极端天气气候频发，汛前太湖水位调控是流域调度的必然需求，有必要从理论层面进行深入研究，提出基于提前预降太湖水位的流域骨干工程调度策略，形成太湖预泄调度模式，为调度实践提供参考。

4.2.2　预泄调度研究思路及目标

受到目前降雨预见期的限制，汛前太湖预泄调度模式研究采用数据挖掘与数值模拟相结合的技术。针对年初至 3 月 15 日（以下简称"预降前期"），根据年初太湖水位，结合对预降前期流域降雨量丰枯水平的预期，通过关联规则挖掘分析，预判太湖是否需要提前预降水位，使 3 月 16 日太湖水位处于某一阈值以下，为预降后期骨干工程预泄调度提供条件；针对 3 月 16—31 日（以下简称"预降后期"），即《太湖流域洪水与水量调度方案》确定的汛前水位预降期，根据预报降雨量级，采用数值模拟技术研究基于预降太湖水位的流域骨干工程调度策略及方案。

太湖预泄调度模式研究关键问题之一是确定 3 月 16 日适宜的太湖水位，以作为预降后期定量研究的基础。根据 1988—2017 年 30 年太湖水位资料，3 月 16 日太湖多年平均水位为 3.09m，不同水位分级统计见表 4.2 - 1。3 月 16 日太湖水位多处于 3.20m 以下，累计发生概率约 0.73，水位超过 3.20m 的次数较少。

表 4.2－1 **1988—2017 年 3 月 16 日太湖水位分级统计**

水位分级	<2.8m	2.8~2.9m	2.9~3.0m	3.0~3.1m	3.1~3.2m	3.2~3.3m	3.3~3.4m	>3.4m
发生频次	3	3	4	4	8	4	3	1
概率	0.10	0.10	0.13	0.13	0.27	0.13	0.10	0.03

根据 1988—2017 年 30 年降雨资料，预降后期（汛前水位预降期），流域累计平均降雨量多年平均为 53mm，不同等级累计降雨量统计见表 4.2－2。预降后期流域累计平均降雨量多在 60mm 以内，累计发生概率约 0.71，降雨量超过 60mm 的次数较少。因此，预泄调度重点针对累计雨量不超过 20mm、20～40mm 以及 40～60mm 的情景进行研究，并选取累计雨量 80～100mm 的情景，研究分析降雨量较大情景下太湖预泄调度的可行性。

表 4.2－2 **1988—2017 年预降后期流域累计降雨量分级统计**

降雨量分级	<20mm	20~40mm	40~60mm	60~80mm	80~100mm	>100mm
发生频次	5	8	8	3	2	4
概率	0.17	0.27	0.27	0.10	0.07	0.13

由 1988—2017 年 3 月 16 日太湖水位-降雨-预降期末（4 月 1 日，下同）太湖水位关系图（图 4.2－1）可知，当 3 月 16 日太湖水位处于某一阈值以下时，4 月 1 日太湖水位与预降后期降雨量有关，预降后期流域降雨处于平均水平附近或以下时，4 月 1 日太湖水位基本处于 3.1m 以下，但若预降后期流域降雨偏多，则较难实现预泄目标；当 3 月 16 日太湖水位高于该阈值时，4 月 1 日太湖水位基本处于 3.1m 以上，表明仅通过流域骨干工程预泄实现目标难度较大。进一步在近 30 年，4 月 1 日太湖水位处于 3.1m 以下的年份中，从太湖水位、预降后期降雨量两个角度分析极端情况。

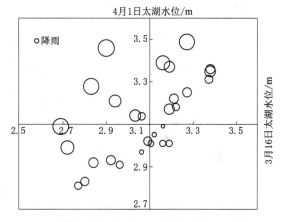

图 4.2－1 前期太湖水位-降雨-预降期末太湖水位关系图

近 30 年中共有 14 年太湖水位处于 3.1m 以下，其中，预降后期降雨量最少为 7.4mm（发生于 2016 年，相当于无降雨的情况），当年 3 月 16 日太湖水位为 3.16m，4 月 1 日太湖水位为 3.09m。因此，3 月 16 日太湖水位应处于 3.16m 以下为宜，综合考虑近 30 年预降期前太湖水位情况、预泄基础条件和流域供水安全，预泄调度研究时 3 月 16 日太湖水位初步按 3.1m 控制。

由于预降后期流域降雨超过 60mm 的实际发生概率较小，并且由 3 月 16 日太湖水位-降雨-预降期末太湖水位关系图（横轴为 3 月 16 日太湖水位，纵轴为 4 月 1 日太湖水位）可以发现，即使 3 月 16 日太湖水位较低，但预降后期流域降雨量较大时，4 月 1 日太湖水位将远高于 3.1m，预降水位难度较大。因此，本书预泄调度目标主要是预降后期预报流域降雨量处于平均水平附近或以下时，通过工程调度，使 4 月 1 日太湖水位不超过 3.1m，低水位进入前汛期。此外，分析降雨量较大情况下通过预泄使 4 月 1 日太湖水位不超过 3.1m 的可行性。

4.2.3 预泄调度策略分析

1. 太湖水位变化与流域降雨关系分析

根据 1988—2017 年 30 年太湖水位和流域降雨资料，探索预降前期太湖水位变化与期间流域降雨量的关系。尽管 30 年系列数据相关性较差，但若根据年初太湖水位高低划分为"年初水位低于 3.0m""年初水位 3.0～3.2m""年初水位高于 3.2m"三个系列，则太湖水位变化与流域降雨量的相关性有所增强，详见图 4.2-2。太湖水位变化受降雨影响的规律较为显著，表明 3 月 16 日太湖水位与年初太湖水位和预降前期流域降雨量存在某种关联。因此，尝试采用基于数据挖掘的关联规则理论，挖掘年初太湖水位、预降前期

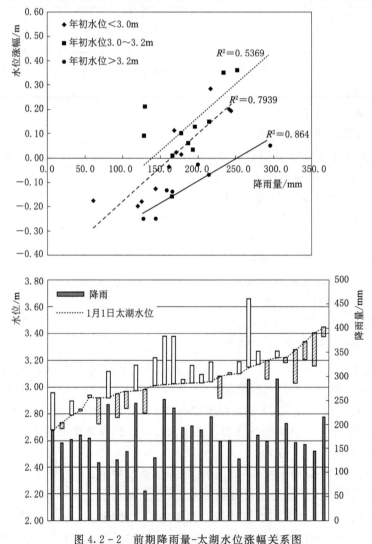

图 4.2-2　前期降雨量-太湖水位涨幅关系图

累计降雨、3月16日太湖水位三个要素之间的潜在关联，为定性提出预降前期工程调度建议提供理论支撑。

2. 关联规则理论

关联规则主要是描述数据库中数据项之间某种潜在关系的规则，近年来在数据挖掘技术领域中应用颇为广泛。设 X、Y 是某些项组成的非空集合，则形如 $X \Rightarrow Y$（其中 $X \in I$，$X \neq \phi$，$Y \in I$，$Y \neq \phi$，并且 $X \cap Y \neq \phi$）的逻辑蕴涵关系称为关联规则。X 称为关联规则的前件或先决条件，Y 称为关联规则的后件或结果。关联规则由两个阈值确定，分别为最小支持度和最小置信度。

关联规则的支持度是交易集 D 中包含项集 X 和 Y 的交易数与交易总数之比，称为规则 $X \Rightarrow Y$ 在交易集 D 中的支持度，计算公式如下：

$$\text{support}(X \Rightarrow Y) = \frac{|\{T : X \cup Y \in T, T \in D\}|}{|D|} \qquad (4.2-1)$$

关联规则的置信度是交易集 D 中包含 X 和 Y 的交易数与包含 X 的交易数之比，称为规则 $X \Rightarrow Y$ 在交易集 D 的置信度，计算公式如下：

$$\text{confidence}(X \Rightarrow Y) = \frac{|\{T : X \cup Y \in T, T \in D\}|}{|X \in T, T \in D|} \qquad (4.2-2)$$

支持度的本质是一个项集在数据库中出现的频率，支持度是对关联规则重要性的衡量，用以说明该规则在所有事务中的代表性有多大，支持度越大，该关联规则越重要。最小支持度则是指关联规则必须满足支持度的最小值，用 min＿sup 表示。置信度表示一个项目集合中包含 X 的概率下，包含 Y 的概率，置信度则是对关联规则可靠性的衡量，置信度越大，说明该关联规则越可靠。最小置信度是指关联规则必须满足置信度的最小值，用 min＿conf 表示。

对于交易集 D 和关联规则 $X \Rightarrow Y$，若同时满足 support（$X \Rightarrow Y$）≥min＿sup 和 confidence（$X \Rightarrow Y$）≥min＿conf，则关联规则 $X \Rightarrow Y$ 称为强规则，否则关联规则 $X \Rightarrow Y$ 称为弱规则。强关联规则表示该规则是既重要又可靠的关联规则。关联规则挖掘问题的本质就是产生支持度和置信度分别大于设定的最小支持度和最小置信度的强关联规则。

3. 关联规则分析

运用关联规则进行研究时，首先将水位、降雨数据离散化处理，详见表4.2-3。将年初太湖水位分为"低于3.0m""3.0～3.2m""高于3.2m"三段，3月16日太湖水位分为"低于3.1m""高于3.1m"两段。年初至3月15日流域累计降雨量的下四分位（25％）、中位数（50％）、上四分位数（75％）分别为145mm、171mm、216mm。考虑到降雨数据为预期量，较难准确掌握其预期数值，分类过多对于实际操作并无意义，因此将预期降雨量简单归为三段，"降雨偏少"表示降雨量处于下四分位数以下，"降雨接近平均水平"表示降雨量处于下四分位数至上四分位数之间，"降雨偏多"表示降雨量处于上四分位数以上。离散化处理时，尝试采用不同的数据离散方案，经比较，在上述离散方案下，得到的规则相对更为清晰。

关联规则常用算法有 Apriori 算法和 GRI 算法，本书中采用 GRI 算法。通过构建关联模型，可得到若干条关联规则。项目研究时设置设置最小支持度设为10％（即30年中

表 4.2 - 3   水位、降雨数据离散化表

序号	年份	P	$Z0$	$Z1$
1	1988	$145<P<216$	<3.0	<3.1
2	1989	>216	<3.0	<3.1
3	1990	$145<P<216$	$3.0<Z0<3.2$	$Z1\geqslant3.1$
4	1991	$145<P<216$	$3.0<Z0<3.2$	$Z1\geqslant3.1$
5	1992	$145<P<216$	<3.0	<3.1
6	1993	$145<P<216$	<3.0	<3.1
7	1994	$145<P<216$	>3.2	<3.1
8	1995	<145	<3.0	<3.1
9	1996	$145<P<216$	<3.0	<3.1
10	1997	<145	<3.0	<3.1
11	1998	>216	>3.2	$Z1\geqslant3.1$
12	1999	<145	<3.0	<3.1
13	2000	>216	<3.0	$Z1\geqslant3.1$
14	2001	$145<P<216$	>3.2	$Z1\geqslant3.1$
15	2002	$145<P<216$	$3.0<Z0<3.2$	$Z1\geqslant3.1$
16	2003	$145<P<216$	>3.2	$Z1\geqslant3.1$
17	2004	$145<P<216$	$3.0<Z0<3.2$	<3.1
18	2005	$145<P<216$	$3.0<Z0<3.2$	<3.1
19	2006	>216	<3.0	$Z1\geqslant3.1$
20	2007	$145<P<216$	$3.0<Z0<3.2$	<3.1
21	2008	$145<P<216$	$3.0<Z0<3.2$	$Z1\geqslant3.1$
22	2009	>216	$3.0<Z0<3.2$	$Z1\geqslant3.1$
23	2010	>216	$3.0<Z0<3.2$	$Z1\geqslant3.1$
24	2011	<145	<3.0	<3.1
25	2012	>216	$3.0<Z0<3.2$	$Z1\geqslant3.1$
26	2013	$145<P<216$	>3.2	$Z1\geqslant3.1$
27	2014	<145	$3.0<Z0<3.2$	$Z1\geqslant3.1$
28	2015	<145	$3.0<Z0<3.2$	$Z1\geqslant3.1$
29	2016	<145	>3.2	$Z1\geqslant3.1$
30	2017	<145	>3.2	<3.1

注 $Z0$ 为年初太湖水位, $Z1$ 为 3 月 16 日太湖水位, P 为期间流域累计降雨量。

  $P<145$ 表示降雨量处于下四分位数以下, $145<P<216$ 表示降雨量处于下四分位数至中位数之间, $P>216$ 表示降雨量处于上四分位数以上。

这种情况至少发生 3 次),最小置信度设为 50%,挖掘得到若干关联规则,详见表 4.2 - 4。部分关联规则由于支持度或置信度较低,表明此类情况在历史数据中的发生概率较低或者是规则可靠性不足,因此未列出。

表 4.2-4 关联规则提取及说明

规则编号	规则	支持度/%	置信度/%	规则说明
1	$Z0<3.0 \Rightarrow Z1<3.1$	36.67	81.82	年初太湖水位处于 3.0m 以下,则 3 月 16 日太湖水位很可能处于 3.1m 以下
2	$P>216 \Rightarrow Z1 \geqslant 3.1$	23.33	85.71	预期降雨量偏丰,则 3 月 16 日太湖水位很可能高于 3.1m
3	$\begin{array}{c}Z0<3.0\\P<145\end{array} \Rightarrow Z1<3.1$	13.33	100	年初太湖水位处于 3.0m 以下,且预期降雨量少,则基本可推测 3 月 16 日太湖水位处于 3.1m 以下
4	$\begin{array}{c}Z0<3.0\\145<P<216\end{array} \Rightarrow Z1<3.1$	13.33	100	年初太湖水位处于 3.0m 以下,且预期降雨量接近平均水平,则基本可推测 3 月 16 日太湖水位处于 3.1m 以下
5	$\begin{array}{c}3.0<Z0<3.2\\145<P<216\end{array} \Rightarrow Z1 \geqslant 3.1$	23.3	57.14	年初太湖水位处于 3.0~3.2m,且预期降雨量接近平均水平,则 3 月 16 日太湖水位高于 3.1m 的可能性较大
6	$\begin{array}{c}3.0<Z0<3.2\\P>216\end{array} \Rightarrow Z1 \geqslant 3.1$	10	100	年初太湖水位处于 3.0~3.2m,且预期降雨量偏丰,则基本可推测 3 月 16 日太湖水位高于 3.1m
7	$\begin{array}{c}Z0>3.2\\145<P<216\end{array} \Rightarrow Z1 \geqslant 3.1$	13.3	75	年初太湖水位高于 3.2m,且预期降雨量接近平均水平,则 3 月 16 日太湖水位很可能高于 3.1m

4. 预降调度策略建议

通过对挖掘出的规则集进行解读分析,结合太湖水位变化与流域降雨量的规律,提出预降前期调度思路,见表 4.2-5。

表 4.2-5 基于预泄思路的流域骨干工程前期调度建议

太湖水位	降雨偏少	降雨接近平均水平	降雨偏丰
<3.0m	常规调度	常规调度	逐步预降
3.0~3.2m	根据水位变化精细调度	逐步预降	逐步预降
>3.2m	根据水位变化精细调度	逐步预降	逐步预降

(1)由规则 1、2、3、4 可知,若年初太湖水位低于 3.0m,预降前期流域累计降雨量偏少或接近平均水平时,太湖水位总体呈下降趋势,3 月 16 日太湖水位很可能低于 3.1m,因此可按照常规调度方式;流域累计降雨量偏丰时,太湖水位涨幅较为明显,3 月 16 日太湖水位很可能高于 3.1m,建议逐步实施预降,适度控制水位。

(2)由规则 5、6 可知,若年初太湖水位处于 3.0~3.2m,预降前期流域累计降雨量偏丰时,太湖水位涨幅较为明显,基本可推测 3 月 16 日太湖水位高于 3.1m,建议逐步实施预降,适度控制水位;流域累计降雨量接近平均水平时,3 月 16 日太湖水位高于 3.1m 的可能性较大,建议逐步实施预降;流域累计降雨量偏少时,太湖水位变幅与降雨量相关性不强,并无强关联规则,因此建议根据水雨情变化实施精细调度。

(3)若年初太湖水位高于 3.2m,由规则 2、7 可知,预降前期流域累计降雨量偏丰或接近平均水平时,建议逐步实施预降,适度控制水位;流域累计降雨量偏少时,并无强关联规则,因此需根据降雨及太湖水位变化实施精细调度,当太湖水位接近 3.1m 时,可按常规调度,当太湖水位上涨时,通过望虞河、太浦河等工程逐步预降水位。

4.2.4 提前预泄调度模式

1. 预降情景设计

由前述分析可知，汛前水位预降期，流域累计平均降雨量多在60mm以内，累计发生概率约0.71，因此，在近30年中分别选择不同雨量级的典型降雨进行分析。根据1988—2017年降雨资料，选取2000年、2005年、1990年和1999年降雨分别作为不超过20mm、20～40mm、40～60mm以及80～100mm的典型降雨过程，各典型年降雨空间分布情况见表4.2-6、图4.2-3。

表 4.2-6　　　　　　　典型年3月16—31日降雨空间分布情况

年份	降雨量/mm								降雨频率/%
	流域平均	浙西区	湖西区	武澄锡虞区	太湖区	阳澄淀泖区	杭嘉湖区	浦东浦西区	
2000	13.03	15.25	7.87	8.85	12.23	15.15	15.03	19.21	90.3
2005	37.04	41.95	31.89	26.63	30.91	33.27	47.24	38.24	58.1
1990	52.16	64.43	38.95	46.23	46.43	45.89	58.40	57.46	35.5
1999	90.27	131.36	65.30	57.13	87.55	69.67	118.95	76.34	19.4

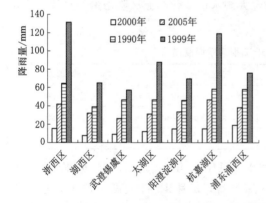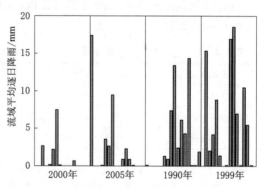

图 4.2-3　典型年降雨时空分部特征图

分区降雨图显示，汛前水位预降期，降雨主要集中在浙西区、杭嘉湖区及浦东浦西区，湖西区、武澄锡虞区等流域北部沿江地区降雨量总体上偏少，而流域骨干外排工程主要集中在沿长江、沿杭州湾区域，总体上，流域降雨的空间分布特征对于预降太湖水位颇为不利。时程分布上，2005年降雨主要发生在预降期中前期，1990年降雨则主要发生在预降期中后期。

根据预泄调度目标，原则上以3月16日太湖水位3.1m为预降初始条件，然而考虑到预降前期流域降雨时空分布的不确定性，若遭遇短历时强降雨或不利于太湖洪水及时排泄的雨型，则3月16日控制太湖水位处于3.1m以下存在一定不确定性，因此，情景设计时同时考虑初始条件（3月16日太湖水位）3.15m作为备用情景。

2. 基于提前预降的骨干工程调度方案

提前预泄调度研究主要依托流域直管工程望虞河及太浦河工程。通过分析 2016 年预泄期间望虞河、太浦河工程实际调度情况，为两河调控策略的制定提供依据。2016 年 1—3 月，常熟水利枢纽引水量 2.99 亿 m^3，平均引水流量 38m^3/s，望亭入湖水量 0.96 亿 m^3，平均入湖流量 12.2m^3/s，太浦闸向下游供（泄）水水量 8.80 亿 m^3，平均供水（太湖处于防洪线以下）流量 111.1m^3/s，最大供水流量 237m^3/s。据此分别设计望虞河、太浦河工程预泄调度策略，详见表 4.2－7。

表 4.2－7 　　　　　　　基于提前预降水位的流域骨干工程调度方案

方案	太湖水位	常熟水利枢纽	望亭立交	太浦闸
JC 方案	≥防洪控制水位	排水	太湖水位≤4.20m，望亭水利枢纽泄水按琳桥水位不超过 4.15m 控制； 4.20m＜太湖水位≤4.40m，望亭水利枢纽泄水按琳桥水位不超过 4.30m 控制； 4.40m＜太湖水位≤4.65m，望亭水利枢纽泄水按琳桥水位不超过 4.40m 控制	按平望水位分级泄水
	调水限制水位～防洪控制水位	无锡水位≥3.60m、苏州水位≥3.50m，全力闸排；无锡水位＜3.20m，且苏州水位＜3.10m，适当控制闸引；否则，关闸	关闸	50m^3/s 供水
	＜调水限制水位	张桥水位≤3.80m，且北国水位≤4.35m 时，引水；否则开闸排水或保持关闭	北国水位≥4.35m 时，关闸；北国水位＜4.35m，适度引水	0～50m^3/s 供水
Y－WY1 方案	≥防洪控制水位	同 JC 方案	同 JC 方案	同 JC 方案
	调水限制水位～防洪控制水位	无锡水位≥3.60m 或苏州水位≥3.50m，全力闸排；否则关闸	关闸	
	＜调水限制水位	张桥水位≤3.80m，且北国水位≤4.35m 时，有控制地开启节制闸引水；否则开闸排水或保持关闭	北国水位≤4.35m 时，有控制地开启节制闸引水；否则关闸	
Y－WY2 方案	≥防洪控制水位	同 JC 方案	同 JC 方案	同 JC 方案
	调水限制水位～防洪控制水位	同 Y－WY1 方案	关闸	
	＜调水限制水位	北国水位≥4.35m 时，开闸排水；否则关闸	关闸	
Y－WY3 方案	≥防洪控制水位	同 JC 方案	同 JC 方案	同 JC 方案
	调水限制水位～防洪控制水位	排水	排水	
	＜调水限制水位	同 Y－WY2 方案	关闸	

续表

方案	太湖水位	常熟水利枢纽	望亭立交	太浦闸
Y-WY4 方案	≥3.10m	开闸排水，可适当启用泵站排水	开闸排水	同JC方案
	<3.10m	北国水位≥4.35m时，开闸排水；否则关闸	关闸	
Y-TP1 方案	≥防洪控制水位	同JC方案	同JC方案	同JC方案，按平望水位分级泄水
	3.10m～防洪控制水位			平望水位≤3.70m，100m³/s供水；平望水位>3.70m，80m³/s供水
	3.00～3.10m			平望水位≤3.70m，80m³/s供水；平望水位>3.70m，60m³/s供水
	<3.00m			同JC方案
Y-TP2 方案	≥防洪控制水位	同JC方案	同JC方案	同JC方案，按平望水位分级泄水
	3.10m～防洪控制水位			平望水位≤3.70m，150m³/s供水；平望水位>3.70m，100m³/s供水
	3.00～3.10m			平望水位≤3.70m，100m³/s供水；平望水位>3.70m，80m³/s供水
	<3.00m			同JC方案
Y-TP3 方案	≥防洪控制水位	同JC方案	同JC方案	同JC方案，按平望水位分级泄水
	3.10m～防洪控制水位			平望水位≤3.70m，200m³/s供水；平望水位>3.70m，150m³/s供水
	3.00～3.10m			平望水位≤3.70m，150m³/s供水；平望水位>3.70m，100m³/s供水
	<3.00m			同JC方案

（1）望虞河工程。根据现行的《太湖流域洪水与水量调度方案》，当太湖水位低于引水调度线，张桥水位不超过3.80m时，可启用常熟水利枢纽引水；当太湖水位高于防洪控制水位时，常熟水利枢纽泄水，当太湖水位超过3.80m并预测流域有持续强降雨时，开泵排水。从提前预降的角度出发，初步提出"控制引水""不引""适当排水""超常规"的方案。

1）"控制引水"方案：当太湖水位低于调水限制水位时，常熟水利枢纽、望亭立交有控制地开启节制闸引水；当太湖水位处于适时调度区时，常熟水利枢纽、望亭立交关闸；其余时间调度不变，简称"Y-WY1"。

2）"不引"方案：当太湖水位低于调水限制水位时，常熟水利枢纽、望亭立交关闭；其余时间调度不变，简称"Y-WY2"。

3）"适当排水"方案：当太湖水位低于调水限制水位时，常熟水利枢纽、望亭立交关闭；当太湖水位处于适时调度区时，常熟水利枢纽、望亭立交排水，当长江潮位较高时，启用常熟水利枢纽泵站排水；其余时间调度不变，简称"Y-WY3"。

4）"超常规"方案：当太湖水位高于3.10m，常熟水利枢纽、望亭立交开闸排水，若常熟水利枢纽节制闸自排流量较小，适当启用泵站排水；当太湖水位不高于3.10m，西岸地区有排水需求，常熟水利枢纽开闸排水，否则，常熟水利枢纽、望亭立交关闸，简称"Y-WY4"。

（2）太浦河工程。根据现行的《太湖流域洪水与水量调度方案》，当太湖水位高于防洪控制水位时，太浦闸视平望水位分级调度。从提前预降的角度出发，提出太浦河加大供水方案1～方案3。

1）加大供水方案1：当太湖水位低于防洪控制水位时，当太湖水位不超过3.00m时，维持其现有调度。当太湖水位处于3.00～3.10m，平望水位不超过其警戒水位3.70m时，加大向下游地区泄水，太浦闸按80m³/s供水；当平望水位超过3.70m时，太浦闸按60m³/s供水。当太湖水位处于3.10m～防洪控制水位，平望水位不超过其警戒水位3.70m时，太浦闸按100m³/s供水；当平望水位超过3.70m时，太浦闸按80m³/s供水。

2）加大供水方案2：在"Y-TP1"方案的基础上，进一步加大太浦闸向下游供水力度，当太湖水位处于3.00m～防洪控制水位时，太浦闸按80～150m³/s向下游供水，简称"Y-TP2"。

3）加大供水方案3：在"Y-TP1"方案的基础上，进一步加大太浦闸向下游供水力度，当太湖水位处于3.00m～防洪控制水位时，太浦闸按100～200m³/s向下游供水，简称"Y-TP3"。

针对不同研究情景，统筹考虑预降难度，组合望虞河、太浦河工程单项工程调控策略，形成联合调控方案，详见表4.2-8。

表4.2-8　　　　　　　　　　提前预泄研究情景及调度策略表

情景编号	研究情景		工 程 调 度		
	3月16日太湖水位/m	预降后期降雨/mm	方案编号	望虞河工程	太浦河工程
A1	3.10	13.03（2000年）	JC	基础调度	基础调度
			FH2-YX1	Y-WY1，控制引水	Y-TP1，加大供水方案1
B1	3.10	37.04（2005年）	JC	基础调度	基础调度
			FH2-YX1	Y-WY1，控制引水	Y-TP1，加大供水方案1
C1	3.10	52.16（1990年）	JC	基础调度	基础调度
			FH2-YX2	Y-WY1，控制引水	Y-TP2，加大供水方案2
			FH2-YX3	Y-WY2，不引水	Y-TP2，加大供水方案2

情景编号	研究情景		工程调度		
	3月16日太湖水位/m	预降后期降雨/mm	方案编号	望虞河工程	太浦河工程
D1	3.10	90.27 (1999年)	JC	基础调度	基础调度
			FH2-YX4	Y-WY3，适当排水	Y-TP2，加大供水方案2
			FH2-YX5	Y-WY4，超常调度	Y-TP2，加大供水方案2
			FH2-YX6	Y-WY3，适当排水	Y-TP3，加大供水方案3
			FH2-YX7	Y-WY4，超常调度	Y-TP3，加大供水方案3
A2	3.15	13.03 (2000年)	JC	基础调度	基础调度
B2	3.15	37.04 (2005年)	JC	基础调度	基础调度
			FH2-YX1	Y-WY1，控制引水	Y-TP1，加大供水方案1
			FH2-YX2	Y-WY1，控制引水	Y-TP2，加大供水方案2
			FH2-YX9	Y-WY2，不引水	Y-TP3，加大供水方案3
C2	3.15	52.16 (1990年)	JC	基础调度	基础调度
			FH2-YX9	Y-WY2，不引水	Y-TP3，加大供水方案3
			FH2-YX6	Y-WY3，适当排水	Y-TP3，加大供水方案3

3. 提前预泄调度效果分析

（1）情景 A1：太湖水位 3.10m，降雨 13.03mm。由于该情景下预降后期流域降雨量偏少，且预降前期适当控制了太湖水位，采用基础调度方案，4 月 1 日太湖计算水位 3.06m，基本可满足太湖预泄调度目标，两河引排水量总体处于平衡，详见图 4.2-4、表 4.2-9。

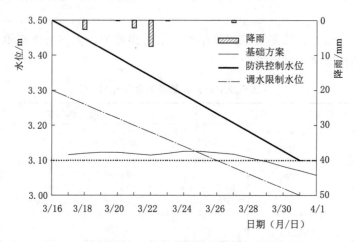

图 4.2-4　情景 A1 提前预泄调度方案太湖计算水位

考虑到该情景下，流域降雨时程靠前，对于控制太湖水位相对有利，出于偏安全角度考虑，为应对不同雨型，当预报预降后期流域降雨量在 10mm 左右时，建议关注太湖水位变化，实施精细调度。

表 4.2-9 情景 A1 提前预泄调度计算成果表

分 析 项 目		基础方案（JC方案）
4月1日太湖水位/m		3.06
预泄期间地区最高水位/m	无锡	3.36
	苏州	3.10
	张桥	3.24
	陈墓	2.95
	平望	2.97
	嘉兴	3.00
常熟水利枢纽/亿 m³	引水量	0.86
	排水量	0.00
	净排江水量	−0.86
望亭立交/亿 m³	引水量	0.73
	排水量	0.00
	净出湖水量	−0.73
太浦河/亿 m³	供水量	0.69
两河累计/亿 m³	排水量	0.69
	净出湖水量	−0.04

（2）情景 B1：太湖水位 3.10m，降雨 37.04mm。基础调度方案，4月1日太湖计算水位 3.10m，FH2-YX1 方案从 3月 16日后执行提前预泄调度，4月1日太湖计算水位为 3.09m，太湖水位降幅为 1cm，见图 4.2-5。预泄调度期间，该方案两河累计出湖水量 2.28 亿 m³，其中太浦河出湖水量 2.02 亿 m³，望虞河出湖水量 0.56 亿 m³，相比基础方案太浦河出湖水量增加较为明显。无锡、苏州、张桥、平望等区域最高水位总体无明显变化，表明对地区影响较小，详见表 4.2-10。

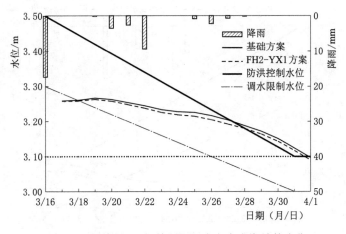

图 4.2-5 情景 B1 提前预泄调度方案太湖计算水位

表 4.2-10   情景 B1 提前预泄调度计算成果表

分析项目		基础方案（JC 方案）	FH2-YX1 方案	与基础调度差值 FH2-YX1 方案 − JC 方案
4 月 1 日太湖水位/m		3.10	3.09	−0.01
预泄期间地区最高水位/m	无锡	3.28	3.28	0.00
	苏州	3.10	3.10	0.00
	张桥	3.16	3.16	0.00
	陈墓	2.89	2.89	0.00
	平望	2.91	2.92	0.02
	嘉兴	2.92	2.92	0.00
常熟水利枢纽/亿 m³	引水量	0.00	0.00	0.00
	排水量	0.81	0.80	−0.01
	净排江水量	0.81	0.80	−0.01
望亭立交/亿 m³	引水量	0.00	0.00	0.00
	排水量	0.61	0.56	−0.05
	净出湖水量	0.61	0.56	−0.05
太浦河/亿 m³	供水量	1.61	2.02	0.41
两河累计/亿 m³	排水量	2.22	2.58	0.36
	净出湖水量	2.22	2.58	0.36

该情景下，降雨量主要集中在中前期，对于控制太湖水位上涨、实现预泄调度目标相对有利。根据分析结果，当后期预报流域降雨量在 30mm 左右时，推荐 FH2-YX1 方案，即望虞河适当控制引水，同时太浦河结合下游地区冬春季供水保障适当增加供水水量。

（3）情景 C1：太湖水位 3.10m，降雨 52.16mm。基础调度方案，4 月 1 日太湖计算水位 3.12m，FH2-YX2 方案、FH2-YX3 方案从 3 月 16 日后执行提前预泄调度，4 月 1 日太湖计算水位分别为 3.10m、3.09m，相比于基础调度，各方案太湖水位下降较为显著，见图 4.2-6。预泄调度期间，各方案两河累计净出湖水量相比基础方案有不同程度

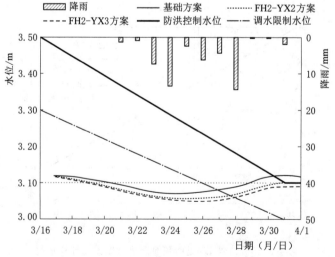

图 4.2-6 情景 C1 提前预泄调度方案太湖计算水位

的增加，净出湖水量最大为 1.51 亿 m^3，其中出湖水量中主要为太浦河供水。地区水位中，FH2－YX2 方案、FH2－YX3 方案张桥最高水位略有下降，其他地区水位基本无变化，详见表 4.2－11。

表 4.2－11　　　　　　　　　　情景 C1 提前预泄调度计算成果表

分析项目		基础方案（JC方案）	FH2－YX2方案	FH2－YX3方案	与基础调度差值	
					FH2－YX2方案－JC方案	FH2－YX3方案－JC方案
4月1日太湖水位/m		3.12	3.10	3.09	−0.02	−0.03
预泄期间地区最高水位/m	无锡	3.36	3.36	3.37	0.00	0.00
	苏州	3.12	3.12	3.12	0.00	0.00
	张桥	3.37	3.35	3.33	−0.02	−0.04
	陈墓	2.98	2.98	2.98	0.01	0.00
	平望	3.01	3.01	3.01	0.01	0.00
	嘉兴	3.01	3.02	3.01	0.00	0.00
常熟水利枢纽/亿 m^3	引水量	0.58	0.34	0.00	−0.25	−0.58
	排水量	0.22	0.18	0.00	−0.04	−0.22
	净排江水量	−0.36	−0.15	0.00	0.21	0.36
望亭立交/亿 m^3	引水量	0.52	0.34	0.00	−0.18	−0.52
	排水量	0.07	0.05	0.00	−0.02	−0.07
	净出湖水量	−0.45	−0.29	0.00	0.17	0.45
太浦河/亿 m^3	供水量	0.85	1.57	1.51	0.72	0.66
两河累计/亿 m^3	排水量	0.91	1.62	1.51	0.71	0.60
	净出湖水量	0.40	1.28	1.51	0.89	1.11

　　该情景下，由于降雨时程偏后，对于预降水位较为不利。在初拟的预泄调度方案中，FH2－YX3 方案对于预降太湖水位的效果较好。根据分析结果，当后期预报流域降雨量在 50mm 左右时，推荐 FH2－YX3 方案，即望虞河不引水，同时太浦河结合下游地区冬春季供水保障进一步增加供水水量。

　　（4）情景 D1：太湖水位 3.10m，降雨 90.27mm。基础调度方案，4 月 1 日太湖计算水位 3.24m，FH2－YX4 方案～FH2－YX7 方案从 3 月 16 日后执行提前预泄调度，4 月 1 日太湖计算水位分别为 3.20m、3.17m、3.19m、3.17m，相比于基础调度，各方案太湖水位下降较为显著，见图 4.2－7。预泄调度期间，各方案两河累计出湖水量相比基础方案显著增加，净出湖水量最大为 4.35 亿 m^3。地区水位中，FH2－YX5 方案、FH2－YX7 方案张桥最高水位下降较为显著，其他地区水位基本无变化，详见表 4.2－12。

　　尽管通过望虞河、太浦河工程实施预降调度，但由于预降后期降雨量大，并且降雨主要集中在流域南部，4 月 1 日太湖水位仍高于 3.10m，表明该情景下仅依靠望虞河工程、太浦河工程调度较难实现预泄目标，可考虑联合重要沿江口门、南排工程的运用，适当增大区域外排力度，控制入湖水量。为论证策略可行性，在 FH2－YX7 的基础上，进一步联合湖西区、武澄锡虞区、阳澄淀泖区主要沿江口门以及杭嘉湖南排工程，提出基于预降水位需要的流域区域工程调度方案，即：主要沿江口门及南排工程降低起排水位，其他口门原则上暂停引水，详见表4.2-13。

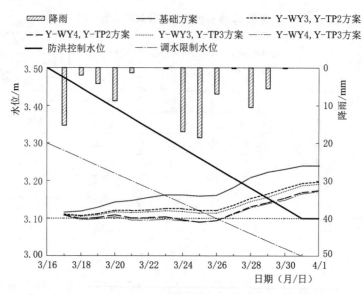

图 4.2-7　情景 D 提前预泄调度方案太湖计算水位

表 4.2-12　　　　　　　情景 D1 提前预泄调度计算成果表

分析项目		基础方案（JC方案）	FH2-YX4方案	FH2-YX5方案	FH2-YX6方案	FH2-YX7方案	与基础调度差值			
							FH2-YX4方案-JC方案	FH2-YX5方案-JC方案	FH2-YX6方案-JC方案	FH2-YX7方案-JC方案
4月1日太湖水位/m		3.24	3.20	3.17	3.19	3.17	−0.04	−0.07	−0.05	−0.07
预泄期间地区最高水位/m	无锡	3.35	3.36	3.35	3.36	3.35	0.00	0.00	0.00	0.00
	苏州	3.13	3.12	3.10	3.12	3.10	−0.01	−0.03	−0.01	−0.03
	张桥	3.27	3.27	3.01	3.27	3.05	0.01	−0.25	0.01	−0.22
	陈墓	2.98	3.00	2.99	3.01	3.00	0.01	0.00	0.02	0.01
	平望	3.05	3.05	3.03	3.07	3.05	0.00	−0.02	0.02	0.00
	嘉兴	3.07	3.07	3.08	3.08	3.07	0.00	0.01	0.01	0.01
常熟水利枢纽/亿 m³	引水量	0.74	0.00	0.00	0.00	0.00	−0.74	−0.74	−0.74	−0.74
	排水量	0.99	1.49	2.78	1.41	2.54	0.49	1.79	0.41	1.55
	净排江水量	0.26	1.49	2.78	1.41	2.54	1.23	2.53	1.15	2.29
望亭立交/亿 m³	引水量	0.62	0.00	0.00	0.00	0.00	−0.62	−0.62	−0.62	−0.62
	排水量	0.74	1.11	2.04	1.04	1.83	0.37	1.30	0.30	1.09
	净出湖水量	0.12	1.11	2.04	1.04	1.83	0.99	1.92	0.92	1.71
太浦河/亿 m³	供水量	1.40	2.24	2.00	2.75	2.52	0.84	0.60	1.36	1.13
两河累计/亿 m³	排水量	2.14	3.34	4.04	3.79	4.35	1.20	1.90	1.66	2.21
	净出湖水量	1.52	3.34	4.04	3.79	4.35	1.82	2.52	2.28	2.83

表 4.2-13　基于提前预降水位的流域区域工程联合调度方案

方案编号	望虞河工程、太浦河工程	沿长江口门			南排工程		
		湖西区	武澄锡虞区	阳澄淀泖区	独山闸	盐官枢纽	南台头闸泵、长山河闸泵
JC	同表 4.2-7 中 JC 方案	谏壁枢纽、九曲河枢纽组：王母观水位≥4.30m，排水；新孟河工程：坊前水位≥4.20m，排水；魏村枢纽组：坊前水位≥4.00m，排水	澡港枢纽组：坊前水位≥4.00m，排水；白屈港枢纽组、新夏港枢纽组：青阳水位≥3.50m，排水	七浦塘荡茜枢纽组：湘城水位≥3.50m，排水；白峁河闸、浒浦闸、湘城河闸：湘城水位≥3.00～3.20m，排水	太湖水位≥4.65m，开闸排水；太湖水位<4.65m，嘉兴水位<3.10m，开闸排水；2.90m≤嘉兴水位<3.10m，适度开闸排水；嘉兴水位<2.90m，关闸	太湖水位≥4.65m，闸泵排水；太湖水位<4.65m，4月15日至10月15日，嘉兴水位≥3.50m，闸泵排水；水位<3.50m，关闸；嘉兴水位≥3.10m，开闸排水，嘉兴水位<3.10m，关闸	太湖水位≥4.65m，闸泵排水；太湖水位<4.65m，嘉兴水位≥3.50m，闸泵排水；3.20m≤嘉兴水位<3.50m，闸泵排水；嘉兴水位<3.20m：6月1日至10月15日，嘉兴水位≥2.80m，开闸排水，嘉兴水位<2.80m，关闸；其余时段，嘉兴水位≥3.00m，开闸排水；嘉兴水位<3.00m，关闸
FH2－YX8	同 FH2－YX7 方案	谏壁枢纽、九曲河枢纽组、魏村枢纽组：王母观水位≥3.30m，排水，否则关闸；新孟河工程及其他沿江口口门：暂停引水	澡港枢纽组：坊前水位≥3.30m，否则关闸；白屈港枢纽组、新夏港枢纽组：青阳水位≥3.00m，排水，否则关闸；其他沿江口门：暂停引水	七浦塘荡茜枢纽组、白峁闸、浒浦闸：湘城水位≥3.00m，排水，否则关闸；其他沿江引水暂停引水	嘉兴水位≥2.80m，否则关闸，开闸排水	嘉兴水位≥2.80m，否则关闸，闸泵排水	嘉兴水位≥2.80m，闸泵排水，否则关闸

FH2-YX8方案4月1日太湖计算水位为3.12m，较基础方案太湖水位降低12cm，较FH2-YX7方案太湖水位进一步降低5cm，FH2-YX8方案预降太湖水位效果显著，4月1日太湖水位接近预降目标，详见图4.2-8、表4.2-14。总体上，无锡、苏州等地区最高水位均有不同程度下降。

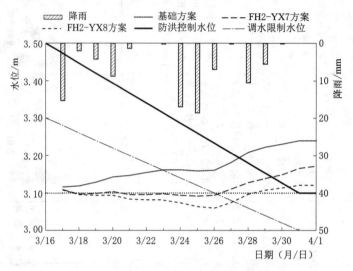

图4.2-8   情景D1流域、区域工程联合调度模式下太湖计算水位

表4.2-14   情景D1提前预泄调度计算成果表

分 析 项 目		基础方案 (JC方案)	FH2-YX7 方案	FH2-YX8 方案	与基础方案差值	
					FH2-YX7 方案－JC方案	FH2-YX8 方案－JC方案
4月1日太湖水位/m		3.24	3.17	3.12	-0.07	-0.12
预泄期间地区最高水位/m	无锡	3.35	3.35	3.33	0.00	-0.02
	苏州	3.13	3.10	3.09	-0.03	-0.04
	张桥	3.27	3.05	2.94	-0.22	-0.33
	陈墓	2.98	3.00	2.94	0.01	-0.05
	平望	3.05	3.05	3.02	0.00	-0.03
	嘉兴	3.07	3.07	3.05	0.01	-0.02
常熟水利枢纽 /亿m³	引水量	0.74	0.00	0.00	-0.74	-0.74
	排水量	0.99	2.54	1.52	1.55	0.53
	入长江水量*	0.26	2.54	1.52	2.29	1.27
望亭立交 /亿m³	引水量	0.62	0.00	0.00	-0.62	-0.62
	排水量	0.74	1.83	1.21	1.09	0.47
	出太湖水量*	0.12	1.83	1.21	1.71	1.09
太浦河/亿m³	供水量	1.40	2.52	2.37	1.13	0.97
两河累计 /亿m³	排水量	2.14	4.35	3.58	2.21	1.44
	出湖水量*	1.52	4.35	3.58	2.83	2.07

续表

分析项目		基础方案（JC方案）	FH2-YX7方案	FH2-YX8方案	与基础方案差值	
					FH2-YX7方案－JC方案	FH2-YX8方案－JC方案
湖西区/亿 m³	太湖入湖西区*	−2.54	−2.79	−2.11	−0.24	0.43
	湖西区排长江*	−0.77	−0.80	0.56	−0.03	1.33
武澄锡虞区/亿 m³	太湖入武澄锡虞区*	0.36	0.34	0.55	−0.02	0.19
	武澄锡虞区排长江*	1.65	1.31	2.31	−0.34	0.67
阳澄淀泖区/亿 m³	太湖入阳澄淀泖区*	1.33	0.90	1.22	−0.42	−0.10
	阳澄淀泖区排长江*	−0.50	−0.51	0.94	−0.01	1.44
杭嘉湖区/亿 m³	太湖入杭嘉湖区*	−0.08	−0.17	0.25	−0.09	0.33
	杭嘉湖区排杭州湾*	2.77	2.90	5.34	0.13	2.56
区域累计/亿 m³	出湖水量*	−0.94	−1.72	−0.08	−0.78	0.85
	排长江水量*	0.38	−0.01	3.82	−0.39	3.43
	排杭州湾水量*	2.77	2.90	5.34	0.13	2.56
两河及区域累计/亿 m³	出湖水量*	0.58	2.63	3.50	2.05	2.92
	外排水量*	3.41	5.44	10.67	2.03	7.26

* 表示水量代数和。

预泄调度期间，基础方案、FH2-YX7方案中湖西区、阳澄淀泖区沿江均以引水为主，湖西区、杭嘉湖区总体以入湖为主。联合沿江口门、杭嘉湖区南排口门实施预泄调度后，FH2-YX8方案湖西区入湖水量较基础方案减少0.43亿 m³，杭嘉湖区水量总体由入太湖变为出太湖，区域入太湖水量较基础方案减少0.85亿 m³，两河及区域累计出湖水量增加2.92亿 m³；湖西区、武澄锡虞区、阳澄淀泖区排长江水量均有所增加，FH2-YX8方案区域累计排长江水量较基础方案增加3.43亿 m³，其中，阳澄淀泖区排长江水位增加最为显著，其次为湖西区，排杭州湾水量较基础方案增加2.56亿 m³，两河及区域累计外排水量增加7.26亿 m³。出入湖水量以及外排水量数据显示，联合重要沿江口门、南排工程实施预泄调度后，由于区域外排水量增加，两河出湖水量、望虞河排江水量较FH2-YX7方案略有减少，但流域整体出湖水量、外排水量增加较为显著，对于进一步预降太湖太湖水位发挥了重要作用。

该情景下，FH2-YX8方案对于预降太湖水位的效果相对较好，因此，当后期预报流域降雨量在90mm左右时，为实现预泄调度目标，建议在望虞河、太浦河工程实施预泄调度的基础上，进一步联合湖西区、武澄锡虞区、阳澄淀泖区主要沿江口门以及南排工程，采用基于提前预降水位的流域区域工程联合调度方式进一步降低太湖水位，即主要沿江口门及南排工程降低起排水位，其他口门原则上暂停引水。

（5）情景A2：太湖水位3.15m，降雨13.03mm。由于该情景下预降后期流域降雨量偏少，即使在太湖水位3.20m条件下，采用基础方案，4月1日太湖计算水位3.09m，基本可满足太湖预泄调度目标，详见图4.2-9、表4.2-15。

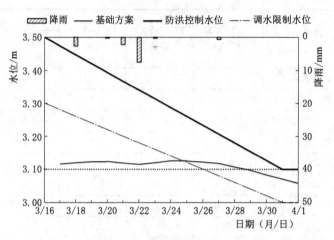

图 4.2-9 情景 A2 提前预泄调度方案太湖计算水位

表 4.2-15　　　　　　　　情景 A2 提前预泄调度计算成果表

分　析　项　目		基础方案（JC方案）
4月1日太湖水位/m		3.09
预泄期间地区最高水位/m	无锡	3.32
	苏州	3.11
	张桥	3.27
	陈墓	2.95
	平望	2.98
	嘉兴	3.00
常熟水利枢纽/亿 m³	引水量	0.56
	排水量	0.24
	净排江水量	−0.32
望亭立交/亿 m³	引水量	0.35
	排水量	0.09
	净出湖水量	−0.26
太浦河/亿 m³	供水量	0.84
两河累计/亿 m³	排水量	0.93
	净出湖水量	0.58

　　（6）情景 B2：太湖水位 3.15m，降雨 37.04mm。基础调度方案，4 月 1 日太湖计算水位 3.11m，FH2-YX1、FH2-YX2、FH2-YX9 方案从 3 月 16 日后执行提前预泄调度，4 月 1 日太湖计算水位分别为 3.11m、3.10m、3.09m，太湖水位降幅为 1～2cm，见图 4.2-10。预泄调度期间，各方案两河累计出湖水量最大为 3.85 亿 m³，其中太浦河出湖水量 3.12 亿 m³，望虞河出湖水量 0.74 亿 m³，相比基础方案太浦河出湖水量增加较为明显，详见表 4.2-16。

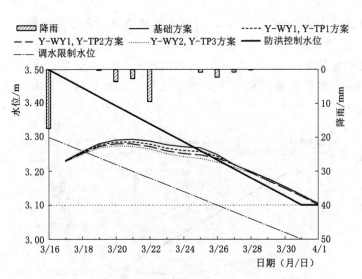

图 4.2-10 情景 B2 提前预泄调度方案太湖计算水位

表 4.2-16　　　　　　　　　情景 B2 提前预泄调度计算成果表

分析项目		基础方案（JC方案）	FH2-YX1方案	FH2-YX2方案	FH2-YX9方案	与基础调度差值		
						FH2-YX1方案-JC方案	FH2-YX2方案-JC方案	FH2-YX9方案-JC方案
4月1日太湖水位/m		3.11	3.11	3.10	3.09	0.00	−0.01	−0.02
预泄期间地区最高水位/m	无锡	3.45	3.45	3.44	3.45	0.00	0.00	0.00
	苏州	3.24	3.24	3.24	3.24	0.00	0.00	0.00
	张桥	3.32	3.32	3.32	3.34	0.00	0.00	0.02
	陈墓	2.95	2.95	2.95	2.95	0.00	0.00	0.00
	平望	2.99	3.00	3.02	3.03	0.01	0.03	0.04
	嘉兴	3.11	3.05	3.05	3.05	−0.06	−0.05	−0.05
常熟水利枢纽/亿 m³	引水量	0.00	0.00	0.00	0.00	0.00	0.00	0.00
	排水量	1.55	1.38	1.30	1.03	−0.17	−0.25	−0.53
	净排江水量	1.55	1.38	1.30	1.03	−0.17	−0.25	−0.53
望亭立交/亿 m³	引水量	0.02	0.01	0.02	0.00	0.00	0.00	−0.02
	排水量	1.16	1.00	0.92	0.74	−0.16	−0.24	−0.43
	净出湖水量	1.14	0.99	0.91	0.74	−0.16	−0.24	−0.41
太浦河/亿 m³	供水量	2.22	2.46	2.79	3.12	0.24	0.57	0.90
两河累计/亿 m³	排水量	3.38	3.46	3.71	3.85	0.08	0.33	0.48
	净出湖水量	3.36	3.45	3.69	3.85	0.09	0.33	0.49

（7）情景 C2：太湖水位 3.15m，降雨 52.16mm。基础方案 4 月 1 日太湖计算水位 3.15m，FH2-YX9 方案、FH2-YX6 方案从 3 月 16 日后执行提前预泄调度，4 月 1 日

太湖计算水位分别为 3.12m、3.10m，相比于基础方案，各方案太湖水位下降 3～5cm，见图 4.2-11。预泄调度期间，各方案两河累计净出湖水量相比基础方案有不同程度的增加，净出湖水量最大为 3.07 亿 m³，其中出湖水量中主要为太浦河供水。地区水位中，FH2-YX6 方案张桥最高水位下降较为明显，其他地区水位基本无变化，详见表4.2-17。

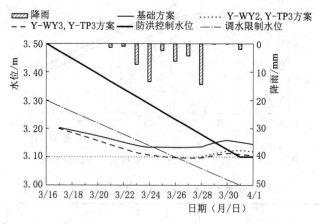

图 4.2-11　情景 C2 提前预泄调度方案太湖计算水位

表 4.2-17　　　　　　　　情景 C2 提前预泄调度计算成果表

分 析 项 目		基础方案（JC方案）	FH2-YX9方案	FH2-YX6方案	与基础调度差值	
					FH2-YX9方案-JC方案	FH2-YX6方案-JC方案
4月1日太湖水位/m		3.15	3.12	3.10	−0.03	−0.05
预泄期间地区最高水位/m	无锡	3.36	3.36	3.32	0	−0.04
	苏州	3.14	3.14	3.14	0	0.00
	张桥	3.36	3.37	3.21	0.01	−0.15
	陈墓	3.00	3.00	3.00	0	0
	平望	3.04	3.05	3.04	0.01	0
	嘉兴	3.01	3.02	3.01	0.01	0
常熟水利枢纽/亿 m³	引水量	0.31	0	0	−0.31	−0.31
	排水量	0.57	0.22	0.91	−0.36	0.34
	净排江水量	0.27	0.22	0.91	−0.05	0.64
望亭立交/亿 m³	引水量	0.08	0	0	−0.08	−0.08
	排水量	0.24	0.07	0.53	−0.18	0.29
	净出湖水量	0.16	0.07	0.53	−0.10	0.37
太浦河/亿 m³	供水量	1.04	2.59	2.53	1.54	1.49
两河累计/亿 m³	排水量	1.29	2.65	3.07	1.37	1.78
	净出湖水量	1.21	2.65	3.07	1.45	1.86

4. 提前预泄调度模式建议

将年初至 3 月分为预降前期、预降后期，针对预降前期根据年初太湖水位，结合对预降前期流域降雨量丰枯水平的预报，进行关联规则分析，预判太湖是否需要提前预降水位，使 3 月 16 日太湖水位处于某一阈值以下；针对预降后期，提出骨干工程推荐调度方案，形成太湖提前预泄调度模式（图 4.2-12），具体如下。

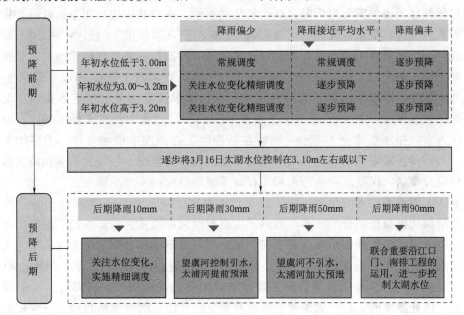

图 4.2-12　太湖预泄调度模式

（1）预降前期，根据年初太湖水位高低以及对气象年景的预判，初步提出望虞河、太浦河等骨干工程调度建议，分别实施常规调度方式，或关注太湖水位变化实施精细调度，或逐步实施预降，适度控制水位。结合流域冬春季供水保障，逐步将 3 月 16 日太湖水位控制在 3.10m 左右或以下，为预降后期骨干工程预泄调度创造有利条件。

（2）预降后期，根据预报雨量级，分别实施不同调度方案。当后期预报降雨量在 10mm 左右，太湖水位大幅上涨的可能性较小，建议关注水位变化，实施精细调度，当太湖水位处于 3.10m 以上或出现较大涨幅时，利用望虞河、太浦河工程及时排泄太湖洪水；当后期预报降雨量在 30mm 左右，建议望虞河适度控制引水水量，太浦河结合下游地区供水适当增加泄量，视太湖及地区水情，维持供水流量在 $60\sim100\mathrm{m}^3/\mathrm{s}$；当后期预报降雨量在 50mm 左右，建议望虞河暂停引水，太浦河进一步增加泄量，视太湖及地区水情，维持供水流量在 $100\sim150\mathrm{m}^3/\mathrm{s}$；当后期预报降雨量在 90mm 左右，望虞河工程采用超常规调度方式，太浦河工程进一步增加泄量，视太湖及地区水情，维持供水流量在 $150\sim200\mathrm{m}^3/\mathrm{s}$，同时联合重要沿江口门、南排工程的运用，适当增大太湖泄水、区域外排力度，进一步控制太湖水位。

4.3　小结

本章以扩大湖西区洪水外排、减少区域入湖水量，减轻流域防洪压力为目标导向，以新孟河、新沟河工程初步设计阶段提出的调度原则为基础，优化新孟河工程调度，汛期当太湖水位高于防洪控制水位时，适当降低新孟河界牌水利枢纽排水调度的参考水位，同时奔牛水利枢纽节制闸调度根据界牌水利枢纽调度进行相应调整，构建了新孟河工程扩大外排方案集；以增加武澄锡虞区北排、优化武澄锡虞区排水格局，兼顾缓解京杭运河沿线防洪压力为目标导向，分别抬高直武地区直湖港闸、武进港闸入太湖的调度参考水位，同时当常州包围圈或无锡包围圈启用时，新沟河江边枢纽、遥观北枢纽启用泵站北排，构建新沟河工程扩大外排方案集。按照"信息输入-决策优选-互馈修正"的思路，采用太湖流域水资源联合调度决策系统对各方案集进行决策优选，按照目标满足度最大原则，分别优选提出了新孟河、新沟河工程扩大外排技术方案，其中，新孟河工程按 FH1-XM2 方案实施扩大外排调度，即降低汛期新孟河界牌水利枢纽排水调度参考水位至 3.80m（太湖水位处于防洪控制水位以上时）；新沟河工程按 FH1-XG5 方案实施扩大外排调度，即抬高直武地区入太湖控制水位至 4.80m，同时在新沟河工程调度中增加常州、无锡作为调度参考站，当常州包围圈或无锡包围圈启用时，新沟河江边枢纽、遥观北枢纽相应启用泵站北排。相应方案纳入保障水安全的水利工程体系联合调度技术方案研究。

从发挥太湖调蓄能力的角度，以 4 月 1 日太湖水位降至 3.10m 为预降目标，基于数据挖掘与精细化模拟相结合的技术，提出了太湖预泄调度模式。预降前期，根据年初太湖水位高低以及对气象年景的预判，望虞河、太浦河等骨干工程分别实施常规调度方式，或关注太湖水位变化实施精细调度，或逐步实施预降，逐步将 3 月 16 日太湖水位控制在 3.10m 左右或以下，为预降后期骨干工程预泄调度创造有利条件。预降后期，根据预报降雨量级，依托望虞河工程、太浦河工程以及重要沿长江、沿杭州湾口门，分别实施不同调度方案。

保障供水安全的水利工程体系
联合调度技术方案

太湖流域本地水资源不足，流域总用水量远大于流域本地水资源量，水资源供需平衡主要依靠引长江水和上下游重复利用弥补，引江济太调水是将长江清水引入太湖，优化太湖流域水资源配置、保障太湖流域用水安全的重要措施。长三角区域一体化已经上升至国家战略，太湖流域也步入了追求更高水平、更高质量发展的关键阶段，太湖流域高质量发展、长三角生态绿色一体化发展示范区建设对流域水资源配置以及对太湖、太浦河等流域重要水源地的供水安全提出了更高要求。本章立足提升流域供水安全保障程度，从保障流域水资源配置安全、保障流域重要水源地供水安全等两个方面开展研究，①以充分发挥流域引江济太效益，实现流域、区域水资源配置平衡为目标，分别依托望虞河、新孟河工程，研究提出技术方案，增加引江入湖水资源量，提升流域水资源配置安全保障水平；②以保障流域重要水源地供水安全为目标，分别依托望虞河、环湖口门以及太浦河工程，提出保障太湖水源地供水安全、保障太浦河水源地供水安全的技术方案，提升水源地供水保障率。

5.1 保障流域水资源配置安全技术方案研究

5.1.1 问题提出

1. 进一步充分发挥太湖流域水资源调配能力

太湖流域本地水资源不足，流域总用水量远大于流域本地水资源量，水资源供需平衡主要依靠引长江水和上下游重复利用弥补。经过多年水利建设，太湖流域水资源调控能力有较大提升，但流域用水需求仍较为突出。根据《太湖流域水资源需求分析及对策》，现状工况条件下流域可实现中等干旱年（$P = 75\%$）水资源供需平衡，但遇枯水年（$P = 90\%$，1971 年型）和特枯水年（$P = 95\%$，1967 年型），流域缺水量达 30.6 亿 m^3 和 42.3 亿 m^3，缺水率分别为 8.5% 和 11.4%。2017 年流域用水总量为 340.5 亿 m^3，远大于多年平均水资源量 176 亿 m^3。同时，太湖流域工业化进程快，城市化水平高，人口密集，经济增长方式尚未根本转变，造成了大量的废污水排放，流域呈现常年水质型缺水。

实践证明，引江济太调水是改善太湖流域水资源配置、修复太湖流域水环境、保障太湖流域用水安全的重要措施。望虞河是太湖流域现有引江济太调水通道，通过位于长江口的常熟水利枢纽和位于入太湖处的望亭立交水利枢纽，经望虞河将长江水引入太湖，并向环太湖地区及下游地区供水，对流域防洪、水资源配置和水环境保护具有举足轻重的地位。多年来，引江济太调活了太湖流域水体，增加了水资源有效供给，有效提高了流域水资源和水环境承载能力。

位于太湖流域湖西区的新孟河延伸拓浚工程是规划的流域引江济太通道，新孟河工程的实施，将在太湖西部及西北部区域开辟形成引江济太第二通道。为满足太湖流域经济社会高质量发展的需要，有必要依托太湖流域现有及规划引江济太通道，通过优化工程调度进一步发挥工程效益，增强流域水资源调控能力，保障流域水资源配置安全。

2. 流域整体供水安全与相关区域水资源调配需求仍需进一步统筹

引江济太调水经望虞河将长江水引入太湖，并通过太浦河、环太湖口门等工程向环太湖地区、太浦河两岸地区以及上海等下游地区供水，是流域水资源配置的重要手段，也是区域优质水资源的重要来源。从现有调度来看，流域在作物生长期 5—10 月、流域用水高峰期 7—8 月等重点需水时段用水仍较为紧张，区域水资源需求也无法持续得到满足，因此有必要进一步优化望虞河工程调度，挖掘工程潜力，发挥望虞河在流域及区域水资源配置中的积极作用。

现状湖西区腹地缺乏直接与长江沟通的南北向河道，北部长江引水较难供应到平原河网腹地和溧阳等山丘区。湖西区位于太湖上游，入湖水量大，其水质状况直接关系着太湖水质。新孟河延伸拓浚工程实施后，湖西区腹地增加了骨干引水通道，在增加区域水资源量的同时，可以加快区域河网水体的有序流动，促进河网及太湖水环境质量提升，增强区域水资源配置能力。因此，工程调度需兼顾上游湖西区水资源配置需求，在地区水资源缺乏时，通过新孟河工程引水改善区域水资源条件。

5.1.2 研究思路

以望虞河工程现行调度、新孟河工程初步设计阶段提出的调度方案为基础，结合太湖流域以及与望虞河、新孟河工程相关的区域现状用水需求，以充分发挥流域引江济太效益、实现流域、区域水资源配置平衡为目标导向，结合区域代表站水位分析，识别年内重要需水时段，以及区域枯水情形，设计调控方案集。基于降雨、长江潮位边界等因素设计调度研究边界条件，并采用调度方案模拟与优化决策技术相结合的方法，提出基于保障供水安全目标的技术方案。

5.1.2.1 调度研究边界条件

1. 降雨条件

本章重点研究保障供水安全的水利工程体系联合调度技术方案，故主要考虑太湖流域降雨偏枯的情况。结合太湖流域相关规划成果，选择 1971 年典型枯水年份实况降雨（$P = 90\%$）为降雨典型。

1971 年全流域降雨量 977mm，频率 85.5%；5—9 月降雨量 642mm，频率 62.1%。上游区 5—9 月降雨量 696mm，频率 59.2%；杭嘉湖区 5—9 月降雨量 646mm，频率

60%；阳澄淀泖区5—9月降雨量534mm，频率72.7%。太湖流域典型枯水年（1971年）降雨量统计如表5.1-1所示。

表5.1-1 　　　　　　太湖流域典型枯水年（1971年）降雨量统计 　　　　　单位：mm

年份	流域	上游区	下游区	湖西区	武澄锡虞区	阳澄淀泖区	太湖区	杭嘉湖区	浙西区	浦东浦西区
1971	977	1064	906	925	803	784	915	1034	1321	902

2. 长江边界条件

根据长江干流上游不同来水条件、河口不同潮汐条件，结合不同引排水情景以及重要引调水工程影响等设计长江边界条件。本章重点研究保障供水安全的水利工程体系联合调度技术方案，故依据长江流域来水情况，选择的典型年为特枯年2011年（长江来水频率$P=95\%$）。同时，根据2003—2013年长系列潮汐资料，结合长江来水丰水条件设计不利情景，用于反映长江干流遭遇枯水年或枯水期，且长江潮汐作用较弱不利于引水的情况，即将$P=95\%$长江干流来水与长江低潮位组合。2003—2013年间年最高潮位最小值发生于2011年，相比其他年份，其年最低潮位、年平均高潮位、年平均低潮位值均较小，因此以2011年潮汐代表统计年潮位最低年，故两种条件相同。

太湖流域长江边界条件设计及成果见表5.1-2。

对比1971年太湖流域长江边界实况潮位与上述长江边界潮位成果，太湖流域主要沿江口门处设计低潮位较1971年实况潮位更低。

表5.1-2 　　　　　　　　　太湖流域长江边界条件表

长江边界条件		潮位成果/m				
大通来水条件	潮汐边界		谏壁	利港	十一圩	钱泾	五号沟
$P=95\%$，2011年	2011年实际情况	年最高潮位	4.29	3.53	3.37	2.78	2.39
		年最低潮位	0.24	-0.07	-0.54	-1.41	-1.87
		平均高潮位	2.26	2.06	1.96	1.72	1.55
		平均低潮位	1.36	0.79	0.14	-0.47	-1.23

注　表中数据基面为黄海高程。

3. 调度研究边界条件

确定降雨条件采用太湖流域典型年实况降雨后，充分考虑流域内可能发生的不利条件，从长江潮位是否不利于引水方面考虑，基于偏不利原则确定采用上述长江边界潮位成果作为研究边界，形成调度研究边界条件，见表5.1-3。

表5.1-3 　　　　　　　　　调度研究边界条件表

调度研究边界条件	太湖流域降雨	流域典型年	太湖流域长江边界
调度研究边界条件1	1971年实况降雨	1971年	长江设计低潮位

5.1.2.2　调度研究基础

目前与流域水资源配置安全密切相关的工程主要有望虞河、新孟河延伸拓浚工程，保障流域水资源配置安全技术方案研究主要基于现有工程体系，并重点依托现有和新建引江济太通道望虞河、新孟河工程开展。本节主要梳理望虞河、新孟河工程相关调度方案，其他流域、区域工程调度研究基础见本书第 1 章。

1. 望虞河工程现行调度

望虞河工程为《太湖流域综合治理总体规划方案》确定的治太骨干工程之一，是太湖流域内最重要的将长江水源直接引入太湖的引江济太通道，具有防洪、排涝、供水、航运和改善水环境等综合利用功能。根据现行的《太湖流域洪水与水量调度方案》，当太湖水位低于调水限制水位时，相机实施水量调度，并按下列情形执行：

（1）常熟水利枢纽：当望虞河张桥水位不超过 3.80m 时，可启用常熟水利枢纽调引长江水。当预报望虞河下游地区将遭受风暴潮或地区性大暴雨袭击时，或望虞河张桥站水位超过 3.80m 时，或武澄锡虞区水位普遍超警戒时，常熟水利枢纽应暂停引水，必要时转为排水。

（2）望亭水利枢纽：当望亭水利枢纽闸下水质调度指标（高锰酸盐指数、总磷）和参考指标（氨氮、溶解氧）均满足Ⅲ类标准时，望亭水利枢纽开闸向太湖输水。当望亭水利枢纽闸下水质调度指标（高锰酸盐指数、总磷）满足Ⅲ类标准，水质调度参考指标（氨氮、溶解氧）为Ⅳ类标准时，如望虞河大桥角新桥水质调度参考指标（氨氮、溶解氧）满足Ⅲ类标准，望亭水利枢纽可控制向太湖输水。

（3）望虞河东岸口门：在实施水量调度期间，实行控制运行，可开启冶长泾、寺泾港、尚湖、琳桥港等口门分水，分水比例不超过常熟水利枢纽引水量的 30%，且分水总流量不超过 50m³/s。当遭遇突发水污染事件等特殊情况时，可临时加大东岸口门分水比例或关闭东岸分水口门。

（4）望虞河西岸控制工程：望虞河西岸控制工程已于 2016 年 12 月开工建设，建成后其调度运用与常熟水利枢纽、望亭立交的调度运行密切相关。根据《望虞河西岸控制工程初步设计报告》，望虞河西岸控制工程调度原则如下：①望虞河引江济太时期，在西岸地区遭遇 5 年一遇以下暴雨时，由走马塘工程承担地区排涝任务，西岸控制工程开启或关闭，保证望虞河引江济太水量水质。在望虞河西岸地区遭遇 5 年一遇以上暴雨时，西岸支河口门打开，由望虞河和走马塘工程共同承担地区排涝任务。在满足流域水资源调配要求的前提下，望虞河引水期可适时开启部分支河口门，允许支河从望虞河引水。②望虞河承担流域泄洪任务时，西岸地区可向望虞河排涝，望虞河洪水不再倒灌西岸地区。③其他时期，西岸支河口门根据地区需要开启或关闭。

考虑到与望虞河西岸控制工程调度运行原则的衔接，本章望虞河工程常熟水利枢纽、望亭立交调度研究的基础方案综合了《太湖流域洪水与水量调度方案》《望虞河西岸控制工程初步设计报告》提出的相关原则，详见表5.1-4。

2. 新孟河工程相关调度

新孟河延伸拓浚工程为《太湖流域水环境综合治理总体方案》《太湖流域防洪规划》《太湖流域水资源综合规划》确定的具有防洪、排涝、水资源配置、水生态改善和航运等综合效益的骨干工程，也是列入国家 172 项节水供水重大水利工程、长江经济带建设的重点项目。新孟河延伸拓浚工程是规划流域重要引水河道，工程需满足太湖流域水资源规划配置要求，并兼顾区域水资源供给，增强流域和区域水资源配置能力。

表 5.1－4　　　　　　　　　　　　望虞河工程调控基础方案

太湖水位	常熟水利枢纽	望亭水利枢纽
≥防洪控制水位	当太湖水位高于防洪控制水位时，常熟水利枢纽泄水； 当太湖水位超过3.80m，并预测流域有持续强降雨时，开泵排水	太湖水位≤4.20m，望亭水利枢纽泄水按琳桥水位不超过4.15m控制； 4.20m＜太湖水位≤4.40m，望亭水利枢纽泄水按琳桥水位不超过4.30m控制； 4.40m＜太湖水位≤4.65m，望亭水利枢纽泄水按琳桥水位不超过4.40m控制。
调水限制水位～防洪控制水位	在不增加防洪风险的前提下适时引排，具体为： 无锡水位≥3.60m，苏州水位≥3.50m，全力闸排； 3.20m≤无锡水位＜3.60m，3.10m≤苏州水位＜3.50m，关闸； 无锡水位＜3.20m，苏州水位＜3.10m，适当控制闸引	关闸
低水位控制线～调水限制水位	当望虞河张桥水位不超过3.80m，且北国水位不超过4.35m时，可开闸引水，具体为： 张桥水位≥3.80m，若北国水位＜4.35m，关闸，否则开闸排水； 张桥水位＜3.80m，若北国水位＜4.35m，适度引水，否则开闸排水	北国水位≥4.35m，关闸； 北国水位＜4.35m，适度引水
＜低水位控制线	当望虞河张桥水位不超过3.80m，且北国水位不超过4.35m时，可启用泵站引水，具体为： 张桥水位≥3.80m，若北国水位＜4.35m，关闸，否则开闸排水； 张桥水位＜3.80m，若北国水位＜4.35m，开泵引水，否则开闸排水	北国水位≥4.35m，关闸； 北国水位＜4.35m，适度引水

　　根据《新孟河延伸拓浚工程初步设计总报告》，新孟河工程的控制调度运用以服从改善太湖流域水环境、提高流域及区域防洪能力、提高流域水资源配置能力为前提，并考虑流域已有调度运行办法（太湖水位调度线）以及区域主要控制点水位进行引、排水和改善水环境等工程调度。新孟河界牌水利枢纽、奔牛水利枢纽调度具体如下：

　　（1）界牌水利枢纽：当太湖水位处于引水调度区时，开启界牌水利枢纽引长江水入湖，坊前水位若高于4.20m，则界牌水利枢纽排水；当太湖水位处于适时调度区时，视地区水情适时引排；当太湖水位位于防洪调度区时，界牌水利枢纽进行防洪调度。

　　（2）奔牛水利枢纽立交地涵：根据界牌水利枢纽调度运行情况进行相应调度运行。界牌水利枢纽引水时，立交地涵开启，引长江水入太湖；界牌水利枢纽防洪调度时，在京杭运河以北水位高于以南水位时，立交地涵关闭；其他时刻，立交地涵开启。

　　（3）奔牛水利枢纽节制闸：根据界牌水利枢纽调度运行情况进行相应调度运行。界牌水利枢纽引水时，节制闸实施有效控制，防止京杭运河水体进入新孟河；奔牛水利枢纽处京杭运河水位高于多年平均年最高水位（5.10m）时，节制闸排水入新孟河。界牌水利枢纽防洪调度时，节制闸可排部分京杭运河洪水入新孟河；若新孟河水位高于京杭运河，节制闸关闭。其他时段，节制闸敞开。

新孟河工程调控基础方案见表5.1-5。

表5.1-5　　　　　　　　　　**新孟河工程调控基础方案**

太湖水位	界牌水利枢纽	奔牛水利枢纽立交地涵	奔牛水利枢纽节制闸
≥4.65m	开泵排水，泵全开	坊前水位<4.2m，敞开；坊前水位≥4.2m，若运河以北水位>运河以南水位，关闭，否则敞开	坊前水位<4.2m，敞开；坊前水位≥4.2m，有控制地开闸排水
防洪控制水位~4.65m	坊前水位≥4.6m，开泵排水；4.2m≤坊前水位<4.6m，开闸排水		
调水限制水位~防洪控制水位	坊前水位≥4.2m，开闸排水；3.7m≤坊前水位<4.2m，关闸；坊前水位<3.7m，适当开闸引水	坊前水位<3.7m，开闸引水；3.7m≤坊前水位<4.2m，敞开；坊前水位≥4.2m，若运河以北水位>运河以南水位，关闭，否则敞开	坊前水位<3.7m，若京杭运河奔牛水利枢纽处水位>5.1m，开闸排水，否则关闸；3.7m≤坊前水位<4.2m，敞开；坊前水位≥4.2m，有控制地开闸排水
低水位控制线~调水限制水位	坊前水位≥4.2m，排水；坊前水位<4.2m，适当开闸引水	坊前水位<4.2m，开闸引水；坊前水位≥4.2m，若运河以北水位>运河以南水位，关闭，否则敞开	坊前水位<4.2m，若京杭运河奔牛水利枢纽处水位>5.1m，开闸排水，否则关闸；坊前水位≥4.2m，有控制地开闸排水
<低水位控制线	坊前水位≥4.2m，排水；坊前水位<4.2m，闸泵引水		

5.1.2.3　调控优化策略

1. 望虞河工程调控优化策略

目前望虞河工程主要依据太湖水位、望虞河干流水位及地区水位实施水资源调度，当太湖水位位于调水限制水位以下时，相机实施水量调度，引水入太湖。本章主要考虑针对流域重要需水时段、区域水资源条件较差时，优化望虞河常熟水利枢纽调度，增加望虞河引江入湖水资源量以及对地区的水资源补给量，发挥望虞河对于保障流域水资源配置安全的作用，同时兼顾阳澄淀泖区、武澄锡虞区等区域水资源配置需求，实现流域、区域水资源配置平衡。

（1）优化策略1。优化策略1主要针对流域重要需水时段。根据统计数据，农业灌溉用水占太湖流域用水总量的比重较大，在分行业用水中位列第二，是流域用水大户。分析农业灌溉用水的年内分配特征，根据太湖流域管理局相关调查统计成果，太湖流域旱地灌溉水量较小，仅占水田耗水量的9.3%，因此主要统计水田灌溉需水。5—10月为作物生长期，根据太湖流域水量水质数学模型平水年模拟结果，太湖流域灌溉用水量集中于5—10月，在非作物生长期基本无灌溉用水量。根据《太湖流域水量分配方案研究技术报告》《引江济太对保障太湖流域供水安全的作用分析》，每年7—8月是太湖流域的用水高峰期，也是晴热高温少雨及太湖蓝藻的易发期。根据《太湖流域水资源需求分析及对策》，在现状工况条件下，遇枯水年（$P=90\%$，1971年型）和特枯水年（$P=95\%$，1967年型），流域缺水量达30.6亿 m^3 和42.3亿 m^3，特别是在7—8月用水高峰期期间，季节性缺水特征明显。因此，流域水资源配置安全研究重点关注流域作物生长期5—10月、流域用水高峰期7—8月。

（2）优化策略2。望虞河东岸为阳澄淀泖区，西岸为武澄锡虞区，优化策略2主要针对望虞河两岸区域水资源条件较差时，在论证选取调度参考站的基础上提出适宜的调度参考水位。

1）调度参考站选取。太湖流域平原河网地区地势低平，河流水面比降小，水体流动缓慢，河网水位变化相对平稳，区域代表站水位可以综合反映区域水资源条件，是各工程调度的重要依据，因此，以阳澄淀泖区、武澄锡虞区地区代表站水位来反映区域水资源需求（图 5.1-1）。

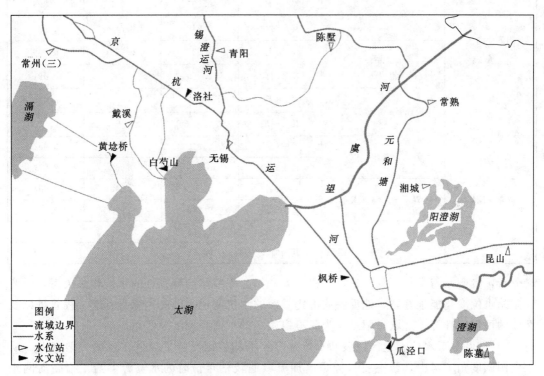

图 5.1-1　阳澄淀泖区、武澄锡虞区主要水位站分布示意图

湘城站、陈墓站是《太湖流域水资源综合规划》确定的阳澄淀泖区水位代表站。湘城站位于阳澄湖西北部的西塘河入阳澄湖入口处，阳澄湖水位变化幅度较小，并能反映阳澄区水位变化。通过典型年水文资料分析，湘城站与常熟站、湘城站与昆山站有较好的水位相关关系（表 5.1-6），说明湘城站水位变化基本能代表常熟站和昆山站水位变化，湘城站同时也是阳澄区骨干通江口门浒浦闸、白茆闸、七浦闸、杨林闸、浏河闸的工程调度参考站，因此选取湘城站作为阳澄区水资源调度参考站。淀泖区陈墓站位于陈墓塘，即淀山湖北侧，与澄湖相通。通过典型年水文资料分析，陈墓站与瓜泾口站具有较好的水位相关关系，说明陈墓站能较好地反映淀泖区水位变化，因此选取陈墓站作为淀泖区水资源调度参考站。

青阳站是《太湖流域水资源综合规划》确定的武澄锡虞区水位代表站。青阳站位于锡澄运河与青祝河交汇处，锡澄运河是武澄锡河网区西部主要引排河道，沿线是武澄锡地区地势最低的地方，两侧既与夏港河、白屈港、张家港等通江河道相交外，还与东横河、西横河、北横河、应天河、锡北运河等东西向河道相通，形成地区河网。通过典型年水文资

表 5.1-6　　　　　　阳澄淀泖区、武澄锡虞区代表站典型年水位相关系数表

分区	站　名	时段	典型年水位相关系数		
			1990 年	1976 年	1971 年
阳澄淀泖区	湘城—常熟	7—8 月	0.805	0.950	0.656
		其余时段	0.982	0.992	0.968
	湘城—昆山	7—8 月	0.805	0.837	0.808
		其余时段	0.949	0.959	0.971
	陈墓—瓜泾口	7—8 月	0.975	0.989	0.989
		其余时段	0.989	0.984	0.991
	枫桥—瓜泾口	7—8 月	0.851	—	—
		其余时段	0.973		
武澄锡虞区	青阳—常州（三）	7—8 月	0.910	0.963	0.951
		其余时段	0.953	0.967	0.977
	青阳—无锡（大）	7—8 月	0.903	0.948	0.954
		其余时段	0.978	0.966	0.959
	青阳—陈墅	7—8 月	0.828	0.894	0.584
		其余时段	0.935	0.969	0.944

料分析，青阳站与常州（三）站、无锡（大）站、陈墅站均有较好的水位相关关系，说明青阳站水位变化能很好较好地反映武澄锡虞区的水位变化。因此，综合考虑工程管理以及调度的可操作性等，选取青阳站作为武澄锡虞区的水资源调度参考站。

2）调度参考水位。地区代表站水位的多年平均值则反映了区域水位的一般状况。从水资源调度角度考虑，最主要目标是增加流域遇较枯年份时的水资源供给，抬高河网水位，保障流域及区域整体供水安全。根据阳澄淀泖区、武澄锡虞区区域代表站点长系列资料分析日均水位的多年平均值，考虑到 2000 年以后各分区水利工程引排能力明显加强，河网水位普遍抬高，因此分 1956—2000 年系列和 2001—2017 年系列，详见表 5.1-7。本书认为，当阳澄淀泖区、武澄锡虞区区域代表站水位低于常水位时，区域水资源条件总体较差，需要进行补充。

表 5.1-7　　　　　　阳澄淀泖区、武澄锡虞区代表站水位统计情况

分区	站名	时段分析	日均水位的多年均值/m	水位资料长度
阳澄淀泖区	湘城	全年	2.86	1956—2000 年
	湘城	全年	3.23	2001—2017 年
	陈墓	全年	2.78	1962—2000 年
	陈墓	全年	3.03	2001—2017 年
武澄锡虞区	青阳	全年	3.14	1954—2000 年
	青阳	全年	3.51	2001—2017 年

2. 新孟河工程调控优化策略

根据《新孟河延伸拓浚工程初步设计总报告》，新孟河工程主要依据太湖水位、坊前水位进行调度。新孟河工程调控优化思路与望虞河工程类似，主要针对流域重要需水时段、区域水资源条件较差时，优化新孟河界牌水利枢纽调度，增加新孟河引江入湖水资源量以及对地区的水资源补给量，发挥新孟河对于保障流域水资源配置安全的作用，同时兼顾湖西区等区域水资源配置需求。

（1）优化策略1。优化策略1主要针对流域重要需水时段。根据前文分析，5—10月为流域作物生长期、7—8月为流域用水高峰期，将两者作为保障流域水资源配置安全研究的重要关注时段。

（2）优化策略2。优化策略2主要针对区域水资源条件较差时，在论证选取调度参考站的基础上提出适宜的调度参考水位。

1）调度参考站选取。新孟河工程主要位于湖西区。湖西区相关水文（水位）站主要有王母观站、坊前站、溧阳站及宜兴站（图5.1-2），其中，溧阳站、宜兴站位于南河片；王母观站、坊前站位于洮滆片，分别代表王母观、坊前水位变化，湖泊的水位较河道水位稳定，适宜作为区域水资源代表站。通过典型年水文资料分析，王母观站与溧阳站、坊前站与宜兴站水位相关关系较好（表5.1-8），说明王母观、坊前亦可较好地反映南河片水位变化。

表 5.1-8 湖西区代表站典型年水位相关系数表

分区	站名	时段	典型年水位相关系数		
			1990年	1976年	1971年
湖西区	王母观—溧阳	7—8月	0.975	0.986	0.989
		其余时段	0.961	0.972	0.971
	坊前—宜兴	7—8月	0.969	0.977	0.996
		其余时段	0.986	0.984	0.988

考虑到与湖西区现有沿江口门调度的衔接性，以及与本书第4章新孟河工程防洪调度参考站的衔接性，新孟河工程引水调度同样以坊前站为调度参考站。

2）调度参考水位。新孟河是规划的太湖流域骨干引排河道，其水资源调度应统筹兼顾流域与区域的防洪安全，根据太湖水位、湖西区坊前水位情况，合理实施调度。根据《新孟河延伸拓浚工程初步设计总报告》，坊前4.20m接近年最高水位的多年平均值（4.21m），故认为当太湖水位处于调水限制水位以下时，新孟河引水最高水位按坊前4.20m控制是基本适宜的，对区域防洪排涝影响不大。

《太湖流域水资源调度方案研究技术报告》对新孟河界牌水利枢纽水资源调度进行了研究，根据该报告：坊前站水位高于4.20m，新孟河界牌水利枢纽开启排水。其他时段，太湖水位处于适时调度区，且坊前站水位低于3.30m时，开闸引水；太湖水位低于调水限制水位，汛期坊前站水位位于3.30～3.70m时，界牌水利枢纽根据区域水资源需求及防洪风险相机调度，坊前站水位低于3.30m时，界牌水利枢纽开启引水；非汛期坊前水位低于3.70m时，界牌水利枢纽开启引水。当太湖水位低于低水位控制线，界牌水利枢纽开启泵站引水。

图 5.1-2 湖西区主要水位站分布示意图

本书以坊前站多年平均水位反映湖西区水资源条件，认为当坊前水位低于常水位时，区域的水资源需要进行补充。根据 1972—2000 年、2001—2017 年长系列资料，坊前站的多年平均水位分别为 3.30m、3.52m，详见表 5.1-9。

表 5.1-9 坊前站水位统计情况

分区	站名	时段分析	日均水位多年平均值/m	水位资料长度
湖西区	坊前	全年	3.30	1972—2000 年
	坊前	全年	3.52	2001—2017 年

5.1.3 方案集设计

1. 望虞河工程调控方案集

根据现行的《太湖流域洪水与水量调度方案》，当太湖水位低于调水限制水位时，望虞河工程相机实施水量调度。2018 年批复的《太湖流域水量分配方案》进一步提出，当太湖水位低于低水位控制线时，常熟水利枢纽须开启泵站引水。因此，本章望虞河工程调度重点优化时期为太湖水位处于调水限制水位～低水位控制线时，即当太湖水位处于调水

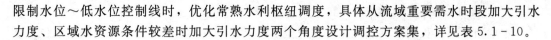

限制水位～低水位控制线时，优化常熟水利枢纽调度，具体从流域重要需水时段加大引水力度、区域水资源条件较差时加大引水力度两个角度设计调控方案集，详见表5.1-10。

表 5.1-10 望虞河工程保障水资源配置安全调控方案集

方案编号	太湖水位	望虞河常熟水利枢纽	备 注
JC	调水限制水位～低水位控制线	张桥水位≥3.80m，若北国水位<4.35m，关闸，否则开闸排水； 张桥水位<3.80m，若北国水位<4.35m，开闸引水，否则开闸排水	
JC	<低水位控制线	张桥水位≥3.80m，若北国水位<4.35m，关闸，否则开闸排水； 张桥水位<3.80m，若北国水位<4.35m，开泵引水，否则开闸排水	
GS1-WY1	调水限制水位～低水位控制线	张桥水位≥3.80m，若北国水位<4.35m，关闸，否则开闸排水； 张桥水位<3.80m； 若北国水位<4.35m，流域作物生长期开泵引水（5—10月，开泵引水），其余时段同JC方案； 若北国水位≥4.35m，开闸排水	考虑流域重要需水时段（5—10月）
GS1-WY1	<低水位控制线	同JC方案	考虑流域重要需水时段（5—10月）
GS1-WY2	调水限制水位～低水位控制线	张桥水位≥3.80m，若北国水位<4.35m，关闸，否则开闸排水； 张桥水位<3.80m； 若北国水位<4.35m，流域夏季用水高峰期开泵引水（7—8月，开泵引水），其余时段同JC方案； 若北国水位≥4.35m，开闸排水	考虑流域重要需水时段（7—8月）
GS1-WY2	<低水位控制线	同JC方案	考虑流域重要需水时段（7—8月）
GS1-WY3	调水限制水位～低水位控制线	张桥水位≥3.80m，若北国水位<4.35m，关闸，否则，开闸排水； 张桥水位<3.80m： 若北国水位<4.35m，湘城水位<2.85m或陈墓水位<2.80m或青阳水位<3.15m，开泵引水，其余时段同JC方案； 若北国水位≥4.35m，开闸排水	考虑地区水资源需求（按2000年之前常水位）
GS1-WY3	<低水位控制线	同JC方案	考虑地区水资源需求（按2000年之前常水位）
GS1-WY4	调水限制水位～低水位控制线	张桥水位≥3.80m，若北国水位<4.35m，关闸，否则开闸排水； 张桥水位<3.80m： 若北国水位<4.35m，湘城水位<3.25m或陈墓水位<3.00m或青阳水位<3.50m，开泵引水，其余时段同JC方案； 若北国水位≥4.35m，开闸排水	考虑地区水资源需求（按2000年之后常水位）
GS1-WY4	<低水位控制线	同JC方案	考虑地区水资源需求（按2000年之后常水位）

2. 新孟河工程调控方案集

本章新孟河工程调度重点优化时期与望虞河工程一致，当太湖处于调水限制水位～低水位控制线之间时，优化新孟河界牌水利枢纽调度，从流域重要需水时段加大引水力度、区域水资源需水时段加大引水力度两个角度设计调控方案集，详见表5.1-11。

表5.1-11　　　　　新孟河工程保障水资源配置安全调控方案集

方案编号	太湖水位	新孟河界牌水利枢纽	备注
JC	调水限制水位～低水位控制线	坊前水位≥4.20m，排水；坊前水位<4.20m，开闸引水	
	<低水位控制线	坊前水位≥4.20m，排水；坊前水位<4.20m，闸泵引水	
GS1-XM1	调水限制水位～低水位控制线	坊前水位≥4.20m，排水；坊前水位<4.20m，流域作物生长期开泵引水（5—10月，开泵引水），其余时段同JC方案	考虑流域重要需水时段（5—10月）
	<低水位控制线	同JC方案	
GS1-XM2	调水限制水位～低水位控制线	坊前水位≥4.20m，排水；坊前水位<4.20m，流域夏季用水高峰期开泵引水（7—8月，开泵引水），其余时段同JC方案	考虑流域重要需水时段（7—8月）
	<低水位控制线	同JC方案	
GS1-XM3	调水限制水位～低水位控制线	坊前水位≥4.20m，排水；坊前水位<4.20m，坊前水位<3.30m开泵引水，其余时段同JC方案	考虑地区水资源需求（按2000年之前常水位）
	<低水位控制线	同JC方案	
GS1-XM4	调水限制水位～低水位控制线	坊前水位≥4.20m，排水；坊前水位<4.20m，坊前水位<3.50m开泵引水，其余时段同JC方案	考虑地区水资源需求（按2000年之后常水位）
	<低水位控制线	同JC方案	

5.1.4　方案智能决策

5.1.4.1　望虞河工程调控方案智能决策

保障流域水资源配置安全望虞河工程调控方案集针对太湖水位处于调水限制水位至低水位控制线之间的时段，分别针对流域重要需水时段、区域水位较低水资源配置需求较大的时段设计调控方案集，优化望虞河工程，加大引水规模。本节对设计的方案集采用太湖流域水量水质数学模型进行模拟分析，并采用太湖流域水资源多目标协同联合调度模型、太湖流域水资源联合调度决策系统进行决策分析，研究提出效果较优的调控方案。

1. 水量水质模型模拟

根据各方案太湖水位和联合调度决策调度期识别原则，1971年型全年被划分为防洪调度期、水生态环境调度期、供水与水生态环境调度期和供水调度期等不同调度期，共计13个，详见表5.1-12。为保障流域水资源配置安全，从流域水资源和地区水资源两方面出发，水量水质模型模拟重点关注太湖水位、湘城、陈墓、青阳和无锡等地区代表站水位以及望虞河引水流量。考虑到方案调控策略针对调水限制水位以下的时段，因此，重点关注供水与水生态环境调度期、供水调度期。

表 5.1-12　　　望虞河工程调控方案集联合调度决策调度期识别（1971 年型）

序号	时　间	调　度　期
1	1 月 3 日至 1 月 27 日	供水与水生态环境调度期
2	2 月 8—13 日	供水调度期
3	2 月 25 日至 3 月 18 日	供水与水生态环境调度期
4	3 月 31 日至 4 月 22 日	供水与水生态环境调度期
5	5 月 2—9 日	供水与水生态环境调度期
6	5 月 17 日至 6 月 2 日	供水与水生态环境调度期
7	6 月 5 日至 7 月 3 日	防洪调度期
8	7 月 6—10 日	水生态环境调度期
9	7 月 13 日至 10 月 1 日	供水与水生态环境调度期
10	10 月 6—9 日	防洪调度期
11	10 月 10—25 日	水生态环境调度期
12	10 月 29 日至 12 月 15 日	供水与水生态环境调度期
13	10 月 27 日至 12 月 30 日	供水与水生态环境调度期

（1）太湖及地区主要代表站水位。太湖是流域水资源配置的核心，适宜的太湖水位是保障流域水资源配置安全的基础。1971 年型各方案太湖水位变化过程基本一致，除 2 月、12 月部分时期太湖水位低于 2.8m 外，其余时间各方案太湖水位基本维持在 2.8m 以上，4—6 月和 11—12 月 GS1-WY1～GS1-WY4 方案太湖水位较 JC 方案均略有抬高，见图 5.1-3。

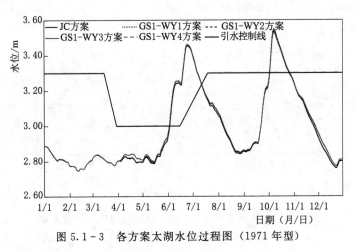

图 5.1-3　各方案太湖水位过程图（1971 年型）

1971 年型各方案湘城、陈墓、青阳和无锡等站水位变化过程基本一致，其中陈墓站 1—5 月、12 月水位低于其允许最低旬均水位，其余区域代表站水位均高于其允许最低旬均水位，见图 5.1-4。

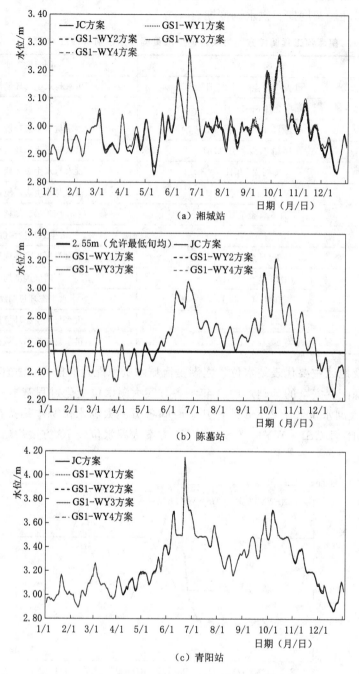

（a）湘城站

（b）陈墓站

（c）青阳站

图 5.1-4 各方案阳澄淀泖区、武澄锡虞区区域代表站
水位过程图（1971 年型）

（2）骨干引供水工程引水流量。1971 年型各方案望虞河引江入湖效率均在 70％以上，满足要求。供水与水生态环境调度期，JC 方案常熟水利枢纽引江、望亭立交入湖平均流量分别为 105m³/s、82m³/s。GS1－WY1～GS1－WY4 方案常熟水利枢纽引江平均流量

为 $109\sim134\text{m}^3/\text{s}$，望亭立交入湖平均流量为 $84\sim99\text{m}^3/\text{s}$。供水调度期，各方案常熟水利枢纽引江、望亭立交入湖平均流量基本相同，常熟水利枢纽引江、望亭立交入湖平均流量分别为 $180\text{m}^3/\text{s}$、$121\text{m}^3/\text{s}$。

2. 联合调度模型计算与决策

保障流域水资源配置安全望虞河工程调控方案集针对太湖水位处于调水限制水位至低水位控制线之间的时段，分别针对流域重要需水时段、区域水位较低且水资源配置需求较大的时段设计调控方案集，优化望虞河工程调度，加大引水规模。联合调度模型计算时供水目标领域共选择了 4 项指标，骨干引供水工程供水效率主要针对望虞河工程；供水代表站水位满足度主要考虑太湖及湘城、陈墓、青阳和无锡等地区代表站；水源地水质指标改善度、水源地水质指标达标率主要针对贡湖水源地（沙墩港、贡湖）、湖东水源地（胥口、庙港）。供水目标领域各指标归一化成果见表 5.1 - 13。

表 5.1 - 13　　　　保障流域水资源配置安全望虞河工程调控方案
（1971 年型）指标归一化成果表

方案编号	调度期	供水目标领域								
		骨干引供水工程供水效率	供水代表站水位满足度	水源地水质指标改善度				水源地水质指标达标率		
				COD	NH₃—N	TP	TN	COD	NH₃—N	TP
JC	防洪调度期	1.00	1.00	0.35	0.39	0.01	0.47	0.12	1.00	0.60
	水生态环境调度期	1.00	1.00	0.70	0.73	0.16	0.24	0.74	1.00	0.67
	供水与水生态环境调度期	0.69	0.99	0.56	0.37	0.41	0.36	0.53	0.96	1.00
	供水调度期	0.00	1.00	0.78	0.80	1.00	0.74	1.00	1.00	1.00
GS1 - WY1	防洪调度期	1.00	1.00	0.63	0.60	0.85	0.67	1.00	1.00	0.60
	水生态环境调度期	1.00	1.00	0.29	0.50	0.22	0.32	1.00	1.00	0.78
	供水与水生态环境调度期	0.59	0.99	0.45	0.79	0.54	0.71	0.95	0.96	0.60
	供水调度期	1.00	1.00	0.65	0.00	1.00	0.71	1.00	1.00	1.00
GS1 - WY2	防洪调度期	1.00	1.00	0.34	0.37	0.34	0.46	0.12	1.00	0.60
	水生态环境调度期	1.00	1.00	0.70	0.80	0.31	0.15	0.67	1.00	0.67
	供水与水生态环境调度期	0.52	0.99	0.43	0.66	0.83	0.45	0.88	0.93	0.66
	供水调度期	0.25	1.00	0.60	0.22	1.00	0.60	1.00	1.00	1.00
GS1 - WY3	防洪调度期	1.00	1.00	0.62	0.64	0.92	0.40	1.00	1.00	0.60
	水生态环境调度期	1.00	1.00	0.77	0.58	0.62	0.60	1.00	1.00	1.00
	供水与水生态环境调度期	0.41	1.00	0.38	0.41	0.56	0.57	1.00	0.68	0.39
	供水调度期	0.90	1.00	0.93	0.79	1.00	1.00	1.00	1.00	1.00
GS1 - WY4	防洪调度期	1.00	1.00	0.69	0.59	0.98	0.54	1.00	1.00	0.60
	水生态环境调度期	1.00	1.00	0.27	0.22	0.70	0.85	1.00	1.00	0.89
	供水与水生态环境调度期	0.42	1.00	0.38	0.51	0.47	0.65	1.00	0.68	0.35
	供水调度期	0.92	1.00	1.00	1.00	1.00	0.96	1.00	1.00	1.00

注　本表仅含供水目标领域各指标归一化结果。

在1971年型下，该方案集供水目标领域的敏感指标为骨干引供水工程供水效率、水源地水质指标改善度、水源地水质指标达标率，由于各方案太湖及区域水位差异较小，因此，供水代表站水位满足度指标敏感性较差。分析各项指标可知，在供水与水生态环境调度期，由于常熟水利枢纽引水量增加，GS1-WY1～GS1-WY4方案较JC方案骨干引供水工程供水效率略有下降；水源地水质指标改善度中NH$_3$—N、TN指标有所增加，COD指标则有所减小。供水调度期，较JC方案，GS1-WY1～GS1-WY4方案骨干引供水工程供水效率指标均明显升高，分别由JC方案的0增加至1.00、0.25、0.90和0.92。GS1-WY1方案、GS1-WY2方案水源地水质指标改善度总体略有下降，GS1-WY3方案、GS1-WY4方案水源地水质指标改善度总体有所升高。

JC方案、GS1-WY1～GS1-WY4方案目标函数计算结果分别为83.9、87.8、84.5、82.9和84.1，见表5.1-14。其中GS1-WY1方案和GS1-WY2方案针对流域重要需水时段所提出，GS1-WY3方案和GS1-WY4方案则考虑地区水资源配置需求。各方案目标函数值及供水目标领域主要决策指标情况表明，GS1-WY1和GS1-WY4方案为保障流域水资源配置安全望虞河工程调控方案集中的较优方案。

表5.1-14　保障流域水资源配置安全望虞河工程调控方案（1971年型）决策表

调 度 期		JC方案	GS1-WY1方案	GS1-WY2方案	GS1-WY3方案	GS1-WY4方案
1月3日至1月27日	供水与水生态环境调度期	88.3	90.9	75.1	84.4	85.9
2月8—13日	供水调度期	80.8	91.2	83.1	94.3	94.8
2月25日至3月18日	供水与水生态环境调度期	79.2	89.3	70.1	71.6	88.0
3月31日至4月22日	供水与水生态环境调度期	94.9	93.9	93.2	68.9	69.0
5月2—9日	供水与水生态环境调度期	85.5	69.6	85.2	77.5	76.8
5月17日至6月2日	供水与水生态环境调度期	86.2	76.4	85.1	79.0	79.4
6月5日至7月3日	防洪调度期	91.0	99.0	90.9	98.9	98.7
7月6—10日	水生态环境调度期	86.1	83.4	82.8	88.0	88.2
7月13日至10月1日	供水与水生态环境调度期	80.3	90.6	86.3	80.7	80.4
10月6—9日	防洪调度期	95.5	98.2	96.4	93.2	93.7
10月10—25日	水生态环境调度期	80.0	87.9	93.5	84.3	83.6
10月29日—12月15日	供水与水生态环境调度期	79.5	78.2	81.7	87.7	86.8
10月27日—12月30日	供水与水生态环境调度期	87.2	79.4	78.6	77.2	82.2
全年		83.9	87.8	84.5	82.9	84.1

3. 调控效果分析

（1）望虞河引水水量。在1971年型下，考虑流域重要需水时段的GS1-WY1方案、考虑地区水资源需求的GS1-WY4方案在水资源调度期望虞河常熟水利枢纽引江量、入湖量均显著增加。较JC方案，GS1-WY1方案望虞河引江量增加2.74亿m^3（增幅8.67%），入湖量增加1.61亿m^3（增幅6.88%）；GS1-WY4方案望虞河引江量增加5.10亿m^3（增幅16.13%），入湖量增加3.31亿m^3（增幅14.15%），见表5.1-15。

表 5.1－15　　　　　各方案望虞河引水及入湖水量统计（1971 年型）

统 计 项 目		水　　量			较 JC 方案增量	
		JC 方案	GS1－WY1 方案	GS1－WY4 方案	GS1－WY1 方案	GS1－WY4 方案
望虞河	常熟水利枢纽引江量 /亿 m³	31.62	34.36	36.72	2.74	5.10
	望虞河入湖量/亿 m³	23.39	25.00	26.70	1.61	3.31
	入湖效率/%	73.97	72.76	72.72		

注　本表统计时段为太湖处于防洪控制水位以下。

（2）太湖及地区水资源条件。1971 年型 GS1－WY1 方案、GS1－WY4 方案太湖水位在不同阶段较 JC 方案有不同程度的抬高，太湖低水位期 GS1－WY1 方案、GS1－WY4 方案太湖水位分别最大抬升 2cm 和 3cm。供水与水生态环境调度期，GS1－WY4 方案太湖平均水位较 JC 方案升高 1cm，见图 5.1－5、表 5.1－16。

表 5.1－16　　　　不同方案太湖及地区代表站水位统计（1971 年型）　　　　　单位：m

统计项目	水 位 站		调 度 期	水　位		
				JC 方案	GS1－WY1 方案	GS1－WY4 方案
最低水位	太湖		供水与水生态环境调度期	2.80	2.80	2.80
			供水调度期	2.78	2.78	2.78
	阳澄淀泖区	湘城	供水与水生态环境调度期	2.83	2.84	2.86
			供水调度期	2.89	2.89	2.89
		陈墓	供水与水生态环境调度期	2.27	2.27	2.28
			供水调度期	2.23	2.23	2.23
	武澄锡虞区	青阳	供水与水生态环境调度期	2.90	2.90	2.91
			供水调度期	2.90	2.90	2.90
		无锡	供水与水生态环境调度期	2.90	2.90	2.91
			供水调度期	2.88	2.88	2.88
平均水位	太湖		供水与水生态环境调度期	2.93	2.93	2.94
			供水调度期	3.78	3.78	3.78
	阳澄淀泖区	湘城	供水与水生态环境调度期	2.98	2.98	2.98
			供水调度期	2.91	2.91	2.91
		陈墓	供水与水生态环境调度期	2.60	2.60	2.61
			供水调度期	2.28	2.28	2.28
	武澄锡虞区	青阳	供水与水生态环境调度期	3.22	3.23	3.23
			供水调度期	2.92	2.92	2.92
		无锡	供水与水生态环境调度期	3.20	3.20	3.20
			供水调度期	2.91	2.91	2.91

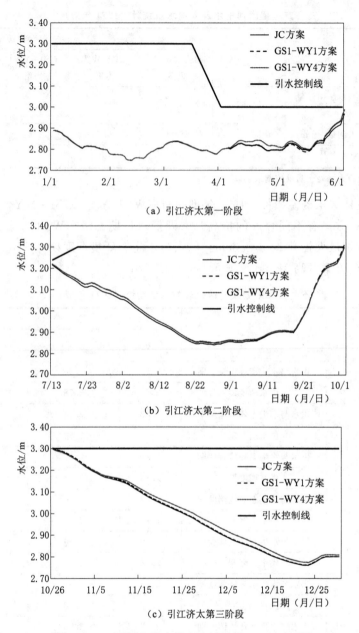

图 5.1-5 不同方案太湖水位过程图（1971 年型）

　　1971 年型阳澄淀泖区、武澄锡虞区部分地区代表站水位在不同阶段较 JC 方案有一定程度的抬高。GS1-WY4 方案区域水位较低时期，湘城、陈墓、青阳、无锡等站水位最大抬升 1～3cm；供水与水生态环境调度期，湘城、陈墓、青阳、无锡等站最低水位升高 1～3cm，陈墓和青阳等站平均水位分别升高 1cm。

　　（3）综合决策。1971 年型下，GS1-WY1 方案、GS1-WY4 方案增加了望虞河引江入湖水资源量，改善了太湖及区域水资源条件，综合联合调度模型决策结果，将 GS1-WY1 方案、GS1-WY4 方案纳入保障水安全的水利工程体系联合调度技术方案集。

5.1.4.2 新孟河工程调控方案智能决策

保障流域水资源配置安全新孟河工程调控方案集针对太湖水位处于调水限制水位至低水位控制线之间的时段，分别针对流域重要需水时段、区域水位较低水资源配置需求较大的时段设计调控方案集，优化新孟河工程，加大引水规模。本节对设计的方案集采用太湖流域水量水质数学模型进行模拟分析，并采用太湖流域水资源多目标协同联合调度模型、太湖流域水资源联合调度决策系统进行决策分析，研究提出效果较优的调控方案。

1. 水量水质模型模拟

根据各方案太湖水位和联合调度决策调度期识别原则，1971 年型全年被划分为防洪调度期、水生态环境调度期、供水与水生态环境调度期和供水调度期等不同调度期，共计11 个，见表 5.1 - 17。水量水质模拟成果重点关注太湖水位及坊前、常州（三）等新孟河工程周边代表站水位以及新孟河引水流量。考虑到方案调控策略针对太湖处于调水限制水位以下的时段，因此，重点关注供水与水生态环境调度期、供水调度期。

表 5.1 - 17　　　新孟河工程调控方案集联合调度决策调度期识别（1971 年型）

序号	时　　间	调　度　期
1	1 月 3 日至 2 月 7 日	供水与水生态环境调度期
2	2 月 9—13 日	供水调度期
3	2 月 24 日至 5 月 13 日	供水与水生态环境调度期
4	5 月 16 日至 6 月 2 日	供水与水生态环境调度期
5	6 月 7 日至 7 月 3 日	防洪调度期
6	7 月 5—10 日	水生态环境调度期
7	7 月 11 日至 10 月 1 日	供水与水生态环境调度期
8	10 月 5—10 日	防洪调度期
9	10 月 12—27 日	水生态环境调度期
10	10 月 29 日至 12 月 20 日	供水与水生态环境调度期
11	12 月 24—30 日	供水与水生态环境调度期

（1）太湖及地区主要代表站水位。在 1971 年型下，各方案水位变化过程基本一致，太湖水位基本维持在 2.8m 以上，GS1 - XM3、GS1 - XM4 方案太湖水位 4—6 月、11—12 月较 JC 方案略有抬升，见图 5.1 - 6。各方案坊前、常州（三）等站水位变化过程基本一致。坊前站水位全年高于其允许最低旬均水位，常州（三）站水位在 1 月较短时间内低于其允许最低旬均水位，见图 5.1 - 7。

（2）骨干引供水工程引水流量。1971 年型供水与水生态环境调度期，JC 方案新孟河界牌水利枢纽引江、新孟河入湖平均流量分别为 163m³/s、126m³/s，GS1 - XM1～GS1 - XM4 方案界牌水利枢纽引江平均流量为 164～180m³/s，新孟河入湖平均流量为 126～129m³/s。供水调度期，各方案界牌水利枢纽引江、新孟河入湖平均流量基本相同。

2. 联合调度模型计算与决策

保障流域水资源配置安全新孟河工程调控方案集针对太湖水位处于调水限制水位至低水位控制线之间的时段，分别针对流域重要需水时段、区域水位较低且水资源配置需求较

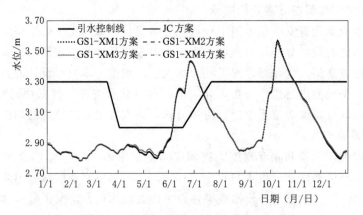

图 5.1-6 各方案太湖水位过程图（1971 年型）

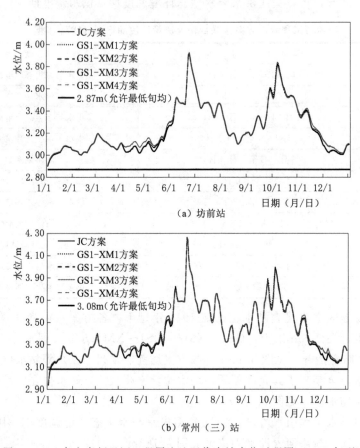

（a）坊前站

（b）常州（三）站

图 5.1-7 各方案新孟河工程周边地区代表站水位过程图（1971 年型）

大的时段设计调控方案集，优化新孟河工程调度，加大引水规模。联合调度模型计算重点分析供水目标领域相关决策指标，各项指标计算时，骨干引供水工程供水效率主要针对新孟河工程；供水代表站水位满足度主要考虑太湖及坊前、常州（三）等新孟河工程周边地区代表站。供水目标领域各指标归一化成果见表 5.1-18。

表 5.1-18　　　保障流域水资源配置安全新孟河工程调控方案
（1971年型）指标归一化成果表

方案编号	调 度 期	供 水 目 标 领 域								
		骨干引供水工程供水效率	供水代表站水位满足度	水源地水质指标改善度				水源地水质指标达标率		
				COD	NH₃—N	TP	TN	COD	NH₃—N	TP
JC	防洪调度期	1.00	1.00	0.82	0.71	0.92	0.05	0.18	1.00	1.00
	水生态环境调度期	0.00	1.00	0.41	0.00	0.35	0.78	1.00	1.00	1.00
	供水与水生态环境调度期	0.42	1.00	0.43	0.33	0.19	0.44	0.52	1.00	0.44
	供水调度期	0.00	1.00	0.98	0.56	0.27	1.00	1.00	1.00	1.00
GS1-XM1	防洪调度期	1.00	1.00	0.18	0.05	0.05	0.83	1.00	1.00	1.00
	水生态环境调度期	1.00	1.00	0.11	0.73	0.00	1.00	1.00	1.00	1.00
	供水与水生态环境调度期	0.81	1.00	0.68	0.24	0.28	0.35	0.52	1.00	0.44
	供水调度期	0.94	1.00	0.00	1.00	0.00	0.11	1.00	1.00	1.00
GS1-XM2	防洪调度期	1.00	1.00	0.82	0.78	0.10	0.18	1.00	1.00	1.00
	水生态环境调度期	0.32	1.00	0.00	0.35	0.74	1.00	1.00	1.00	1.00
	供水与水生态环境调度期	0.78	1.00	0.07	0.25	0.23	0.39	0.95	1.00	0.53
	供水调度期	0.50	1.00	0.93	0.00	0.00	1.00	1.00	1.00	1.00
GS1-XM3	防洪调度期	1.00	1.00	0.06	0.18	0.82	0.91	0.18	1.00	1.00
	水生态环境调度期	0.34	1.00	0.76	1.00	1.00	0.20	0.27	1.00	1.00
	供水与水生态环境调度期	0.38	1.00	0.34	0.68	0.66	0.63	0.40	1.00	0.91
	供水调度期	0.63	1.00	1.00	0.03	0.89	0.66	1.00	1.00	1.00
GS1-XM4	防洪调度期	1.00	1.00	0.20	0.15	0.70	0.88	0.18	1.00	1.00
	水生态环境调度期	0.52	1.00	0.70	0.64	0.76	0.03	0.27	1.00	1.00
	供水与水生态环境调度期	0.49	1.00	0.10	0.77	0.91	0.67	0.31	1.00	1.00
	供水调度期	1.00	1.00	0.79	0.00	1.00	0.44	1.00	1.00	1.00

注　本表仅含供水目标领域各指标归一化结果。

在1971年型下，该方案集供水目标领域的敏感指标为骨干引供水工程供水效率，由于各方案太湖及区域水位差异较小，因此，供水代表站水位满足度指标敏感性较差。分析各项指标可知，供水与水生态环境调度期，GS1-XM1、GS1-XM2、GS1-XM4方案骨干引供水工程供水效率指标分别由JC方案的0.42增加至0.81、0.78、0.49，GS1-XM3方案骨干引供水工程供水效率指标略有减小。供水调度期，GS1-XM1～GS1-XM4方案骨干引供水工程供水效率指标均明显增加，由0分别增加至0.94、0.50、0.63和1.00。

JC方案、GS1-XM1～GS1-XM4方案目标函数计算结果分别为80.9、84.7、82.6、84.8和85.8，见表5.1-19。其中GS1-XM1方案和GS1-XM2方案针对流域重要需水时段所提出，GS1-XM3方案和GS1-XM4方案则考虑地区水资源配置需求。各方案目标函数值及供水目标领域主要决策指标情况表明，GS1-XM1方案、GS1-XM4方案为保障流域水资源配置安全新孟河工程调控方案集中的较优方案。

表 5.1 - 19　　保障流域水资源配置安全新孟河工程调控方案（1971 年型）决策表

调 度 期		JC 方案	GS1 - XM1 方案	GS1 - XM2 方案	GS1 - XM3 方案	GS1 - XM4 方案
1 月 3 日至 2 月 7 日	供水与水生态环境调度期	79.0	94.3	84.4	82.4	82.4
2 月 9—13 日	供水调度期	81.9	90.4	83.4	86.0	93.7
2 月 24 日至 5 月 13 日	供水与水生态环境调度期	78.3	83.0	78.5	84.6	86.4
5 月 16 日至 6 月 2 日	供水与水生态环境调度期	84.1	84.8	82.8	78.2	80.7
6 月 7 日至 7 月 3 日	防洪调度期	96.1	98.5	96.8	98.8	98.0
7 月 5—10 日	水生态环境调度期	88.0	74.9	79.1	87.3	88.3
7 月 11 日至 10 月 1 日	供水与水生态环境调度期	75.8	79.2	79.6	84.3	87.7
10 月 5 日至 10 月 10 日	防洪调度期	97.7	96.9	98.1	98.8	98.6
10 月 12—27 日	水生态环境调度期	85.2	85.3	83.8	77.7	77.4
10 月 29 日至 12 月 20 日	供水与水生态环境调度期	81.9	80.5	83.3	83.2	79.5
12 月 24 日至 12 月 30 日	供水与水生态环境调度期	80.8	90.1	86.1	83.7	86.7
全年		80.9	84.7	82.6	84.8	85.8

3. 调控效果分析

（1）新孟河引水水量。在 1971 年型下，GS1 - XM1 方案、GS1 - XM4 方案引江济太期间新孟河工程引江量、入湖量较 JC 方案均显著增加，同时也有利于改善湖西区水资源条件，其中，GS1 - XM1 方案新孟河界牌水利枢纽引江量、入湖量分别增加 1.77 亿 m^3（增幅 4.2%）、0.27 亿 m^3（增幅 0.84%）；GS1 - XM4 方案新孟河界牌水利枢纽引江量、入湖量分别增加 4.2 亿 m^3（增幅 10.0%）、0.95 亿 m^3（增幅 2.95%），详见表 5.1 - 20。

表 5.1 - 20　　　　各方案引江济太期间新孟河进出水量（1971 年型）

统计项目	JC 方案	GS1 - XM1 方案	GS1 - XM4 方案	较 JC 方案增量	
				GS1 - XM1 方案	GS1 - XM4 方案
新孟河界牌水利枢纽引江量/亿 m^3	41.99	43.76	46.19	1.77	4.20
新孟河入湖量/亿 m^3	32.25	32.52	33.20	0.27	0.95
引江入湖效率/%	76.80	74.31	71.88		

（2）太湖及地区水资源条件。在 1971 年型下，GS1 - XM1 方案、GS1 - XM4 方案太湖水位过程与 JC 方案基本一致，其中 GS1 - XM4 方案在太湖水位较低的 4—6 月、11—12 月水位明显抬高，见图 5.1 - 8。供水与水生态环境调度期，GS1 - XM1 方案和 GS1 - XM4 方案太湖平均水位均比 JC 方案高出 1cm，见表 5.1 - 21。

坊前和常州（三）等地区代表站水位在不同阶段较 JC 方案均有一定程度的抬高，见表 5.1 - 21。GS1 - XM1 方案区域水位较低时期，坊前、常州（三）站水位最大抬升 4cm；供水与水生态环境调度期，常州（三）站平均水位升高 1cm。GS1 - XM4 方案区域水位较低时期，坊前、常州（三）站水位最大抬升 6cm；供水与水生态环境调度期，坊前、常州（三）等站平均水位分别升高 1cm、2cm。

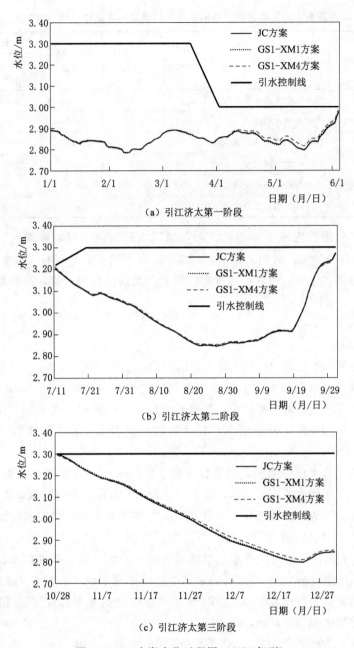

（a）引江济太第一阶段

（b）引江济太第二阶段

（c）引江济太第三阶段

图 5.1-8 太湖水位过程图（1971 年型）

（3）综合决策。在 1971 年型下，GS1-XM1 方案、GS1-XM4 方案均增加了新孟河引江入湖水资源量，改善太湖及区域水资源条件，综合联合调度模型决策结果，将 GS1-XM1 方案、GS1-XM4 方案纳入保障水安全的水利工程体系联合调度技术方案集。

5.1.5 保障流域水资源配置安全技术方案

基于保障流域水资源配置安全，当流域处在重要需水时段（流域作物生长期 5—10 月）

表 5.1 - 21 各方案太湖及新孟河工程周边地区代表站水位统计（1971 年型） 单位：m

统计项目	区域代表站		调度期	JC方案	GS1 - XM1方案	GS1 - XM4方案	较JC方案变化	
							GS1 - XM1方案	GS1 - XM4方案
平均水位	太湖		供水与水生态环境调度期	2.92	2.93	2.93	0.01	0.01
			供水调度期	2.79	2.79	2.79	0.00	0.00
	新孟河工程周边	坊前	供水与水生态环境调度期	3.17	3.17	3.18	0.00	0.01
			供水调度期	3.01	3.01	3.01	0.00	0.00
		常州（三）	供水与水生态环境调度期	3.34	3.35	3.36	0.01	0.02
			供水调度期	3.15	3.15	3.15	0.00	0.00

或者流域骨干工程沿线区域水位较低、水资源需求较为突出时，望虞河工程可按 GS1 - WY1 方案、GS1 - WY4 方案加大引水；新孟河工程可按 GS1 - XM1 方案、GS1 - XM4 方案加大引水。方案实施后，可在一定程度抬升太湖及地区河网水位，改善流域及区域水资源条件。

方案具体如下：

1. 望虞河工程

（1）流域重要需水时段（5—10 月）望虞河加大引水方案：

太湖水位处于调水限制水位至低水位控制线之间，当张桥水位≥3.80m 时，若北国水位＜4.35m，关闸，否则开闸排水；当张桥水位＜3.80m 时，若北国水位＜4.35m，流域作物生长期（5—10 月）开泵引水，其余时段开闸引水；若北国水位≥4.35m，开闸排水。

太湖水位低于低水位控制线，当张桥水位≥3.80m 时，若北国水位＜4.35m，关闸，否则开闸排水；当张桥水位＜3.80m，若北国水位＜4.35m，开泵引水，否则开闸排水。

（2）阳澄淀泖区或武澄锡虞区水位较低水资源需求较为突出时望虞河加大引水方案：

太湖水位处于调水限制水位至低水位控制线之间，当张桥水位≥3.80m 时，若北国水位＜4.35m，关闸，否则开闸排水；当张桥水位＜3.80m 时，若北国水位＜4.35m，湘城水位＜3.25m（湘城站 2000 年之后的常水位）或陈墓水位＜3.00m（陈墓站 2000 年之后的常水位）或青阳水位＜3.50m（青阳站 2000 年之后的常水位），开泵引水，其余时段开闸引水；若北国水位≥4.35m，开闸排水。

太湖水位低于低水位控制线，当张桥水位≥3.80m 时，若北国水位＜4.35m，关闸，否则开闸排水；当张桥水位＜3.80m 时，若北国水位＜4.35m，开泵引水，否则开闸排水。

2. 新孟河工程

（1）流域重要需水时段（5—10 月）新孟河加大引水方案：

太湖水位处于调水限制水位至低水位控制线之间，当坊前水位≥4.20m 时，排水；当坊前水位＜4.20m 时，流域作物生长期（5—10 月）开泵引水，其余时段开闸引水。

太湖水位低于低水位控制线，当坊前水位≥4.20m 时，排水；当坊前水位＜4.20m 时，开泵引水。

（2）湖西区水位较低水资源需求较为突出时新孟河加大引水方案：

太湖水位处于调水限制水位至低水位控制线之间，当坊前水位≥4.20m时，排水；当坊前水位<4.20m时，若坊前水位<3.50m（坊前站2000年之后的常水位），开泵引水，其余时段开闸引水。

太湖水位低于低水位控制线，当坊前水位≥4.20m时，排水；当坊前水位<4.20m时，开泵引水。

5.2 保障流域水源地供水安全技术方案研究

5.2.1 问题提出

长三角区域一体化已经上升至国家战略，太湖流域也步入了追求更高水平、更高质量发展的关键阶段。太湖水源地、太浦河水源地是流域内的重要水源地，随着社会经济的发展和人口的增加，环湖及下游地区对水源地水资源量和质的需求日益增加，做好太湖、太浦河等流域重要水源地的调度保障工作意义重大。

1. 太湖水源地供水安全保障能力有待进一步提高

太湖是流域重要调蓄湖泊，是流域水量合理蓄泄和水资源利用的中心所在，也是流域内的重要水源地。目前列入全国重要水源地名录的太湖水源地有太湖贡湖水源地、太湖湖东水源地，其中太湖贡湖水源地包含太湖沙渚和太湖锡东水源地，太湖湖东水源地包含太湖金墅港、镇湖、渔洋山、浦庄、庙港水源，详见图5.2-1。太湖水源地供水对象涉及无锡市区，苏州市区、高新区、工业园区、吴江区，供水人口约734.09万人，年总供水量为167170万m³，详见表5.2-1。随着社会经济的发展和人口的增加，环湖地区的水资源量需求将进一步日益增加。

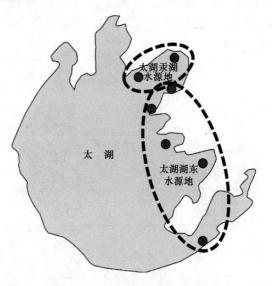

图5.2-1 太湖水源地分布示意图

表5.2-1 太湖水源地基本情况

序号	水 源 地 名 称		受水城市及乡镇名称	供水人口/万人	年总供水量/万 m³
1	太湖贡湖水源地	太湖贡湖南泉水源地	无锡市区	156.22	36500
2		太湖贡湖锡东水源地	无锡市区	46.87	21900
3		太湖贡湖金墅港水源地	苏州市区	144	21900

续表

序号	水 源 地 名 称		受水城市及乡镇名称	供水人口/万人	年总供水量/万 m³
4	太湖湖东水源地	太湖渔洋山横山水源地	苏州市区	108	17520
5		太湖镇湖上山村水源地	苏州高新区	46	10950
6		太湖浦庄寺前水源地	苏州工业园区、苏州吴中区	140	36500
7		太湖庙港水源地	苏州吴江区	93	21900
合计				734.09	167170

　　除了水源地直接取水外，太湖也是环湖地区引水改善地区水资源条件的重要水源。2007—2017 年，太湖主要水质指标高锰酸盐指数（年均值）为Ⅲ类，NH_3—N（年均值）为Ⅰ～Ⅱ类，TP（年均值）为Ⅳ类，TN（年均值）为Ⅴ～劣Ⅴ类，太湖水质类别为Ⅴ～劣Ⅴ类，总体水质状况不容乐观，其中 TP、TN 为制约太湖水质类别提升的关键限制因子，见图 5.2-2、图 5.2-3。根据《太湖流域水环境综合治理总体方案（2013 年修编）》，2020 年 TN 规划目标 2.0mg/L，TP 规划目标为 0.05mg/L（表 5.2-2）；根据《太湖流域水功能区划》，要求 2020 年太湖湖体水质提高到Ⅳ类，其中部分水域达到Ⅲ类。

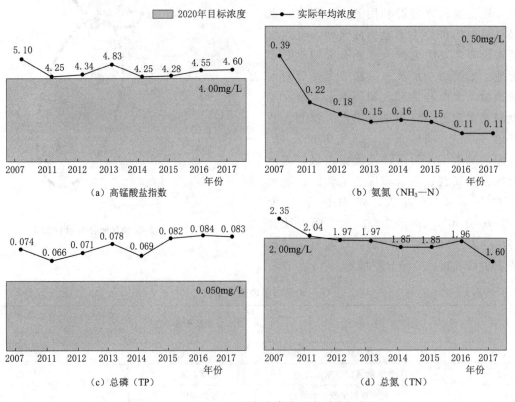

图 5.2-2　2007—2017 年太湖主要水质指标状况

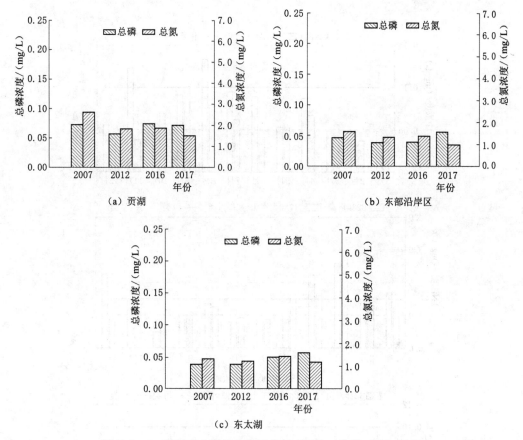

图 5.2-3　近年来太湖部分湖区总氮（TN）、总磷（TP）浓度

表 5.2-2　　　　　　　　　　太 湖 水 质 规 划 目 标　　　　　　　　　单位：mg/L

水　　质		高锰酸盐指数 ≤	氨氮（NH₃—N） ≤	总磷（TP） ≤	总氮（TN） ≤
2020 年	保护目标	—	—	0.05	2.0
	水质类别	Ⅱ	Ⅱ	Ⅲ	Ⅴ

进一步分析太湖水源地年内不同季节水质变化。太湖水源地 2017 年逐月水质监测数据显示，贡湖水源地、湖东水源地、湖东庙港水源地❶ TN 指标较差时（主要集中在 2—5 月）浓度超过或接近 2.0mg/L，TP 指标较差时浓度超过或接近 0.1mg/L。水质数据表明，贡湖等湖区 TN、TP 指标距离相关规划目标仍有较大差距（图 5.2-4），太湖水源地水质进一步提升的需求较为突出。

2. 太浦河水源地水质安全状况有待进一步提升

目前，以太浦河为水源地的供水工程主要有上海市金泽水库、浙江省嘉善县和平湖市太浦河原水厂。此外，太浦河沿线分布有平望水厂等一些规模以下取水户，年取水量约

---

❶ 太湖水源地包含贡湖水源地、湖东水源地（含庙港水源地），鉴于庙港水源地空间位置，在水源地统计分析时单列庙港水源地。

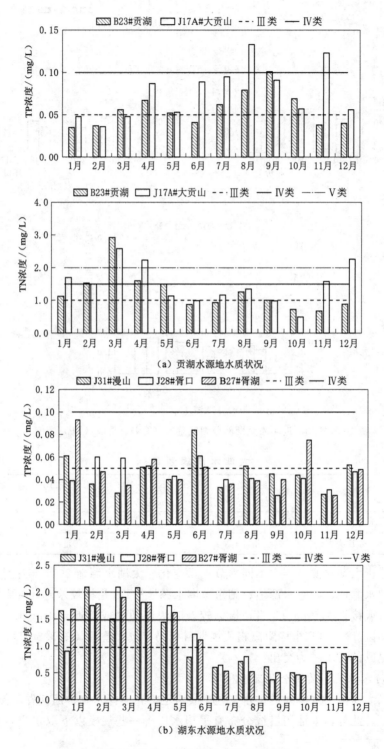

（a）贡湖水源地水质状况

（b）湖东水源地水质状况

图 5.2-4（一） 太湖水源地水质状况

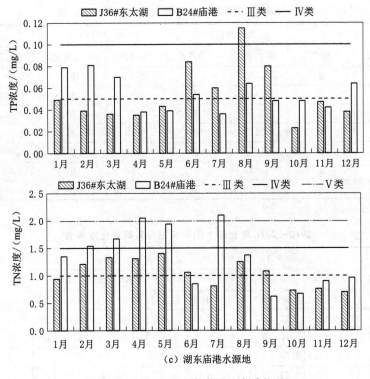

图 5.2-4（二） 太湖水源地水质状况

0.2 亿 m³。目前中央已明确，在江苏苏州吴江地区、浙江嘉兴嘉善地区和上海青浦地区，建设生态绿色一体化发展的示范区，太浦河水源地位于苏浙沪交界地区，处于长三角生态绿色一体化发展示范区的核心位置，其供水安全保障重要性尤为突出。

太浦河水源地取水口需同时满足水量充足、水质指标达到水源地水质标准的要求，因此，要从水量、水质两个角度分别分析太浦河下游水源地供水安全保障需求。从水量角度，太浦河水源地取水口位于平原河网地区，水量相对充足，并非制约因素，以太浦河最大的取水用户金泽水库为例，根据《黄浦江上游水源地金泽水库工程可行性研究报告》，金泽水库正常最低水位不低于 1.91m，取水口取水闸底槛高程为－2.0m，一般不会出现取水不畅的情况。从水质角度，近年来太浦河金泽断面各指标年均值总体达到Ⅲ类标准（表 5.2-3），同时历史资料和《2014 年太浦河水量水质同步试验》资料显示，金泽水源地取水口各项水质指标中 $NH_3—N$ 指标达标率最低，是影响金泽取水口水质达标的关键因子，因此，针对 $NH_3—N$ 指标进一步分析年内不同时期变化。2010—2014 年金泽断面 $NH_3—N$ 指标年内变化情况显示，冬春季（1—3 月）$NH_3—N$ 指标多年平均浓度超过 0.8mg/L，部分时期超过 1mg/L，为全年最差时段，详见表 5.2-4。此外，2014 年金泽水质数据[1]显示，冬春季（1—3 月）金泽水质 $NH_3—N$ 指标超标率最高可达 22%，超过 0.8mg/L 比例最高可达 51%，水质改善需求较为突出，详见图 5.2-5。

---

[1] 数据来源为金泽自动站监测数据。

表 5.2-3　　　　　2010—2016 年太浦河金泽断面主要水质指标统计表　　　　单位：mg/L

年份	溶解氧		高锰酸盐指数		氨氮（NH$_3$—N）		总磷（TP）	
	年均值	水质类别	年均值	水质类别	年均值	水质类别	年均值	水质类别
2010	7.24	Ⅱ	3.80	Ⅱ	0.41	Ⅱ	0.050	Ⅱ
2011	7.62	Ⅱ	4.41	Ⅲ	0.91	Ⅲ	0.072	Ⅱ
2012	6.10	Ⅱ	4.59	Ⅲ	0.71	Ⅲ	0.073	Ⅱ
2013	6.45	Ⅱ	4.97	Ⅲ	0.76	Ⅲ	0.081	Ⅱ
2014	6.14	Ⅱ	4.25	Ⅲ	0.56	Ⅲ	0.068	Ⅱ
2015	6.69	Ⅱ	3.92	Ⅱ	0.42	Ⅱ	0.076	Ⅱ
2016	7.36	Ⅱ	3.94	Ⅱ	0.19	Ⅱ	0.069	Ⅱ

注　总氮不参评故未列出。

表 5.2-4　　　　　2010—2016 年金泽 NH$_3$—N 指标月际变化成果表　　　　单位：mg/L

月份	2010—2014 年						2015—2016 年		
	2010 年	2011 年	2012 年	2013 年	2014 年	多年平均	2015 年	2016 年	多年平均
1	—	0.84（Ⅲ）	0.86（Ⅲ）	0.96（Ⅲ）	0.83（Ⅲ）	0.87（Ⅲ）	0.54（Ⅲ）	0.47（Ⅱ）	0.50（Ⅱ）
2	—	0.66（Ⅲ）	1.17（Ⅳ）	0.87（Ⅲ）	0.99（Ⅲ）	0.92（Ⅲ）	0.66（Ⅲ）	0.33（Ⅱ）	0.49（Ⅱ）
3	—	1.12（Ⅳ）	0.70（Ⅲ）	0.80（Ⅲ）	0.84（Ⅲ）	0.86（Ⅲ）	0.54（Ⅲ）	0.27（Ⅱ）	0.40（Ⅱ）
4	0.26（Ⅱ）	1.34（Ⅳ）	0.58（Ⅲ）	0.76（Ⅲ）	0.84（Ⅲ）	0.76（Ⅲ）	0.45（Ⅱ）	0.23（Ⅱ）	0.34（Ⅱ）
5	0.44（Ⅱ）	1.04（Ⅳ）	0.63（Ⅲ）	0.96（Ⅲ）	0.42（Ⅱ）	0.70（Ⅲ）	0.34（Ⅱ）	0.13（Ⅰ）	0.23（Ⅱ）
6	0.29（Ⅱ）	1.48（Ⅳ）	0.80（Ⅲ）	0.65（Ⅲ）	0.83（Ⅲ）	0.81（Ⅲ）	0.37（Ⅱ）	0.06（Ⅰ）	0.22（Ⅱ）
7	0.46（Ⅱ）	—	0.65（Ⅲ）	0.46（Ⅱ）	0.41（Ⅱ）	0.50（Ⅱ）	0.24（Ⅱ）	0.07（Ⅰ）	0.16（Ⅱ）
8	0.28（Ⅱ）	—	0.44（Ⅱ）	0.49（Ⅱ）	0.49（Ⅱ）	0.43（Ⅱ）	0.30（Ⅱ）	0.05（Ⅰ）	0.18（Ⅱ）
9	0.32（Ⅱ）	—	0.61（Ⅲ）	0.65（Ⅲ）	0.25（Ⅱ）	0.41（Ⅱ）	0.31（Ⅱ）	0.19（Ⅱ）	0.25（Ⅱ）
10	0.34（Ⅱ）	—	0.69（Ⅲ）	0.71（Ⅲ）	0.26（Ⅱ）	0.50（Ⅱ）	0.36（Ⅱ）	0.18（Ⅱ）	0.27（Ⅱ）
11	0.47（Ⅱ）	0.79（Ⅲ）	0.88（Ⅲ）	0.63（Ⅲ）	0.41（Ⅱ）	0.63（Ⅲ）	0.57（Ⅲ）	0.15（Ⅰ）	0.36（Ⅱ）
12	0.54（Ⅲ）	0.79（Ⅲ）	0.71（Ⅲ）	0.96（Ⅲ）	0.55（Ⅲ）	0.71（Ⅲ）	0.42（Ⅱ）	0.19（Ⅱ）	0.30（Ⅱ）

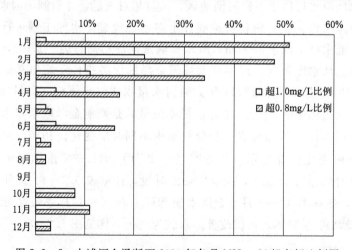

图 5.2-5　太浦河金泽断面 2014 年各月 NH$_3$—N 超定额比例图

5.2.2 研究思路

基于流域不同水源地供水安全现状和保障能力提升需求，开展针对性调度研究。以保障太湖水源地供水安全为目标，研究优化与太湖水源地关系密切的望虞河工程以及水源地周边环湖口门调度，构建保障太湖水源地供水安全的调控方案集；以保障太浦河水源地供水安全为目标，分析现状水源地供水保障提升的关键限制因子，研究优化太浦河闸泵工程调度，构建保障太浦河水源地供水安全调控方案集。基于降雨、长江潮位边界等因素设计调度研究边界条件，并采用调度方案模拟与优化决策技术相结合的方法，分别提出保障太湖水源地、太浦河水源地供水安全的技术方案。

5.2.2.1 调度研究边界条件

保障流域水源地供水安全技术方案研究时，降雨条件、太湖流域长江潮位边界同样采用 1971 年典型枯水年实况降雨（$P=90\%$）以及长江设计低潮位，详见本章 5.1 节。

5.2.2.2 调度研究基础

目前与太湖水源地供水安全关系密切的工程主要有望虞河工程、水源地周边环湖口门，与太浦河水源地供水安全关系密切的工程主要为太浦河闸泵及太浦河两岸口门，保障水源地供水安全技术方案研究主要基于现有工程体系，并重点依托望虞河工程、环湖口门、太浦河工程开展。本节主要对上述工程的现有调度情况进行梳理，其余流域、区域工程调度情况见本书第 1 章。

1. 望虞河工程、环湖口门现行调度

（1）望虞河工程。望虞河工程调度基础遵循现行的《太湖流域洪水与水量调度方案》，详见本章 5.1 节。

（2）太湖水源地周边环湖口门。《太湖流域洪水与水量调度方案》《太湖流域水量分配方案》《苏州市日常调度原则》等均对太湖区、阳澄淀泖区环湖口门调度提出了原则或建议。根据《太湖流域洪水与水量调度方案》，当太湖水位低于调水限制水位时，相机实施水量调度，对环太湖口门（不含望亭水利枢纽、太浦河闸泵工程）实行控制运用，避免污水进入太湖，合理控制出湖水量。根据《太湖流域水量分配方案》，视太湖和地区水位对环太湖口门（不含望亭水利枢纽、太浦河闸泵工程）实施控制运用，当太湖水位高于低水位控制线时，阳澄淀泖区环湖口门可从太湖引水；当太湖水位低于低水位控制线时，如区域调度代表站（枫桥、陈墓站）水位 6 月下旬至 10 月下旬低于 2.70m 或其余时段低于 2.60m，可从太湖引水。根据《苏州市日常调度原则》，环太湖口门水闸调度的方式是：一般情况下环太湖各闸处于开启状态，保持行水畅通；当太湖水位达到防洪预案规定的水位时，及时关闭环太湖各闸，防止太湖洪水入侵；太湖水位虽然没有达到口门控制运用的水位，但只要苏州水位（环太湖周边水位）高于太湖水位，环太湖胥口水利枢纽及金墅港、龙塘港等闸应及时关闭或控制运行，防止内河污水倒流入太湖，影响饮用水水源地；当其他局部地区的内河污水向太湖倒流时，环太湖相关各闸也及时关闭或控制运行。

太湖水位综合反映太湖水资源及生态状况，《太湖流域水资源综合规划》中将太湖水位作为衡量太湖水资源余缺水平的指标，选择太湖最低旬平均水位作为控制指标，综合确定太湖最低旬平均水位规划目标为 2.80m。因此，环湖口门引水时，应统筹考虑太湖水资源可持续利用与区域供水需求，实行相机调度，保证太湖最低旬平均水位不低于2.80m，满足太湖的供水需求。鉴于本次研究工况中规划望虞河拓宽工程未实施，结合《太湖流域水量分配方案》研究成果，遇90％频率枯水年1971年型，太湖最低旬平均水位低于2.80m，当太湖水位低于2.80m时，按《太湖抗旱水量应急调度预案》进行调度。

综合上述相关调度方案，太湖区、阳澄淀泖区环湖口门基础方案详见表5.2-5。

表5.2-5　　　　　　　　太湖区、阳澄淀泖区环湖口门基础方案

太 湖 水 位	太湖区、阳澄淀泖区环湖口门
低水位控制线～防洪控制水位	适时引水
2.80m～低水位控制线	6月下旬至10月下旬，枫桥、陈墓水位≤2.70m或其余时段水位≤2.60m，可从太湖引水，否则关闸
低于2.80m	按太湖抗旱水量应急调度预案进行调度

2.太浦河工程现行调度

根据《太湖流域洪水与水量调度方案》，当太湖水位低于调水限制水位时，相机实施水量调度，太浦河闸泵工程按下列情形执行：为保障太湖下游地区供水安全，原则上太浦闸下泄流量不低于50m³/s；当太湖下游地区发生饮用水水源地水质恶化或突发水污染事件时，可加大太浦闸供水流量，必要时启动太浦河泵站增加流量；当太湖下游地区遭遇台风暴潮或区域洪水时，可减小太浦闸供水流量，必要时关闭太浦闸；当太湖水位超过调水限制水位时，若发生突发水污染事件、水质恶化等严重影响流域供水安全的情况以及流域省（市）有其他特殊需求时，在确保流域防洪安全的前提下，原则上可以实施水量应急调度。

根据《太湖流域水量分配方案》，当太湖水位低于防洪控制水位时，实施流域水资源调度。太湖水位低于防洪控制水位、高于调水限制水位时，视流域及区域水雨情和水环境状况，流域主要引供水河道可在不增加防洪风险的前提下适时引排。其中，太浦闸根据太湖水资源条件和下游（包括太浦河水源地）河道内外用水需求实施调度。太浦闸供水流量按太湖水位分级调度，当太湖水位低于调水限制水位、高于2.80m时，供水流量原则上不低于50m³/s。为保障太浦河水源地供水安全，冬春季及其他时段，在统筹太湖供水安全和生态安全的基础上，经商有关省（直辖市），适当增大供水流量。流域规划骨干工程实施后供水流量可适当增大。当太浦闸向下游供水时，太浦河两岸口门可根据地区水资源需求引水。

综合上述相关方案，太浦河闸泵基础调度见表5.2-6。

5.2.2.3　调控优化策略

1.保障太湖水源地供水安全调控优化策略

（1）望虞河工程。根据《太湖流域水量分配方案》，太湖水位低于防洪控制水位、高于调水限制水位时，视流域及区域水雨情和水环境状况，流域主要引供水河道可在不增加防洪风险的前提下适时引排。当太湖水位低于调水限制水位，常熟水利枢纽引水，望亭水利枢纽根据闸下水质控制指标要求向太湖供水；当太湖水位低于低水位控制线，常熟水利枢纽须开启泵站引水。

表 5.2-6 太浦河工程调控基础方案

太湖水位	太浦河闸泵工程
防洪控制水位以上	太湖水位≤3.50m，太浦闸泄水按平望水位不超过3.30m控制； 太湖水位≤3.80m，太浦闸泄水按平望水位不超过3.45m控制； 太湖水位≤4.20m，太浦闸泄水按平望水位不超过3.60m控制； 太湖水位≤4.40m，太浦闸泄水按平望水位不超过3.75m控制； 太湖水位≤4.65m，太浦闸泄水按平望水位不超过3.90m控制
调水限制水位～防洪控制水位	供水流量为50m³/s
<调水限制水位	2.80m≤太湖水位<调水限制水位，供水流量为50m³/s； 2.65m≤太湖水位<2.80m，供水流量为20m³/s； 太湖水位<2.65m，关闸

望虞河引江济太调度实践表明，引长江水入太湖对促进水体有序流动、改善太湖水质具有重要作用。在污染治理的同时，完善和扩大引江济太布局和规模，增加引清入湖水量，促进水体有序流动，是提高太湖水环境容量的重要手段之一。目前，太湖水质类别提升的关键限制因子为TP、TN指标，鉴于太湖TP浓度受调度影响很小，因此，望虞河工程优化策略是在其调度中增加太湖TN指标作为调度参考，当TN指标较差时，增加引江入湖水资源量，有助于提升水源地供水安全保障程度。

(2) 太湖区、阳澄淀泖区环湖口门。根据《太湖流域水资源综合规划》，当太湖水位高于低水位控制线时，环湖各口门可从太湖引水；当太湖水位低于低水位控制线时，需统筹考虑太湖水位及地区水资源需求，当地区水位较常水位偏低时，各环湖口门可从太湖适当引水，补充区域供水。环湖口门执行水资源调度从太湖引水时，统筹好太湖水位与区域用水需求的关系，通过环湖口门的合理调度运用增加太湖优质水源供给，保证区域代表站最低旬平均水位不低于《太湖流域水资源综合规划》确定的平原河网区代表站允许最低旬平均水位，满足区域供用水需求。

根据2007—2016年环太湖出湖水量统计环湖口门实际出湖流量，太湖水位处于太湖水位2.8m至低水位控制线时，武澄锡虞区、阳澄淀泖区、杭嘉湖区等分区多年平均出湖流量详见表5.2-7。在望虞河引江济太的基础上，维持现状阳澄淀泖区环湖口门出湖流量，避免污水进入太湖，同时兼顾地区水环境改善。

表 5.2-7 环太湖各分区多年平均出湖水量和流量统计表

水量/流量	时段	武澄锡虞区	阳澄淀泖区	杭嘉湖区
平均出湖水量/亿 m³	全年	8.29	25.00	19.46
	太湖水位2.8m～低水位控制线	0.20	0.62	0.66
平均出湖流量/(m³/s)	太湖水位2.8m～低水位控制线	22	40	43

2. 保障太浦河水源地供水安全调控优化策略

2002年起太湖流域实施引江济太，在增加太湖水资源量的同时，也适当增加了太浦河向下游供水量。2002—2016年流域水资源调度期间太浦闸实际下泄流量数据显示，总体上太浦闸下泄流量随着太湖水位的升高而增大，详见表5.2-8。

表 5.2－8   2002—2016 年太湖日均水位与太浦闸日均流量关系分析表

太湖水位/m		太浦闸流量/(m³/s)	系列个数
范围	均值	均值	
2.65~2.80	2.78	19	48
2.80~3.00	2.94	35	540
3.00~3.30	3.15	64	1972
3.30~防洪控制水位	3.39	70	882
平均值	3.17	60	3442

注 表内统计数据均为太湖水位处于防洪控制水位以下时数据。

2015 年、2016 年太湖流域分别受春汛和厄尔尼诺现象影响，结合太湖水位预降及雨洪资源利用，太浦闸加大向下游地区供水流量。据实测资料统计，太浦闸 2015—2016 年平均供水流量达 88m³/s（供水流量为防洪控制水位以下的流量，下同），远大于 2010—2014 年多年平均供水流量 56m³/s；2015—2016 年冬春季（1—3 月）多年平均供水流量为 83m³/s，亦远大于 2010—2014 年冬春季（1—3 月）多年平均供水流量 52m³/s。由于太浦河两岸地区污染源治理力度不断增大以及太浦闸加大供水等因素，2015—2016 年金泽断面 NH_3—N 指标较 2014 年之前有明显好转，NH_3—N 指标年均值和月均值均明显下降，有力保障了太浦河下游水源地供水安全。此外，历年监测资料及调水试验成果表明，金泽取水口流量、水质与太浦闸下泄量存在一定的相关关系（图 5.2－6），太浦闸下泄流量大于 80m³/s 时，NH_3—N 单指标水质评价水体水质基本可达Ⅱ类，适当加大太浦闸供水流量，可保障太浦河水源地取水口水质安全。

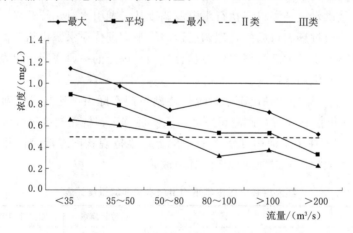

图 5.2－6 太浦闸不同下泄流量下金泽断面 NH_3—N 浓度变化图

因此，保障太浦河水源地供水安全调控优化策略主要考虑根据太湖水资源条件及太浦河水源地水质改善需求的年内差异，对太浦闸进行分级、分时段调度。

5.2.3 方案集设计

1. 保障太湖水源地供水安全调控方案集

（1）望虞河工程。对于望虞河常熟水利枢纽，将太湖贡湖、东太湖 TN 指标作为调度参考指标，以 TN 指标 2.00mg/L（2020 年目标）作为参考标准。当太湖水位在调水限制水位至防洪控制水位之间，若太湖 TN 指标浓度高于 2.00mg/L 时，常熟水利枢纽适当增加引水规模；当太湖水位在低水位控制线至调水限制水位之间，太湖 TN 指标浓度高于 2.00mg/L 时，常熟水利枢纽由现状节制闸自引调整为闸泵联合引水；当太湖水位低于低水位控制线时，常熟水利枢纽增加闸泵联合引水规模。

对于望虞河望亭水利枢纽，当太湖水位位于调水限制水位至防洪控制水位之间，在常熟水利枢纽开泵引水期间，适度开闸引水入湖。

（2）太湖区、阳澄淀泖区环湖口门。在保持出湖水量与《太湖流域水量分配方案》中重要河湖河道内水量分配意见确定的环湖口门出湖水量基本相当的前提下，以流域水量分配方案中水资源调度管理意见为基础，当太湖水位高于低水位控制线时，环湖口门可根据地区水位情况从太湖引水；若太湖水位在 2.80m 至低水位控制线之间时，太湖水资源相对偏枯，对环湖口门实施控制运用，通过进一步优化、细化分析调度水位、流量等，研究提出按太湖水位和地区代表站水位分级调度的技术方案。

考虑到太湖区、阳澄淀泖区环湖口门调度主要影响区域分别为苏州市和吴江区，为与流域已有规划、《太湖流域水量分配方案》相衔接，环湖口门分别选用枫桥、陈墓站作为调度参考站。枫桥、陈墓站水位特征值见表 5.2－9。

表 5.2－9　　　　　　　　阳澄淀泖区枫桥、陈墓站水位特征值　　　　　　　单位：m

水　　位	枫桥站	陈墓站
警戒水位	3.80	3.60
常水位	3.11	3.01
《太湖流域水资源综合规划》允许最低旬平均水位	—	2.55
《太湖抗旱水量应急调度预案》中太湖水位在 2.65～2.80m 的调水限制水位	2.60	2.60

注　常水位为引江济太之后系列数据统计，2002—2013 年。

根据《太湖抗旱水量应急调度预案》相关研究中的太湖及下游河网代表站水位频率分析结果，结合太湖与河网抗旱形势，当太湖水位降至 2.80m、2.65m、2.55m 时，枫桥、陈墓站引水控制水位相应降至 2.60m、2.50m、2.40m，嘉兴站引水控制水位相应降至 2.55m、2.45m、2.35m；根据引江济太以来的陈墓、嘉兴站多年平均水位分析成果，陈墓站平均水位较嘉兴站高 10cm 左右。因此，综合考虑与《太湖抗旱水量应急调度预案》相衔接以及近年来阳澄淀泖区区域水位趋势性抬高等因素，确定阳澄淀泖区区域引水水位较水量分配方案抬升 5cm 至 2.65m，并提出环湖口门调度方案，具体如下：

太湖水位高于低水位控制线时，当阳澄淀泖区代表站水位高于警戒水位（枫桥水位 3.80m、陈墓水位 3.60m），区域水位偏高，阳澄淀泖区环湖各闸关闭或控制运行，防止内河污水倒流入太湖，影响水源地供水安全；当阳澄淀泖区代表站水位在近期常水位（引江济太之后常水位）至警戒水位之间（枫桥水位 3.10～3.80m、陈墓水位 3.00～3.60m）时，区域水位适宜，可按区域水雨情相机引水；当阳澄淀泖区代表站水位低于近期常水位（枫桥水位＜3.10m、陈墓水位＜3.00m）时，各环湖口门可从太湖适当引水，补充区域供水。

太湖水位在 2.80m 至低水位控制线之间时，按照实测数据分析，环湖口门有出湖流量，考虑到陈墓和枫桥常水位部分时段高于太湖低水位控制线（2.90m），因此适当降低环湖口门引水的控制水位。当阳澄淀泖区代表站水位在常水位❶（枫桥水位2.90m、陈墓水位2.90m）至警戒水位之间（枫桥水位2.90～3.80m、陈墓水位2.90～3.60m）时，可按区域水雨情少量引水；当阳澄淀泖区代表站水位在引水控制水位（枫桥水位2.65m、陈墓水位2.65m）至常水位之间（枫桥水位2.65～2.90m、陈墓水位2.65～2.90m），各环湖口门从太湖控制流量引水，补充区域供水，按现状多年平均出湖流量为40m³/s进行控制；当阳澄淀泖区代表站水位低于引水控制水位（枫桥、陈墓水位＜2.65m）时，区域出现缺水情况，各环湖口门可从太湖引水。同时，考虑到6月下旬至10月下旬用水需求较大，因此在6月下旬至10月下旬区域引水控制水位适当抬高10cm，枫桥、陈墓站控制水位由2.65m抬高至2.75m。

保障太湖水源地供水安全调控方案集见表5.2－10。

表5.2－10　　　　　　　　　保障太湖水源地供水安全调控方案集

方案编号	太湖水位	望虞河常熟水利枢纽	望虞河望亭水利枢纽	太湖区、阳澄淀泖区环湖口门
JC	调水限制水位～防洪控制水位	无锡水位≥3.60m或苏州水位≥3.50m，全力开闸排水；3.20m≤无锡水位＜3.60m或3.10m≤苏州水位＜3.50m，关闸；无锡水位＜3.20m或苏州水位＜3.10m，适度开闸引水	关闸	适时引水
	低水位控制线～调水限制水位	张桥水位≥3.80m，若北国水位＜4.35m，关闸，否则开闸排水；张桥水位＜3.80m，若北国水位＜4.35m，开闸引水；否则开闸排水	北国水位≥4.35m，关闸；北国水位＜4.35m，开闸引水	
	2.80m～低水位控制线	张桥水位≥3.80m，若北国水位＜4.35m，关闸，否则开闸排水；张桥水位＜3.80m，若北国水位＜4.35m，开泵引水（其中5—10月开泵力度要大于其余时段），否则开闸排水	北国水位≥4.35m，关闸；北国水位＜4.35m，开闸引水	6月下旬至10月下旬，枫桥、陈墓≤2.70m或其余时段≤2.60m，可从太湖引水，否则关闸
	＜2.80m	开泵引水	北国水位≥4.35m，关闸；北国水位＜4.35m，开闸引水	按太湖抗旱水量应急调度预案进行调度
GS2－TH1	调水限制水位～防洪控制水位	同JC方案	同JC方案	枫桥水位≥3.80m、陈墓水位≥3.60m，关闸；3.10m≤枫桥水位＜3.80m、3.00m≤陈墓水位＜3.60m，相机引水；枫桥水位＜3.10m、陈墓水位＜3.00m，适时引水
	低水位控制线～调水限制水位	同JC方案	同JC方案	

❶ 本段常水位为1956—2013年长系列数据多年平均值取整。

续表

方案编号	太湖水位	望虞河常熟水利枢纽	望虞河望亭水利枢纽	太湖区、阳澄淀泖区环湖口门
GS2-TH1	2.80m~低水位控制线	同 JC 方案	同 JC 方案	6月下旬至10月下旬： 　枫桥（陈墓）水位≥2.90m，少量引水； 　2.75m≤枫桥（陈墓）水位<2.90m，口门按总计40m³/s控制引水； 　枫桥（陈墓）水位<2.75m，适时引水。 其余时段： 　枫桥（陈墓）水位≥2.90m，少量引水； 　2.65m≤枫桥（陈墓）水位<2.90m，口门按总计40m³/s控制引水； 　枫桥（陈墓）水位<2.65m，适时引水
	<2.80m	同 JC 方案	同 JC 方案	同 JC 方案
GS2-TH2	调水限制水位~防洪控制水位	无锡水位≥3.60m 或苏州水位≥3.50m，全力开闸排水； 　3.20m≤无锡水位<3.60m 或3.10m≤苏州水位<3.50m，关闸； 　无锡水位<3.20m 或苏州水位<3.10m，当太湖 TN≥2.00mg/L时，适当加大闸引力度，否则同 JC 方案	适度开闸	同 GS2-TH1 方案
	低水位控制线~调水限制水位	张桥水位≥3.80m，若北国水位<4.35m，关闸，否则开闸排水； 　张桥水位<3.80m，若北国水位<4.35m，当太湖 TN≥2.00mg/L时，适度开泵引水，否则同 JC 方案；若北国水位≥4.35m，开闸排水	同 JC 方案	同 GS2-TH1 方案
	2.80m~低水位控制线	张桥水位≥3.80m，若北国水位<4.35m，关闸，否则开闸排水； 　张桥水位<3.80m，若北国水位<4.35m，当太湖 TN≥2.00mg/L时，适度加大泵引力度（其中5—10月开泵力度要大于其余时段），否则同 JC 方案；若北国水位≥4.35m，开闸排水	同 JC 方案	同 GS2-TH1 方案
	<2.80m	同 JC 方案	同 JC 方案	同 GS2-TH1 方案

2. 保障太浦河水源地供水安全调控方案集

在太浦河工程、太浦河两岸支流口门现行调度规则的基础上，根据太湖水资源条件及下游水源地水质改善需求，对太浦闸进行分级、分时段调度。考虑到望虞河西岸控制工程、新孟河等规划工程实施后太湖供水能力增加，统筹太浦河下游水源地供水水质改善需求，可适当加大太浦闸供水流量。同时，根据近年来金泽断面水质资料分析，下游水源地取水口水质较差的情况多出现在冬春季（1—3月），考虑结合太湖水位预降及雨洪资源利用，进一步加大太浦闸向下游地区供水流量。太湖水位分级主要参考《太湖流域洪水与水量调度方案》中确定的防洪控制水位、《太湖抗旱水量应急调度预案》中确定的应急调度水位等，并考虑与现行的太湖调度控制水位相协调等因素后确定，详见表5.2-11。

表 5.2-11　　　　　　　　　太湖水位分级分时段列表

太 湖 水 位 分 级			对 应 时 段
3.3m～防洪控制水位			1月1日至3月22日
			7月3日至12月31日
3.0～3.3m （或3.0m～防洪控制水位）	3.0～3.3m		1月1日至3月22日
			7月3日至12月31日
	3.0m～防洪控制水位		3月23日至7月2日
2.8～3.0m			1月1日至12月31日

注　当太湖水位在防洪控制水位以上及应急调度水位以下时，分别按《太湖流域洪水与水量调度方案》及《太湖抗旱水量应急调度预案》进行调度。

太浦河两岸口门根据两岸地区水资源情况或排涝需求适时引排，为与现行调度方案相衔接，太浦河南北两岸调度参照站分别选择嘉善站、陈墓站。根据《太湖流域水量分配方案》水资源调度意见，当太浦闸向下游供水时，两岸口门可根据地区水资源需求引水。考虑到两岸地区在常水位与排涝控制水位之间时，地区水资源需求和排涝需求均不突出，可适当控制两岸口门进出流量。

因此，基于保障太浦河水源地供水安全的目标，在太湖水位处于防洪控制水位以下时优化太浦河工程调度，探索太浦河闸泵联合调度，构建保障太浦河水源地供水安全的调控方案集，详见表5.2-12。

（1）基础方案（JC方案）：太浦闸供水流量按太湖水位进行分级，各分级供水流量采用太浦闸实际供水流量：当太湖水位位于3.3m～防洪控制水位时，太浦闸按70m³/s向下游供水；当太湖水位位于3.0～3.3m（或3.0m～防洪控制水位）时，太浦闸按60m³/s向下游供水；当太湖水位位于2.8～3.0m时，太浦闸按50m³/s向下游供水。当太浦闸向下游供水时，两岸口门可根据地区需求实施引排水调度。太浦河南岸芦墟以东口门以嘉善站为调度参照站，嘉善水位低于3.3m（警戒水位）时，适度引水；嘉善水位位于3.3～3.6m时，控制运用；嘉善水位超过3.6m（保证水位）时，适时排涝。太浦河北岸口门以陈墓站为调度参照站，陈墓水位低于3.0m（近期常水位）时，适度引水；陈墓水位位于3.0～3.6m时，控制运用；陈墓水位超过3.6m（警戒水位）时，适时排涝。

（2）"适度加大供水"方案（GS2-TP1方案）：在JC方案的基础上加大太浦河供水

表 5.2 – 12 保障太浦河水源地供水安全调控方案集

方案编号	太 湖 水 位	太浦河闸泵工程	太浦河南岸口门（芦墟以东）	太浦河北岸口门
JC	2.8～3.0m	50m³/s	嘉善水位＞3.6m，适时排水； 3.3m＜嘉善水位≤3.6m，控制运用； 嘉善水位＜3.3m，适度引水	陈墓水位＞3.6m，适时排水； 3.0m＜陈墓水位≤3.6m，控制运用； 陈墓水位＜3.0m，适度引水
JC	3.0～3.3m（或 3.0m～防洪控制水位）	60m³/s		
JC	3.3m～防洪控制水位	70m³/s		
GS2－TP1（适度加大供水）	2.8～3.0m	60m³/s	嘉善水位＞3.6m，适时排水； 2.9m＜嘉善水位≤3.6m，控制运用； 嘉善水位＜2.9m，适度引水	陈墓水位＞3.6m，适时排水； 3.0m＜陈墓水位≤3.6m，控制运用； 陈墓水位＜3.0m，适度引水
GS2－TP1（适度加大供水）	3.0～3.3m（或 3.0m～防洪控制水位）	70m³/s		
GS2－TP1（适度加大供水）	3.3m～防洪控制水位	80m³/s		
GS2－TP2（按重点时段进一步加大供水）	2.8～3.0m	冬春季（1—3 月）70m³/s；其余时段 60m³/s	同 GS2－TP1 方案	同 GS2－TP1 方案
GS2－TP2（按重点时段进一步加大供水）	3.0～3.3m（或 3.0m～防洪控制水位）	冬春季（1—3 月）90m³/s；其余时段 70m³/s		
GS2－TP2（按重点时段进一步加大供水）	3.3m～防洪控制水位	冬春季（1—3 月）110m³/s；其余时段 80m³/s		

注 1. 当太湖水位在防洪控制水位以上及应急调度水位以下时，分别按《太湖流域洪水与水量调度方案》及《太湖抗旱水量应急调度预案》进行调度。

2. 太浦河水资源调度应服从防洪调度。

3. 其余已建工程的调度遵循《太湖流域洪水与水量调度方案》，在建工程、规划工程采用初设、可研调度或规划拟定调度。

流量，当太湖水位位于 3.3m～防洪控制水位时，太浦闸按 80m³/s 向下游供水；当太湖水位位于 3.0～3.3m（或 3.0m～防洪控制水位）时，太浦闸按 70m³/s 向下游供水；当太湖水位位于 2.8～3.0m 时，太浦闸按 60m³/s 向下游供水。考虑到两岸地区在常水位与排涝控制水位之间时，地区水资源需求和排涝需求都不强烈，故适当控制两岸口门进出流量。太浦河南岸口门按嘉善水位调度，嘉善水位低于 2.9m（近期常水位）时，可适度引水；嘉善水位位于 2.9～3.6m 时，控制运用；嘉善水位大于 3.6m（保证水位）时，适时排水。太浦河北岸口门按陈墓水位调度，陈墓水位低于 3.0m（近期常水位）时，适度引水；陈墓水位位于 3.0～3.6m 时，控制运用；陈墓水位大于 3.6m（警戒水位）时，适时排水。

（3）"按重点时段进一步加大供水"方案（GS2－TP2 方案）：在 GS2－TP1 方案基础上，对于太浦河水源地水质相对较差的冬春季（1—3 月），结合太湖水位预降及雨洪资源利用，进一步加大太浦河向下游供水流量：当太湖水位位于 3.3m～防洪控制水位时，太浦闸按 110m³/s 向下游供水；当太湖水位位于 3.0～3.3m（或 3.0m～防洪控制水位）时，太浦闸按 90m³/s 向下游供水；当太湖水位位于 2.8～3.0m 时，太浦闸按 70m³/s 向下游供水。其他时段，调度同 GS2 - TP1 方案。两岸口门调度同 GS2 - TP1 方案。

5.2.4 方案智能决策

5.2.4.1 保障太湖水源地供水安全调控方案智能决策

基于关键限制因子驱动的思路，保障太湖水源地供水安全调控方案在望虞河工程调度中增加太湖 TN 指标作为调度参考，同时合理调控水源地周边环湖口门出湖水量，以期通过增加引江入湖水资源量、促进河湖有序流动等措施提升水源地供水（水质）安全保障程度。本节对设计的方案集采用太湖流域水量水质数学模型进行模拟分析，并采用太湖流域水资源多目标协同联合调度模型、太湖流域水资源联合调度决策系统进行决策分析，研究提出效果较优的调控方案。

1. 水量水质模型模拟

根据各方案太湖水位以及联合调度决策调度期识别原则，1971 年型全年划分为防洪调度期、水生态环境调度期、供水与水生态环境调度期等不同调度期，共计 11 个，见表 5.2 - 13。水量水质模拟成果重点关注与水源地供水安全保障关系密切的太湖水位、望虞河引水及入湖流量、太湖贡湖水源地（沙墩港、贡湖）及湖东水源地（胥口、庙港）。考虑到方案调控策略重点优化时段为太湖水位处于防洪控制水位以下，因此，分析时段重点针对水生态环境调度期、供水与水生态环境调度期。

表 5.2 - 13　保障太湖水源地供水安全联合调度（1971 年型）决策调度期识别

序号	时　间	调　度　期
1	1 月 3 日至 2 月 7 日	供水与水生态环境调度期
2	2 月 14 日至 5 月 10 日	供水与水生态环境调度期
3	5 月 17 日至 6 月 2 日	供水与水生态环境调度期
4	6 月 6 日至 7 月 3 日	防洪调度期
5	7 月 5—10 日	水生态环境调度期
6	7 月 11 日至 10 月 1 日	供水与水生态环境调度期
7	10 月 5—11 日	防洪调度期
8	10 月 13—28 日	水生态环境调度期
9	10 月 29 日至 12 月 20 日	供水与水生态环境调度期
10	12 月 24—30 日	供水与水生态环境调度期

（1）太湖水位。适宜的太湖水位是保障太湖水源地供水安全的基础。1971 年型各方案太湖水位基本维持在 2.8m 以上，太湖水位较低的时段主要集中在冬春季、8 月下旬至 9 月上旬，期间 GS2 - TH1 方案、GS2 - TH2 方案太湖水位较 JC 方案有不同程度的抬升，见图 5.2 - 7。

（2）骨干引供水工程引水流量。在 1971 年型下，供水与水生态环境调度期 JC 方案常熟水利枢纽引江、望亭立交入湖平均流量分别为 105m³/s、80m³/s。GS2 - TH1 方案在现状调度基础上适度控制太湖区、阳澄淀泖区出湖水量后，常熟水利枢纽引江、望亭立交入湖平均流量分别为 102m³/s、77m³/s，GS2 - TH2 方案实施望虞河工程、环湖口门联

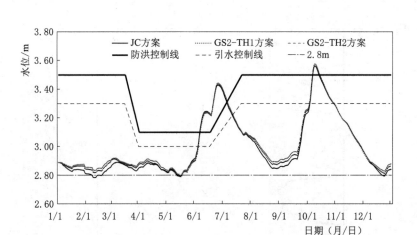

图 5.2-7 1971 年型不同方案太湖水位过程图

合调度后，常熟水利枢纽引江、望亭立交入湖平均流量分别为 116m³/s、84m³/s，引水入湖流量较 JC 方案略有增加，各方案望虞河引江入湖效率均在 70% 以上。

（3）太湖水源地水质。在 1971 年型下，供水与水生态环境调度期 JC 方案太湖贡湖水源地（沙墩港站、贡湖站）TN 指标平均浓度为 2.21～2.25mg/L，太湖湖东水源地（胥口站、庙港站）TN 指标平均浓度为 1.33～1.54mg/L。GS2-TH1 方案、GS2-TH2 方案太湖贡湖水源地（沙墩港站、贡湖站）TN 指标平均浓度为 2.13～2.23mg/L，太湖湖东水源地（胥口站、庙港站）TN 指标平均浓度为 1.07～1.43mg/L。总体上，GS2-TH1 方案、GS2-TH2 方案太湖贡湖水源地、湖东水源地水质优于 JC 方案，详见表 5.2-14、图 5.2-8。

表 5.2-14　　　1971 年型不同方案供水期、冬春季太湖水源地 TN 浓度统计　　　单位：mg/L

水源地	水质站点	调 度 期	JC方案	GS2-TH1方案	GS2-TH2方案
湖东水源地	沙墩港	水生态环境调度期	1.60	1.52	1.67
		供水与水生态环境调度期	2.25	2.23	2.18
	贡湖	水生态环境调度期	1.04	1.00	1.12
		供水与水生态环境调度期	2.21	2.13	2.14
湖东水源地	胥口	水生态环境调度期	0.85	0.71	0.96
		供水与水生态环境调度期	1.33	1.07	1.24
	庙港	水生态环境调度期	1.15	1.09	1.24
		供水与水生态环境调度期	1.54	1.34	1.43

2. 联合调度模型计算与决策

基于关键限制因子驱动的思路，保障太湖水源地供水安全调控方案在望虞河工程调度中增加太湖 TN 指标作为调度参考，同时合理调控水源地周边环湖口门出湖水量，以期通过增加引江入湖水资源量、促进河湖有序流动等措施提升水源地供水（水质）安全保障程度。因此，联合调度模型计算重点分析供水目标领域相关决策指标，各项指标计算时，骨

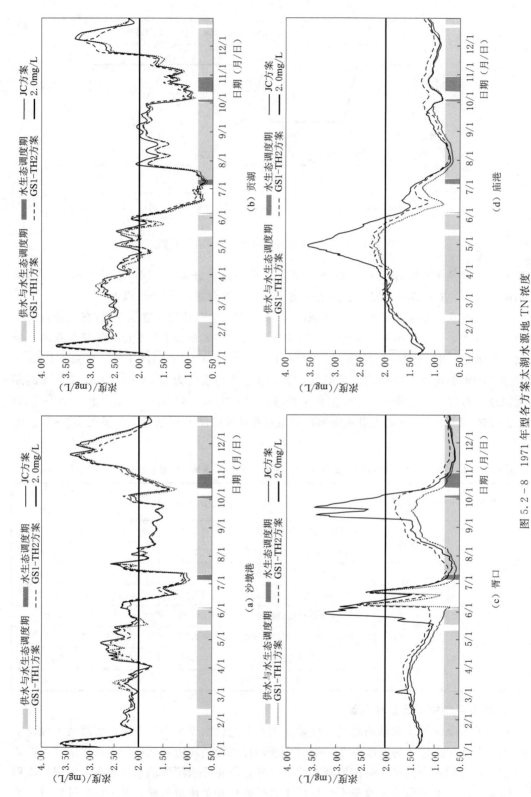

图 5.2 - 8 1971 年型各方案太湖水源地 TN 浓度

干引供水工程供水效率主要针对望虞河工程；供水代表站水位满足度主要考虑太湖，同时兼顾湘城、陈墓、无锡等地区代表站；水源地水质指标改善度、水源地水质指标达标率主要针对贡湖水源地（沙墩港、贡湖）、湖东水源地（胥口、庙港）。供水目标领域各指标归一化成果见表5.2-15。

表5.2-15 保障太湖水源地供水安全调控方案（1971年型）指标归一化成果表

方案编号	调度期	骨干引供水工程供水效率	供水代表站水位满足度	水源地水质指标改善度				水源地水质指标达标率		
				COD	NH₃—N	TP	TN	COD	NH₃—N	TP
JC	防洪调度期	1.00	1.00	0.77	0.62	0.41	0.58	0.47	1.00	0.94
	水生态环境调度期	1.00	1.00	0.78	0.48	0.82	0.77	0.88	1.00	0.86
	供水与水生态环境调度期	0.56	0.97	0.39	0.36	0.54	0.20	0.84	0.94	0.60
GS2-TH1	防洪调度期	1.00	1.00	0.20	0.52	0.19	0.71	1.00	1.00	0.87
	水生态环境调度期	1.00	1.00	0.25	0.57	0.37	0.04	1.00	1.00	1.00
	供水与水生态环境调度期	0.55	0.94	0.35	0.47	0.61	0.47	0.93	0.96	0.96
GS2-TH2	防洪调度期	1.00	1.00	0.44	0.52	0.83	0.27	0.91	1.00	0.73
	水生态环境调度期	1.00	1.00	0.51	0.61	0.41	0.71	0.76	1.00	0.79
	供水与水生态环境调度期	0.28	0.97	0.72	0.71	0.36	0.87	0.84	1.00	0.45

注 本表仅含供水目标领域各指标归一化结果。

分析各项指标可知，1971年型该方案集供水目标领域中，供水目标领域的敏感指标为骨干引供水工程供水效率、水源地某一水质指标改善度、水源地某一水质指标达标率；而由于各方案中太湖水位处于2.8m以上，地区代表站水位无显著差异，因此，供水代表站水位满足度敏感性相对较差。各方案中骨干引供水工程供水效率指标的差异主要体现在供水与水生态环境调度期，GS2-TH2方案下该指标较JC方案有所下降。TN指标改善程度结果显示，水生态环境调度期，GS2-TH1方案、GS2-TH2方案TN指标改善度较JC方案有所降低，供水与水生态环境调度期GS2-TH1方案TN指标改善度分别由JC方案的0.2增加至0.47，GS2-TH2方案TN指标改善度增加至0.87。

各方案目标函数分别为80.8、81.4、83.4，其中，GS2-TH2方案目标函数值在水源地供水安全保障需求突出的冬春季普遍高于JC方案和GS2-TH1方案，见表5.2-16。各方案目标函数值及供水目标领域主要决策指标情况表明，GS2-TH2方案为保障太湖水源地供水安全较优方案。

表5.2-16 保障太湖水源地供水安全调控方案（1971年型）决策表

调 度 期		JC方案	GS2-TH1方案	GS2-TH2方案
1月3日至2月7日	供水与水生态环境调度期	85.0	80.7	79.3
2月14日至5月10日	供水与水生态环境调度期	75.9	75.6	83.0
5月17日至6月2日	供水与水生态环境调度期	83.7	90.4	80.3
6月6日至7月3日	防洪调度期	87.2	90.5	97.3

调　度　期		JC方案	GS2-TH1方案	GS2-TH2方案
7月5—10日	水生态环境调度期	92.6	79.1	78.6
7月11日至10月1日	供水与水生态环境调度期	81.6	81.7	79.8
10月5—11日	防洪调度期	91.4	93.5	96.9
10月13—28日	水生态环境调度期	94.7	74.5	80.9
10月29日至12月20日	供水与水生态环境调度期	73.9	84.0	85.5
12月24—30日	供水与水生态环境调度期	79.5	81.1	85.8
全年		80.8	81.4	83.4

3. 调控效果分析

（1）太湖水资源条件。在1971年型下，GS2-TH2方案在阳澄淀泖区控制出湖的基础上增加太湖水源地水质作为调度参加，较JC方案，GS2-TH2方案望虞河引江量、入湖量分别增加2.19亿 m^3、0.86亿 m^3，阳澄淀泖区出湖水量减少5亿 m^3，详见表5.2-17。GS2-TH2方案在增加望虞河入湖水量的同时，适度控制了阳澄淀泖区出湖水量，改善了太湖水源地水资源条件。入湖水量的增加一定程度上抬升了太湖低水位，太湖低水位期GS2-TH2方案较JC方案太湖水位最大抬升5cm（图5.2-9）。同时，无锡、陈墓、湘城等地区代表站水位变化也表明该方案对周边区域水资源条件无不利影响，详见表5.2-18。

表 5.2-17　　　　　　1971年型各方案望虞河引水及相关区域进出水量统计

统 计 项 目		JC方案	GS2-TH2方案	较JC方案变化
望虞河	常熟水利枢纽引江量/亿 m^3	27.50	29.69	2.19
	望虞河入湖量/亿 m^3	20.64	21.50	0.86
	入湖效率/%	75.05	72.42	
阳澄淀泖区出入湖	出湖量/亿 m^3	28.72	23.72	−5.0
	入湖量/亿 m^3	0.14	0.01	−0.13

注　本表统计时段为太湖处于防洪控制水位以下。

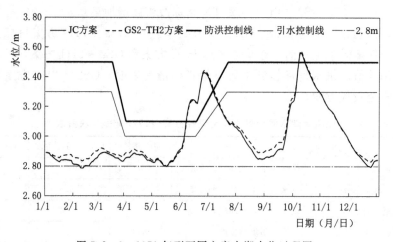

图 5.2-9　1971年型不同方案太湖水位过程图

表 5.2－18　　　　　　　1971 年型不同方案地区代表站水位统计　　　　　　单位：m

统 计 项 目		JC 方案		GS2－TH2 方案	
		湘城	陈墓	湘城	陈墓
平均水位	水生态环境调度期	3.02	2.80	3.02	2.79
	供水与水生态环境调度期	2.99	2.58	2.99	2.57
最低水位	水生态环境调度期	2.96	2.70	2.95	2.70
	供水与水生态环境调度期	2.84	2.23	2.85	2.20

（2）太湖水源地水质。太湖水资源条件的改善及优质水源入湖后有利于太湖水源地水质提升。在 1971 年型下，GS2－TH2 方案优化望虞河工程及环湖口门调度后，太湖贡湖水源地、湖东水源地水质较 JC 方案有较大程度的改善。

不同时期水源地水质数据显示，太湖水源地监测站点 TN 指标普遍得到改善。供水与水生态环境调度期，较 JC 方案，GS2－TH2 方案贡湖水源地各监测断面 TN 指标平均浓度下降 3.0%～3.2%，湖东水源地 TN 指标平均浓度下降 7.1%～7.3%，详见表 5.2－19。

表 5.2－19　　　　1971 年型各方案水资源调度期、全年期太湖水源地 TN 浓度

水源地	水质站点	调 度 期	浓度/(mg/L)		较 JC 方案变幅/%
			JC 方案	GS2－TH2 方案	
贡湖水源地	沙墩港	水生态环境调度期	1.60	1.67	4.0
		供水与水生态环境调度期	2.25	2.18	−3.0
		全年	2.14	2.10	−1.9
	贡湖	水生态环境调度期	1.04	1.12	7.9
		供水与水生态环境调度期	2.21	2.14	−3.2
		全年	2.00	1.96	−2.1
湖东水源地	胥口	水生态环境调度期	0.85	0.96	12.9
		供水与水生态环境调度期	1.33	1.24	−7.1
		全年	1.35	1.26	−6.9
	庙港	水生态环境调度期	1.15	1.24	7.6
		供水与水生态环境调度期	1.54	1.43	−7.3
		全年	1.52	1.42	−6.8

水源地水质指标达标历时显示，GS2－TH2 方案太湖水源地全年期 TN 浓度≤2.0mg/L历时较 JC 方案总体有较明显增加，其中贡湖水源地沙墩港、贡湖站 TN 浓度≤2.0mg/L 天数分别增加 11.3%、10.3%，湖东水源地胥口、庙港站 TN 浓度≤2.0mg/L 天数分别增加 12.4%、1.4%，详见表 5.2－20。

（3）综合决策。在 1971 年型下，GS2－TH2 方案较 JC 方案增加了望虞河入太湖水资源量，改善了太湖水资源条件，太湖水源地监测站点 TN 指标普遍得到改善，全年贡湖水源地、湖东水源地大部分分析站点 TN 浓度≤2.0mg/L 历时增幅达到 10% 以上（10.3%～12.4%）。综合联合调度模型决策结果，将 GS2－TH2 方案纳入保障水安全的水利工程

体系联合调度技术方案集。

表 5.2 - 20　　　　各方案太湖水源地 TN 浓度达标历时（1971 年型）

水源地	断面	时段平均	历时/d		较 JC 方案变幅 /%
			JC 方案	GS2 - TH2 方案	
贡湖 水源地	沙墩港	TN 浓度≤2.0mg/L	124	138	11.3
	贡湖	TN 浓度≤2.0mg/L	175	193	10.3
湖东 水源地	胥口	TN 浓度≤2.0mg/L	315	354	12.4
	庙港	TN 浓度≤2.0mg/L	297	301	1.4

5.2.4.2　保障太浦河水源地供水安全调控方案智能决策

在现状太浦河闸泵工程分级调度的基础上，以改善太浦河水源地金泽断面氨氮浓度为目标，考虑对于不同太湖分级进行加大供水，构建了保障太浦河水源地供水安全的调控方案集。本节对设计的方案集采用太湖流域水量水质数学模型进行模拟分析，并采用太湖流域水资源多目标协同联合调度模型、太湖流域水资源联合调度决策系统进行决策分析，研究提出效果较优的调控方案。

1. 水量水质模型模拟

根据各方案太湖水位以及联合调度决策调度期识别原则，1971 年型全年划分为防洪调度期、水生态环境调度期、供水与水生态环境调度期等不同调度期，共计 13 个，见表 5.2 - 21。水量水质模拟成果重点关注与水源地供水安全保障关系密切的太湖水位、太浦河金泽水源地水质。考虑到方案调控策略重点优化时段为太湖水位处于防洪控制水位以下，因此，分析时段重点针对水生态环境调度期、供水与水生态环境调度期、供水调度期。

表 5.2 - 21　　保障太湖水源地供水安全联合调度（1971 年型）决策调度期识别

序号	时　间	调　度　期
1	1 月 3 日至 2 月 6 日	供水与水生态环境调度期
2	2 月 9—13 日	供水调度期
3	2 月 15 日至 5 月 9 日	供水与水生态环境调度期
4	5 月 17 日至 6 月 4 日	供水与水生态环境调度期
5	6 月 7—17 日	防洪调度期
6	6 月 20—29 日	防洪调度期
7	7 月 11 日至 8 月 16 日	供水与水生态环境调度期
8	8 月 18 日至 9 月 6 日	供水调度期
9	9 月 14 日至 10 月 2 日	供水与水生态环境调度期
10	10 月 6—10 日	防洪调度期
11	10 月 12—22 日	水生态环境调度期
12	10 月 29 日至 12 月 19 日	供水与水生态环境调度期
13	12 月 26—30 日	供水与水生态环境调度期

（1）太湖及地区主要代表站水位。在 1971 年型下，各方案太湖及地区代表站水位过程基本一致，除 8 月下旬至 9 月上旬太湖水位低于 2.80m，其余时间基本在 2.80m 以上（图 5.2 - 10），太浦河北岸陈墓、南岸嘉兴除冬春季个别时段外，水位基本在其允许最低旬平均水位以上。总体上，适度增大太浦闸下泄流量，对太湖最低旬平均水位基本无影响，太浦河两岸地区及干流沿线最低旬平均水位略有抬升。

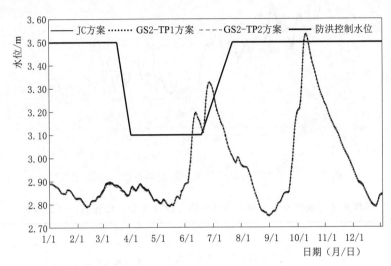

图 5.2 - 10　1971 年型不同方案太湖水位过程

（2）太浦河下游水源地水质。在 1971 年型下，JC 方案金泽断面不同调度期 NH_3—N 平均浓度为 0.327～0.514mg/L，NH_3—N 浓度较高的时段为供水与水生态环境调度期、供水调度期。GS2 - TP1 方案太浦闸增加下泄流量后，金泽断面 NH_3—N 平均浓度有所降低，不同调度期 NH_3—N 平均浓度为 0.321～0.507mg/L；GS2 - TP2 方案在冬春季进一步加大下泄流量后，供水与水生态环境调度期、供水调度期金泽 NH_3—N 平均浓度进一步降至 0.503mg/L、0.459mg/L，详见表 5.2 - 22、图 5.2 - 11。

表 5.2 - 22　　　　　　　各方案金泽 NH_3—N 平均浓度（1971 年型）　　　　　　单位：mg/L

调　度　期	JC 方案	GS2 - TP1 方案	GS2 - TP2 方案
防洪调度期	0.375	0.370	0.370
水生态环境调度期	0.327	0.321	0.322
供水与水生态环境调度期	0.514	0.507	0.503
供水调度期	0.468	0.461	0.459

2. 联合调度模型计算与决策

各项指标计算时，供水目标领域，供水代表站水位满足度主要考虑太湖，同时兼顾陈墓、嘉兴等地区代表站；水源地水质指标改善程度、水源地水质指标达标率主要针对金泽水源地。供水目标领域各指标归一化成果见表 5.2 - 23。

分析各项指标可知，供水目标领域，水源地水质指标改善度为敏感指标。水生态环境调度期、供水与水生态环境调度期 GS2 - TP1 方案、GS2 - TP2 方案 NH_3—N 指标改善度

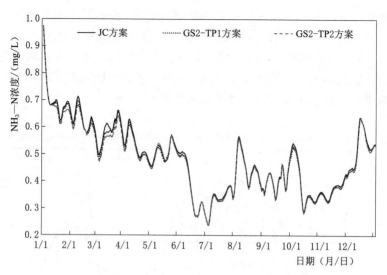

图 5.2-11　各方案金泽 NH_3—N 计算浓度（1971 年型）

表 5.2-23　保障太浦河水源地供水安全调控方案（1971 年型）指标归一化成果表

方案编号	调　度　期	供水目标领域							
		骨干引供水工程的供水效率	供水代表站水位满足度	水源地水质指标改善度				水源地水质指标达标率	
				COD	NH_3—N	TP	TN	COD	NH_3—N
JC	防洪调度期	1.00	1.00	0.00	1.00	1.00	0.62	1.00	1.00
	水生态环境调度期	1.00	1.00	0.00	0.00	0.00	0.00	1.00	1.00
	供水与水生态环境调度期	0.09	0.91	0.67	0.30	0.15	0.00	1.00	1.00
	供水调度期	0.00	1.00	0.59	1.00	1.00	1.00	1.00	1.00
GS2-TP1	防洪调度期	1.00	1.00	0.90	0.13	0.38	0.20	1.00	1.00
	水生态环境调度期	1.00	1.00	0.71	0.69	1.00	0.88	1.00	1.00
	供水与水生态环境调度期	0.67	1.00	0.33	0.68	0.70	0.82	0.79	1.00
	供水调度期	0.84	1.00	0.80	0.07	0.08	0.08	1.00	1.00
GS2-TP2	防洪调度期	1.00	1.00	0.96	0.26	0.38	0.40	1.00	1.00
	水生态环境调度期	1.00	1.00	1.00	1.00	0.74	1.00	1.00	1.00
	供水与水生态环境调度期	0.92	1.00	0.37	0.60	0.79	0.86	0.79	1.00
	供水调度期	0.25	1.00	0.20	0.06	0.31	0.02	1.00	1.00

注　本表仅含供水目标领域各指标归一化结果。

较 JC 方案均有所提高，水生态环境调度期、供水与水生态环境调度期 GS2-TP1 方案 NH_3—N 指标改善度分别由 JC 方案的 0.00、0.30 增加至 0.69、0.68，GS2-TP2 方案 NH_3—N 指标改善度分别增加至 1.00、0.60。同时，GS2-TP1 方案、GS2-TP2 方案 TP、TN 指标改善度较 JC 方案均有不同程度的提高。由于各方案中太湖及地区代表站水位无显著差异，因此，水源地水质指标达标率敏感性相对较差。

各方案目标函数分别为 75.1、89.1、89.2，GS2-TP1 方案、GS2-TP2 方案目标函数值均高于 JC 方案，其中，GS2-TP2 方案目标函数值在水源地供水安全保障需求突出的冬春季普遍高于 GS2-TP1 方案，见表 5.2-24。各方案目标函数值及供水目标领域主要决策指标情况表明，GS2-TP2 方案为保障太浦河水源地供水安全较优方案。

表 5.2-24　　　保障太浦河水源地供水安全调控方案（1971 年型）决策表

调　度　期		JC 方案	GS2-TP1 方案	GS2-TP2 方案
1 月 3 日至 2 月 6 日	供水与水生态环境调度期	61.7	82.6	93.7
2 月 9—13 日	供水调度期	79.5	80.4	88.8
2 月 15 日至 5 月 9 日	供水与水生态环境调度期	72.8	90.0	90.2
5 月 17 日至 6 月 4 日	供水与水生态环境调度期	82.2	84.5	88.2
6 月 7—17 日	防洪调度期	99.3	97.0	96.9
6 月 20—29 日	防洪调度期	98.1	97.9	98.7
7 月 11 日至 8 月 16 日	供水与水生态环境调度期	67.4	88.5	85.8
8 月 18 日至 9 月 6 日	供水调度期	85.8	86.6	74.2
9 月 14 日至 10 月 2 日	供水与水生态环境调度期	77.1	86.1	88.1
10 月 6—10 日	防洪调度期	99.3	96.7	97.1
10 月 12—22 日	水生态环境调度期	75.1	91.5	94.0
10 月 29 日至 12 月 19 日	供水与水生态环境调度期	73.0	92.7	89.0
12 月 26—30 日	供水与水生态环境调度期	80.6	82.8	85.0
全年		75.1	89.1	89.2

3. 调控效果分析

（1）太浦河增供水量。在 1971 年型下，按重点时段 GS2-TP2 方案全年期及冬春季（1—3 月）供水量、太浦河出口净泄流量较 JC 方案均显著增加，GS2-TP2 方案全年太浦河供水量、太浦河出口净泄水量分别增加 3.28 亿 m^3（增幅 21.15%）、1.02 亿 m^3（增幅 2.63%），冬春季太浦河供水量、太浦河出口净泄水量分别增加 1.37 亿 m^3（增幅 36.44%）、0.33 亿 m^3（增幅 3.04%），见表 5.2-25。同时，随着太浦闸向下游供水流量加大，太浦河北岸和太浦河南岸芦墟以西入太浦河水量呈减少趋势，有利于保障金泽断面水质。该方案下黄浦江松浦大桥断面最小月净泄流量为 100 m^3/s，满足其控制目标要求，见表 5.2-26。

（2）对太湖及地区水资源条件的影响。在 1971 年型下，较 JC 方案，GS2-TP2 方案太浦闸向下游增加供水流量后，太湖、陈墓、嘉兴等站全年期水位过程基本无变化，表明适度增大太浦闸下泄流量，对太湖及地区水资源条件并无不利影响。

（3）太浦河下游水源地水质。在 1971 年型下，较 JC 方案，GS2-TP2 方案太浦闸加大向下游供水流量后，全年期、冬春季金泽断面 NH_3—N 平均浓度有所降低，表明金泽水质与太浦闸供水流量具有较好的响应关系。GS2-TP2 方案全年期金泽Ⅲ类水天数为 152 天、Ⅱ类水天数为 213 天，Ⅲ类及以上类别天数与 JC 方案相当，Ⅱ类水天数较 JC 方案增加 17 天，详见图 5.2-12、表 5.2-27。

表 5.2－25　　　　　　1971 年型各方案太浦河供水量及相关区域进出水量

统 计 项 目		全　年			冬春季（1—3 月）		
		JC 方案/亿 m³	GS2－TP2 方案/亿 m³	变幅/%	JC 方案/亿 m³	GS2－TP2 方案/亿 m³	变幅/%
太浦河供水量		15.51	18.79	21.15	3.76	5.13	36.44
太浦河北岸	出太浦河	0.58	0.64	10.34	0.04	0.04	0.00
	入太浦河	28.58	28.03	−1.92	7.02	6.72	−4.27
	代数和（净入太浦河）	28.01	27.38	−2.25	6.98	6.68	−4.30
太浦河南岸芦墟以西	出太浦河	1.77	1.89	6.78	0.00	0.00	
	入太浦河	27.30	26.15	−4.21	7.51	6.92	−7.86
	代数和（净入太浦河）	25.53	24.26	−4.97	7.51	6.92	−7.86
太浦河南岸芦墟以东	出太浦河	16.72	16.85	0.78	4.03	4.19	3.97
	入太浦河	1.18	1.09	−7.63	0.28	0.28	0.00
	代数和（净出太浦河）	15.53	15.76	1.48	3.75	3.91	4.27
太浦河出口净泄水量		38.74	39.76	2.63	10.84	11.17	3.04

注　太浦河供水量为太湖处于防洪调度水位以下时太浦河出太湖水量。

表 5.2－26　　　　　　1971 年型不同方案松浦大桥断面最小月净泄流量　　　　　　单位：m³/s

统 计 项 目	JC 方案	GS2－TP2 方案
最小月净泄流量	98	100

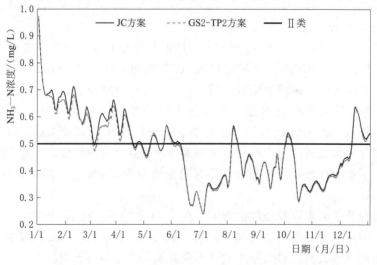

图 5.2－12　1971 年型不同方案金泽断面 NH₃—N 计算浓度

（4）综合决策。在 1971 年型下，太浦闸分级分时段加大流量的 GS2－TP2 方案增加了太浦河向下游供水水量及太浦河出口净泄水量，一定程度上抑制两岸地区水量汇入，改善了金泽断面水质，金泽水源地 NH_3—N 指标由Ⅲ类水改善为Ⅱ类水的天数提高 10.1%，因此，将其纳入保障水安全的水利工程体系联合调度技术方案集。

表 5.2－27　　　　1971 年型各方案金泽断面 NH₃—N 指标改善情况

统 计 项 目		JC 方案	GS2－TP2 方案	水质达标天数变化
全年期	平均值/(mg/L)	0.484	0.475	
	Ⅲ类天数/d	169	152	－17
	Ⅱ类天数/d	196	213	17
冬春季 (1—3 月)	平均值/(mg/L)	0.641	0.622	
	Ⅲ类天数/d	88	85	－3
	Ⅱ类天数/d	2	5	3

5.2.5　保障流域水源地供水安全技术方案

为保障流域重要水源地太湖、太浦河供水安全，进一步优化水源地潜在风险时段的水源地相关工程调度。

1. 保障太湖水源地供水安全调控方案

基于保障太湖水源地供水安全，望虞河工程、水源地周边环湖口门按 GS2－TH2 方案，当太湖水位处于防洪控制水位以下且贡湖水源地或湖东水源地水质较差时（太湖 TN 指标浓度高于 2.00mg/L），望虞河常熟水利枢纽视太湖水位情况增加引水规模，望虞河望亭立交引水入湖；同时，当太湖水位处于 2.8m～泵引控制水位时，阳澄淀泖区环湖口门控制引水出湖。具体如下：

（1）望虞河常熟水利枢纽：

太湖水位处于调水限制水位至防洪控制水位之间，当无锡水位≥3.60m 或苏州水位≥3.50m 时，全力开闸排水；当 3.20m≤无锡水位＜3.60m、3.10m≤苏州水位＜3.50m 时，关闸；当无锡水位＜3.20m、苏州水位＜3.10m 时，若太湖 TN 浓度≥2.00mg/L，适当加大闸引力度，否则适度开闸引水。

太湖水位处于低水位控制线至调水限制水位之间，当张桥水位≥3.80m 时，若北国水位＜4.35m，关闸，否则开闸排水；当张桥水位＜3.80m 时，若北国水位＜4.35m、太湖 TN 浓度≥2.00mg/L，适度开泵引水，否则开闸引水；北国水位≥4.35m，开闸排水。

太湖水位处于 2.8m 至低水位控制线之间，当张桥水位≥3.80m 时，若北国水位＜4.35m，关闸，否则开闸排水；当张桥水位＜3.80m 时，若北国水位＜4.35m、太湖 TN 浓度≥2.00mg/L，适度加大泵引力度（其中 5—10 月开泵力度要大于其余时段），否则开泵引水（开泵力度较小）；北国水位≥4.35m，开闸排水。

当太湖水位低于 2.80m 时，开泵引水。

（2）望虞河望亭立交：

当太湖水位处于调水限制水位至防洪控制水位之间时，适度开闸。

当太湖水位处于低水位控制线至调水限制水位之间时，若北国水位≥4.35m，关闸；若北国水位＜4.35m，开闸引水。

当太湖水位处于 2.80m 至低水位控制线之间时，若北国水位≥4.35m，关闸；若北国水位＜4.35m，开闸引水。

当太湖水位低于 2.80m 时，若北国水位≥4.35m，关闸；若北国水位<4.35m，开闸引水。

（3）阳澄淀泖区环湖口门：

太湖水位处于低水位控制线至防洪控制水位之间，当枫桥水位≥3.80m、陈墓水位≥3.60m 时，关闸；当 3.10m≤枫桥水位<3.80m、3.00m≤陈墓水位<3.60m 时，相机引水；当枫桥水位<3.10m、陈墓水位<3.00m 时，适时引水。

太湖水位处于 2.80m 至低水位控制线之间，当处于 6 月下旬至 10 月下旬，枫桥（陈墓）水位≥2.90m 时，少量引水；2.75m≤枫桥（陈墓）水位<2.90m 时，口门按总计 40m³/s 控制引水；枫桥（陈墓）水位<2.75m 时，适时引水。当处于其余时段，枫桥（陈墓）水位≥2.90m 时，少量引水；2.65m≤枫桥（陈墓）水位<2.90m 时，口门按总计 40m³/s 控制引水；枫桥（陈墓）水位<2.65m 时，适时引水。

当太湖水位低于 2.80m 时，按《太湖抗旱水量应急调度预案》进行调度。

2. 保障太浦河水源地供水安全调控方案

基于保障太浦河水源地供水安全，太浦河工程按 GS2-TP2 方案，即当太湖水位处于防洪控制水位以下，在现状太浦河闸泵工程按太湖水位分级调度的基础上，适度加大供水并在重点时段（冬春季 1—3 月）进一步加大供水。具体如下：

当太湖水位处于 3.30m 至防洪控制水位时，若处于冬春季（1—3 月），太浦闸按 110m³/s 向下游供水；若处于其余时段，太浦闸按 80m³/s 向下游供水。

当太湖水位处于 3.00~3.30m（或 3.00m~防洪控制水位）时，若处于冬春季（1—3 月），太浦闸按 90m³/s 向下游供水；若处于其余时段，太浦闸按 70m³/s 向下游供水。

当太湖水位处于 2.80~3.00m 时，若处于冬春季（1—3 月），太浦闸按 70m³/s 向下游供水；若处于其余时段，太浦闸按 60m³/s 向下游供水。

5.3 小结

（1）以保障流域水资源配置安全为目标，以望虞河工程现行调度、新孟河工程初步设计阶段提出的调度方案为基础，以充分发挥流域引江济太效益，实现流域、区域水资源配置平衡为目标导向，当太湖水位处于调水限制水位至低水位控制线之间时，分别针对流域重要需水时段（流域作物生长期 5—10 月、流域用水高峰期 7—8 月）、区域代表站水位低于其常水位时，加大望虞河、新孟河工程引水，构建了望虞河工程、新孟河工程调度方案集。按照"信息输入-决策优选-互馈修正"的思路，采用太湖流域水资源联合调度决策系统对各方案集进行决策优选，按照目标满足度最大原则，优选提出了保障供水安全的水利工程体系联合调度技术方案。其中，望虞河工程可按 GS1-WY1 方案、GS1-WY4 方案实施加大引水调度；新孟河工程可按 GS1-XM1 方案、GS1-XM4 方案实施加大引水调度。相应方案纳入保障水安全的水利工程体系联合调度技术方案研究。

（2）以保障太湖水源地供水安全为目标，将太湖贡湖、东太湖 TN 指标作为调度参考指标，同时优化太湖区、阳澄淀泖区环湖口门调度，构建保障太湖水源地供水安全的调控方案集；以保障太浦河水源地供水安全为目标，根据太浦河水资源条件及下游水源地水质改善需求，对太浦闸进行分级、分时段调度，构建保障太浦河水源地供水安全调控方案集。按照"信息输入-决策优选-互馈修正"的思路，采用太湖流域水资源联合调度决策系统对各方案集进行决策优选，按照目标满足度最大原则，优选提出了保障供水安全的水利工程体系联合调度技术方案。其中，基于保障太湖水源地供水安全，望虞河工程、水源地周边环湖口门按 GS2-TH2 方案调度；基于保障太浦河水源地供水安全，太浦河工程按 GS2-TP2 方案调度。相应方案纳入保障水安全的水利工程体系联合调度技术方案研究。

6

改善水环境的水利工程体系
联合调度技术方案

太湖流域经济社会发展与资源环境承载能力之间的矛盾依旧存在，流域污染排放总量远超水资源水环境承载能力的情况尚未根本改变，水生态恶化、水环境污染等成为流域新型水问题，亟须通过优化水利工程调度促进水环境改善。现状太湖西北部湖区竺山湖水质较差，多年来为太湖水质最差的湖区；杭嘉湖区河网水面坡降平缓，水体更新缓慢，水环境较差；望虞河西岸支河口门控制后，西岸地区水文情势发生了变化，部分地区水流不畅；常州市武进地区排水出路有限，武进区南部水环境状况堪忧。随着太湖流域治理的持续推进，新孟河延伸拓浚工程、望虞河西岸控制工程已开工建设，区域骨干工程新沟河延伸拓浚工程已基本建成。污染源治理是改善流域水环境的根本手段，本章在污染源治理的基础上，立足改善流域、区域水环境状况，依托新建骨干工程调度，从两方面促进水环境改善：①立足促进太湖竺山湖水环境改善，依托新孟河工程，充分考虑流域水环境提升新需求，加大新孟河引水；②立足促进杭嘉湖区、望虞河西岸地区以及常州武进地区水环境改善，依托太嘉河工程、望虞河西岸控制工程、新孟河工程、新沟河等新建骨干工程，优化水体流动格局，促进河网有序流动及水环境提升。

6.1 促进太湖水环境改善的新孟河工程技术方案研究

6.1.1 问题提出

太湖流域经济社会发展与资源环境承载能力之间的矛盾依旧较为突出，2018 年，太湖流域废污水排放量 61.0 亿 t，化学需氧量（COD）、氨氮（NH_3-N）、总磷（TP）入河量为流域水功能区纳污能力的 2~3 倍。近几年太湖主要出入湖河道入湖污染负荷总体呈降低趋势，但仍超出湖体限制纳污总量。受地形和入湖河道水质污染等因素的影响，太湖竺山湖湾和西部沿岸带等西北部湖区已成为太湖水污染最严重、蓝藻最易暴发的湖区之一。其中，竺山湖为太湖水质最差的湖区，其总氮（TN）长期处于劣 V 类水平。据统计，2007 年竺山湖 TN 超过 6mg/L，自《太湖流域水环境综合治理总体方案》实施后，竺山湖湖区水质逐年得到改善，然而其改善效果依然有限，2017 年竺山湖湖区水质状况按 TN

指标计仍为劣Ⅴ类，湖区水质亟须改善，详见图6.1-1。此外，竺山湖上游湖西区内河道水质污染严重，多数河流劣于Ⅳ类，尤其是京杭运河以南区域，水质类别为Ⅴ～劣Ⅴ类，湖西区入湖河道水质堪忧，对竺山湖水质影响较大。据统计，近5年来竺山湖上游漕桥河、太滆运河、殷村港等入湖断面附近水质为Ⅳ～Ⅴ类，且目前漕桥河、太滆运河等入竺山湖河道的入湖口门尚不设控，竺山湖水质受上游区域河网水质影响较大。

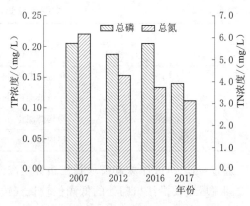

图6.1-1 近年来竺山湖TP、TN指标浓度

6.1.2 研究思路

以新孟河工程初步设计阶段提出的调度方案为基础，充分考虑流域区域水环境提升新需求，并论证分析初设阶段调度方案与其适配性，以改善竺山湖水质为目标导向，针对太湖水位处于调水限制水位～防洪控制水位之间的时段优化新孟河工程调度，构建促进太湖水环境改善的新孟河工程调度方案集；基于降雨、长江潮位边界等因素设计调度研究边界条件，并采用调度方案模拟与优化决策技术相结合的方法，提出促进太湖水环境改善的新孟河工程调度技术方案。

6.1.2.1 调度研究边界条件

1. 降雨条件

本章重点研究保障水环境安全的水利工程体系联合调度技术方案，故主要考虑太湖流域降雨偏枯的情况。结合太湖流域相关规划研究成果，选择1990年典型平水年份实况降雨（$P=50\%$）进行调度方案研究。

1990年全流域年降雨量1277mm，相应频率50%；5—9月降雨量704mm，相应频率48.9%；7—8月降雨量323mm，相应频率34.6%。相对50%频率而言，1990年除年降雨量偏丰外，其主控时段的降雨频率接近50%。上游区（含湖西区、浙西区及太湖区）5—9月降雨量735mm，频率50.7%；杭嘉湖5—9月降雨量682mm，频率52.4%；阳澄淀泖区5—9月降雨704mm，频率37.5%。太湖流域典型平水年（1990年）年降雨量统计如表6.1-1所示。

表6.1-1　　　　太湖流域典型平水年（1990年）降雨量统计　　　　单位：mm

年份	流域	上游区	下游区	湖西区	武澄锡虞区	阳澄淀泖区	太湖区	杭嘉湖区	浙西区	浦东浦西区
1990	1261.9	1319.6	1214.2	1135.3	1150.0	1211.1	1257.7	1249.3	1587.8	1215.6

2. 长江边界条件

根据长江干流上游不同来水条件、河口不同潮汐条件，结合不同引排水情景以及重要引调水工程影响等，设计长江边界条件。本章重点研究保障水环境安全的水利工程体系联合调度技术方案，故依据长江流域来水情况，选择典型年为平水年2005年（长江来水频率$P=50\%$）。太湖流域长江边界条件见表6.1-2。

表 6.1-2　　　　　　　　　　　　太湖流域长江边界条件表

长江边界条件			潮 位 成 果				
大通来水条件	潮汐边界		谏壁	利港	十一圩	钱泾	五号沟
$P=50\%$，2005 年	2005 年实际情况	年最高潮位/m	5.61	4.33	2.12	3.46	2.96
		年最低潮位/m	0.09	−0.21	0.46	−1.13	−1.83
		平均高潮位/m	2.73	2.34	1.96	1.81	1.57
		平均低潮位/m	1.93	1.22	0.14	−0.28	−1.15

通过对比 1990 年太湖流域长江边界实况潮位与上述长江边界潮位成果，1990 年实况潮位太湖流域主要沿江口门处的低潮位较长江边界设计潮位更低，更不利于太湖流域引水。

3. 调度研究边界条件

确定降雨条件采用太湖流域 1990 年实况降雨后，充分考虑流域内可能发生的不利条件，从长江潮位是否不利于引水方面考虑，基于偏不利原则确定采用典型年相应的长江实况潮位，形成调度研究边界条件，详见表 6.1-3。

表 6.1-3　　　　　　　　　　　　调度研究边界条件表

调度研究边界条件	太湖流域降雨	流域典型年	太湖流域长江边界
调度研究边界条件 1	1990 典型年降雨	1991 年	典型年实况潮位

6.1.2.2　调度研究基础

促进太湖竺山湖水环境改善调度研究主要基于现有工程体系，并重点依托新建的新孟河工程开展研究。新孟河工程为《太湖流域水环境综合治理总体方案》中安排的提高太湖流域水环境容量（纳污能力）的骨干引排工程之一，是沟通长江与竺山湖的规划骨干河道，要求平水年引江入湖水量 25.2 亿 m³。在改善水环境调度方面，新孟河工程主要任务是通过新孟河引长江水入太湖，提高太湖水环境容量，以改善太湖水环境；引长江水入太湖的同时兼顾区域水资源及水生态环境用水，改善太湖上游湖西区河网水环境，提升入湖水质。工程实施后将进一步完善引江济太工程布局，有效改善竺山湖等西北部湖区和上游湖西地区河网水环境。

新孟河工程调度研究以《新孟河延伸拓浚工程初步设计总报告》提出的调度原则为基础，具体为：当太湖水位处于适时调度区，坊前水位高于 4.2m 时，新孟河界牌水利枢纽开启节制闸排水，奔牛水利枢纽地涵敞开，但若京杭运河以北水位高于运河以南水位，奔牛水利枢纽地涵关闭；坊前水位处于 3.7～4.2m 时，新孟河界牌水利枢纽不引不排，奔牛水利枢纽地涵敞开；坊前水位低于 3.7m 时，新孟河界牌水利枢纽、奔牛水利枢纽地涵开闸引水。

新孟河工程初设阶段调度原则主要根据太湖及地区水位进行调度，尚未考虑竺山湖水质因素，鉴于此，以促进竺山湖水质改善为目标，研究新孟河工程调度技术方案。

6.1.2.3　调控优化策略

相关研究表明，TN 为太湖水质改善的关键限制指标，水质改善需求突出。根据《新孟河延伸拓浚工程初步设计总报告》提出的工程调度原则，当太湖水位处于适时调度区，坊前水位高于 4.2m 时，开启节制闸排水；坊前水位低于 3.7m 时，开启节制闸引水。分析 2002—2016 年太湖、坊前多年平均水位过程，发现由于坊前处于太湖上游，多年平均意义上，坊前水位高于太湖 20~40cm，当太湖水位处于适时调度区时，部分时段坊前水位高于 3.7m，即新孟河不引水，无法较好地满足竺山湖水质改善的需要。

引长江水入太湖，提高太湖水环境容量（纳污能力）是新孟河工程的主要任务之一，为进一步发挥新孟河延伸拓浚工程的综合效益，考虑在新孟河界牌水利枢纽调度中增加竺山湖水质提升的关键限制因子作为调度的水质参考指标进行优化调度，以便增加引江入湖水量，增强水体稀释自净能力，促进太湖西北部湖区水质改善。

6.1.3 方案集设计

根据近年来（2010—2015 年）竺山湖湖区的水质监测资料，竺山湖湖区水质相比于太湖平均水质较差，其 TN 浓度的平均值约为 4.5mg/L，第一四分位数约为 2.5mg/L。此外，《太湖流域水环境综合治理总体方案（2013 年修编）》明确了 2020 年太湖 TN 水质目标为 2.0mg/L。

调度方案设计时，分别选择近几年竺山湖湖区 TN 的第一四分位数、平均值以及《太湖流域水环境综合治理总体方案（2013 年修编）》明确的太湖 2020 年水质目标作为调度的水质参考值，对新孟河工程调度进行优化。新孟河工程促进太湖水环境改善调控方案详见表 6.1-4。

表 6.1-4　　　　　　　　新孟河工程促进太湖水环境改善调控方案

方　案	太湖水位	界牌水利枢纽	奔牛水利枢纽立交地涵	奔牛水利枢纽节制闸
JC 方案	调水限制水位~防洪控制水位	（1）坊前水位≥4.2m，开闸排水；（2）3.7m≤坊前水位<4.2m，关闸；（3）坊前水位<3.7m，开闸引水	（1）坊前水位<3.7m，开闸引水。（2）3.7m≤坊前水位<4.2m，敞开。（3）坊前水位≥4.2m，若运河以北水位>运河以南水位，关闭；否则，敞开	（1）坊前水位<3.7m，若京杭运河奔牛水利枢纽处水位>5.1m，开闸排水，否则关闸；（2）3.7m≤坊前水位<4.2m，敞开；（3）坊前水位≥4.2m，有控制地开闸排水
	低水位控制线~调水限制水位	（1）坊前水位≥4.2m，排水；（2）坊前水位<4.2m，适当开闸引水	（1）坊前水位<4.2m，开闸引水。（2）坊前水位≥4.2m，若运河以北水位>运河以南水位，关闭；否则，敞开	（1）坊前水位<4.2m，若京杭运河奔牛水利枢纽处水位>5.1m，开闸排水，否则关闸；（2）坊前水位≥4.2m，有控制地开闸排水
	<低水位控制线	（1）坊前水位≥4.2m，排水；（2）坊前水位<4.2m，闸泵引水		

方　案	太湖水位	界牌水利枢纽	奔牛水利枢纽立交地涵	奔牛水利枢纽节制闸
SZ1-XM1 方案	调水限制水位~防洪控制水位	（1）坊前水位≥4.2m，同JC方案。 （2）3.7m≤坊前水位<4.2m：竺山湖 TN≥2.5mg/L 时，闸泵引水；TN＜2.5mg/L 时，关闸。 （3）坊前水位<3.7m，竺山湖 TN≥2.5mg/L 时，闸泵引水；TN＜2.5mg/L 时，开闸引水	同 JC 方案	界牌水利枢纽引水，关闸；否则，同 JC 方案
	低水位控制线~调水限制水位	同 JC 方案	同 JC 方案	同 JC 方案
	＜低水位控制线	同 JC 方案	同 JC 方案	同 JC 方案
SZ1-XM2 方案	调水限制水位~防洪控制水位	（1）坊前水位≥4.2m，同JC方案。 （2）3.7m≤坊前水位<4.2m：竺山湖 TN≥2.0mg/L，闸泵引水；TN＜2.0mg/L，关闸。 （3）坊前水位<3.7m：竺山湖 TN≥2.0mg/L 时，闸泵引水；TN＜2.0mg/L 时，开闸引水	同 JC 方案	界牌水利枢纽引水，关闸；否则，同 JC 方案
	低水位控制线~调水限制水位	同 JC 方案	同 JC 方案	同 JC 方案
	＜低水位控制线	同 JC 方案		

6.1.4　方案智能决策

6.1.4.1　水量水质模型模拟

根据各方案太湖水位以及联合调度决策调度期识别原则，1990 年型全年划分为防洪调度期、水生态环境调度期、供水与水生态环境调度期等不同调度期，共计 12 个，见表6.1-5。水量水质模拟成果重点关注新孟河工程引江入湖流量，主要受水湖区竺山湖的水质改善程度，兼顾竺山湖上游湖西地区的西夏墅、坊前等处的水质改善程度，引水河段新孟河西夏墅段、北干河东安桥段、太滆运河坊前桥和分水大桥段河道流速改善程度。考虑到方案调控策略重点优化时段为太湖水位处于防洪控制水位和调水限制水位之间的区间，因此重点关注水生态环境调度期，兼顾供水与水生态环境调度期。

1. 太湖水位

太湖水位的高低从一定程度程度上反映了太湖水环境容量的高低。1990 年型各方案下，太湖水位全年均维持在 2.80m 以上，SZ1-XM1、SZ1-XM2 方案较 JC 方案水位略有上升，其中水生态环境调度期水位上升幅度较大，平均为 0.02~0.03m，见图 6.1-2。

表 6.1-5   新孟河工程水环境调控方案联合调度决策调度期识别 (1990 年型)

序号	时　间	调　度　期
1	1 月 3 日至 2 月 24 日	供水与水生态环境调度期
2	2 月 25 日至 3 月 11 日	水生态环境调度期
3	3 月 18—26 日	水生态环境调度期
4	3 月 27 日至 5 月 18 日	防洪调度期
5	5 月 29 日至 6 月 22 日	防洪调度期
6	6 月 23 日至 7 月 15 日	水生态环境调度期
7	7 月 18 日至 8 月 30 日	供水与水生态环境调度期
8	9 月 1 日至 10 月 3 日	防洪调度期
9	10 月 5—30 日	水生态环境调度期
10	11 月 2—7 日	供水与水生态环境调度期
11	11 月 8—29 日	水生态环境调度期
12	12 月 2—30 日	供水与水生态环境调度期

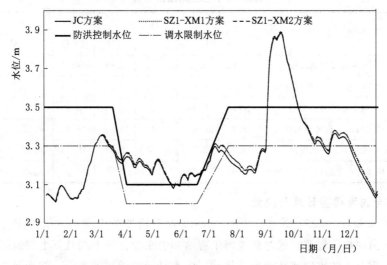

图 6.1-2   各方案太湖水位过程 (1990 年型)

2. 新孟河工程引水流量

在 1990 年型下，水生态环境调度期 JC 方案新孟河界牌水利枢纽引江流量和入湖流量分别为 120m³/s、152m³/s。SZ1-XM1、SZ1-XM2 方案将竺山湖水质改善限制指标 TN 作为调度参考指标，加大了引江可能性，新孟河工程引江流量和入湖流量均有较大增加，SZ1-XM1 方案引江和入湖流量分别为 212m³/s、166m³/s，SZ1-XM2 方案引江和入湖流量与 SZ1-XM1 方案基本相同。供水与水生态环境调度期内，JC 方案、SZ1-XM1 方案、SZ1-XM2 方案引江和入湖流量为 131~132m³/s，详见表 6.1-6。

3. 竺山湖湖区水质

历年来竺山湖多为太湖各湖区中水质最差的湖区，尤其是 TN 指标，JC 方案模拟水

表 6.1-6　　　　　各方案新孟河工程引江及入湖平均流量　　　　　单位：m³/s

方案	调度期	界牌水利枢纽引江流量	新孟河入湖流量
JC 方案	水生态环境调度期	120	152
	供水与水生态环境调度期	132	131
SZ1-XM1 方案	水生态环境调度期	212	166
	供水与水生态环境调度期	131	132
SZ1-XM2 方案	水生态环境调度期	212	165
	供水与水生态环境调度期	131	131

质数据显示，竺山湖 COD、NH₃—N、TP 浓度均在地表水质Ⅲ类水附近，因此重点关注 TN 指标。水生态环境调度期，JC 方案竺山湖、龙头站点 TN 浓度分别为 2.60mg/L、2.41mg/L，考虑水质指标进行调度后有所降低，SZ1-XM1、SZ1-XM2 方案竺山湖、龙头站点 TN 平均浓度均分别为 2.52mg/L、2.37mg/L。供水与水生态环境调度期，JC 方案竺山湖、龙头站点 TN 浓度详见表 6.1-7。

表 6.1-7　　　　　　　　各方案下竺山湖湖区水质　　　　　　　　单位：mg/L

方案	调度期	竺山湖				龙头			
		COD	NH₃—N	TP	TN	COD	NH₃—N	TP	TN
JC 方案	水生态环境调度期	19.00	0.55	0.16	2.60	19.18	0.33	0.13	2.41
	供水与水生态环境调度期	18.77	0.67	0.17	2.90	19.34	0.55	0.14	2.90
SZ1-XM1 方案	水生态环境调度期	18.74	0.53	0.16	2.52	18.93	0.33	0.13	2.37
	供水与水生态环境调度期	18.65	0.65	0.17	2.83	19.20	0.55	0.14	2.84
SZ1-XM2 方案	水生态环境调度期	18.74	0.52	0.16	2.52	18.93	0.33	0.13	2.37
	供水与水生态环境调度期	18.64	0.65	0.17	2.83	19.20	0.55	0.14	2.84

6.1.4.2　联合调度模型计算与决策

水环境目标领域，SZ1-XM1、SZ1-XM2 方案增加竺山湖 TN 指标作为水质调度参考，以期在竺山湖水质较差时通过新孟河工程增加引水改善竺山湖及其上游地区的水环境状况。鉴于此，重点关注水生态环境目标领域、供水目标领域相关指标。新孟河工程水环境调控方案（1990 年型）指标归一化成果见表 6.1-8。各指标计算时，骨干引供水工程供水效率主要针对新孟河工程，湖泊生态水位保证率主要针对太湖，调度影响区水质改善程度主要考虑竺山湖区（竺山湖、龙头），兼顾竺山湖上游湖西地区新孟河沿线西夏墅、太滆运河坊前桥等，河道流速改善程度主要关注引水河段新孟河沿线西夏墅段、北干河东安桥段、太滆运河坊前桥和太滆运河分水大桥段，重点口门引供水成本主要针对新孟河界牌水利枢纽。

优化调度后，太湖生态水位均可以得到有效保障。水生态环境调度期内，对于亟须改善的 TN 指标，JC 方案下调度影响区水质改善程度归一化结果为 0.21，SX1-XM1、SX1-XM2 方案分别上升至 0.67、0.63。河道流速在一定程度上代表了水流的流动状态，是通过调度手段改善水环境质量的重要原因。JC 方案河道流速改善程度指标极小，SX1-XM1、SX1-XM2 方案分别上升至 0.86、0.89。

表 6.1-8   新孟河工程水环境调控方案（1990 年型）指标归一化成果表

方案	调度期	水环境目标领域					
		湖泊生态水位保证率	调度影响区水质改善程度 WD			河道流速改善程度	重点口门引供水成本
			NH_3-N	TP	TN		
JC 方案	防洪调度期	1.00	0.24	0.30	0.40	1.00	1.00
	水生态环境调度期	1.00	0.38	0.78	0.21	0.01	1.00
	供水与水生态环境调度期	1.00	0.59	0.44	0.76	0.70	1.00
SZ1-XM1 方案	防洪调度期	1.00	0.73	0.65	0.56	0.03	0.70
	水生态环境调度期	1.00	0.62	0.40	0.67	0.86	0.01
	供水与水生态环境调度期	1.00	0.28	0.61	0.18	0.21	0.45
SZ1-XM2 方案	防洪调度期	1.00	0.66	0.53	0.63	0.04	0.70
	水生态环境调度期	1.00	0.55	0.40	0.63	0.89	0.02
	供水与水生态环境调度期	1.00	0.49	0.58	0.50	0.46	0.40

注　本表仅含水生态环境目标领域各指标归一化结果。

　　上述分析可知，考虑水质因子优化后的调度均能起到改善受水地区水环境的作用，其影响在不同的时段和空间分布上略有差异，综合来看，SZ1-XM1、SZ1-XM2 方案目标函数分别为 88.3、87.8，其中，SZ1-XM1 方案目标函数值在水生态环境调度期和供水与水生态环境调度期普遍高于其他方案，见表 6.1-9。各方案目标函数值及水环境目标领域主要决策指标情况表明，SZ1-XM1 方案为应对水环境突出问题新孟河工程调控方案集中的较优方案。

表 6.1-9   新孟河工程水环境调控方案（1990 年型）决策表

调度期		JC 方案	SZ1-XM1 方案	SZ1-XM2 方案
1 月 3 日至 2 月 24 日	供水与水生态环境调度期	84.4	84.6	84.0
2 月 25 日至 3 月 11 日	水生态环境调度期	77.3	84.5	86.3
3 月 18—26 日	水生态环境调度期	90.6	75.4	77.4
3 月 27 日至 5 月 18 日	防洪调度期	98.1	98.1	98.3
5 月 29 日至 6 月 22 日	防洪调度期	94.8	98.2	97.7
6 月 23 日至 7 月 15 日	水生态环境调度期	76.3	86.8	86.6
7 月 18 日至 8 月 30 日	供水与水生态环境调度期	87.6	81.6	81.4
9 月 1 日至 10 月 3 日	防洪调度期	84.8	97.6	97.5
10 月 5—30 日	水生态环境调度期	84.9	81.6	80.2
11 月 2—7 日	供水与水生态环境调度期	75.5	94.0	86.9
11 月 8—29 日	水生态环境调度期	76.8	85.5	84.1
12 月 2—30 日	供水与水生态环境调度期	81.5	82.5	81.4
全年		86.2	88.3	87.8

6.1.4.3 调控效果分析

1. 新孟河工程引江入湖水量

JC 方案、SZ1 - XM1 方案下太湖处于水生态环境调度期时，新孟河工程引江水量及入湖水量如表 6.1 - 10 所示。JC 方案新孟河引长江水量 10.70 亿 m³，通过区域河网入竺山湖 13.33 亿 m³。SZ1 - XM1 方案下，新孟河引江水量、入湖水量分别增至 20.26 亿 m³、15.63 亿 m³，较 JC 方案分别增加了 9.55 亿 m³（增加 89.3%）、2.30 亿 m³（增加 17.3%）。新孟河工程引江量、入湖量较 JC 方案均大幅增加，有助于提升太湖竺山湖以及湖西区水生态环境。

表 6.1 - 10　　　　JC 方案、SZ1 - XM1 方案下新孟河工程引江及入湖水量　　　　单位：亿 m³

方案	新孟河界牌水利枢纽引江水量	新孟河入湖水量	较 JC 方案引江增量	较 JC 方案入湖增量
JC 方案	10.70	13.33		
SZ1 - XM1 方案	20.26	15.63	9.55	2.30

注　本表统计时段为水生态环境调度期。

2. 竺山湖水质

太湖处于水生态环境调度期时的主要水质指标数据显示，较 JC 方案 SZ1 - XM1 方案对竺山湖水质改善效果较为显著，详见表 6.1 - 11。SZ1 - XM1 方案竺山湖 TN、NH₃—N、COD 指标浓度分别降低 2.98%、3.62%、1.43%。因此就水质指标类别来说，优化后的调度对于改善竺山湖的 TN 和 NH₃—N 浓度更为有效。JC 方案下竺山湖 TN、TP、NH₃—N、COD 指标第三四分位数（表征水质较差情况）分别为 2.81mg/L、0.170mg/L、0.66mg/L 和 19.8mg/L。SZ1 - XM1 方案下，TN、TP、NH₃—N、COD 指标浓度超过上述第三四分位数的天数有所减少，分别降低 7.69%、8.33%、7.69% 和 38.46%。

表 6.1 - 11　　　　　　　　JC 方案、SZ1 - XM1 方案下竺山湖水质

时段	指标	JC 方案 /(mg/L)	SZ1 - XM1 方案/(mg/L)	SZ1 - XM1 方案较 JC 方案变幅/%	JC 方案第三四分位数/(mg/L)	超定额天数变化率/%
水生态环境调度期	TN	2.59	2.51	−2.98	2.81	−7.69
	TP	0.161	0.160	−0.01	0.170	−8.33
	NH₃—N	0.53	0.51	−3.62	0.66	−7.69
	COD	19.0	18.8	−1.43	19.8	−38.46

注　超定额天数为各指标浓度超 JC 方案第三四分位数的天数。

3. 新孟河沿线地区水质

太湖处于水生态环境调度期时，JC 方案、SZ1 - XM1 方案下新孟河沿线地区水质状况如表 6.1 - 12 所示。分析结果显示，引入较为优质的长江水源后对于新孟河沿线地区的河网水质总体上具有提升作用，较之 JC 方案，各地区站点的水质指标在调度优化后，都得到了一定程度的改善，其中 NH₃—N 指标改善幅度较大。

表 6.1-12　　　　　JC 方案、SZ1-XM1 方案下新孟河沿线地区水质状况

站点	项目	JC 方案平均浓度 /(mg/L)	SZ1-XM1 方案平均浓度 /(mg/L)	平均值变幅/%
西夏墅	TN	2.40	2.24	−6.71
	NH₃—N	0.49	0.39	−19.75
	COD	17.0	17.6	3.97
东安桥	TN	2.5	2.40	−3.70
	NH₃—N	0.60	0.53	−12.78
	COD	18.2	17.4	−4.61
滆湖	TN	2.49	2.39	−4.12
	NH₃—N	0.55	0.50	−8.86
	COD	19.9	19.5	−1.96
入竺山湖处	TN	2.60	2.50	−3.81
	NH₃—N	0.59	0.55	−7.50
	COD	19.2	18.9	−1.52

注　本表统计时段为水生态环境调度期。

4. 综合决策

基于关键限制因子驱动的思路，新孟河工程促进太湖水环境改善调控方案在新孟河界牌水利枢纽调度中增加竺山湖 TN 指标作为水质调度参考，1990 年型下 SZ1-XM1 方案新孟河引江入湖水量显著增加，促进长江水进入湖西地区及太湖，对于改善竺山湖及上游湖西区水生态环境效果较为显著。综合联合调度模型决策结果，将 SZ1-XM1 方案纳入保障水安全的水利工程体系联合调度技术方案集。

6.1.5　促进太湖水环境改善新孟河工程技术方案

当太湖竺山湖水质较差时，新孟河工程按 SZ1-XM1 方案实施调度，即当太湖处于防洪控制水位和调水限制水位之间时，在新孟河界牌水利枢纽调度中增加竺山湖 TN 指标作为水质调度参考，加大界牌水利枢纽引水力度，可促进太湖竺山湖水环境改善。方案具体如下。

（1）界牌水利枢纽：太湖水位处于调水限制水位～防洪控制水位，坊前水位≥4.2m，开闸排水；3.7m≤坊前水位＜4.2m，若竺山湖水质较差（TN≥2.5mg/L），闸泵引水，若竺山湖水质尚可（TN＜2.5mg/L），关闸；坊前水位＜3.7m，若竺山湖水质较差（竺山湖TN≥2.5mg/L），闸泵引水，若竺山湖水质尚可（TN＜2.5mg/L），开闸引水。太湖水位处于调水限制水位以下或防洪控制水位以上时，界牌水利枢纽维持调度不变，同 JC 方案。

（2）奔牛水利枢纽：根据界牌水利枢纽相应调整调度。

6.2　流域、区域水环境安全联合调控技术方案研究

6.2.1　问题提出

近年来，水环境污染、水生态恶化等成为太湖流域新型水问题，亟须通过优化水利工

程调度促进区域水环境改善。流域、区域水环境安全联合调控技术方案研究主要针对太湖流域内太嘉河工程、新孟河工程、新沟河工程等新建骨干工程周边水环境提升需求较为突出的区域，包括杭嘉湖区、望虞河西岸地区以及常州武进地区。

1. 杭嘉湖区水体有序流动及水环境改善需求

杭嘉湖区水流自然流向由西南向东北流入太湖、太浦河和黄浦江，水系分为运河水系和上塘河水系，其中运河水系又以新、老运河及平湖塘、乍浦塘为界分为三个水利分片，分别为运西片、运东片和南排片；上塘河水系自成系统，与其他区域交换较少。区域内除汛期东、西苕溪上的瓶窑、梅溪等站点受山区洪水影响水位变幅较大外，其余时间区域内水位差异不大，河网水面坡降平缓。平枯水期区域水位总体呈现西高东低、北高南低之势；汛期水位则有所不同，表现为西南高、东北低，水流流向为北入太湖、东入黄浦江。

杭嘉湖地区是浙江省乃至全国经济发展最快的地区之一，然而区域河网水面坡降平缓，水体流速缓慢，水环境状况不容乐观，迫切需要利用水利工程实施水资源联合调度，改善河湖水环境质量。

2. 望虞河西岸地区水环境改善需求

望虞河是流域性骨干引水河道，其相关工程调度与引江济太关系密切。望虞河西岸支河口门控制后，西岸地区尤其是走马塘以东、望虞河以西区域的水文情势发生了变化，可能会造成局部地区水流不畅。根据 2012—2016 年水质监测资料，望虞河西岸各支流水质类别基本以 Ⅳ～劣 Ⅴ 类为主。已有相关调度成果表明，走马塘枢纽泵排解决了望虞河西岸锡澄地区锡北运河以北地区的排水出路，可有效防止污水进入望虞河，但对锡北运河以南地区河网水量水质几乎没有影响，锡北运河以南地区水流不畅、水环境改善需求突出。

3. 武进及其南部地区水环境改善需求

根据 2014—2017 年《常州市水资源公报》，常州市京杭运河以南、滆湖以东诸河2014—2017 年水质评价结果均为 Ⅳ～劣 Ⅴ 类，武进及其南部地区水质较差。根据相关资料，武宜运河全线水质属于 Ⅴ～劣 Ⅴ 类，武宜运河周边河道水质属于 Ⅲ～劣 Ⅴ 类，京杭运河周边水环境状况堪忧。现状武进港闸、雅浦港闸等入湖口常年多数情况下处于关闭状态，导致武进地区水流只能向北部流动，北排作用有限，地区缺乏有效的引排通道，武进区水环境问题突出，亟待通过水利工程调度形成科学合理的引排水格局，故结合新沟河工程功能定位，研究流域-区域-城市多尺度协同的调控方案，增加河网水体流动性，提升武进地区水环境状况。

6.2.2　研究思路

以杭嘉湖区东导流控制线、杭嘉湖南排工程、太嘉河工程环湖口门现行调度为基础，充分考虑杭嘉湖区水环境提升需求，以形成区域水体有序稳定流动格局、促进杭嘉湖区水环境改善为目标，通过分析论证杭嘉湖区不同引水水源对促进区域水环境改善的效果从而确定调度策略，结合杭嘉湖南排工程的运用，构建太嘉河-杭嘉湖区骨干工程联合调度方案集；以望虞河西岸控制工程规划调度为基础，在满足《太湖流域水量分配方案》分配水量、望虞河引江入湖水质和入湖效率的前提下，以改善望虞河西岸地区水资源条件，形成区域水体循环为目标，对望虞河西岸控制工程向西岸地区补水进行时空优化，结合走马塘拓浚延伸工程、白屈港控制线及武澄锡虞区沿江口门的运用,构建望虞河-走马塘工程联合调度方案集;以新孟河工程、新沟河工程初步设计阶段提出的调度原则为基础,以促进武进地区河网水流有序流动、改善区域水环境为目标,结合武南河闸从漏湖引水,构建新孟河-新沟河工程联合调控调度方案集。基于降雨、长江潮位边界等因素设计调度研究边界条件,并采用调度方案模拟与优化决策技术相结合的方法,提出流域、区域水环境安全联合调控技术方案。

6.2.2.1 调度研究边界条件

1. 降雨条件

本章重点研究保障水环境安全的水利工程体系联合调度技术方案,故主要考虑太湖流域降雨偏枯的情况。结合太湖流域相关规划研究成果,选择 1990 年典型平水年实况降雨 $(P=50\%)$ 或 1971 年典型枯水年 $(P=90\%)$ 实况降雨进行调度方案研究。1990 年型、1971 年型降雨量统计如表 6.2-1 所示。

表 6.2-1 太湖流域典型年降雨量统计 单位:mm

年份	流域	上游区	下游区	湖西区	武澄锡虞区	阳澄淀泖区	太湖区	杭嘉湖区	浙西区	浦东浦西区
1990	1261.9	1319.6	1214.2	1135.3	1150.0	1211.1	1257.7	1249.3	1587.8	1215.6
1971	977.1	1063.6	905.6	924.5	803.3	784.0	914.8	1034.0	1321.0	902.3

2. 长江边界条件

长江干流来水为平水时的长江边界潮位成果详见 6.1 节,长江干流来水特枯对应的长江边界潮位成果详见本书第 5 章。对比 1971 年太湖流域长江边界实况潮位与长江边界低潮位成果,太湖流域主要沿江口门处设计低潮位较 1971 年实况潮位更低。通过对比 1990 年太湖流域长江边界实况潮位与长江来水为平水时的长江边界潮位成果,1990 年实况潮位太湖流域主要沿江口门处的低潮位相对更低。

3. 调度研究边界条件

确定降雨条件采用太湖流域典型年实况降雨后,充分考虑流域内可能发生的不利条件对比典型年实况潮位和长江边界设计成果,基于偏不利原则,取潮水位较低者作为研究边界。调度研究边界条件见表 6.2-2。

表 6.2-2 调度研究边界条件表

调度研究边界条件	太湖流域降雨	流域典型年	太湖流域长江边界
调度研究边界条件 1	1990 典型年降雨	1990 年	典型年实况潮位
调度研究边界条件 2	1971 年实况降雨	1971 年	长江设计低潮位

6.2.2.2 调度研究基础

流域区域水环境安全联合调度研究主要基于现有工程体系,并重点依托新建的太嘉河、新孟河、新沟河工程以及望虞河西岸控制工程等开展研究。新孟河、新沟河工程调度研究基础已在前述章节阐述,本节主要梳理望虞河西岸控制工程、太嘉河等杭嘉湖区骨干工程调度。

1. 望虞河西岸控制工程相关调度

基础方案（JC方案）：望虞河西岸控制工程及常熟水利枢纽考虑西岸地区排水需求（无锡水位＞4m），在水量分配方案调度原则基础上进行适当调整，具体为当太湖水位处于调水限制水位～防洪控制水位之间时，若无锡≥4m，西岸口门开启向望虞河排涝，若无锡＜4m，允许开闸向西岸补水；当太湖水位处于调水限制水位以下时，若无锡≥4m，西岸口门开启向望虞河排涝，若无锡＜4m，控制西岸不入望虞河，西岸口门闸泵均匀补水，且分水总流量不超过 $11m^3/s$。

2. 太嘉河等杭嘉湖区骨干工程调度

太嘉河工程是南太湖的重要引排通道，也是《太湖流域水环境综合治理总体方案》中确定的提高水环境容量引排工程之一。幻溇闸、汤溇闸作为太嘉河工程主要控制建筑物，尚无明确调度方案，故其调度研究基础同杭嘉湖区其他环太湖口门。杭嘉湖区东导流控制线口门、长山闸、南台头闸等杭嘉湖南排工程等调度主要依据现行的《太湖流域洪水与水量调度方案》，具体如下：

（1）幻溇闸、汤溇闸等环湖口门：当太湖水位在低水位控制线和防洪控制水位之间时，开闸；当太湖水位低于低水位控制线时，7—10月，若嘉兴水位低于2.8m，开闸引水，否则关闸；1—6月、11—12月，若嘉兴水位低于2.7m，开闸引水，否则关闸。

（2）东导流控制线口门：当闸上水位＜3.8m或闸上水位＞分洪水位时，开闸；其他时间关闸。

（3）长山闸、南台头闸：6月1日至10月16日，当嘉兴水位高于3.0m时，开闸排水，否则关闸；其余时间，当嘉兴水位高于2.8m时，开闸排水，否则关闸。

6.2.2.3 调控优化策略

1. 太嘉河-杭嘉湖区骨干工程联合调控策略

本次利用太嘉河工程，并结合杭嘉湖区现有骨干引排工程的运用，促使杭嘉湖区运西片、南排片水体形成稳定向南、向东流动的趋势，同时减少潮汐对区域水体流动不利影响，形成区域水体有序稳定流动格局，以促进杭嘉湖区水环境改善。杭嘉湖区引水水源主要有西部东导流来水、北部太湖及太浦河来水。为分析不同引水水源对区域水环境改善的效果，设计三个方案模拟计算区域河网水质改善情况，详见表6.2-3。本次模拟分析时段选择1990年型10月，并选取 $NH_3—N$ 作为代表性指标，分析不同引水水源对于杭嘉湖区河网水质改善作用差异。

表6.2-3　　　　　　　　　不同引水水源引水效果模拟方案设计

方案	名称	调度方案
1	东导流引水	开导流、关太湖、关太浦河南岸（全控）、开南排
2	太湖引水	关导流、开太湖、关太浦河南岸（全控）、开南排
3	太浦河引水	关导流、关太湖、开太浦河南岸（全控）、开南排

以东导流为引水水源时，关闭杭嘉湖区环湖口门和太浦河南岸口门，东导流口门和杭嘉湖区南排口门正常运用，区域形成"西引南排"的水流格局。该方案下，运西片（杭嘉

湖区东导流以东至京杭运河）水质相对较好，可以达到Ⅲ类，颊塘、双林塘、练南塘等东西向河道自西向东 NH_3—N 浓度逐渐升高，至京杭运河附近接近 1.0mg/L。京杭运河以东至苏嘉运河—平湖塘一带，除海宁地区水质为劣Ⅴ类外，其余地区河网水质基本在Ⅳ～Ⅴ类；嘉兴以东区域，嘉善城区水质相对较差。该方案较 JC 方案运西片水质改善明显，改善幅度约 16.3%。京杭运河练市、乌镇段在 10 天左右可以显现改善效果，新塍塘—平湖塘沿线基本在 25 天后会得到明显改善。

以太湖为引水水源时，关闭东导流口门和太浦河南岸口门，区域形成"北引太湖-南排杭州湾"的水流格局。该方案下，杭嘉湖西北部河网水质可以得到改善，其中，洛舍闸—新市以北区域、桐乡西部区域、南浔地区、嘉兴西北部地区、嘉善北部地区水质得到明显改善，且在引水 5 天后嘉兴以西区域水质浓度明显下降，引水 25 天后嘉兴以东区域水质得到改善。

以太浦河为引水水源时，关闭东导流口门和环湖口门，太浦河南岸口门和杭嘉湖南排口门正常运用，区域形成"北引太浦河-南排杭州湾"的水流格局。该方案下，仅太浦河南岸至南浔—乌镇—嘉兴—嘉善沿线区域和红旗塘沿线水质相对较好，其余地区水质较差。

综合前述分析，以东导流、太湖为主要引水水源，同时根据实际情况实施从太浦河引水，通过南排口门排水降低南部区域水位，增加河网水位差促进区域水体流动，改善杭嘉湖区水环境。嘉兴以东地区以太浦河为主要引水水源，借助潮汐作用促进水体流动，见图 6.2-1。

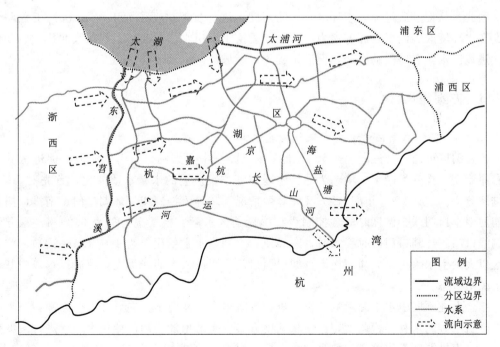

图 6.2-1　太嘉河-杭嘉湖区骨干工程联合调控水流格局示意图

2. 望虞河-走马塘工程联合调控优化策略

望虞河-走马塘工程联合调控总体思路是在不超过《太湖流域水量分配方案》中

分配水量，并满足望虞河引江入湖水质和入湖效率的前提下，通过望虞河西岸控制工程向西岸地区补水，通过走马塘延伸拓浚工程适时排水，并联合白屈港控制线及武澄锡虞区沿江口门等工程进行联合调度，改善望虞河西岸地区水资源条件，形成区域水体循环，促进西岸地区水环境改善，降低望虞河西岸控制对区域排水、水环境的影响。

望虞河-走马塘工程联合调控优化策略主要从两个角度考虑：①对西岸补水进行空间和时间优化，即对西岸支流中锡北运河以南的河道进行重点优化补水，并考虑在西岸水质较差的1—4月进行重点优化补水；②考虑充分利用西岸地区沿江引排能力较强的区位优势，对白屈港控制线和沿江张家港闸的调度进行联合优化研究，通过优化促进白屈港和锡澄运河引水更多地进入锡北运河以南地区再由走马塘排出形成有序循环，同时促进锡北运河以北区域水体更多地由沿江张家港闸排出，进而促使走马塘工程能够进一步拉动锡北运河以南区域水体流动。

3. 新孟河-新沟河工程联合调控优化策略

新孟河工程可从长江引水通过湖西河网地区进入滆湖、太湖；而新沟河工程则可作为外排河道直接排出武澄锡地区区域河网水质较差的水体。武南河西连滆湖，东与新沟河工程相接，横贯武进区，通过武南河沟通新孟河、滆湖、新沟河，可构建形成"北进-东流-北出"的水流格局，推动武进地区河网水流有序流动，提高地区水环境改善效果。

因此，从促进武进地区水环境改善的角度，进一步挖掘新孟河工程-新沟河工程联合调度在水环境改善调度方面的潜力，通过新孟河工程引水、新沟河工程加大北排，以期形成武进地区水体有序流动格局，促进工程周边区域河网水质改善。

6.2.3 方案集设计

1. 太嘉河-杭嘉湖区骨干工程联合调度方案

杭嘉湖区可通过"三向引水"，即上引东导流、中引太湖、下引太浦河，促进区域水体有序流动，提升河网水环境。为分析不同调度方案产生的水量水质变化，首先对JC方案进行分析。统计1990年型JC方案无降雨情况下东导流控制线、环湖口门、南排口门及太浦河南岸口门联合调度时段各控制线与杭嘉湖区水量交换情况，见表6.2-4，东导流控制线口门和环湖口门同时引水时，东导流、太湖来水水量比例为1：(1.5～2.2)，杭嘉湖区以太湖引水为主，太浦河南岸芦墟以西口门主要以入太浦河为主，芦墟以东口门基本处于关闭状态。

结合上述不同引水水源影响分析，进行方案组合，从两个方向设计组合方案：一是细化三个引水方向水利工程调度，在现状调度方案中考虑增加不同区域代表站，进行调度分级，同时南排调度不作改变，称为"增大导流引水，控制太湖引水"；二是在一的基础上，南排调度同步进行调整，见表6.2-5。

2. 望虞河-走马塘工程联合调度方案

基础方案（JC方案）：望虞河西岸控制工程及常熟水利枢纽考虑西岸地区排水需求

表 6.2-4　　　　　　　　　　无降雨时段杭嘉湖区水量交换情况

序号	时　段	流量/(m³/s)				
		东导流入杭嘉湖区	太湖入杭嘉湖区	南排杭州湾	太浦河南岸芦墟以东入太浦河	太浦河南岸芦墟以西入太浦河
1	1 月 19—29 日	39.21	87.70	0.00	−31.35	96.32
2	9 月 17—28 日	156.28	0.00	400.66	0.02	−19.31
3	10 月 4—14 日	93.68	144.54	330.78	0.00	36.29
4	10 月 26 日至 11 月 6 日	65.62	113.57	76.70	0.00	82.27
5	11 月 27 日至 12 月 6 日	68.10	124.18	39.01	0.00	101.50

表 6.2-5　　　　　　　　　太嘉河-杭嘉湖区骨干工程联合调度方案集

方案	调　度　原　则
基础方案（JC 方案）	东导流口门：闸上水位<3.8m 或闸上水位≥分洪水位，开闸。 环太湖口门：太湖水位在低水位控制线和防洪控制水位之间时，开闸；太湖水位低于低水位控制线时，7—10 月嘉兴水位<2.8m 开闸引水，否则关闸；1—6 月和 11—12 月嘉兴水位<2.7m 开闸引水，否则关闸。 太浦河南岸口门：太湖水位在 2.65m 和防洪控制水位之间，松浦大桥流量大于 150m³/s；嘉兴站<2.8m 开闸引水，>2.8m 关闸。 杭嘉湖南排工程（长山闸、南台头闸）：6 月 1 日至 10 月 16 日，嘉兴水位>3.0m 开闸排水，否则关闸；其余时间，嘉兴水位>2.8m 开闸排水，否则关闸
SZ2-J1 方案	东导流口门：闸上水位<3.8m 或闸上水位≥分洪水位，开闸；3.8m≤闸上水位<分洪水位，新市水位<3.2m，半开；新市水位≥3.2m，关闸。 环湖口门：太湖水位在低水位控制线和防洪控制水位之间，双林水位≥3.2m，适度开闸引水；双林水位<3.2m，开闸引水；其余不变。 太浦河南岸口门：松浦大桥流量大于 100m³/s 可引水，嘉兴水位≥3.0m，关闸；2.8m≤嘉兴水位<3.0m，半开；嘉兴水位<2.8m，全开。 杭嘉湖南排工程（长山闸、南台头闸）：保持原调度不变
SZ2-J2 方案	杭嘉湖南排工程（长山闸、南台头闸）：嘉兴水位≥3.0m，排水；嘉兴水位<3.0m，关闸。 其他工程调度同 SZ2-J1 方案
SZ2-J3 方案	杭嘉湖南排工程（长山闸、南台头闸）：嘉兴水位≥3.0m，适度排水；2.9m≤嘉兴水位<3.0m，开闸；嘉兴水位<2.9m，关闸。 其他工程调度同 SZ2-J1 方案

（无锡❶水位>4m），在水量分配方案调度原则基础上进行适当调整；走马塘工程、白屈港控制线及沿江张家港闸均按水量分配方案中调度原则引排调度。

　　望虞河西岸时空优化方案（WYH-1 方案）：在 JC 方案的基础上，分析走马塘干支流排水情况，重点关注流向仍为往南流或发生滞流的河道，对望虞河西岸控制工程的各口

---

❶ 走马塘拓浚延伸工程、望虞河西岸控制工程前期论证报告以及江苏省防办批复的走马塘工程的现行调度方案中，均以无锡站作为西岸地区调度参考站，故本书仍采用无锡站作为调度参考站。

门引水流量进行调整，经分析，对古市桥港、杨安港及卫浜枢纽按 $1m^3/s$ 持续补水，其余口门则按 $1m^3/s$ 间隔补水；同时，结合望虞河西岸地区水质及区域水位等实际需求，针对重点时段增加补水流量，基于总量控制原则，其他时段相应地减少补水流量，考虑在西岸地区水质较差及区域河网水位较低的 1—4 月增加望虞河西岸控制工程的补水流量，其余时段减少流量。

白屈港控制线适度控制优化方案（WYH-2方案）：在 WYH-1 方案的基础上，对白屈港控制线适当控制向东岸供水，避免白屈港枢纽和江阴枢纽引江水量大部分通过锡北运河以北枝权河道东排后由走马塘排出，以期使引江水量能流入无锡和九里伯渎地区，再由走马塘排入长江，促进锡北运河以南地区水体流动。

沿江张家港闸排水优化方案（WYH-3方案）：在 WYH-2 方案的基础上，沿江张家港闸排水，促进锡北运河以北地区形成小区域水体循环，白屈港引水在锡北运河以北区域能够通过张家港北排长江，以促进更多的锡北运河以南区域河道通过走马塘北排，促进锡北运河以南地区水体流动。

望虞河-走马塘工程联合调控方案集详见表 6.2-6。

表 6.2-6　　　　　　　　　望虞河-走马塘工程联合调控方案集

方案	编号	太湖水位	走马塘工程	望虞河西岸口门（张家港枢纽未实施）	白屈港控制线	沿江张家港闸	常熟水利枢纽、望亭水利枢纽
基础方案	JC	适时调度区	（1）走马塘立交：无锡水位>2.8m且老七干河水位<3.6m，开启排水。	无锡水位≥4m，西岸向望虞河排涝，否则敞开	同《太湖流域水量分配方案》（非汛期，敞开；汛期，无锡水位≥3.6m，则澄锡虞高片不能进入武澄锡低片，否则敞开）	同《太湖流域水量分配方案》（白屈港枢纽、张家港及十一圩港枢纽：青阳水位≥3.5m，排水；青阳水位3.2～3.5m，关闭；青阳水位<3.2m，引水）	在《太湖流域水量分配方案》基础上考虑西岸地区排水需求（当无锡水位≥4.0m时，望虞河承担西岸地区排涝任务，常熟水利枢纽排水）
		调水限制水位以下	（2）走马塘退水闸：北国水位>4.35m且老七干河水位<3.6m，开启排水。（3）走马塘闸站：无锡水位>2.8m或北国水位>4.35m，且老七干河水位小于3.6m，开闸泵排水。（4）走马塘江边枢纽：无锡水位>2.8m或北国水位>4.35m，且老七干河水位<3.6m，开启排水；老七干河水位>3.6m，开启排水	无锡水位≥4m，西岸向望虞河排涝			
				无锡水位<4m，控制西岸不入望虞河，西岸口门闸泵均匀补水，且分水总流量不超过 $11m^3/s$			

续表

方案	编号	太湖水位	走马塘工程	望虞河西岸口门（张家港枢纽未实施）	白屈港控制线	沿江张家港闸	常熟水利枢纽、望亭水利枢纽
望虞河西岸分流时间优化方案	WYH-1	适时调度区	同 JC 方案	同 JC 方案	同 JC 方案	同 JC 方案	同 JC 方案
		调水限制水位以下	同 JC 方案	无锡水位≥4m，西岸向望虞河排涝 结合望虞河西岸地区水质及区域用水等需求，针对重点时段增加流量，其他时段减少流量，同时按重点口门对望虞河西岸控制工程引水流量的时空分配均进行调整〔无锡水位＜4m，控制西岸不入望虞河，西岸口门从望虞河引水（重点河道古市桥港、杨安港、卫浜按 1m³/s 持续引水；其余口门间隔引水，重点时段1—4月加大流量引水，其余时段减小流量引水），引水量按《太湖流域水量分配方案》重要河湖分配水量进行控制〕	同 JC 方案	同 JC 方案	同 JC 方案
白屈港控制线适度控制优化方案	WYH-2	适时调度区	同 JC 方案	同 WYH-1 方案	当白屈港闸引水时，适当控制白屈港控制线向东供水	同 JC 方案	同 JC 方案
		调水限制水位以下					
沿江张家港闸排水优化方案	WYH-3	适时调度区	同 JC 方案	同 WYH-1 方案	同 WYH-2 方案	沿江张家港闸仅排水（青阳水位≥3.5m，排水；青阳水位＜3.5m，小流量排水，若张家港水位低于最低通航水位，则关闸）	同 JC 方案

3. 新孟河–新沟河工程联合调控调度方案

结合新孟河工程引水作用，考虑进一步发挥新沟河工程在促进地区水环境改善方面的潜力，结合武南河闸的运用，新沟河工程按照直武地区平均水位3.6m以及近年来最低水位外包线的均值3.3m开启遥观南泵站进行优化调度，促进新沟河工程北排地区水体。新孟河–新沟河工程水环境联合调控方案集详见表6.2-7。

表6.2-7　　　　　　　新孟河–新沟河工程水环境联合调控方案集

方案	太湖水位	新孟河工程			新沟河工程	武南河
		界牌水利枢纽	奔牛水利枢纽立交地涵	奔牛水利枢纽节制闸	遥观南枢纽	武南河闸
JC方案	调水限制水位~防洪控制水位	漍湖水位≥4.2m，开闸排水；3.7m≤漍湖水位<4.2m，关闸；漍湖水位<3.7m，开闸引水	漍湖水位<3.7m，开闸引水；3.7m≤漍湖水位<4.2m，敞开；漍湖水位≥4.2m，若运河以北水位>运河以南水位，关闭，否则敞开	漍湖水位<3.7m，若京杭运河奔牛水利枢纽处水位>5.1m，开闸排水，否则关闸；3.7m≤漍湖水位<4.2m，敞开；漍湖水位≥4.2m，有控制地开闸排水	直武地区水位≥4.5m，开闸；3.6m≤直武地区水位<4.5m，闸泵排水；2.8m≤直武地区水位<3.6m，开闸排水；直武地区水位<2.8m，有控制地开闸北排	无锡水位>4.2m或常州水位>4.8m，关闸；无锡水位≤4.2m且常州水位≤4.8m，开闸
	低水位控制线~调水限制水位	漍湖水位≥4.2m，排水；漍湖水位<4.2m，适当开闸引水	漍湖水位<4.2m，开闸引水；漍湖水位≥4.2m，若运河以北水位>运河以南水位，关闭，否则敞开	漍湖水位<4.2m，若京杭运河奔牛水利枢纽处水位>5.1m，开闸排水，否则关闸；漍湖水位≥4.2m，有控制地开闸排水		
	<低水位控制线	漍湖水位≥4.2m，排水；漍湖水位<4.2m，闸泵引水				
SZ2-XMXG1方案	调水限制水位~防洪控制水位	基于6.1节方案集优选结果			直武地区水位≥4.5m，开闸；3.6m≤直武地区水位<4.5m，闸泵排水；2.8m≤直武地区水位<3.6m，开闸排水；直武地区水位<2.8m，有控制地开闸北排	无锡水位>4.2m或常州水位>4.8m，关闸；无锡水位≤4.2m且常州水位≤4.8m，开闸排水
	低水位控制线~调水限制水位					
	<低水位控制线					

续表

方案	太湖水位	新孟河工程			新沟河工程	武南河
		界牌水利枢纽	奔牛水利枢纽立交地涵	奔牛水利枢纽节制闸	遥观南枢纽	武南河闸
SZ2-XMXG2方案	调水限制水位~防洪控制水位		基于6.1节方案集优选结果		直武地区水位≥4.5m，开闸；3.3m≤直武地区水位<4.5m，闸泵排水；2.8m≤直武地区水位<3.3m，开闸排水；直武地区水位<2.8m，有控制地开闸北排	无锡水位>4.2m或常州水位>4.8m，关闸；无锡水位≤4.2m且常州水位≤4.8m，开闸排水
	低水位控制线~调水限制水位					
	<低水位控制线					

6.2.4 方案智能决策

6.2.4.1 太嘉河-杭嘉湖区骨干工程联合调控方案智能决策

太嘉河-杭嘉湖区骨干工程联合调控方案通过增大东导流引水，适度控制汤溇、幻溇等环湖口门从太湖引水，联合杭嘉湖南排工程调度的策略，以期提升杭嘉湖区地区水环境状况。

1. 水量水质模型模拟

根据各方案太湖水位以及联合调度决策调度期识别原则，1990年型全年划分为防洪调度期、水生态环境调度期、供水与水生态环境调度期等不同调度期，共计12个，见表6.2-8。水量水质模拟成果重点关注目标区域杭嘉湖区河道水流流速改善程度和水质改善程度，目标区域涉及杭嘉湖区颐塘、练市塘、运河、长山河、澜溪塘、新塍塘、平湖塘、海盐塘等骨干河道。

表6.2-8 太嘉河-杭嘉湖区骨干工程调控方案联合调度决策调度期识别（1990年型）

序号	时　间	调度期
1	1月3日至3月23日	供水与水生态环境调度期
2	3月30日至4月4日	防洪调度期
3	4月19—29日	水生态环境调度期
4	5月1—7日	防洪调度期
5	5月10—20日	水生态环境调度期
6	5月23日至6月8日	水生态环境调度期
7	6月11—19日	水生态环境调度期
8	7月2—8日	水生态环境调度期

序号	时　间	调　度　期
9	7月10日至9月1日	供水与水生态环境调度期
10	9月3—25日	防洪调度期
11	9月29日至10月7日	水生态环境调度期
12	10月11日至12月30日	供水与水生态环境调度期

（1）杭嘉湖地区水质。在 JC 方案下，杭嘉湖区骨干河道防洪调度期 NH_3—N 平均浓度在 $1.11\sim2.74mg/L$，水生态环境调度期 NH_3—N 平均浓度在 $1.16\sim2.73mg/L$，供水与水生态环境调度期 NH_3—N 平均浓度在 $1.29\sim2.84mg/L$。SZ2 - J1～SZ2 - J3 方案杭嘉湖区 NH_3—N 浓度较 JC 方案总体呈不同程度的降低趋势，其中，SZ2 - J1 方案杭嘉湖区骨干河道防洪调度期 NH_3—N 平均浓度在 $1.05\sim1.82mg/L$，水生态环境调度期 NH_3—N 平均浓度在 $1.16\sim2.3mg/L$，供水与水生态环境调度期 NH_3—N 平均浓度在 $1.13\sim2.37mg/L$。

（2）杭嘉湖区河道流速。在 JC 方案下，杭嘉湖区骨干河道流速在防洪调度期为 $0.06\sim0.27m/s$，水生态环境调度期为 $0.05\sim0.16m/s$，供水与水生态环境调度期为 $0.06\sim0.18m/s$。SZ2 - J1～SZ2 - J3 方案下杭嘉湖区骨干河道流速总体上略有增加。

2．联合调度模型计算与决策

太嘉河-杭嘉湖区骨干工程联合调控方案通过增大东导流引水，适度控制汤溇、幻溇等环湖口门从太湖引水，联合杭嘉湖南排工程调度的策略，以期提升杭嘉湖区地区水环境状况。鉴于此，重点关注水环境目标领域相关指标，各项指标归一化成果见表6.2 - 9。各指标计算时，湖泊生态水位保证率主要针对太湖，调度影响区水质改善程度、河道流速改善程度主要关注区域杭嘉湖区顿塘、练市塘、运河、长山河、澜溪塘、新塍塘、平湖塘、海盐塘等骨干河道。

表 6.2 - 9　太嘉河-杭嘉湖区骨干工程联合调控方案（1990 年型）指标归一化成果表

方案	调　度　期	水生态环境目标领域			
		湖泊生态水位保证率	调度影响区水质改善程度 NH_3—N	河道流速改善程度	重点口门引供水成本
JC 方案	防洪调度期	1.00	0.16	0.23	1.00
	水生态环境调度期	1.00	0.47	0.48	1.00
	供水与水生态环境调度期	1.00	0.79	0.43	1.00
SZ2 - J1 方案	防洪调度期	1.00	0.28	0.68	1.00
	水生态环境调度期	1.00	0.25	0.60	1.00
	供水与水生态环境调度期	1.00	0.14	0.45	1.00
SZ2 - J2 方案	防洪调度期	1.00	0.42	0.44	1.00
	水生态环境调度期	1.00	0.16	0.51	1.00
	供水与水生态环境调度期	1.00	0.26	0.71	1.00

续表

方案	调　度　期	水生态环境目标领域			
		湖泊生态水位保证率	调度影响区水质改善程度 NH_3—N	河道流速改善程度	重点口门引供水成本
SZ2-J3方案	防洪调度期	1.00	0.91	0.67	1.00
	水生态环境调度期	1.00	0.81	0.39	1.00
	供水与水生态环境调度期	1.00	0.44	0.48	1.00

注　本表仅含水生态环境目标领域各指标归一化结果。

各方案太湖生态水位均可以得到有效保障。水生态环境调度期内，对于亟须改善的 NH_3—N 指标，JC 方案调度影响区水质改善程度指标归一化值为 0.47，SZ2-J1～SZ2-J3 方案分别为 0.25、0.16 和 0.81，SZ2-J3 方案可大幅度提高杭嘉湖区总体的水质状况。河道流速在一定程度上代表了水体的流动状态，是通过工程调度改善水环境质量的重要原因。JC 方案河道流速改善程度指标归一化值为 0.48，SZ2-J1～SZ2-J3 方案分别为 0.60、0.51 和 0.39。供水与水生态环境调度期内，JC 方案河道流速改善程度为 0.43，SZ2-J1～SZ2-J3 方案分别提升为 0.45、0.71 和 0.48。综合上述分析可知，SZ2-J3 方案对于提高河道流速、改善受水地区水环境的作用相对较为显著。

JC 方案、SZ2-J1～SZ2-J3 方案目标函数分别为 84.2、86.3、86.1、92.8，其中，SZ2-J3 方案全年内大部分时间段目标函数值高于其他方案，见表 6.2-10。各方案目标函数值及水环境目标领域主要决策指标情况表明，SZ2-J3 方案为太嘉河-杭嘉湖区骨干工程联合调控方案集中的较优方案。

表 6.2-10　　太嘉河-杭嘉湖区骨干工程联合调控方案（1990 年型）决策表

调　度　期		JC 方案	SZ2-J1 方案	SZ2-J2 方案	SZ2-J3 方案
1 月 3 日至 3 月 23 日	供水与水生态环境调度期	86.0	87.9	88.9	90.4
3 月 30 日至 4 月 4 日	防洪调度期	92.4	89.5	89.3	97.8
4 月 19—29 日	水生态环境调度期	93.4	90.1	90.1	97.3
5 月 1—7 日	防洪调度期	90.5	93.0	93.0	97.0
5 月 10—20 日	水生态环境调度期	92.5	89.8	90.2	97.2
5 月 23 日至 6 月 8 日	水生态环境调度期	84.7	82.0	77.7	96.8
6 月 11—19 日	水生态环境调度期	81.0	82.4	92.6	85.8
7 月 2—8 日	水生态环境调度期	90.3	89.1	79.0	93.3
7 月 10 日至 9 月 1 日	供水与水生态环境调度期	71.2	84.2	86.2	88.1
9 月 3—25 日	防洪调度期	89.5	92.6	93.5	98.2
9 月 29 日至 10 月 7 日	水生态环境调度期	93.8	92.7	91.7	96.1
10 月 11 日至 12 月 30 日	供水与水生态环境调度期	84.9	82.8	80.1	94.5
全年		84.2	86.3	86.1	92.8

3. 调控效果分析

（1）地区水位。在 1990 年型下，SZ2-J3 方案嘉兴最低旬均水位较 JC 方案增加 0.07m，满足其允许最低旬均水位要求，见表 6.2-11。

表 6.2-11　　　　　　　杭嘉湖区主要站点水位情况统计　　　　　　　　单位：m

站　　点		双林	嘉兴	新市
JC 方案	最低旬均水位	2.92	2.67	2.91
SZ2-J3 方案	最低旬均水位	2.91	2.74	2.92
较 JC 方案变化	旬均水位	−0.01	0.07	0.01

（2）水体流动性提升。通过优化杭嘉湖区相关控制线口门调度，一定程度上加快了非汛期河网水体流速。在 1990 年型下，SZ2-J3 方案较 JC 方案骨干河道流速普遍增加，尤其是杭嘉湖南排口门附近流速显著增加，其中，长山河平均流速最大增加 4.5cm/s，京杭运河及以西大部分断面流速提升 0.4～1.4cm/s，促进了杭嘉湖区水体流动，详见表 6.2-12。

表 6.2-12　　　　　　非汛期 SZ2-J3 方案杭嘉湖区河网平均流速　　　　　单位：cm/s

断面	流　　速		流速变化
	JC 方案	SZ2-J3 方案	
頔塘上	8.0	8.7	0.7
练南塘	5.7	6.1	0.4
运河乌镇	11.8	12.3	0.5
运河练市	12.0	12.6	0.6
长山河上	8.1	8.7	0.6
长山河中	12.8	14.2	1.4
长山河下	6.8	11.3	4.5
澜溪塘	−15.5	−15.4	0.1
新塍塘	11.3	11.3	0
平湖塘	20.6	17.0	−3.6

（3）杭嘉湖区水质。由于河网水体流速的增加，杭嘉湖区氨氮指标浓度得到改善。在 1990 年型下，较 JC 方案，SZ2-J3 方案氨氮浓度改善幅度在 0.8%～15.3%，改善程度较大，详见表 6.2-13。

表 6.2-13　　　　　　杭嘉湖区非汛期 SZ2-J3 方案氨氮浓度变化情况

断　　面	JC 方案/(mg/L)	SZ2-J3 方案/(mg/L)	SZ2-J3 方案变幅/%
頔塘上	1.26	1.20	−4.5
练南塘	1.38	1.33	−3.6
运河乌镇	1.85	1.78	−4.2
运河练市	1.59	1.51	−5.3
长山河上	2.80	2.70	−3.7
长山河中	2.23	2.18	−2.2
长山河下	2.43	2.41	−0.8
澜溪塘	1.45	1.39	−4.1

断　　面	JC 方案/(mg/L)	SZ2-J3 方案/(mg/L)	SZ2-J3 方案变幅/%
新塍塘	1.72	1.68	−2.5
海盐塘	2.15	2.06	−4.2
平湖塘	2.22	2.10	−5.2
红旗塘	1.36	1.16	−15.3

（4）综合决策。在 1990 年型下，SZ2-J3 方案以东导流和太湖为主要引水水源，增加了东导流从上游地区引水，充分发挥清水入杭嘉湖区的作用，联合南排工程运行，有效促进了杭嘉湖区河网水体流动性，提升了区域水环境状况。综合联合调度模型决策结果，将 SZ2-J3 方案纳入保障水安全的水利工程体系联合调度技术方案集。

6.2.4.2　望虞河-走马塘工程联合调控方案智能决策

望虞河-走马塘工程联合调控方案针对太湖水位处于引水控制线以下的时段，对望虞河西岸支河补水进行空间和时间优化，空间上重点对望虞河西岸锡北运河以南古市桥港、杨安港、九里河卫浜优化补水，时段上考虑在西岸水质较差的 1—4 月对西岸支河重点优化补水；同时，优化白屈港控制线、沿江张家港闸调度，促进白屈港和锡澄运河引水水量进入锡北运河以南地区再由走马塘排出形成有序流动格局。

1. 水量水质模型模拟

根据各方案太湖水位以及联合调度决策调度期识别原则，1971 年型全年划分为防洪调度期、供水调度期、水生态环境调度期、供水与水生态环境调度期等不同调度期，共计 12 个，见表 6.2-14。水量水质模拟成果重点关注望虞河干流张桥、大桥角新桥水质，望虞河西岸锡北运河、羊尖塘、九里河、伯渎港、杨安港、古市桥港等河道水质，以及锡北运河新师桥、九里河卫浜、九里河黄塘河、古市桥港、双泾桥等处水流速度等。考虑到方案调控策略重点优化时段主要为太湖水位处于调水限制水位以下的区间，因此重点关注供水与水生态环境调度期，同时兼顾水生态环境调度期。

表 6.2-14　　　　　　　　　　1971 年型联合调度决策调度期识别

序号	时　　间	调　度　期
1	1 月 3 日至 2 月 7 日	供水与水生态环境调度期
2	2 月 14 日至 4 月 26 日	供水与水生态环境调度期
3	5 月 1—9 日	供水与水生态环境调度期
4	5 月 10—16 日	供水调度期
5	5 月 17 日至 6 月 4 日	供水与水生态环境调度期
6	6 月 7—30 日	防洪调度期
7	7 月 7 日至 8 月 11 日	供水与水生态环境调度期
8	8 月 13 日至 9 月 12 日	供水调度期
9	9 月 19 日至 10 月 3 日	供水与水生态环境调度期
10	10 月 10—22 日	水生态环境调度期
11	10 月 23 日至 12 月 18 日	供水与水生态环境调度期
12	12 月 26—30 日	供水与水生态环境调度期

（1）太湖水位。在1971年型下，JC方案、WYH-1～WYH-3方案太湖计算水位过程基本一致，除8月下旬至9月上旬太湖水位较低外，其余时间太湖水位均处于2.80m以上。

（2）望虞河西岸地区水质。JC方案供水与水生态环境调度期，望虞河张桥、大桥角新桥 NH_3—N 平均浓度分别为 0.65mg/L、0.5mg/L，西岸支河 NH_3—N 平均浓度为 0.94～1.95mg/L。WYH-1～WYH-3方案对西岸各支流补水流量的空间分配进行了优化调整。供水与水生态环境调度期内，古市桥港、杨安港等重点增大补水流量的西岸支流水质 NH_3—N 平均浓度为 0.77～0.94mg/L，较 JC 方案有不同程度的改善，西岸其余支河 NH_3—N 平均浓度为 0.95～1.95mg/L。

JC方案供水与水生态环境调度期，望虞河张桥、大桥角新桥 COD 平均浓度分别为 14.2mg/L、14.6mg/L，西岸支河 COD 平均浓度在 12.8～21.3mg/L。WYH-1～WYH-3方案下古市桥港、杨安港等重点增大补水流量的西岸支流水质 COD 平均浓度为 14.0～14.4mg/L，较 JC 方案有不同程度的改善，西岸其余支河 COD 平均浓度为 12.7～21.3mg/L。

2. 联合调度模型计算与决策

WYH-1～WYH-3方案针对太湖水位处于引水控制线以下时，对望虞河西岸支河补水进行空间和时间优化，空间上重点对望虞河西岸锡北运河以南古市桥港、杨安港、九里河卫浜优化补水，时段上考虑在西岸水质较差的1—4月对西岸支河重点优化补水；同时，优化白屈港控制线、沿江张家港闸调度，促进白屈港和锡澄运河引水水量进入锡北运河以南地区再由走马塘排出形成有序流动格局。鉴于此，重点关注水环境领域相关指标，各项指标归一化成果见表6.2-15。各指标计算时，湖泊生态水位保证率主要针对太湖，调度影响区水质改善程度主要考虑望虞河干流张桥、大桥角新桥以及望虞河西岸锡北运河、羊尖塘、九里河、伯渎港、杨安港、古市桥港等河道断面，河道流速改善程度主要关注锡北运河新师桥、九里河卫浜、九里河黄塘河、古市桥港、双泾桥等处，重点口门引供水成本主要针对望虞河常熟水利枢纽。

该方案集在1990年型下，水生态环境目标领域，调度影响区水质改善程度、河道流速改善程度等为敏感指标，而由于各方案下太湖水位过程无显著变化，湖泊生态水位保证率指标敏感性较差，此外重点口门引供水成本指标敏感性较差。供水与水生态环境调度期，JC方案调度影响区水质（NH_3—N）改善程度指标归一化结果为0.34，优化望虞河-走马塘调度后，WYH-1～WYH-3方案分别为0.37、0.59、0.73，其中WYH-3方案该指标改善效果最为显著。平原河网地区河道水体流动性的提升是通过优化调度提升水环境的先决条件。JC方案河道流速改善程度归一化结果为0.42，WYH-1～WYH-3方案下分别上升至0.54、0.62和0.49，其中，WYH-2方案对于改善地区河道流速效果最为显著。

JC方案、WYH-1～WYH-3方案目标函数分别为86.6、87.1、89.4、83.7，其中，供水与水生态环境调度期WYH-2方案目标函数值普遍略高于其他方案，见表6.2-16。各方案目标函数值及水环境目标领域主要决策指标情况表明，WYH-2方案为望虞河-走马塘工程联合调控方案集中的较优方案。

表 6.2－15　望虞河-走马塘工程联合调控方案（1971 年型）指标归一化成果表

方案	调度期	水生态环境目标领域				
		湖泊生态水位保证率	调度影响区水质改善程度		河道流速改善程度	重点口门引供水成本
			COD	NH₃—N		
JC方案	防洪调度期	1.00	0.10	0.03	0.73	1.00
	水生态环境调度期	1.00	0.38	0.58	0.37	1.00
	供水与水生态环境调度期	1.00	0.33	0.34	0.42	0.52
	供水调度期	1.00	0.43	0.36	0.15	0.18
WYH－1方案	防洪调度期	1.00	0.63	0.53	0.70	1.00
	水生态环境调度期	1.00	0.47	0.49	0.00	1.00
	供水与水生态环境调度期	1.00	0.35	0.37	0.54	0.36
	供水调度期	1.00	0.42	0.30	0.56	0.18
WYH－2方案	防洪调度期	1.00	0.88	0.98	0.27	1.00
	水生态环境调度期	1.00	0.38	0.28	0.75	1.00
	供水与水生态环境调度期	1.00	0.47	0.59	0.62	0.50
	供水调度期	1.00	0.64	0.70	0.76	0.37
WYH－3方案	防洪调度期	1.00	0.78	0.84	0.31	1.00
	水生态环境调度期	1.00	0.68	0.45	0.87	1.00
	供水与水生态环境调度期	1.00	0.75	0.73	0.49	0.49
	供水调度期	0.82	0.51	0.56	0.47	0.82

注　本表仅含水生态环境目标领域各指标归一化结果。

表 6.2－16　望虞河-走马塘工程联合调控方案（1971 年型）决策表

调度期		JC方案	WYH－1方案	WYH－2方案	WYH－3方案
1月3日至2月7日	供水与水生态环境调度期	85.99	87.14	86.48	84.23
2月14日至4月26日	供水与水生态环境调度期	89.44	85.47	88.97	81.66
5月1—9日	供水与水生态环境调度期	86.08	82.40	88.94	84.99
5月10—16日	供水调度期	93.73	95.03	88.88	48.85
5月17日至6月4日	供水与水生态环境调度期	84.01	86.13	83.63	80.03
6月7—30日	防洪调度期	97.63	98.79	94.39	93.69
7月7日至8月11日	供水与水生态环境调度期	83.77	84.57	91.32	85.11
8月13日至9月12日	供水调度期	85.44	86.43	96.02	82.19
9月19日至10月3日	供水与水生态环境调度期	75.51	79.66	92.17	84.60
10月10—22日	水生态环境调度期	83.89	81.22	82.05	88.30
10月23日至12月18日	供水与水生态环境调度期	84.93	89.91	87.77	85.63
12月26—30日	供水与水生态环境调度期	87.51	84.17	89.71	82.28
全年		86.6	87.1	89.4	83.7

3. 调控效果分析

(1) 望虞河对西岸地区补水量。WYH-2方案对望虞河西岸支河引水进行了时间优化，并适度控制了白屈港控制线向其东岸分水，1971年型下供水与水生态环境调度期该方案望虞河西岸补水水量较JC方案增加0.59亿 m³。同时，优化了望虞河向西岸各支流补水水量空间分配，锡北运河以南古市桥港、伯渎港杨安港分流量较JC方案均分别增加了0.11亿 m³，锡北运河分流量则减少了0.12亿 m³，张家港分流量较JC方案增加了0.57亿 m³，见表6.2-17。望虞河对西岸地区补水量的增加以及水量空间分配的优化有利于西岸地区水环境的提升。

表 6.2-17　　　　　望虞河西岸各支河引水水量（1971年型）　　　　　单位：亿 m³

统计时段	望虞河西岸支河	JC方案	WYH-2方案	水量变化
供水与水生态环境调度期	古市桥港	0.11	0.22	0.11
	九里河丰泾河	0.11	0.10	−0.01
	伯渎港杨安港	0.11	0.22	0.11
	九里河黄塘河	0.11	0.10	−0.01
	九里河卫浜	0.32	0.27	−0.05
	羊尖塘	0.11	0.10	−0.01
	锡北运河	0.33	0.21	−0.12
	张家港	2.21	2.78	0.57
	总计（不含张家港）	1.20	1.22	0.02
	总计（含张家港）	3.41	4.00	0.59

(2) 望虞河-走马塘区域水流格局。WYH-2方案适度控制白屈港控制线后，1971年型下白屈港控制线向东分水汇入走马塘的总水量较JC方案有所减少，但位于走马塘西岸锡北运河以南的伯渎港、九里河、双泾河等支流汇入走马塘的水量较JC方案增加了1.04亿 m³，同时，走马塘东岸锡北运河以南河道汇入走马塘水量也增加了0.67亿 m³，有效促进了走马塘两岸锡北运河以南区域的水流进入走马塘，完善了望虞河-走马塘区域（尤其是锡北运河以南地区）水流格局，详见表6.2-18。

(3) 水质效益分析。

1) 望虞河沿线水质。望虞河干流自长江口至太湖沿程水质监测断面依次有常熟水利枢纽闸内、虞义大桥、张桥、大桥角新桥等断面。1971年型下各方案供水与水生态环境调度期COD、NH_3—N平均浓度计算结果对比见表6.2-19。引江济太期间望虞河总体水质较好，WYH-2方案由于供水与水生态环境调度期西岸入望虞河水量逐步减少，望虞河沿线水质浓度得到改善，虞义大桥、张桥、大桥角新桥COD降低幅度分别为9.1%、8.1%和4.0%，NH_3—N降低幅度分别为1.7%、1.5%和0.7%。

2) 望虞河西岸支流水质。WYH-2方案优化了西岸各支流补水流量的时间分配，供水与水生态环境调度期WYH-2方案中古市桥港、伯渎港杨安港 NH_3—N浓度较JC方案改善幅度分别为27.7%、24.8%，水质改善较为明显。重点时段1—4月望虞河西岸各支河COD、NH_3—N浓度普遍呈改善趋势，其中，伯渎港杨安港、古市桥港等南部补水

表 6.2-18 走马塘工程进出水量对比表（1971 年型） 单位：亿 m³

统计时段	项 目			基础方案 (JC 方案)	白屈港控制线适度控制优化方案 (WYH-2 方案)	水量变化
供水与水生态环境调度期	走马塘西岸入走马塘	合计	入流	10.5	10.34	−0.16
			出流	0.38	0.62	
			代数和	10.11	9.72	
		其中，锡北运河以南	入流	1.75	2.79	1.04
			出流	0.05	0.02	
			代数和	1.70	2.77	
	走马塘东岸（望虞河西岸）入走马塘	合计	入流	1.70	2.23	1.53
			出流	0.55	1.09	
			代数和	1.15	1.14	
		其中，锡北运河以南	入流	0.87	1.54	0.67
			出流	0.54	1.04	
			代数和	0.33	0.50	

表 6.2-19 望虞河沿线水质计算成果（1971 年型）

调度期	断面	指标	水质浓度/(mg/L)		WYH-2 方案变幅/%
			JC 方案	WYH-2 方案	
供水与水生态环境调度期	虞义大桥	COD	14.8	14.55	−1.7
		NH₃—N	0.66	0.60	−9.1
	张桥	COD	14.2	13.99	−1.5
		NH₃—N	0.62	0.57	−8.1
	大桥角新桥	COD	14.37	14.27	−0.7
		NH₃—N	0.5	0.48	−4.0

较多的河道 NH_3—N 浓度改善幅度为 22%，九里河黄塘河和羊尖塘改善幅度在 14% 和 16%，详见表 6.2-20。

3）西岸河网骨干河道水质。选取望虞河西岸地区骨干河道沿线及周边关键断面进行水质分析。与 JC 方案相比，走马塘两岸大部分支河水质得到改善，其中张家港沿线区域及锡北运河以南区域改善幅度较为显著，见表 6.2-21。走马塘东岸，古市桥港、张塘河因其持续补水，水质改善幅度较大；走马塘西岸，伯渎港梅村桥、锡北运河双泾桥水质改善较为明显。

（4）综合决策。在 1971 年型下，WYH-2 方案以对望虞河西岸补水进行空间和时间优化，并考虑在西岸水质较差的 1—4 月进行重点优化补水，并通过优化促进白屈港和锡澄运河引水更多地进入锡北运河以南地区再由走马塘排出形成有序循环的方式，提升了区域水环境状况。综合联合调度模型决策结果，将 WYH-2 方案纳入保障水安全的水利工程体系联合调度技术方案集。

表 6.2－20　　　　　　　　望虞河西岸地区水质计算成果（1971 年型）

调度期/时段	断面	COD			NH₃—N		
		浓度/(mg/L)		WYH－2方案较JC方案变幅/%	浓度/(mg/L)		WYH－2方案较JC方案变幅/%
		JC方案	WYH－2方案		JC方案	WYH－2方案	
供水与水生态环境调度期	朱泾塘	14.34	14.60	1.8	2.32	2.36	1.7
	张家港	20.53	19.61	−4.5	1.80	1.63	−9.4
	锡北运河	14.85	14.67	−1.2	0.92	1.02	10.9
	羊尖塘	15.33	15.92	3.9	1.26	1.39	10.3
	九里河卫浜	14.15	14.29	1.0	1.39	1.51	8.6
	九里河黄塘河	19.13	19.38	1.3	1.67	1.73	3.0
	伯渎港杨安港	14.38	14.31	−0.5	1.25	0.94	−24.8
	伯渎港丰泾河	12.70	12.87	0.6	1.01	1.12	8.9
	古市桥港	15.15	14.21	−6.2	1.12	0.81	−27.7
重点时段1—4月	朱泾塘	13.71	13.43	−2.0	2.26	2.38	5.3
	张家港	22.77	22.43	−1.5	2.06	2.05	−0.5
	锡北运河	15.06	15.00	−0.4	0.91	1.02	12.1
	羊尖塘	15.47	15.01	−3.0	1.18	1.01	−14.4
	九里河卫浜	14.39	14.14	−1.7	1.32	1.22	−7.6
	九里河黄塘河	18.89	17.81	−5.7	1.63	1.37	−16.0
	伯渎港杨安港	14.28	14.15	−0.9	1.09	0.85	−22.0
	伯渎港丰泾河	12.64	12.57	−0.5	0.92	0.77	−16.3
	古市桥港	14.56	14.00	−3.8	0.97	0.75	−22.7

表 6.2－21　　　　　　　　望虞河西岸骨干河道平均浓度（1971 年型）

调度期	区域	断面	COD			NH₃—N		
			浓度/(mg/L)		WYH－2方案较JC方案变幅/%	浓度/(mg/L)		WYH－2方案较JC方案变幅/%
			JC方案	WYH－2方案		JC方案	WYH－2方案	
供水与水生态环境调度期	走马塘东岸	古市桥港	15.15	14.21	−6.2	1.12	0.81	−27.8
		荻泽桥　伯渎港	12.70	12.87	1.3	1.01	1.12	10.9
		立新桥　张塘河	14.38	14.31	−0.5	1.25	0.94	−24.9
		鸟嘴渡桥　九里河	14.15	14.14	−0.1	1.39	1.43	2.9
		界河桥　羊尖塘	15.33	15.92	3.8	1.26	1.39	10.5
		张家港　张家港	20.53	19.61	−4.5	1.80	1.63	−9.6
	走马塘西岸	梅村桥　伯渎港	30.09	24.68	−18.0	2.97	2.94	−1.0
		双泾桥　锡北运河	17.94	18.35	2.3	1.91	1.74	−9.1
		港下北桥　大塘河	20.92	21.14	1.0	1.85	1.91	3.4
		北国大桥　张家港	21.49	21.72	1.1	1.95	1.96	0.5

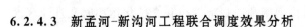
6.2.4.3　新孟河-新沟河工程联合调度效果分析

基于新孟河工程水环境调控方案决策结果，在 SZ1-XM2 方案基础上，联合新沟河工程调度，进一步分析新孟河-新沟河工程联合调控改善新孟河、新沟河工程周边武进地区的可行性。

1. 工程引排水水量

各方案武南河闸及遥观南枢纽计算流量见表 6.2-22。SZ2-XMXG1、SZ2-XMXG2方案武南河闸从滆湖引水量分别为 0.87 亿 m³、1.24 亿 m³，遥观南枢纽全年北排水量分别为 2.94 亿 m³、14.58 亿 m³。相比 JC 方案和新孟河工程单独运用方案，新孟河-新沟河联合调控方案更有助于引滆湖水入武进南部河网，同时通过新沟河遥观枢纽调度促进北排。

表 6.2-22　　　　　　　　各方案武南河闸及遥观南枢纽计算流量　　　　　　　单位：亿 m³

方案	JC 方案	SZ1-XM2 方案	SZ2-XMXG1 方案	SZ2-XMXG2 方案
武南河闸	0.22	0.37	0.87	1.24
遥观南枢纽	2.42	2.89	2.94	14.58

2. 武进地区水质

各方案武进地区区域水质状况见表 6.2-23。SZ2-XMXG1、SZ2-XMXG2 方案武进地区水质较之 JC 方案、SZ1-XM2 方案均有较大程度提高，其中 SZ2-XMXG2 方案水质改善程度更大，表明新孟河-新沟河工程联合调度对于区域水环境改善效果优于新孟河工程单独运用。

表 6.2-23　　　　　　　　　　　各方案武进地区区域水质状况

站点	指标	水质浓度/(mg/L)				较 JC 方案水质变幅/%		较 SZ1-XM2 方案水质变幅/%	
		JC 方案	SZ1-XM2 方案	SZ2-XMXG1 方案	SZ2-XMXG2 方案	SZ2-XMXG1 方案	SZ2-XMXG2 方案	SZ2-XMXG1 方案	SZ2-XMXG2 方案
武南河西段	TN	3.08	2.95	2.95	2.89	-4.1	6.0	0.1	-1.8
	COD	19.2	19.2	19.2	19.11	-0.3	-0.6	-0.1	-0.4
	NH₃—N	0.85	0.79	0.80	0.77	-6.5	-9.9	0.7	-2.8
武南河东段	TN	3.45	3.39	3.28	3.18	-4.9	-8.0	-3.3	-6.4
	COD	20.0	19.9	19.7	19.5	-1.4	-2.2	-1.1	-1.9
	NH₃—N	1.00	0.98	0.97	0.91	-3.3	-9.4	-1.2	-7.5
采菱港	TN	5.05	4.93	4.99	4.39	-1.3	-13.2	1.1	-11.0
	COD	23.0	22.7	23.0	22.2	0.1	-3.4	1.4	-2.1
	NH₃—N	1.01	1.00	0.99	0.93	-1.3	-7.8	-0.4	-6.9
武进港	TN	5.07	4.99	4.97	3.95	-1.9	-22.0	-0.4	-20.8
	COD	14.1	14.5	14.6	18.0	3.6	27.4	0.6	23.7
	NH₃—N	1.15	1.14	1.14	1.02	-0.6	-11.0	0.2	-10.3

NH₃—N 为 NH_3-N

进一步分析 SZ2－XMXG2 方案下武南河闸和遥观南枢纽联合优化运用时武进地区水质改善情况。考虑到武进地区主要水质指标中 TN 指标相对较差，故重点分析 TN 指标改善情况，并选取武南河，武南河以北采菱港、武进港，武南河以南武宜运河、永安河、武进港戴溪步行桥等主要河道进行分析，详见表 6.2－24。优化调度时段内，遥观南枢纽联合武南河闸促进武南河从滆湖引水，提升武进南部地区河网水流流动性，有助于武进地区水质改善。靠近滆湖的武宜运河段以及武南河西段 TN 浓度较武进地区其他河道浓度相对较低。SZ2－XMXG2 方案下 TN 浓度降低 7％～9％，采菱港、武进港、永安河等河道 TN 浓度可降低 10％～25％。

表 6.2－24　　　　　SZ2－XMXG2 方案下武进地区区域 TN 指标改善状况

河　道	TN 浓度/(mg/L)		改善幅度/%
	JC 方案	SZ2－XMXG2 方案	
武南河西段	2.93	2.70	−8.07
武南河	3.14	2.91	−7.32
武南河东段	3.30	3.01	−8.81
武进港	4.69	3.59	−23.45
采菱港	4.78	3.95	−17.30
武宜运河	2.75	2.54	−7.41
永安河	3.57	3.14	−11.87
武进港戴溪步行桥	3.96	3.53	−10.92

考虑到在新孟河引水的同时，新沟河同步北排，可能对运河北部区域防洪和水环境状况产生影响。因此，分析 SZ2－XMXG2 方案调度优化时段内京杭运河以北骨干河道水位、水质变化。结果显示，两方案下澡港河、十里横河、北塘河以及桃花港平均水位变幅为 0.03～0.06m，最高水位 SZ2－XMXG2 方案低于 JC 方案；平均 TN 浓度变幅为 0.06～0.25mg/L，最大 TN 浓度变幅在 0.05～0.10mg/L 范围内，表明 SZ2－XMXG2 方案基本不会增加运河以北区域防洪和水环境风险。

此外，鉴于 SZ2－XMXG2 方案加大了新沟河向运河北排的水量，因此，需考虑其对运河下游地区的防洪风险。调度优化时段 SZ2－XMXG2 方案京杭运河与武进港交汇处、洛社断面平均水位较 JC 方案上涨幅度不超过 0.06m，总体上该方案对于运河下游影响较小。

综合上述分析，将 SZ2－XMXG2 方案纳入保障水安全的水利工程体系联合调控方案集。

6.2.5　流域、区域水环境安全联合调控技术方案

针对太湖流域内太嘉河工程、新孟河工程、新沟河等新建骨干工程周边区域水环境提升需求较为突出的现象，建议分区实施联合调控。

1. 太嘉河-杭嘉湖区水环境安全联合调控技术方案

基于太嘉河-杭嘉湖区水环境改善需求，按 SZ2－J3 方案进行调度，即增加东导流引

水，控制太湖引水，同时调整杭嘉湖南排工程排水调度水位。方案以东导流和太湖为主要引水水源，可增加导流从上游地区引水，有效促进杭嘉湖区河网水体流动性，提升区域水环境状况。

方案具体如下：

（1）东导流口门：闸上水位＜3.8m 或闸上水位≥分洪水位，开闸向东岸分水；3.8m≤闸上水位＜分洪水位，若新市水位＜3.2m，适度开闸向东岸分水，若新市水位≥3.2m，关闸。

（2）环湖口门：当太湖水位在低水位线和防洪控制水位之间时，若双林水位≥3.2m，适度开闸引水，若双林水位＜3.2m，开闸；当太湖水位低于低水位控制线或高于防洪控制水位时，维持调度不变，同 JC 方案。

（3）太浦河南岸口门：当松浦大桥流量大于 100m³/s 时，南岸口门可根据地区水情引水，即嘉兴水位≥3.0m，关闸；2.8m≤嘉兴水位＜3.0m，适度开闸引水；嘉兴水位＜2.8m，开闸引水。

（4）南排工程（长山闸、南台头闸）：嘉兴水位≥3.0m，适度开闸排水；2.9m≤嘉兴水位＜3.0m，开闸排水；嘉兴水位＜2.9m，关闸。

2. 望虞河西岸地区水环境安全联合调控技术方案

基于望虞河西岸地区水环境改善需求，按 WYH-2 方案进行调度，即当太湖水位位于调水限制水位以下时，对望虞河西岸补水进行空间和时间优化，同时适当控制白屈港控制线向东岸分水。方案实施后，可改善望虞河西岸地区水资源条件，形成区域水体循环，促进西岸地区水环境改善，同时降低望虞河西岸控制对区域排水、水环境的影响。方案具体如下：

（1）望虞河西岸口门：太湖水位处于调水限制水位以下时，无锡水位＜4m，控制西岸口门不入望虞河，古市桥港、杨安港、卫浜等西岸口门按 1m³/s 从望虞河引水；其余口门间隔引水，重点时段 1—4 月加大流量引水，其余时段适当减小引水流量。太湖水位处于调水限制水位以上时，维持调度不变，同 JC 方案。

（2）白屈港控制线：当白屈港闸引水时，适当控制白屈港控制线向东供水。

3. 武进及其南部地区水环境安全联合调控技术方案

基于武进及其南部地区水环境改善需求，按 SZ2-XMXG2 方案进行调度，即在新孟河工程考虑水质因子调度的前提下，结合武南河闸的运用，新沟河工程按照直武地区近年来最低水位外包线的均值 3.3m 开启遥观南泵站进行优化调度，方案实施可增加新沟河工程北排水量，提高区域河网水体流动性，对于改善武进及其南部地区水环境产生较为明显的效果。方案具体如下：

（1）遥观南枢纽：直武地区水位≥4.5m，敞开；3.3m≤直武地区水位＜4.5m，启用闸泵排水；2.8m≤直武地区水位＜3.3m，开闸北排；直武地区水位＜2.8m，适度开闸北排。

（2）武南河闸：无锡水位＞4.2m 或常州水位＞4.8m，关闸；无锡水位≤4.2m 且常州水位≤4.8m，开闸向武进地区引水。

6.3 小结

（1）以促进太湖竺山湖水环境改善为目标，以新孟河工程初步设计阶段提出的调度方案为基础，充分考虑流域、区域水环境提升新需求，并论证分析初设阶段调度方案与其适配性，当太湖水位处于调水限制水位～防洪控制水位之间时，在新孟河界牌水利枢纽调度中增加竺山湖水质提升的关键限制因子作为调度的水质参考指标进行优化调度，构建促进太湖水环境改善的新孟河工程调度方案集。按照"信息输入-决策优选-互馈修正"的思路，采用太湖流域水资源联合调度决策系统对各方案集进行决策优选，按照目标满足度最大原则，优选提出了改善水环境的水利工程体系联合调度技术方案。当竺山湖水质较差时，新孟河工程按 SZ1－XM1 方案实施调度，即当太湖处于防洪控制水位和调水限制水位之间时，在新孟河界牌水利枢纽调度中增加竺山湖 TN 指标作为水质调度参考，加大界牌水利枢纽引水力度。相应方案纳入保障水安全的水利工程体系联合调度技术方案研究。

（2）以促进杭嘉湖区、望虞河西岸地区、常州市武进区水环境提升为目标，分别构建了太嘉河-杭嘉湖区骨干工程联合调控方案集、望虞河-走马塘工程联合调控方案集以及新孟河-新沟河工程联合调控方案集。按照"信息输入-决策优选-互馈修正"的思路，采用太湖流域水资源联合调度决策系统对各方案集进行决策优选。基于促进杭嘉湖区、望虞河西岸地区、常州市武进区水环境提升，太嘉河-杭嘉湖区骨干工程按 SZ2－J3 方案实施调度，望虞河-走马塘工程按 WYH－2 方案实施调度，新孟河-新沟河工程按 SZ2－XMXG2 方案实施调度。相应方案纳入保障水安全的水利工程体系联合调度技术方案研究。

多目标协同的水利工程体系
联合调度技术方案

7.1 技术方案内涵界定

本章基于多目标协同的思路，以保障防洪安全、保障供水安全以及改善水环境的水利工程体系联合调度技术方案为依据，综合提出望虞河、太浦河、新孟河等水利工程群联合调度方案，并通过水资源联合调度决策系统优选提出应对常规情景的多目标协同的调度方案。同时，充分考虑太湖流域可能发生的典型突发水污染事件，探索新沟河工程应急引水可行性，以及应对太浦河周边锑浓度异常事件的太浦河闸泵应急调控策略。相关成果集成形成多目标协同的水利工程体系联合调度技术方案。

7.2 常规情景下多目标协同的水利工程体系联合调度方案

7.2.1 调度研究边界条件

1. 降雨条件

结合太湖流域相关规划研究成果，选择近年平偏枯典型年 2013 年实况降雨（$P = 67.6\%$）进行调度方案研究。此外，考虑到 2013 年主要反映水资源调度的作用，而近年来，太湖流域水雨情发生较大变化，成灾暴雨日由 60～90 天缩短至 30～40 天，降雨时空分布更为集中，流域防洪出现了新的不利降雨典型，其中，2016 年为近年典型洪水年。受超强厄尔尼诺事件影响，2016 年，太湖流域降雨量为 1792.4mm，较常年偏多 47.1%，创历史新高。根据《太湖流域水文设计成果修订》降雨量分析成果，年降水频率约 0.2%，与常年相比，各水利分区降水量均偏多，偏多幅度为 26%～73%；汛期降雨量 1088.0mm，较常年偏多 50.1%，列历史第 3 位。太湖流域降雨主要集中在北部及太湖区，湖西区最大 15 天降雨量超过 200 年一遇，太湖流域发生特大洪水，地区河网水位全面超警。因此，采用 2016 年实况降雨条件（$P = 0.2\%$）分析优选方案对于保障防洪安全的调控效果。典型年太湖流域各分区降雨量情况见表 7.2-1。

表7.2-1　　　　　　　　　　　典型年太湖流域各分区降雨量情况　　　　　　　　　单位：mm

年份	流域	湖西区	武澄锡虞区	阳澄淀泖区	太湖区	杭嘉湖区	浙西区	浦东浦西区
2013	1067.4	928.3	912.5	1010.3	1005.7	1236.9	1297.0	950.3
2016	1792.4	2025.5	1887.9	1626.5	1850.2	1576.6	2034.8	1467.1

2. 长江边界条件

长江干流来水为平水时的长江边界潮位成果详见本书6.1节，长江干流来水为丰水情况同时下游潮位较高对应的长江边界潮位成果详见本书4.1节。

3. 调度研究边界条件

确定降雨条件采用太湖流域典型年实况降雨后，充分考虑流域内可能发生的不利条件，通过对比2013年太湖流域长江边界实况潮位与长江来水为平水时的长江边界潮位成果，2013年实况潮位太湖流域主要沿江口门处的低潮位相对更低，从长江潮位是否不利于引水方面考虑，基于偏不利原则确定采用典型年相应的长江实况潮位。通过对比2016年太湖流域长江边界实况潮位与长江边界潮位成果，2016年实况潮位太湖流域主要沿江口门处的高潮位相对更高，从流域洪水年时长江潮位和潮差是否不利于排水方面考虑，基于偏不利原则确定采用典型年相应的长江实况潮位。调度研究边界条件见表7.2-2。

表7.2-2　　　　　　　　　　　　调度研究边界条件表

调度研究边界条件	太湖流域降雨	流域典型年	太湖流域长江边界
调度研究边界条件1	2013典型年降雨	2013年	典型年实况潮位
调度研究边界条件2	2016典型年降雨	2016年	典型年实况潮位

7.2.2 联合调度方案集

基于多目标协同的思路，以保障防洪安全、供水安全以及改善水环境的水利工程体系联合调度技术方案研究成果为依据，优化望虞河、太浦河、新沟河、环湖口门、东导流、杭嘉湖南排工程以及新孟河工程调度，形成水利工程体系联合调度技术方案。立足提升流域区域防洪安全保障程度，以扩大流域外排能力、发挥新建骨干工程洪涝联合调度效益为目标，设计新孟河工程调度按FH1-XM2方案，新沟河工程调度按FH1-XG5方案；立足提升流域水资源供给保障程度，以保障流域区域水资源配置安全、保障重要水源地供水安全为目标，望虞河工程调度分别考虑按GS1-WY1、GS1-WY4方案，并综合考虑GS2-TH2方案，新孟河工程调度按GS1-XM1、GS1-XM4方案，太浦河工程考虑按GS2-TP2方案；立足改善流域区域水环境状况，以促进太湖水环境改善为目标，新孟河工程按SZ1-XM1方案，并以促进杭嘉湖区、望虞河西岸地区、常州市武进地区水环境改善为目标，太嘉河、杭嘉湖区骨干工程按SZ2-J3方案，望虞河、走马塘工程按WYH-2方案，新沟河工程按SZ2-XMXG2方案，详见表7.2-3。在此基础上，从发挥太湖调蓄能力的角度，考虑汛前太湖提前预泄，根据太湖预泄调度模式，进一步优化望虞河工程、太浦河工程调度方式。

表 7.2-3　　　　　　多目标协同的水利工程体系联合调度技术方案构成表

工程	A1 方案	A2 方案	A3 方案	A4 方案
望虞河工程	GS1-WY1 方案、 GS2-TH2 方案	GS1-WY4、 GS2-TH2 方案	GS1-WY1 方案、 GS2-TH2 方案， 并考虑提前预泄	GS1-WY4、 GS2-TH2 方案， 并考虑提前预泄
望虞河-走马塘工程	WYH-2 方案	同 A1 方案	同 A1 方案	同 A2 方案
太浦河工程	GS2-TP2 方案	同 A1 方案	同 A1 方案	同 A2 方案
新孟河工程	FH1-XM2 方案、 GS1-XM1 方案、 SZ1-XM1 方案、 SZ2-XMXG2 方案	FH1-XM2 方案、 GS1-XM4 方案、 SZ1-XM1 方案、 SZ2-XMXG2 方案	同 A1 方案	同 A2 方案
新沟河工程	FH1-XG5 方案、 SZ2-XMXG2 方案	同 A1 方案	同 A1 方案	同 A2 方案
太嘉河、杭嘉湖区 骨干工程	SZ2-J3 方案	同 A1 方案	同 A1 方案	同 A2 方案

2013 年为近年典型的旱涝急转年型，年内不同时期分别体现防洪调度、供水调度、水生态环境调度需求，因此选取 2013 年为典型年进行调度方案模拟。2013 年年初太湖水位为 3.34m，年初至 3 月 15 日太湖流域面平均降雨量为 159mm，预ража前期流域降雨"接近平均水平"，根据太湖预泄调度模式关联规则成果，则 3 月 16 日太湖水位很可能高于 3.1m，应采用"逐步预降"方式尽可能控制 3 月 16 日太湖水位处于 3.1m 以下。3 月 16—31 日流域面平均降雨量为 46mm，根据太湖预泄调度模式，若 3 月 16 日太湖计算水位处于 3.1m 以下，则预降后期采用 FH2-YX3 方案，即望虞河不引水（Y-WY2 方案），同时太浦河结合下游地区冬春季供水保障进一步增加供水水量（Y-TP2 方案）；若 3 月 16 日太湖计算水位高于 3.1m，根据太湖预泄调度模式，可采用 FH2-YX6 方案，即望虞河适当排水（Y-WY4 方案），同时太浦河结合下游地区冬春季供水保障进一步增加供水水量（Y-TP3 方案），但综合考虑保障流域水资源配置安全以及重要水源地供水安全的目标，调度方案考虑时，望虞河仍按不引水方案调度（Y-WY2 方案），太浦闸按 Y-TP3 方案。

多目标协同的水利工程体系联合调度技术方案集见表 7.2-4。各方案差异主要体现在 A1 方案望虞河工程、新孟河工程在保障供水安全方面分别按 GS1-WY1、GS1-XM1 方案，A2 方案望虞河工程、新孟河工程在保障供水安全方面分别按 GS1-XM4、GS1-WY4 方案；A3 方案在 A1 方案的基础上考虑了太湖提前预泄调度，A4 方案在 A2 方案的基础上考虑了太湖提前预泄调度。

表 7.2-4 多目标协同的水利工程体系联合调度技术方案集

工程	调度目标	优化区间	工程调度	
			A1 方案	A2 方案
望虞河工程	供水	望虞河常熟水利枢纽：太湖水位处于 2.8m～防洪控制水位；望亭立交：太湖水位处于调水限制水位～防洪控制水位	1. 常熟水利枢纽 （1）调水限制水位≤太湖水位＜防洪控制水位： 无锡水位≥3.6m、苏州水位≥3.5m 时，开闸排水； 地区水位较低（无锡水位＜3.2m、苏州水位＜3.1m）或当太湖水质较差（贡湖或东太湖 TN≥2.00mg/L）时，适度开闸引水； 若无引水需要，关闸； （2）泵引控制水位≤太湖水位＜调水限制水位： 张桥水位≥3.8m，关闸，张桥水位＜3.8m，5—10 月，闸泵引水；其余时间，若太湖水质较差（贡湖或东太湖 TN≥2.00mg/L 时），闸泵引水，否则开闸引水。 （3）2.8m≤太湖水位＜泵引控制水位： 张桥水位≥3.8m，关闸； 张桥水位＜3.8m，当太湖水质较差（贡湖或东太湖 TN≥2.00mg/L）时，适当加大闸泵引水。 2. 望亭立交 调水限制水位≤太湖水位＜防洪控制水位，适度开闸引水。 3. 望虞河西岸口门 太湖水位＜调水限制水位： 针对重点时段增加流量，其他时段减少流量，同时按重点口门对望虞河西岸控制工程引水流量的时空分配进行调整（无锡水位＜4m，西岸重点河道古市桥港、杨安港、卫浜按 1m³/s 持续引水，其余口门间隔引水，重点时段 1—4 月加大流量引水，其余时段减小流量引）。 4. 阳澄淀泖区环湖口门 （1）泵引控制水位≤太湖水位＜调水限制水位： 枫桥水位≥3.80m（或陈墓水位≥3.60m），关闸；3.10m≤枫桥水位＜3.80m（或 3.00m≤陈墓水位＜3.60m），相机引水；枫桥水位＜3.10m（或陈墓水位＜3.00m），适时引水。 （2）2.8m≤太湖水位＜泵引控制水位： 6 月下旬至 10 月下旬，枫桥（陈墓）水位≥2.90m，少量引水；2.75m≤枫桥（陈墓）水位＜2.90m，口门按总计 40m³/s 控制引水；枫桥（陈墓）水位＜2.75m，适时引水； 其余时段，枫桥（陈墓）水位≥2.90m，少量引水；2.65m≤枫桥（陈墓）水位＜2.90m，口门按总计 40m³/s 控制引水；枫桥（陈墓）水位＜2.65m，适时引水	1. 常熟水利枢纽 泵引控制水位≤太湖水位＜调水限制水位： 张桥水位≥3.80m，关闸，张桥水位＜3.80m，地区水位较低（湘城水位＜3.25m 或陈墓水位＜3.00m 或青阳水位＜3.50m），或太湖水质较差（贡湖或东太湖 TN≥2.00mg/L）时，闸泵引水，否则开闸引水； 其余时间，同 A1 方案。 2. 望亭立交 同 A1 方案。 3. 阳澄淀泖区环湖口门 同 A1 方案
走马塘工程	水环境	太湖水位处于调水限制水位以下	1. 望虞河常熟水利枢纽、望亭立交 同 JC 方案。 2. 走马塘工程 同 JC 方案。 3. 白屈港控制线 当白屈港闸引水时，适当控制白屈港控制线向东供水	同 A1 方案

工程	调度目标	优化区间	工 程 调 度	
			A1 方案	A2 方案
太浦河工程	供水	太湖水位处于 2.8m～防洪控制水位	1. 太浦闸 2.8m≤太湖水位＜防洪控制水位： 当 3.3m≤太湖水位＜防洪调度水位时，冬春季（1—3月）110m³/s，其余时段 80m³/s； 当 3.0m≤太湖水位＜3.3m（或防洪控制水位）时，冬春季（1—3月）90m³/s，其余时段 70m³/s； 当 2.8m≤太湖水位＜3.0m 时，冬春季（1—3月）70m³/s，其余时段 60m³/s。 2. 两岸口门 根据陈墓、嘉善水位适时引排	同 A1 方案
新孟河工程	防洪	太湖水位处于防洪控制水位以上	1. 界牌水利枢纽 5—9 月：坊前水位＜3.8m，关闸；坊前水位≥3.8m，开闸排水；坊前水位≥4.6m，开闸、开泵排水；其余时间同 JC 方案。 2. 奔牛水利枢纽 根据界牌水利枢纽相应调整调度	同 A1 方案
	水环境	太湖水位处于调水限制水位～防洪控制水位	1. 界牌水利枢纽 坊前水位≥4.2m，开闸排水； 3.7m≤坊前水位＜4.2m，若竺山湖水质较差（TN≥2.5mg/L），闸泵引水，若竺山湖水质尚可（TN＜2.5mg/L），关闸； 坊前水位＜3.7m，若竺山湖水质较差（竺山湖 TN≥2.5mg/L），闸泵引水，若竺山湖水质尚可（TN＜2.5mg/L），开闸引水。 2. 奔牛水利枢纽 根据界牌水利枢纽相应调整调度	同 A1 方案
	供水	调水限制水位～低水位控制线	界牌水利枢纽： 坊前水位≥4.2m，开闸排水； 坊前水位＜4.2m，流域作物生长期（5—10月）闸泵引水，其余时段同 JC 方案	界牌水利枢纽： 坊前水位≥4.2m，开闸排水； 3.5m≤坊前水位＜4.2m，闸泵引水； 其余时段同 JC 方案
新沟河工程	防洪、水环境	视地区水位变化	1. 新沟河江边枢纽 直武地区水位≥4.5m，闸泵排水； 2.8m≤直武地区水位＜4.5m，常州（三）≥4.3m 或无锡（大）≥3.8m，或青阳水位≥4.0m，闸泵排水；否则开闸排水； 直武地区水位＜2.8m，同 JC 方案。 2. 西直湖港闸站 直武地区水位＞4.8m，敞开； 直武地区水位处于 2.8～4.8m，开闸北排，根据需要启用闸泵北排； 直武地区水位＜2.8m，同 JC 方案。	同 A1 方案

工程	调度目标	优化区间	工程调度	
			A1 方案	A2 方案
新沟河工程	防洪、水环境	视地区水位变化	3. 遥观南枢纽 直武地区水位≥4.8m，敞开； 3.3m≤直武地区水位<4.8m，闸泵北排； 2.8m≤直武地区水位<3.3m，开闸北排； 直武地区水位<3.3m，同 JC 方案。 4. 遥观北枢纽 直武地区水位≥3.6m，或常州（三）≥4.3m 或无锡（大）≥3.8m，启用泵站北排，否则开闸北排。 5. 直湖港闸、武进港闸 直武地区水位>4.8m，开闸向太湖排水。 6. 武南河闸 无锡水位>4.2m，关闸，常州水位>4.8m，关闸； 无锡水位≤4.2m 且常州水位≤4.8m，开闸引水。 7. 采菱港节制闸 遥观南枢纽启用泵站北排期间，适当控制	同 A1 方案
太嘉河、杭嘉湖区骨干工程	水环境	环湖口门：太湖水位处于泵引控制水位～防洪控制水位	1. 东导流口门 闸上水位<3.8m 或闸上水位≥分洪水位，开启诸口门向杭嘉湖区引水或分洪；3.8m≤闸上水位<分洪水位，而杭嘉湖区水位较低时（新市水位<3.2m），适度开闸向杭嘉湖区补充环境用水，杭嘉湖水位较高（新市水位≥3.2m），关闸。 2. 湖州境内环湖口门 泵引控制水位≤太湖水位<防洪控制水位：双林水位≥3.1m，适度开闸引水，双林水位<3.1m，开闸引水； 其余时间同 JC 方案。 3. 长山闸、南台头闸 6 月 1 日至 10 月 16 日，嘉兴水位≥2.8m，开闸排水；其余时间，适当降低调度参考水位，嘉兴水位≥2.9m，开闸排水	同 A1 方案
			A3 方案	A4 方案
望虞河工程			考虑太湖预泄调度，1—3 月根据太湖预泄调度模式进行调度，其余时间，同 A1 方案	考虑太湖预泄调度，1—3 月根据太湖预泄调度模式进行调度，其余时间，同 A2 方案
太浦河工程			考虑太湖预泄调度，1—3 月根据太湖预泄调度模式进行调度，其余时间，同 A1 方案	考虑太湖预泄调度，1—3 月根据太湖预泄调度模式进行调度，其余时间，同 A2 方案
其他工程			同 A1 方案	同 A2 方案

7.2.3 方案智能决策

7.2.3.1 水量水质模型模拟

根据各方案太湖水位以及联合调度决策调度期识别原则，2013 年型全年划分为防洪调度期、水生态环境调度期、供水与水生态环境调度期等不同调度期，共计 11 个，见表7.2 - 5。

表 7.2 - 5　　　　联合调度方案联合调度决策调度期识别（2013 年型）

序号	时 间	调 度 期
1	1 月 3—14 日	水生态环境调度期
2	1 月 16 日至 3 月 19 日	供水与水生态环境调度期
3	3 月 30 日至 4 月 2 日	防洪调度期
4	4 月 11 日至 5 月 4 日	水生态环境调度期
5	5 月 6—15 日	水生态环境调度期
6	5 月 17 日至 7 月 13 日	防洪调度期
7	7 月 14—25 日	水生态环境调度期
8	7 月 30 日至 10 月 7 日	供水与水生态环境调度期
9	10 月 9—25 日	防洪调度期
10	10 月 27 日至 11 月 8 日	水生态环境调度期
11	11 月 11 日至 12 月 30 日	供水与水生态环境调度期

防洪目标领域，水量水质模拟成果重点关注与联合调度决策相关的太湖、地区代表站以及工程调度相关参考站高水位情况，望虞河常熟水利枢纽、新孟河界牌水利枢纽、新沟河江边枢纽、杭嘉湖南排工程排水流量，太湖预泄目标等；供水目标领域，水量水质模拟成果重点关注流域现有及在建引江济太工程望虞河工程、新孟河工程引水及入湖流量，太湖及地区水位代表站低水位情况，太湖贡湖水源地、太湖湖东水源地、太浦河金泽水源地水质等；水生态环境目标领域，水量水质模拟成果重点关注太湖生态水位、分湖区水质，望虞河、太浦河、新孟河沿线以及湖西区、望虞河西岸地区、杭嘉湖区等调度影响区的水质、河道流速等。

1. 防洪目标领域决策指标相关结果

（1）太湖水位。在 2013 年型下，JC 方案全年太湖最高水位为 3.84m（出现于台风期后 10 月 13 日），A1～A4 方案太湖最高水位为 3.87m（出现于 10 月 13 日），略高于 JC方案，各方案太湖水位均未超过保证水位，见图 7.2 - 1。A3、A4 方案由于采用提前预泄模式，4 月 1 日太湖水位分别为 3.10m、3.13m，基本接近预泄目标。各方案太湖计算水位成果见表 7.2 - 6。

（2）区域水位。在 2013 年型下，JC 方案下湖西区、武澄锡虞区主要代表站最高水位均未超过其保证水位，但受 10 月上旬台风期降雨影响，阳澄淀泖区湘城、陈墓，杭嘉湖区南浔、新市、嘉兴，以及浙西区杭长桥站水位短历时超保（均发生于防洪调度期），超保历时基本在 1～5 天。A1、A3 方案湖西区、武澄锡虞区、阳澄淀泖区、杭嘉湖区等主

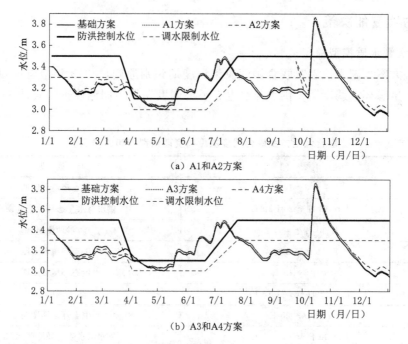

图 7.2-1　各方案太湖计算水位过程（2013 年型）

表 7.2-6　　　　　　　　　　各方案太湖计算水位成果

项　目	JC 方案	A1 方案	A2 方案	A3 方案	A4 方案
全年最低水位/m	2.94	2.96	3.00	2.95	3.00
全年最高水位/m	3.84	3.87	3.87	3.87	3.87
最高水位出现时间	10 月 13 日	10 月 13 日	10 月 13 日	10 月 13 日	10 月 13 日
4 月 1 日水位/m	3.16	3.16	3.19	3.10	3.13
超警历时/d	3	5	5	5	5

要站点最高水位较 JC 方案无显著变化，个别站点最高水位略有升高；A2、A4 方案武澄锡虞区常州、无锡、青阳，阳澄淀泖区陈墓、枫桥等站最高水位较 JC 方案上升较为明显，各站中枫桥超保历时增加 2 天，其余主要水位站超保历时基本不变，见图 7.2-2。

（3）重点外排枢纽排水流量。在 2013 年型下，防洪调度期 JC 方案望虞河常熟水利枢纽、新孟河界牌水利枢纽、新沟河江边枢纽平均排江流量分别为 160m³/s、0m³/s、72m³/s，独山枢纽、南台头闸、长山河闸、盐官下河枢纽等杭嘉湖南排工程平均排江流量共计 296m³/s。A1～A4 方案上述重点外排枢纽平均排水流量均有所增加，其中，常熟水利枢纽平均排水流量为 162～164m³/s，新沟河江边枢纽平均排水流量约为 75m³/s，杭嘉湖南排工程平均排江流量为 334～340m³/s。

2.供水目标领域决策指标相关结果

（1）骨干引供水工程引水流量。在 2013 年型下，供水与水生态环境调度期 JC 方案常熟水利枢纽引江、望亭立交入湖平均流量分别为 56m³/s、42m³/s，新孟河界牌水利枢纽引江、新孟河入湖平均流量分别为 101m³/s、113m³/s。A1、A2 方案在 JC 方案调度上考

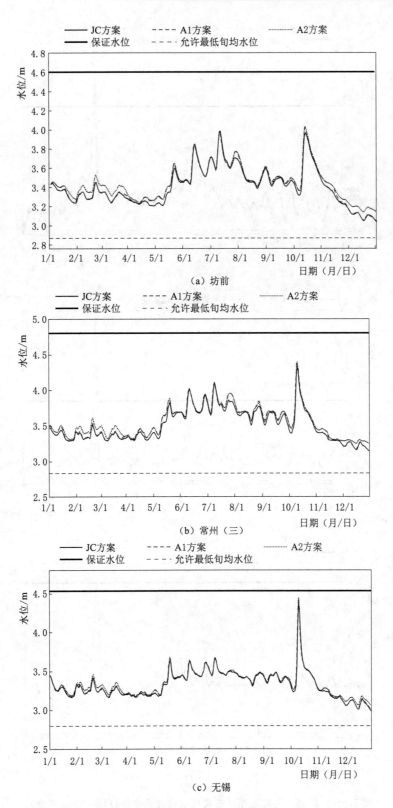

图 7.2 - 2 (一) 各方案地区主要代表站计算水位过程 (2013 年型)

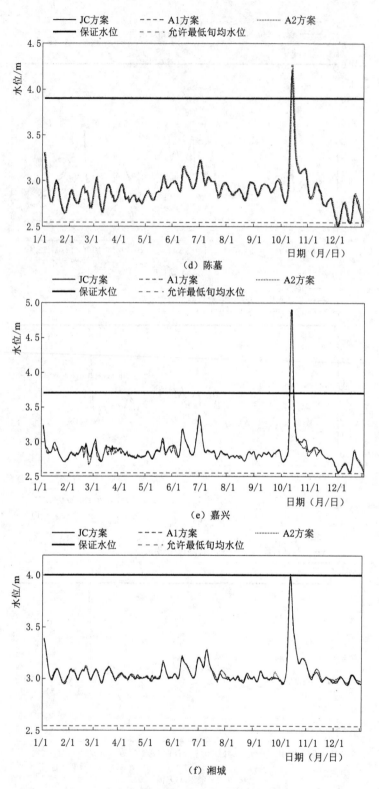

图 7.2-2（二） 各方案地区主要代表站计算水位过程（2013 年型）

虑流域水资源配置安全和太湖水源地供水保障，增加望虞河、新孟河工程引江时间，望虞河常熟水利枢纽引江、望亭立交入湖平均流量分别增加至 $108\sim123\text{m}^3/\text{s}$、$80\sim89\text{m}^3/\text{s}$；新孟河界牌水利枢纽引江、新孟河入湖平均流量分别增加至 $115\sim147\text{m}^3/\text{s}$、$114\sim121\text{m}^3/\text{s}$。A3、A4方案考虑汛前太湖提前预泄，故常熟水利枢纽引江、望亭立交入湖平均流量分别为 $90\sim100\text{m}^3/\text{s}$、$66\sim72\text{m}^3/\text{s}$；新孟河界牌水利枢纽引江、新孟河入湖平均流量分别为 $117\sim149\text{m}^3/\text{s}$、$117\sim124\text{m}^3/\text{s}$。各方案望虞河引江入湖效率均在70%以上。

（2）供水代表站水位。JC方案太湖最低水位为2.94m，A1～A4方案太湖最低水位为2.95～3.00m，太湖水位较低的时间主要出现于2月、4—5月、11—12月，各方案太湖最低水位均高于《太湖流域水资源综合规划》提出的太湖允许最低旬均水位2.8m，详见图7.2-1和表7.2-6。

JC方案中地区代表站最低水位基本满足《太湖流域水资源综合规划》明确的允许最低旬平均水位要求（陈墓站除外），详见图7.2-2和表7.2-7。A1、A3方案地区代表站最低水位较JC方案无显著变化，A2、A4方案上游湖西区、武澄锡虞区最低水位上升较为明显，湖西区最低水位较JC方案上升0.11～0.12m，武澄锡虞区最低水位较JC方案上升0.07～0.09m。

表7.2-7　　　　　各方案地区水位计算成果（2013年型）　　　　单位：m

分区	站名	允许最低旬平均水位	全年最低水位				
			JC方案	A1方案	A2方案	A3方案	A4方案
湖西区	王母观		3.10	3.11	3.22	3.11	3.22
	坊前*	2.87	3.03	3.04	3.14	3.04	3.14
武澄锡虞区	常州*	2.83	3.14	3.15	3.25	3.15	3.25
	无锡*	2.80	2.99	3.00	3.06	3.00	3.06
	青阳*	2.80	2.99	3.01	3.06	3.01	3.07
阳澄淀泖区	湘城	2.60	2.94	2.94	2.95	2.94	2.95
	陈墓*	2.55	2.51	2.51	2.51	2.50	2.51
	枫桥		2.87	2.87	2.91	2.87	2.91
杭嘉湖区	南浔*	2.55	2.75	2.76	2.79	2.75	2.79
	新市*	2.55	2.82	2.83	2.86	2.83	2.86
	嘉兴*（杭）	2.55	2.56	2.56	2.57	2.56	2.57
浙西区	杭长桥*	2.65	2.93	2.94	2.98	2.94	2.98

* 表示此站点为《太湖流域水资源综合规划》确定的分区代表站。

（3）水源地水质。

1）太湖水源地。2013年型下，JC方案全年期太湖贡湖水源地（沙墩港、贡湖）、湖东水源地（金墅港、浦庄）水质计算成果显示，主要水质指标的空间分布具有一定规律性，各水质站点中湖东水源地浦庄站水质总体优于其他水质站点；主要水质指标中TN指标较差，部分调度期均值超过2mg/L，NH_3—N指标则相对较好，基本处于Ⅰ～Ⅱ类，见图7.2-3。

通常供水与水生态环境调度期水源地供水安全保障需求较为突出，该调度期贡湖水源

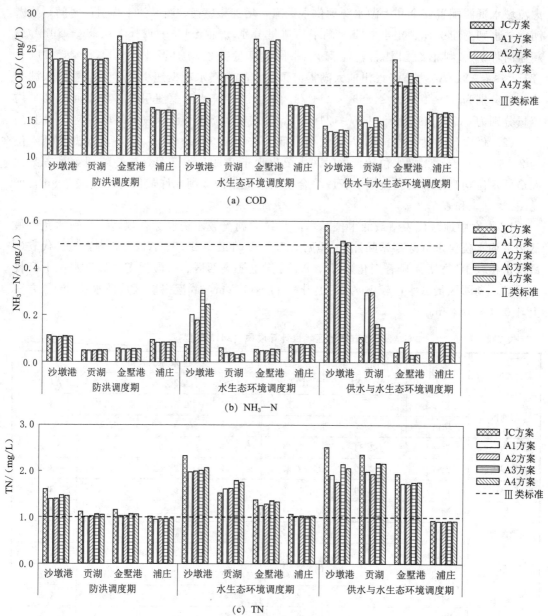

图 7.2-3 各方案太湖贡湖水源地、湖东水源地水质（2013 年型）

地、湖东水源地 COD 指标在 14.3～23.6mg/L，NH$_3$—N 指标在 0.04～0.58mg/L，TN 指标在 0.93～2.51mg/L。供水与水生态环境调度期，A1～A4 方案太湖贡湖水源地、湖东水源地水质较 JC 方案变化较为明显。贡湖水源地 COD、TN 指标总体呈下降趋势；湖东水源地 COD、TN 指标总体呈下降趋势，NH$_3$—N 指标变化相对较小。

2）太浦河金泽水源地。根据近几年调度实践，NH$_3$—N 指标是金泽水源地供水保障提升的关键因子，TN 是金泽水源地主要水质指标中较差指标，因此，重点分析供水与水生态环境调度期、水生态环境调度期金泽水源地 NH$_3$—N、TN 指标。

2013 年型下，供水与水生态环境调度期，JC 方案金泽断面 NH_3—N、TN 指标平均浓度分别为 0.37mg/L、1.83mg/L。A1～A4 方案加大太浦河供水流量后金泽断面 NH_3—N、TN 指标浓度总体呈降低趋势，A1～A4 方案金泽断面 NH_3—N 指标平均浓度为 0.33～0.35mg/L，TN 指标平均浓度为 1.76～1.78mg/L。水生态环境调度期，JC 方案金泽断面 NH_3—N、TN 指标平均浓度分别为 0.35mg/L、1.98mg/L。A1～A4 方案金泽断面 NH_3—N、TN 指标浓度同样呈降低趋势。

各方案不同调度期金泽水源地水质详见图 7.2-4。

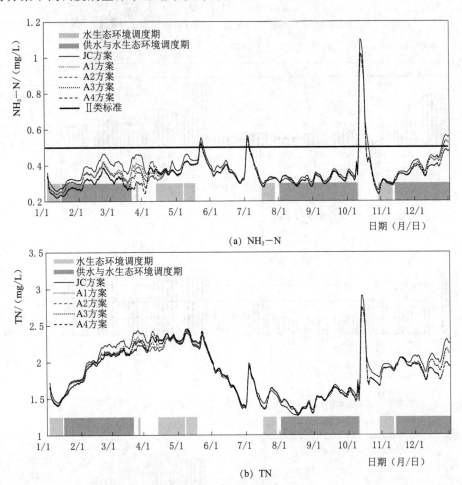

(a) NH_3—N

(b) TN

图 7.2-4　各方案不同调度期金泽水源地水质（2013 年型）

3. 水生态环境目标领域决策指标相关结果

（1）太湖生态水位。JC 方案太湖最低水位为 2.94m，A1～A4 方案太湖最低水位在 2.95～3.00m，以 2.80m 作为太湖生态水位，各方案太湖水位均满足生态水位要求。

（2）太湖分湖区水质。2013 年型下，JC 方案全年期太湖分湖区水质计算成果显示，东部沿岸区、东太湖在各湖区中相对较好，其次为贡湖、湖心区，竺山湖、梅梁湖、西部沿岸区、南部沿岸区水质相对较差，总体上分湖区计算水质能够较好地反映实际水质情况，见图 7.2-5。就具体水质指标而言，梅梁湖、竺山湖等湖区以及贡湖个别站点 COD

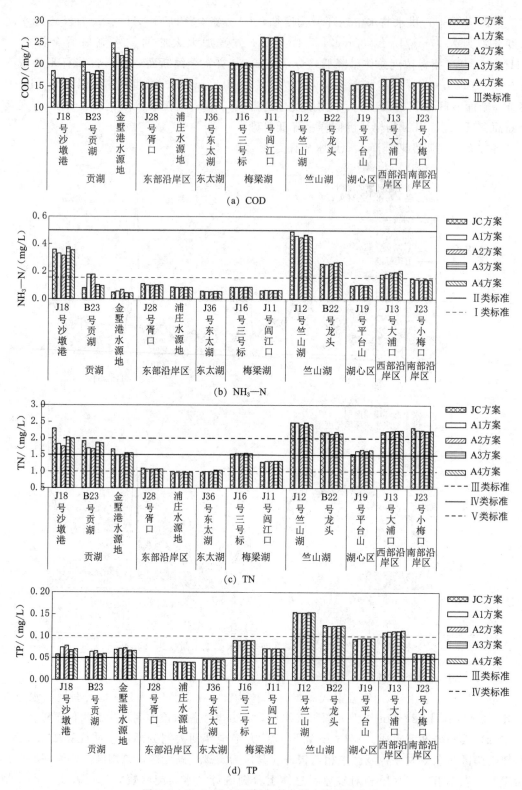

图 7.2-5 2013 年型各方案太湖全年平均水质

指标年均值相对较差（Ⅳ类），其余湖区 COD 指标年均值较好（Ⅲ类）；太湖各湖区 NH₃—N 指标均较好，年均值处于Ⅰ～Ⅱ类，其中竺山湖以及贡湖沙墩港站 NH₃—N 相对较差，竺山湖 NH₃—N 平均浓度基本为 0.26～0.49mg/L；TN 指标在各湖区中差异较大，东部沿岸区、东太湖 TN 指标相对较优，年均值为 0.97～1.09mg/L，贡湖、梅梁湖、湖心区 TN 均值为 1.28～2.3mg/L，竺山湖、西部沿岸区、南部沿岸区 TN 指标最差，平均浓度在 2.18～2.47mg/L；TP 指标年均值除东部沿岸区、东太湖处于 0.05mg/L 以下，其余湖区均高于 0.05mg/L，且以竺山湖、西部沿岸区为最差。

（3）调度影响区域水质。

1）望虞河水质。2013 年型下，JC 方案望虞河干流虞义大桥、张桥、大桥角新桥 COD、NH₃—N 等指标全年平均浓度分别在 15mg/L、0.5mg/L 左右，各断面 TN 浓度全年平均浓度在 2.23～2.50mg/L，详见图 7.2-6。A1～A4 方案望虞河干流 COD 指标全年平均浓度无显著变化，NH₃—N、TN 等指标全年平均浓度较 JC 方案下降较为显著。

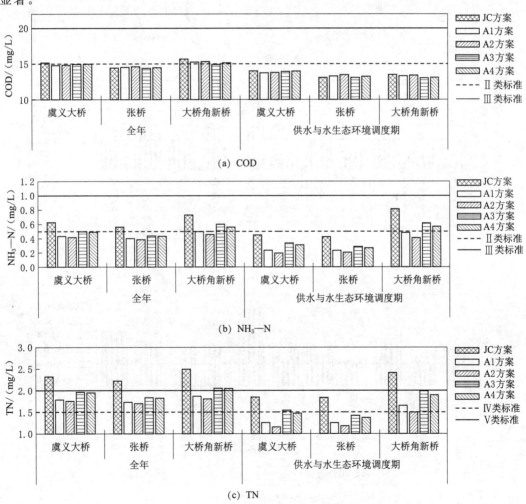

图 7.2-6　各方案望虞河计算水质（2013 年型）

供水与水生态环境调度期，JC 方案望虞河干流 COD、NH$_3$—N、TN 等指标在全年内相对较好，平均浓度低于全年平均浓度。A1～A4 方案望虞河干流 NH$_3$—N、TN 等指标平均浓度较 JC 方案有不同程度的下降，其中 NH$_3$—N、TN 指标改善尤为显著。

2）望虞河西岸地区水质。2013 年型下，供水与水生态环境调度期，望虞河西岸地区 NH$_3$—N、TN 指标较差，JC 方案 NH$_3$—N 平均浓度为 0.67～2.67mg/L，TN 平均浓度为 2.42～7.14mg/L，见图 7.2-7。A1～A4 方案望虞河西岸支河水质总体呈改善趋势，

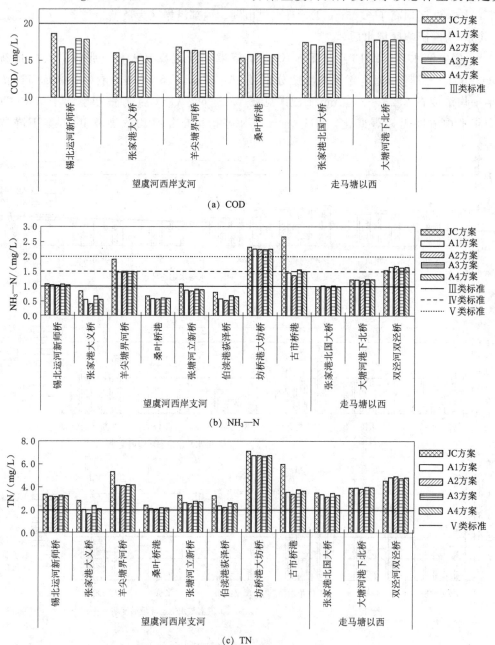

图 7.2-7　供水与水生态环境调度期各方案望虞河西岸地区计算水质（2013 年型）

其中 NH_3—N、TN 等指标平均浓度下降较为明显，空间分布上，羊尖塘、张塘河、古市桥港等支河水质改善相对更为显著，NH_3—N 指标出现跨类别提升；COD 指标变化趋势在各支河中不完全相同，但总体呈现轻微下降趋势。走马塘以西张家港北国大桥、大塘河港下北桥、双泾河双泾桥等断面水质无显著变化。

3）湖西区及武进地区水质。2013 年型下，湖西区新孟河沿线 TN 指标平均浓度劣于 V 类，全年平均浓度为 2.34～2.73mg/L，COD、NH_3—N 等指标较好，全年平均浓度处于Ⅲ类水平；武进地区武南河、采菱港、武进港等河道水质总体较差，NH_3—N、TN 等指标全年平均浓度分别为 0.82～1.11mg/L、3.05～5.25mg/L，见图 7.2-8。A1～A4方案新孟河引江水量增加后，湖西区新孟河沿线以及滆湖主要水质指标全年平均浓度基本呈下降趋势；随着滆湖水质的提升以及滆湖优质水源进入武进地区，武进地区武南河、采菱港、武进港等河道水质均有所改善。

4）杭嘉湖区水质。杭嘉湖区东导流东侧、京杭运河以西河道水质总体优于京杭运河以东地区，2013 年型下，非汛期 JC 方案东导流东侧菁山闸下、鲇鱼口闸下、洛社大闸闸下，运河以西顿塘、幻溇、练市塘等河道 NH_3—N 平均浓度在 0.5mg/L 以下；京杭运河及运河以东河道水质总体较差，NH_3—N 指标基本高于运河以西河网，非汛期 NH_3—N

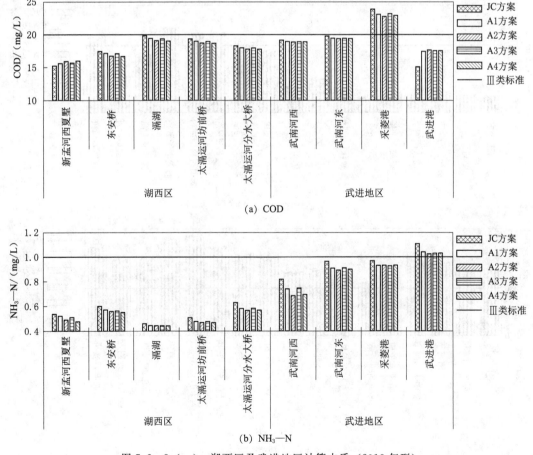

(a) COD

(b) NH_3—N

图 7.2-8（一）　湖西区及武进地区计算水质（2013 年型）

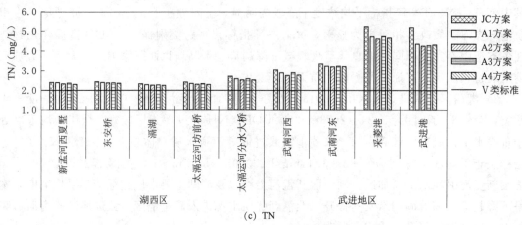

(c) TN

图 7.2-8（二） 湖西区及武进地区计算水质（2013 年型）

平均值基本在 1mg/L 左右，详见图 7.2-9。A1～A4 方案杭嘉湖区水质有不同程度的改善，整体上 NH_3-N、TN 指标改善效果较为明显，空间上京杭运河以东河网较运河以西河网改善效果较好。

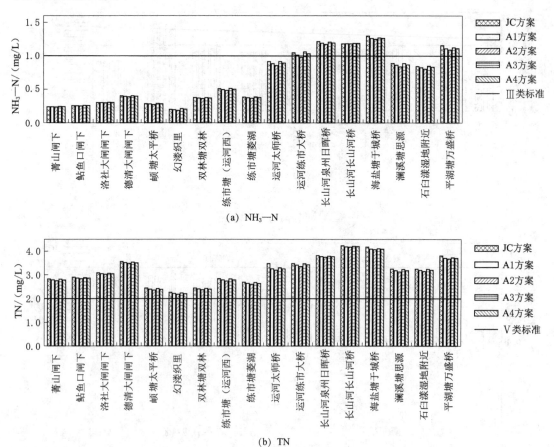

(a) NH_3-N

(b) TN

图 7.2-9 非汛期各方案杭嘉湖区计算水质（2013 年型）

7.2.3.2 联合调度模型计算与决策

立足提升流域区域防洪安全程度，联合调度技术方案集降低了汛期新孟河界牌水利枢纽排水调度参考水位，抬高了直武地区入太湖控制水位，同时依托新沟河西支增加运河及周边区域涝水北排，扩大新孟河、新沟河等流域外排能力；立足提升流域水资源供给保障程度，从保障流域区域水资源配置安全的角度，针对流域重要需水时段、区域水位较低水资源配置需求较大的时段扩大望虞河、新孟河工程引江，基于关键限制因子驱动的思路，在望虞河工程调度中增加太湖水质指标（TN）作为调度参考，以期通过增加引江入湖水资源量、促进河湖有序流动等措施提升水源地供水安全保障程度；立足提升流域水环境安全保障程度，在新孟河界牌水利枢纽调度中增加竺山湖 TN 指标作为水质调度参考，同时，结合相关区域水环境提升需求，优化了望虞河-走马塘工程、太嘉河、杭嘉湖区骨干工程调度。其中，A3、A4 方案从发挥太湖调蓄能力的角度，同时采用汛前太湖提前预泄调度模式，进一步优化望虞河工程、太浦河工程调度方式。

2013 年型该方案集防洪目标领域，重点外排枢纽排水效率、区域外排水量系数 2 项指标为敏感指标，而由于各方案下流域区域主要站点超保历时差异较小，指标敏感性相对较差。由于降低了新孟河界牌水利枢纽调度参考水位，并且在新沟河工程调度中增加常州、无锡作为调度参考站，有利于增加骨干河道排水水量，A1～A4 方案不同调度期重点外排枢纽排水效率指标较 JC 方案均有增加，其中防洪调度期该指标由 JC 方案的 0.12 增加至 0.94～0.96，防洪调度期区域外排水量系数由 JC 方案的 0.15 增加至 0.79～0.87，A3、A4 方案由于考虑太湖提前预泄，预泄目标满足度指标在各方案中较优。

供水目标领域，骨干引供水工程供水效率、水源地某一水质指标改善度、水源地某一水质指标达标率为敏感指标，而由于各方案中地区代表站水位基本满足最低旬均水位要求，因此，供水代表站水位满足度敏感性相对较差。水生态环境调度期，A1～A4 方案骨干引供水工程供水效率指标由 JC 方案的 0.35 增加至 0.58～0.66，供水与水生态环境调度期该指标较 JC 方案有所降低。A1～A4 方案由于优化望虞河及环湖口门调度，增加了望虞河引水入湖水量，供水与水生态环境调度期水源地水质指标改善程度、水源地水质指标达标率 2 项指标较 JC 方案均有明显增加，其中水源地水质指标改善程度中 TN 指标尤为显著，水源地水质指标达标率中 COD、NH$_3$—N 指标尤为显著。

水生态环境目标领域，调度影响区水质改善程度、河道流速改善程度、重点口门引供水成本 3 项指标较为敏感，而由于各方案中太湖水位均高于 2.8m，因此湖泊生态水位保证率敏感性校对较差，湖泊生态水位保证率指标在方案间无差异。A1～A4 方案调度影响区水质改善程度指标较 JC 方案有显著增加。

基于多目标协同的水利工程体系联合调度方案指标归一化成果详见表 7.2-8。

JC 方案目标函数值为 80.7，A1～A4 方案目标函数值分别为 83.8、85.3、84.5、85.4。A1、A2 方案设计的差异主要体现在太湖水位处于调水限制水位以下时，即供水与水生态环境调度期，该调度期内 A2 方案目标函数值更高，表明供水与水生态环境调度期内 A2 方案优于 A1 方案。A3、A4 方案在 A1、A2 方案基础上考虑了太湖提前预泄，因此 3 月 30 日至 4 月 2 日（防洪调度期）目标函数值显著高于其他方案，详见表 7.2-9。

表7.2-8　基于多目标协同的水利工程体系联合调度方案指标归一化成果表（2013年型）

方案	调度期	防洪目标领域				供水目标领域							水生态环境目标领域					
		重点外防洪排水枢纽组表细超保排水效率	区域外预泄排水量系数	骨干引供水工程的位程满足度	供水代水工表站水位效率	水源地水质指标改善度 COD	NH₃-N	TN	水源地水质指标达标率 COD	NH₃-N	TP	湖泊生态水位保证率	调度影响区水质改善程度 COD	NH₃-N	TP	TN	河道流速改善程度	重点口门引供水成本
JC方案	防洪调度期	0.12	0.15	0.97	1.00	0.53	0.66	0.63	0.53	0.66	0.60	1.00	0.67	0.33	0.42	0.52	0.59	0.70
	水生态环境调度期	0.48	0.71	1.00	1.00	0.54	0.66	0.72	0.54	0.66	0.62	1.00	0.50	0.45	0.44	0.45	0.60	0.54
	供水与水生态环境调度期	0.38	0.81	1.00	0.98	0.37	0.37	0.16	0.37	0.37	0.61	1.00	0.38	0.33	0.38	0.34	0.46	0.00
A1方案	防洪调度期	0.96	0.85	0.97	0.95	0.63	0.33	0.28	0.85	1.00	0.88	1.00	0.41	0.62	0.53	0.50	0.28	0.94
	水生态环境调度期	0.85	0.59	1.00	0.62	0.44	0.34	0.41	0.90	1.00	0.94	1.00	0.55	0.48	0.52	0.49	0.56	0.70
	供水与水生态环境调度期	0.78	0.79	1.00	0.22	0.55	0.52	0.72	0.86	0.98	0.75	1.00	0.53	0.60	0.65	0.58	0.33	0.33
A2方案	防洪调度期	0.95	0.87	0.95	0.95	0.50	0.44	0.42	0.85	1.00	0.92	1.00	0.36	0.54	0.36	0.48	0.25	0.94
	水生态环境调度期	0.86	0.58	1.00	0.58	0.33	0.15	0.32	0.93	1.00	0.90	1.00	0.45	0.48	0.53	0.48	0.65	0.70
	供水与水生态环境调度期	0.76	0.67	1.00	0.21	0.76	0.59	0.78	1.00	1.00	0.66	1.00	0.69	0.76	0.72	0.81	0.49	0.04
A3方案	防洪调度期	0.96	0.83	1.00	0.99	0.48	0.43	0.45	0.98	1.00	0.95	1.00	0.38	0.71	0.61	0.52	0.21	0.92
	水生态环境调度期	0.87	0.74	1.00	0.65	0.49	0.56	0.47	0.92	1.00	0.84	1.00	0.56	0.57	0.59	0.57	0.59	0.70
	供水与水生态环境调度期	0.77	0.79	1.00	0.42	0.40	0.61	0.59	0.79	0.98	0.92	1.00	0.49	0.45	0.49	0.43	0.35	0.52
A4方案	防洪调度期	0.94	0.79	0.99	0.96	0.65	0.39	0.46	0.84	1.00	0.90	1.00	0.32	0.47	0.59	0.43	0.33	0.93
	水生态环境调度期	0.87	0.73	1.00	0.66	0.48	0.50	0.36	0.90	1.00	0.87	1.00	0.51	0.54	0.57	0.51	0.57	0.70
	供水与水生态环境调度期	0.71	0.69	1.00	0.35	0.61	0.71	0.63	0.94	1.00	0.84	1.00	0.65	0.58	0.53	0.66	0.48	0.28

表 7.2 - 9   2013 年型多目标协同的水利工程体系联合调度方案决策表

调 度 期		JC 方案	A1 方案	A2 方案	A3 方案	A4 方案
1月3—14日	水生态环境调度期	78.10	87.22	86.95	88.12	87.75
1月16日至3月19日	供水与水生态环境调度期	76.10	80.83	82.24	82.00	80.44
3月30日至4月2日	防洪调度期	80.42	82.41	71.43	93.47	87.88
4月11日至5月4日	水生态环境调度期	80.60	82.89	81.12	86.53	84.36
5月6—15日	水生态环境调度期	81.50	85.43	85.44	84.72	82.83
5月17日至7月13日	防洪调度期	87.26	97.05	96.91	97.52	96.56
7月14—25日	水生态环境调度期	82.76	78.81	80.08	80.91	80.90
7月30日至10月7日	供水与水生态环境调度期	76.51	83.32	84.42	83.34	84.85
10月9—25日	防洪调度期	90.43	84.11	84.75	83.61	84.21
10月27日至11月8日	水生态环境调度期	82.10	82.48	83.88	83.78	83.71
11月11日至12月30日	供水与水生态环境调度期	80.87	73.39	81.63	73.20	81.66
全年		80.7	83.8	85.3	84.5	85.4

从各方案目标函数值，并结合水源地水质指标改善程度、水源地水质指标达标率等指标计算结果，认为 A2、A4 方案为相对较优方案，其中 A2 方案对于水源地供水安全的保障效果更优，适用于流域重要水源地水安全保障需求突出的情况，而 A4 方案对于预泄目标的满足程度更好，适用于汛前太湖水位较高，需要实施预泄调度的情况。

7.2.4 调控效果分析

7.2.4.1 防洪效益与风险分析

1. 2013 年型

（1）扩大外排效果。2013 年型下，A2、A4 方案不同时段出入湖水量、外排水量成果见表 7.2 - 10。重点分析流域防洪调度期、遭遇台风期间（10 月）调控策略相关区域出入湖水量及外排水量。

由于 A4 方案考虑太湖提前预泄，汛前期太湖水位低于 JC 方案，该方案防洪调度期历时与 JC 方案有较大差异，因此，重点针对 A2 方案分析防洪调度期流域外排及入湖水量。流域处于防洪调度期间，由于上游区域水位总体较低，因此湖西区与长江水量交换仍以引长江水为主，各方案排长江水量相对较少，A2 方案由于降低了新孟河调度的排水参考水位，防洪调度期间湖西区排长江水量较 JC 方案增加 0.53 亿 m³。武澄锡虞区与长江水量交换主要以排长江为主，由于在新沟河工程调度中增加常州、无锡站作为工程排水的调度参考站，防洪调度期武澄锡虞区排长江水量较 JC 方案增加 1.01 亿 m³。杭嘉湖区与杭州湾水量交换主要以排杭州湾为主，由于适当降低了非汛期长山闸、南台头闸排水的调度参考水位，A2 方案排杭州湾水量较 JC 方案增加 2.65 亿 m³。防洪调度期望虞河排长江水量为 12.91 亿 m³，较 JC 方案增加 1.14 亿 m³。流域防洪调度期间，A2 方案武澄锡虞区出太湖水量较 JC 方案增加 0.09 亿 m³，望虞河、太浦河出太湖水量分别增加 0.99 亿 m³、0.86 亿 m³。

表 7.2 - 10　　　　各方案出入湖及外排水量成果（2013 年型）

单位：亿 m³

项目			全年			防洪调度期					台风期（10 月）				
			JC方案	A2方案	A4方案	JC方案	A2方案	A4方案	A2方案-JC方案	A4方案-JC方案	JC方案	A2方案	A4方案	A2方案-JC方案	A4方案-JC方案
出入湖水量	湖西区	入太湖	87.04	91.94	91.94	27.03	27.88	26.41	0.85	-0.63	6.27	6.62	6.62	0.35	0.35
		出太湖	0.18	0.17	0.17	0.04	0.05	0.04	0.00	0.00	0.02	0.02	0.02	0.00	0.00
		入太湖代数和	86.86	91.76	91.76	26.99	27.83	26.36	0.84	-0.63	6.25	6.60	6.60	0.35	0.35
	武澄锡虞区	入太湖	0.17	0.25	0.25	0.11	0.20	0.19	0.09	0.09	0.09	0.18	0.18	0.09	0.09
		出太湖	5.50	5.51	5.51	1.16	1.25	1.10	0.09	-0.06	0.35	0.37	0.37	0.02	0.02
		入太湖代数和	-5.34	-5.26	-5.26	-1.05	-1.06	-0.91	0.00	0.14	-0.26	-0.19	-0.19	0.06	0.06
	望虞河	入太湖	6.99	15.30	12.80	0.00	0.00	0.00	0.00	0.00	0.45	0.72	0.72	0.27	0.27
		出太湖	6.18	7.24	6.49	6.18	7.18	6.42	0.99	0.24	2.08	2.32	2.32	0.24	0.24
		出入湖代数和	-0.81	-8.07	-6.31	6.18	7.18	6.42	0.99	0.24	1.63	1.60	1.60	-0.03	-0.03
	太浦河	出太湖	20.69	25.40	29.50	6.37	7.23	6.61	0.86	0.24	2.32	2.68	2.68	0.36	0.36
外排水量	湖西区	引江	88.53	98.07	98.07	19.54	20.44	18.97	0.90	-0.57	6.27	6.94	6.94	0.67	0.67
		排江	5.08	5.56	5.56	1.80	2.33	2.29	0.53	0.49	0.52	0.58	0.58	0.06	0.06
		排江水量代数和	-83.45	-92.50	-92.50	-17.74	-18.10	-16.68	-0.37	1.05	-5.75	-6.36	-6.36	-0.61	-0.61
	武澄锡虞区	引江	34.49	31.25	31.70	7.28	7.46	6.33	0.18	-0.95	2.23	2.12	2.09	-0.11	-0.14
		排江	54.29	56.43	56.12	13.70	14.71	13.54	1.01	-0.16	7.09	7.38	7.37	0.29	0.28
		排江水量代数和	19.80	25.18	24.42	6.42	7.25	7.21	0.83	0.79	4.86	5.26	5.28	0.40	0.41
	杭嘉湖区	引江	8.42	8.41	8.41	1.61	1.75	1.48	0.14	-0.13	0.64	0.63	0.63	0.00	0.00
		排江	39.45	45.39	45.63	23.09	25.73	25.21	2.65	2.12	11.50	12.80	12.78	1.30	1.28
		排杭州湾水量代数和	31.03	36.98	37.22	21.47	23.98	23.73	2.51	2.26	10.86	12.16	12.15	1.31	1.29
	望虞河	引江	10.27	23.59	19.77	0.03	0.00	0.00	-0.03	-0.03	0.70	1.03	1.03	0.33	0.33
		排江	11.90	13.03	11.87	11.77	12.91	11.72	1.14	-0.06	3.66	3.93	3.92	0.27	0.26
		排江水量代数和	1.64	-10.57	-7.90	11.74	12.91	11.72	1.17	-0.02	2.96	2.90	2.89	-0.06	-0.07

　　遭遇台风期间（10月）上游地区水位总体较低，湖西区与长江水量交换仍以引长江水为主，A2、A4方案排长江水量较JC方案略有增加；武澄锡虞区与长江水量交换主要以排长江为主，排长江水量较JC方案分别增加0.29亿 m^3、0.28亿 m^3；杭嘉湖区与杭州湾水量交换主要以排杭州湾为主，A2、A4方案排杭州湾水量为较JC方案增加1.30亿 m^3、1.28亿 m^3；望虞河排长江水量较JC方案分别增加0.27亿 m^3、0.26亿 m^3。遭遇台风期间（10月），A2、A4方案望虞河、太浦河出太湖水量分别增加0.24亿 m^3、0.36亿 m^3。

　　防洪调度期，流域上游地区湖西区水位相对较低，高水位主要发生于中下游区域，武澄锡虞区、杭嘉湖区等区域以及望虞河外排水量（代数和）较JC方案有所增加，遭遇台风期间，杭嘉湖区、武澄锡虞区外排水量（代数和）显著增加，表明2013年型下，A2、A4方案有利于防洪调度需求较大的中下游地区及时排泄洪涝水，进而缓解流域区域防洪风险。

　　（2）太湖高水位与汛前预泄效果。2013年，受短历时强降雨影响，各分区主要水位站最高水位出现于非汛期（10月），部分水位站最高水位超过保证水位，主要集中在下游的阳澄淀泖区、杭嘉湖区，而A2、A4方案防洪调度策略重点优化时段为汛期、调度策略主要涉及新孟河、新沟河所在的流域上游及北部区域，因此，对于2013年，重点分析A2、A4方案防洪风险。

　　太湖水位计算结果显示，JC方案下太湖最高水位为3.84m，A2、A4方案太湖最高水位为3.87m，但各方案下太湖水位超警历时均较短（3～5天），且考虑到太湖水位超警发生于汛后期，结合相关研究成果❶，综合考虑汛后期流域降雨可能与量级，认为A2、A4方案下流域并无显著防洪风险。

　　在预降太湖水位方面，A4方案由于采用提前预泄模式，4月1日太湖水位分别为3.13m，较JC方案降低0.03m，相比未采用预泄调度模式的A2方降低0.06m，详见图7.2-10。

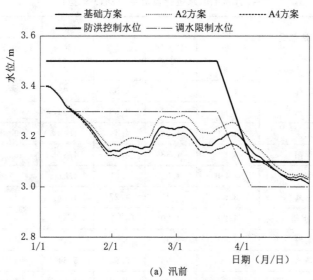

图7.2-10（一）　A2、A4方案汛前及台风期太湖计算水位（2013年型）

---

❶　太湖流域综合调度及河湖有序流动技术研究。

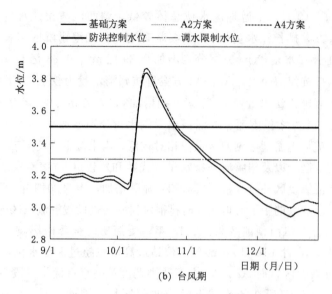

图 7.2-10（二） A2、A4 方案汛前及台风期太湖计算水位（2013 年型）

（3）区域高水位及持续时间。尽管 A2、A4 方案扩大了望虞河、新孟河引江，但同时通过优化新孟河、新沟河等工程调度，增加了外排水量，一定程度上控制了区域高水位。地区水位模拟结果显示，A2、A4 方案各分区主要水位站最高水位较 JC 方案无显著变化，常州、无锡、陈墓等站点年最高水位有一定上升 0.06～0.08m，但各水位站高水位持续时间均较短，A2、A4 方案超保历时与 JC 方案无显著差异，并未显著增加区域防洪风险，详见表 7.2-11。

表 7.2-11　　　　　　　　各方案地区水位计算成果（2013 年型）

分区	站名	保证水位 /m	全年最高水位/m			超保历时/d		
			JC 方案	A2 方案	A4 方案	JC 方案	A2 方案	A4 方案
湖西区	王母观	5.60	4.39	4.39	4.39	0	0	0
	坊前*	4.60	3.98	4.03	4.03	0	0	0
武澄锡虞区	常州*	4.80	4.32	4.39	4.39	0	0	0
	无锡*	4.53	4.36	4.44	4.43	0	0	0
	青阳*	4.85	4.33	4.37	4.37	0	0	0
阳澄淀泖区	湘城*	4.00	4.00	4.01	4.01	1	1	1
	陈墓*	3.90	4.21	4.27	4.27	3	3	3
	枫桥	4.20	4.20	4.32	4.32	0	2	2
杭嘉湖区	南浔*	4.00	4.92	4.94	4.94	4	4	5
	新市*	4.30	5.63	5.64	5.64	4	4	4
	嘉兴*（杭）	3.70	4.89	4.90	4.91	5	5	5
浙西区	杭长桥*	5.00	5.79	5.82	5.82	2	2	2

*　表示此站点为《太湖流域水资源综合规划》确定的分区代表站。

2. 2016 年型

考虑到 2013 年主要反映水资源调度的作用，因此，进一步分析 2016 年型下，水利工程体系联合调度技术方案的防洪效益。2016 年 4 月 1 日太湖计算水位满足太湖预泄目标要求，因此 A2、A4 方案调控效果一致，故仅分析 A2 方案调控效果。

（1）扩大外排效果。流域扩大外排主要依托新孟河、新沟河工程，因此，重点分析新孟河、新沟河及相关区域外排水量。汛期、造峰期各方案水量成果显示，较 JC 方案，A2 方案湖西区、武澄锡低片排长江水量有所增加，区域入太湖水量减少，见表 7.2-12。汛期湖西区、武澄锡低片排长江水量分别增加 0.71 亿 m^3（增幅 6.1%）、0.30 亿 m^3（增幅 1.9%），其中，新孟河、新沟河排长江水量分别增加 2.20 亿 m^3（增幅 37.9%）、0.59 亿 m^3（增幅 6.2%），同时湖西区、武澄锡低片入太湖水量分别减少 1.55 亿 m^3、0.14 亿 m^3。造峰期湖西区、武澄锡低片排长江水量分别增加 0.20 亿 m^3、0.12 亿 m^3，其中，新孟河、

表 7.2-12　　　　各方案湖西区、武澄锡低片区域水量成果（2016 年）　　　单位：亿 m^3

时段	统 计 项		水 量		A2 方案较 JC 方案变化
			JC 方案	A2 方案	
汛期	湖西区（含新孟河）	湖西区排长江	11.58	12.29	0.71
		湖西区入太湖	62.61	61.05	−1.55
		湖西区入武澄锡虞区	18.31	18.16	−0.15
		新孟河界牌水利枢纽排江	5.81	8.01	2.20
		奔牛水利枢纽节制闸北排	4.84	5.07	0.22
		新孟河入太湖	21.99	21.44	−0.55
	武澄锡低片（含新沟河）	武澄锡低片排江	15.74	16.04	0.30
		武澄锡低片入太湖	1.52	1.38	−0.14
		新沟河排江	9.46	10.05	0.59
		遥观北枢纽北排	7.50	7.43	−0.07
		西直湖港枢纽北排	6.68	6.21	−0.46
造峰期	湖西区（含新孟河）	湖西区排长江	7.38	7.57	0.20
		湖西区入太湖	36.54	35.87	−0.67
		湖西区入武澄锡虞区	7.69	7.59	−0.10
		新孟河界牌水利枢纽排江	3.31	4.13	0.82
		奔牛水利枢纽节制闸北排	2.11	2.46	0.35
		新孟河入太湖	12.52	12.27	−0.25
	武澄锡低片（含新沟河）	武澄锡低片排江	9.25	9.37	0.12
		武澄锡低片入太湖	1.45	1.31	−0.14
		新沟河排江	4.59	4.81	0.22
		遥观北枢纽北排	3.70	3.70	0.00
		西直湖港枢纽北排	3.30	3.58	0.28

注　本表中造峰期为 5 月 1 日至 7 月 8 日。

新沟河排江水量分别增加 0.82 亿 m³（增幅 24.8%）、0.22 亿 m³（增幅 4.8%），同时，湖西区、武澄锡低片入太湖水量分别减少 0.67 亿 m³、0.14 亿 m³。水量成果表明 A2 方案扩大外排效果较为显著，湖西区、武澄锡低片等流域中上游区域洪涝水及时排泄，进而减少了上游入太湖水量，有利于流域整体防洪安全。

（2）高水位及持续时间。随着新孟河工程、新沟河工程及相关区域外排水量的增加，2016 年型下 A2 方案较 JC 方案流域区域最高水位、高水位历时总体呈降低趋势，见表 7.2 - 13。A2 方案太湖最高水位降低 2cm，超警天数减少 3 天；湖西区坊前最高水位降低 1cm，超警天数减少 4 天，武澄锡虞区常州（三）、无锡最高水位分别降低 1cm，超警天数分别减少 1 天。

表 7.2 - 13　　　　　　　　2016 年主要站点高水位情况统计表

站点	全年最高水位/m		全年超警天数/d	
	JC 方案	A2 方案	JC 方案	A2 方案
太湖	4.86	4.84	92	89
王母观	6.97	6.97	36	36
坊前	6.17	6.16	70	66
常州（三）	6.37	6.36	45	44
无锡	4.97	4.96	39	38
洛社	5.05	5.06	40	37
青阳	4.97	4.97	31	31
戴溪	5.10	5.11	44	42

7.2.4.2　水资源效益与风险分析

1. 扩大引江效果

2013 年型下，A2、A4 方案不同时段沿江引排水、出入湖水量成果见表 7.2 - 14。全年期、太湖水位处于防洪控制水位以下时（水生态环境调度期以及供水与水生态环境调度期）调控策略相关区域沿江引水、入湖水量变化趋势总体类似，重点针对太湖水位处于防洪控制水位以下时段分析方案调控效果，同时针对流域引江济太期间，分析望虞河、新孟河工程引江济太效益。

（1）太湖水位处于防洪控制水位以下时。太湖水位处于防洪控制水位以下时，A2、A4 方案由于优化了新孟河工程调度，湖西区引江水量分别较 JC 方案增加 8.57 亿 m³、12.00 亿 m³。就具体工程而言，在望虞河工程调度中增加两岸地区相关水位站作为调度参考水位，并考虑太湖水源地供水保障需求加大引水后，A2 方案引江水量增加 13.36 亿 m³，A4 方案由于采用汛前太湖预泄模式进行调度，引江水量小于 A2 方案，较 JC 方案增加 9.51 亿 m³。A2、A4 方案在新孟河工程调度中降低其引水调度参考水位，并考虑太湖竺山湖水质改善需求加大引水后，新孟河工程引江水量较 JC 方案增加 12.17 亿 m³、13.86 亿 m³。

表 7.2-14　　　　　　　　　2013 年型各方案出入湖及外排水量成果　　　　　　单位：亿 m³

项　目			全　年			太湖水位处于防洪控制水位以下				
			JC方案	A2方案	A4方案	JC方案	A2方案	A4方案	A2方案-JC方案	A4方案-JC方案
沿江引排水量	湖西区	引江	88.53	98.07	99.72	68.81	77.39	80.81	8.57	12.00
		排江	5.08	5.56	5.60	3.25	3.20	3.32	−0.05	0.06
		引江代数和	83.45	92.50	94.12	65.56	74.18	77.50	8.62	11.94
	武澄锡虞区	引江	34.49	31.25	31.70	27.16	23.74	25.32	−3.42	−1.84
		排江	54.29	56.43	56.12	40.31	41.44	42.30	1.13	1.99
		引江代数和	−19.80	−25.18	−24.42	−13.15	−17.70	−16.98	−4.56	−3.83
	望虞河	引江	10.27	23.59	19.77	10.24	23.59	19.77	13.36	9.54
		排江	11.90	13.03	11.87	0.13	0.11	0.16	−0.02	0.03
		引江代数和	−1.64	10.57	7.90	10.11	23.48	19.62	13.37	9.51
	新孟河	引江	23.92	36.53	38.06	23.83	36.00	37.69	12.17	13.86
		排江	0.00	0.43	0.43	0.00	0.00	0.00	0.00	0.00
		引江代数和	23.92	36.10	37.63	23.83	36.00	37.69	12.17	13.86
出入湖水量	湖西区	入太湖	87.04	91.94	93.71	59.95	63.99	67.23	4.05	7.29
		出太湖	0.18	0.17	0.17	0.14	0.13	0.13	−0.01	−0.01
		入太湖代数和	86.86	91.76	93.54	59.81	63.87	67.10	4.06	7.29
	武澄锡虞区	入太湖	0.17	0.25	0.25	0.06	0.05	0.06	0.00	0.00
		出太湖	5.50	5.51	5.51	4.32	4.24	4.39	−0.08	0.07
		入太湖代数和	−5.34	−5.26	−5.26	−4.27	−4.19	−4.33	0.08	−0.07
	望虞河	入太湖	6.99	15.30	12.80	6.99	15.30	12.80	8.31	5.81
		出太湖	6.18	7.24	6.49	0.00	0.06	0.08	0.06	0.08
		出太湖代数和	0.81	8.07	6.31	6.99	15.24	12.73	8.25	5.74
	太浦河	出太湖	20.69	25.40	29.50	14.32	18.17	22.94	3.85	8.61
	新孟河	入太湖	23.92	36.53	38.06	26.35	27.87	29.42	1.52	3.07
		出太湖	0.00	0.43	0.43	0.00	0.00	0.00	0.00	0.00
		出太湖代数和	23.92	36.10	37.63	26.35	27.87	29.42	1.52	3.07

A2、A4 方案望虞河入太湖水量分别增加 8.31 亿 m³、5.81 亿 m³。A2、A4 方案湖西区入太湖水量分别较 JC 方案增加 4.05 亿 m³、7.29 亿 m³，其中新孟河入太湖水量分别增加 1.52 亿 m³、3.07 亿 m³，A4 方案湖西区入湖水量、新孟河入湖水量与 A2 方案存在差异，主要是由于太湖预泄调度模式下，望虞河引水入湖水量有所减小，太浦河出湖水量有所增加，故 A4 方案上游入湖水量进一步增加。

太湖水位处于防洪控制水位以下时望虞河、新孟河等骨干引水工程引江水量增加较为显著，有助于抬高流域区域低水位。

（2）引江济太期间。引江济太期间，JC 方案常熟水利枢纽引江水量、望亭立交入湖水量分别为 9.4 亿 m³、7.0 亿 m³，引水入湖效率为 74.4%。A2、A4 方案常熟水利枢纽引江水量、望亭立交入湖水量均显著增加，其中，A2、A4 方案引水入湖水量较 JC 方案分别增加 7.1 亿 m³、4.5 亿 m³，详见表 7.2－15。

表 7.2－15　　　　　　　　　各方案骨干工程引水量成果（2013 年型）

工程	时段	项　目	JC 方案	A2 方案	A4 方案	A2 方案－JC 方案	A2 方案－JC 方案
望虞河工程	引江济太期间	常熟水利枢纽引江水量/亿 m³	9.4	19.5	15.6	10.1	6.2
		望亭立交入湖水量/亿 m³	7.0	14.1	11.5	7.1	4.5
		引江济太入湖效率/%	74.4	72.6	73.5		
新孟河工程	引江济太期间	界牌水利枢纽引水量/亿 m³	16.83	23.20	23.88	6.37	7.05
		界牌水利枢纽排水量/亿 m³	19.05	19.09	19.94	0.04	0.89

2. 太浦闸增供效果

太浦闸工程调控策略既考虑太浦河金泽水质提升、下游水源地供水保障需求，对重点时段冬春季适当加大太浦闸供水流量，又体现汛前太湖提前预泄调度模式，因此，与 JC 方案相比，太浦闸供水流量增加主要集中在下游地区水质较差的 1—3 月，见图 7.2－11。A2、A4 方案太浦闸在水资源调度期的下泄量分别为 18.17 亿 m³、22.94 亿 m³，小于或接近《太湖流域水量分配方案》2020 年工况多年平均来水条件下河道内分配水量（22.4 亿 m³）。较 JC 方案分别增加 3.85 亿 m³、8.61 亿 m³，松浦大桥各月平均流量均满足其最小月均流量要求。因此，A2、A4 方案基本是在流域水量分配确定的太浦河河道内水量分配总量框架内根据下游地区取水安全需求而进行的优化调整。

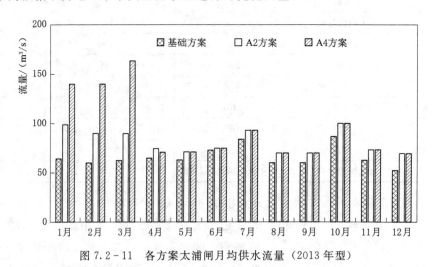

图 7.2－11　各方案太浦闸月均供水流量（2013 年型）

3. 太湖及地区代表站水位

2013 年，A2、A4 方案太湖最低水位为 3.00m，较 JC 方案升高 6cm，太湖水位较低的时间主要出现在 2 月、4—5 月、11—12 月。尽管各方案太湖最低水位均高于《太湖流域水资源综合规划》提出的太湖允许最低旬均水位 2.80m，但综合考虑流域、区域（尤其是下游地区）用水需要，认为太湖维持适宜的水位对于保障水资源供给安全是有益的，因此，进一步分析太湖低水位历时变化。A2、A4 方案全年太湖水位几乎均高于 3.0m，A2方案太湖水位低于 3.05m 的天数分别由基础方案的 60 天缩短至 40 天，A4 方案由于考虑了汛前太湖预泄，适度控制了汛前太湖水位，因此低水位持续时间略多于 A2 方案，详见表 7.2-16。

表 7.2-16　　　　　　　　2013 年型各方案太湖低水位历时统计

水　位	低水位历时/d		
	JC 方案	A2 方案	A4 方案
2.95m 以下	3	0	0
3.00m 以下	25	1	1
3.05m 以下	60	40	47

区域主要水位站计算水位显示，A2、A4 方案区域代表站最低水位基本满足其允许最低旬均水位要求（陈墓站除外），A2、A4 方案对于抬升区域低水位的效益十分显著，见表 7.2-17。A2、A4 方案湖西区主要水位站最低水位较 JC 方案升高 0.11～0.12m，武澄锡虞区主要水位站最低水位较 JC 方案升高 0.07～0.11m，阳澄淀泖区（陈墓站除外）、杭嘉湖区主要水位站最低水位较 JC 方案升高 0.01～0.04m，浙西区杭长桥站最低水位较JC 方案升高 0.05m。

表 7.2-17　　　　　　　　2013 年型各方案区域主要水位站最低水位

分区	站名	允许最低旬平均水位/m	全年最低水位/m			较 JC 方案变幅/m	
			JC 方案	A2 方案	A4 方案	A2 方案	A4 方案
湖西区	王母观		3.10	3.22	3.22	0.12	0.12
	坊前*	2.87	3.03	3.14	3.14	0.11	0.11
武澄锡虞区	常州*	2.83	3.14	3.25	3.25	0.11	0.11
	无锡*	2.80	2.99	3.06	3.06	0.07	0.07
	青阳*	2.80	2.99	3.06	3.07	0.07	0.08
阳澄淀泖区	湘城*	2.60	2.94	2.95	2.95	0.01	0.01
	陈墓*	2.55	2.51	2.51	2.51	0	0
	枫桥	2.87	2.91	2.91		0.04	0.04
杭嘉湖区	南浔	2.55	2.75	2.79	2.79	0.04	0.04
	新市*	2.55	2.82	2.86	2.86	0.04	0.04
	嘉兴*（杭）	2.55	2.56	2.57	2.57	0.01	0.01
浙西区	杭长桥*	2.65	2.93	2.98	2.98	0.05	0.05

* 表示此站点为《太湖流域水资源综合规划》确定的分区代表站。

4. 水源地水质改善情况

（1）太湖水源地。太湖水源地供水保障率分析重点针对太湖水位处于调水限制水位以下时，水质指标上主要关注水源地供水保障提升的限制指标，由前述分析可知，太湖贡湖水源地、湖东水源地 TN 为关键限值指标，COD 为相对较差指标。供水与水生态环境调度期，JC 方案贡湖水源地 COD 指标平均基本在 14.2～17.3mg/L，TN 指标平均基本在 2.18～2.39mg/L；湖东水源地 COD 指标平均基本在 15.8～24.8mg/L，TN 指标平均基本在 0.92～1.70mg/L。较 JC 方案，A2 方案贡湖水源地 COD、TN 指标平均改善程度分别为 11.7%、25.6%，湖东水源地 COD、TN 指标平均改善程度分别为 9.6%、12.2%；A4 方案贡湖水源地 COD、TN 指标平均改善程度分别为 10.0%、16.8%，湖东水源地 COD、TN 指标平均改善程度分别为 6.9%、10.4%，见表 7.2-18。

表 7.2-18　太湖贡湖水源地、湖东水源地主要水质成果

水源地	水质点	调　度　期	水质浓度/(mg/L)						A2方案变幅/%		A4方案变幅/%	
			JC方案		A2方案		A4方案		COD	TN	COD	TN
			COD	TN	COD	TN	COD	TN				
贡湖水源地	J18号沙墩港	水生态环境调度期	23.3	2.38	18.7	1.98	18.2	2.07	-19.7	-16.8	-21.9	-12.9
		供水与水生态环境调度期	14.2	2.39	13.5	1.63	13.5	1.85	-5.0	-31.8	-4.8	-22.8
	B23号贡湖	水生态环境调度期	25.9	1.42	22.1	1.54	22.2	1.70	-14.8	8.4	-14.4	19.8
		供水与水生态环境调度期	17.3	2.18	14.1	1.76	14.6	1.95	-18.4	-19.5	-15.3	-10.8
湖东水源地	金墅港	水生态环境调度期	28.1	1.24	26.2	1.13	28.0	1.18	-6.8	-8.6	-0.3	-4.3
		供水与水生态环境调度期	24.8	1.70	20.6	1.42	21.7	1.47	-17.2	-16.2	-12.4	-13.3
	浦庄	水生态环境调度期	17.6	1.02	17.4	0.98	17.5	0.98	-1.0	-4.3	0.0	-4.2
		供水与水生态环境调度期	15.8	0.92	15.5	0.84	15.6	0.85	-2.0	-8.3	-1.3	-7.4

从水质指标达标情况分析，A2 方案贡湖水源地 COD 达到Ⅲ类、NH_3—N 达到Ⅱ类、TN 达到Ⅳ类的达标率较 JC 方案分别提升 13%、3.5%、10.8%，湖东水源地 COD 达到Ⅲ类、NH_3—N 达到Ⅱ类、TN 达到Ⅳ类的达标率较 JC 方案分别提升 14%、2.9%、10.9%；A4 方案贡湖水源地、湖东水源地主要水质指标达标率提升情况与 A2 方案类似，见表 7.2-19。

表 7.2-19　太湖水源地年内水质达标率统计

水源地	水质点	类别	达　标　天　数/d									达　标　率　变　化/%					
			COD			NH_3—N			TN			COD		NH_3—N		TN	
			JC方案	A2方案	A4方案	JC方案	A2方案	A4方案	JC方案	A2方案	A4方案	A2方案	A4方案	A2方案	A4方案	A2方案	A4方案
贡湖水源地	J18号沙墩港	Ⅳ类							72	148	145					21.0	20.2
		Ⅲ类	242	285	280	89	67	77				11.9	10.5				
		Ⅱ类				263	289	279						7.2	4.4		
	B23号贡湖	Ⅳ类							136	138	136					0.6	0.0
		Ⅲ类	182	233	222	52	53	2				14.1	11.0				
		Ⅱ类				310	309	360						-0.3	13.8		
	平均											13.0	10.8	3.5	9.1	10.8	10.1

水源地	水质点	类别	达标天数/d									达标率变化/%					
			COD			NH₃—N			TN			COD		NH₃—N		TN	
			JC方案	A2方案	A4方案	JC方案	A2方案	A4方案	JC方案	A2方案	A4方案	A2方案	A4方案	A2方案	A4方案	A2方案	A4方案
湖东水源地	金墅港水源地	Ⅳ类							172	228	226					15.5	14.9
		Ⅲ类	69	165	134	21						26.5	18.0				
		Ⅱ类				341	362	362						5.8	5.8		
	浦庄水源地	Ⅳ类							339	362	362					6.4	6.4
		Ⅲ类	341	346	345							1.4	1.1				
		Ⅱ类				362	362	362						0.0	0.0		
	平均											14.0	9.5	2.9	2.9	10.9	10.6

注 水质指标达标率变化为各方案水质指标达标率与基础方案达标率之差。

模拟数据对比分析表明，总体上供水与水生态环境调度期 A2 方案、A4 方案太湖贡湖水源地、湖东水源地主要水质指标改善较为显著，水质提升关键限制指标 TN 改善程度均超 10%，年内主要水质指标 COD、TN 指标达标率提升在 10% 以上。

（2）太浦河水源地。太浦河水源地供水保障提升情况分析涵盖全年并重点关注冬春季。金泽水质与太浦闸供水流量具有较好的响应关系，2013 年型下，A2、A4 方案太浦闸加大向下游供水流量后，全年期、冬春季金泽断面 NH₃—N 平均浓度较 JC 方案均有所降低，其中 A4 方案 NH₃—N 全年平均浓度较 JC 方案降低 7.9%，冬春季较 JC 方案降低 21.6%，较大程度地提升了太浦河水源地供水的水质保障，见表 7.2 - 20。

表 7.2 - 20　　　　　2013 年各方案太浦河金泽水质

时段	指标	水质浓度/(mg/L)			较 JC 方案水质变幅/%	
		JC方案	A2方案	A4方案	A2方案	A4方案
全年	NH₃—N	0.38	0.36	0.35	−5.3	−7.9
	TN	1.90	1.85	1.85	−2.6	−2.6
冬春季	NH₃—N	0.37	0.33	0.29	−10.8	−21.6
	TN	2.01	1.94	1.91	−3.5	−5.0

7.2.4.3 水生态环境效益与风险分析

1. 太湖分湖区水质

水生态环境调度期以及供水与水生态环境调度期（太湖处于防洪控制水位以下时）A2、A4 方案太湖各湖区水质较 JC 方案普遍有所改善，尤其是调度优化策略直接影响的贡湖、竺山湖。2013 年型，A2 方案贡湖 COD、TN 指标较 JC 方案分别降低 10.7%～16.1%、10.4%～25.8%，竺山湖 COD、TP、TN 指标等指标较 JC 方案分别降低 3.2%、0.4%～1.5%、5.1%～5.9%。A4 方案各湖区水质变化趋势与 A2 方案类似，详见表 7.2 - 21。

表 7.2 - 21　　　　　　　　各方案太湖分湖区水质（2013 年型）

湖区	水质点	COD 浓度/(mg/L)			COD 变幅/%		NH₃—N 浓度/(mg/L)			NH₃—N 变幅/%	
		JC 方案	A2 方案	A4 方案	A2 方案	A4 方案	JC 方案	A2 方案	A4 方案	A2 方案	A4 方案
贡湖	J18 号沙墩港	16.64	14.87	15.01	−10.7	−9.8	0.44	0.39	0.43	−11.1	−1.2
	B23 号贡湖	19.37	16.25	17.11	−16.1	−11.7	0.09	0.22	0.11	147.4	22.3
	金墅港水源地	24.40	21.13	22.76	−13.4	−6.7	0.05	0.08	0.04	62.5	−13.7
东部沿岸区	J28 号胥口	15.85	15.55	15.73	−1.9	−0.7	0.08	0.07	0.08	−7.4	−6.3
	浦庄水源地	16.59	16.33	16.53	−1.6	−0.3	0.08	0.08	0.09	−0.1	0.4
东太湖	J36 号东太湖	15.37	15.12	15.16	−1.7	−1.4	0.06	0.06	0.06	−3.2	0.4
梅梁湖	J16 号三号标	19.72	19.49	19.62	−1.2	−0.5	0.09	0.09	0.09	0.4	−0.7
	J11 号阊江口	25.67	25.50	25.60	−0.7	−0.3	0.06	0.06	0.06	4.3	2.9
竺山湖	J12 号竺山湖	18.53	17.93	17.92	−3.2	−3.3	0.52	0.48	0.48	−7.5	−6.2
	B22 号龙头	19.14	18.53	18.51	−3.2	−3.3	0.32	0.33	0.33	1.7	3.6
湖心区	J19 号平台山	15.13	15.38	15.44	1.7	2.1	0.10	0.11	0.11	9.2	6.0
西部沿岸区	J13 号大浦口	17.02	17.19	17.32	1.0	1.7	0.19	0.21	0.22	12.6	18.2
南部沿岸区	J23 号小梅口	16.54	16.47	16.44	−0.4	−0.6	0.15	0.14	0.14	−7.2	−5.3
湖区	水质点	TP 浓度/(mg/L)			TP 变幅/%		TN 浓度/(mg/L)			TN 变幅/%	
		JC 方案	A2 方案	A4 方案	A2 方案	A4 方案	JC 方案	A2 方案	A4 方案	A2 方案	A4 方案
贡湖	J18 号沙墩港	0.063	0.090	0.078	43.0	24.0	2.46	1.83	2.12	−25.8	−13.9
	B23 号贡湖	0.054	0.073	0.065	36.6	20.6	2.12	1.84	2.07	−13.2	−2.3
	金墅港水源地	0.074	0.080	0.071	7.7	−4.1	1.79	1.60	1.67	−10.4	−6.7
东部沿岸区	J28 号胥口	0.043	0.043	0.042	−1.8	−2.2	0.97	0.95	0.96	−1.9	−0.7
	浦庄水源地	0.040	0.040	0.039	−0.6	−1.0	0.98	0.95	0.97	−2.8	−1.3
东太湖	J36 号东太湖	0.047	0.048	0.047	1.3	0.3	0.98	1.00	1.06	1.6	8.1
梅梁湖	J16 号三号标	0.090	0.089	0.089	−0.1	−0.3	1.65	1.67	1.67	1.0	1.4
	J11 号阊江口	0.071	0.072	0.071	0.1	−0.1	1.42	1.43	1.46	1.2	3.1
竺山湖	J12 号竺山湖	0.156	0.156	0.157	−0.4	0.1	2.63	2.47	2.47	−5.9	−6.0
	B22 号龙头	0.130	0.129	0.129	−1.5	−1.0	2.39	2.27	2.28	−5.1	−4.9
湖心区	J19 号平台山	0.092	0.094	0.094	2.9	2.3	1.62	1.79	1.80	10.5	11.0
西部沿岸区	J13 号大浦口	0.108	0.112	0.114	3.9	5.1	2.20	2.25	2.26	1.9	2.7
南部沿岸区	J23 号小梅口	0.060	0.059	0.060	−1.8	−1.1	2.28	2.17	2.18	−5.0	−4.7

2. 调度影响区域水质

（1）望虞河西岸地区。望虞河-走马塘联合调控策略直接影响望虞河西岸地区水质，该策略主要对太湖处于调水限制水位以下时段（供水与水生态环境调度期）进行了优化。供水与水生态环境调度期 A2、A4 方案望虞河西岸地区水质较 JC 方案改善效果显著，尤其是 NH₃—N、TN 指标。2013 年型，A2 方案望虞河西岸大部分支河 NH₃—N、TN 指标较 JC 方案降低 10% 以上，NH₃—N 最大降幅 51.5%，TN 指标最大降幅 43.5%，

COD 指标有不同程度的改善。A4 方案望虞河西岸地区水质变化趋势与 A2 方案类似，详见表 7.2-22。

（2）湖西区及武进地区水质。新孟河-新沟河联合调控策略直接影响湖西区及武进地区水质，该策略涉及年内不同调度期。A2、A4 方案湖西区及武进地区水质年均值较 JC 方案改善效果较为显著。2013 年型，A2 方案湖西区及武进地区 NH_3—N、TN 指标普遍较 JC 方案降低 5％以上或接近 5％，其中，NH_3—N 最大降幅 16.2％，TN 指标最大降幅 18.1％。A4 方案湖西区及武进地区水质变化趋势与 A2 方案类似，详见表 7.2-23。

7.2.4.4 历史类似水文条件下水源地供水保障率提升分析

根据《太湖流域水资源综合规划》，以太湖最低旬平均水位 2.65m 作为分析和判别流域水资源量余缺情况的指标；为提高太湖的供水能力以及水环境承载能力，有效改善太湖及下游地区水环境，促进太湖水生态修复，《太湖流域水资源综合规划》综合确定太湖最低旬平均水位规划目标为 2.80m。根据实测数据，近 10 年太湖水位基本处于 2.80m 以上。太湖流域为典型的水质型缺水地区，供水保障的关键限制因素为水资源质量，故重点关注水源地水质安全状况，参考水利部水利水电规划设计总院发布的《全国城市饮用水水源地安全状况评价技术细则》中水源地水质安全状况评价方法，分析水源地供水保障率。

1. 计算分析方法

（1）水源地供水保证率计算。本次采用水源地水质状况综合指数≤X 的测评次数占比来表征水源地供水保障率。

对于太湖水源地，需要评价富营养化状况，从历史水质来看，太湖长期处于中度富营养化水平，因此采用水源地水质状况综合指数≤3 的测评次数占比来表征太湖水源地供水保障率。

太浦河金泽水源地位于苏浙沪交界地区，处于长三角生态绿色一体化发展示范区的核心位置，其供水安全保障要求突出。根据 2015—2017 年太浦河金泽断面水质监测数据，高锰酸盐指数各年度年均值处于 Ⅱ～Ⅲ 类，NH_3—N 各年度年均值为 Ⅱ 类，结合太浦河金泽水源地近几年实测水质情况，采用水源地水质状况综合指数≤2 的测评次数占比来表征太浦河金泽水源地供水保障率。

（2）水源地水质状况综合指数计算。根据《全国城市饮用水水源地安全状况评价技术细则》，地表水水源地水质评价项目包括一般污染物项目、有毒物项目以及湖库营养状况指数评价，其中一般污染物项目包括溶解氧、高锰酸盐指数、化学需氧量、生化需氧量、氨氮、铜、锌等，富营养化项目针对湖库型水源地，主要评价指标包括 TP、TN、高锰酸盐指数等。河流型水源地水质状况综合指数＝0.3×一般污染物指数＋0.7×有毒污染物指数；湖库型水源地水质状况综合指数＝0.2×一般污染物指数＋0.5×有毒污染物指数＋0.3×富营养化指数。

根据《全国重要江河湖泊水功能区水质达标评价技术方案》，高锰酸盐指数、氨氮为水功能区限制纳污红线主要控制项目。综合相关技术导则并结合水源地水质实际情况水源地供水保障率提升分析主要包括一般污染物项目和富营养化项目，其中一般污染物项目选取 COD 和 NH_3—N 两项指标，富营养化项目选取 TN 指标和高锰酸盐指数，在此基础上进行综合评价。故本次采用以下方式计算水源地水质状况综合指数。

表 7.2－22　各方案望虞河西岸地区水质（2013 年型）

区域	水质点	COD浓度/(mg/L)			COD变幅/%		NH₃-N浓度/(mg/L)			NH₃-N变幅/%		TN浓度/(mg/L)			TN变幅/%	
		JC方案	A2方案	A4方案	A2方案	A4方案	JC方案	A2方案	A4方案	A2方案	A4方案	JC方案	A2方案	A4方案	A2方案	A4方案
望虞河西岸支河	锡北运河新师桥	18.64	16.50	17.86	-11.5	-4.2	1.08	1.03	1.04	-4.3	-3.8	3.35	3.15	3.23	-6.1	-3.6
	张家港大义桥	16.01	14.78	15.22	-7.7	-4.9	0.84	0.41	0.55	-51.5	-34.1	2.83	1.68	2.10	-40.6	-25.8
	羊尖塘界河桥	16.80	16.35	16.26	-2.7	-3.2	1.90	1.46	1.48	-23.0	-22.0	5.33	4.10	4.18	-23.1	-21.6
	桑叶桥港	15.30	15.91	15.80	4.0	3.3	0.67	0.57	0.60	-16.1	-11.6	2.42	2.07	2.17	-14.6	-10.3
	张塘河立新桥	<15	<15	<15			1.08	0.84	0.88	-21.8	-17.9	3.28	2.56	2.72	-22.0	-17.2
	伯渎港荻泽新桥	<15	<15	<15			0.80	0.52	0.65	-34.5	-18.3	3.25	2.22	2.55	-31.6	-21.5
	坊桥港大坊桥	<15	<15	<15			2.32	2.25	2.25	-3.2	-2.8	7.14	6.76	6.77	-5.3	-5.3
	古市桥港	<15	<15	<15			2.67	1.36	1.50	-48.9	-44.0	5.99	3.38	3.66	-43.5	-38.8
走马塘以西	张家港北国大桥	17.48	16.96	17.30	-3.0	-1.0	1.00	0.96	0.98	-3.7	-1.9	3.50	3.14	3.31	-10.3	-5.5
	大塘河港下北桥	17.65	17.75	17.83	0.5	1.0	1.23	1.19	1.23	-2.8	0.3	3.93	3.84	3.96	-2.2	0.8
	双泾河双泾桥	<15	<15	<15			1.54	1.68	1.64	9.5	7.0	4.56	4.94	4.82	8.3	5.8

表 7.2－23　各方案湖西区及武进地区水质（2013 年型）

区域	水质点	COD浓度/(mg/L)			COD变幅/%		NH₃-N浓度/(mg/L)			NH₃-N变幅/%		TN浓度/(mg/L)			TN变幅/%	
		JC方案	A2方案	A4方案	A2方案	A4方案	JC方案	A2方案	A4方案	A2方案	A4方案	JC方案	A2方案	A4方案	A2方案	A4方案
湖西区	新孟河西夏墅	15.22	15.91	15.98	4.5	5.0	0.54	0.49	0.48	-8.7	-11.3	2.41	2.33	2.30	-3.1	-4.3
	东安桥	17.46	16.72	16.66	-4.2	-4.6	0.60	0.56	0.55	-6.9	-8.3	2.44	2.38	2.36	-2.5	-3.3
	滆湖	19.83	19.09	19.02	-3.7	-4.1	0.46	0.44	0.44	-3.6	-3.8	2.34	2.26	2.25	-3.1	-3.5
	太滆运河坊前桥	19.35	18.71	18.67	-3.3	-3.5	0.51	0.47	0.47	-7.8	-7.9	2.43	2.31	2.30	-4.8	-5.1
	太滆运河分水大桥	18.29	17.79	17.78	-2.7	-2.8	0.63	0.57	0.57	-10.1	-9.7	2.73	2.53	2.54	-7.0	-6.9
武进地区	武南河西	19.16	18.87	18.90	-1.5	-1.3	0.82	0.69	0.70	-16.2	-15.1	3.05	2.77	2.79	-9.1	-8.6
	武南河东	19.77	19.38	19.39	-2.0	-1.9	0.96	0.89	0.90	-7.4	-6.6	3.35	3.20	3.22	-4.4	-4.0
	采菱港	23.85	22.74	22.89	-4.7	-4.0	0.97	0.93	0.93	-3.8	-3.7	5.25	4.64	4.69	-11.7	-10.8
	武进港	15.07	17.63	17.53	17.0	16.3	1.11	1.02	1.03	-7.6	-7.0	5.20	4.26	4.33	-18.1	-16.9

对于太浦河水源地，水质状况综合指数直接采用一般污染物指数来表征。

对于太湖水源地，水质状况综合指数＝0.45×一般污染物指数＋0.55×富营养化指数。

一般污染物项目指数根据 A_{WQ} 取值范围确定，详见表7.2-24，其计算公式如下：

$$A_{WQ} = \max_{i=1}^{n} A_i \tag{7.2-1}$$

$$A_i = \left(\frac{C_i - C_{ik}}{C_{ik+1} - C_{ik}} \right) + k \tag{7.2-2}$$

式中：A_i 为单项指标安全评价指数；C_i 为 i 指标的实测浓度；C_{ik} 为安全评价指数为 k 时，i 指标对应的标准限值，$k=1,2,3,4$；C_{ik+1} 为安全评价指数为 $k+1$ 时，i 指标对应的标准限值，$k=1,2,3,4$。当 $C_i > C_{i5}$ 时，为劣Ⅴ类水，其单项指标平均指数一律为5。

表7.2-24 一般污染物指数取值标准

A_{WQ}	(0, 1]	(1, 2]	(2, 3]	(3, 4]	(4, 5]
水质评价指数	1	2	3	4	5

富营养化指数通过评分法得到。首先将单项参数浓度值转化为评分，检测值处于表列值两者中间时可采用相邻点内插，或就高不就低处理；不同参评项目评分值取均值；用求得的均值查表计算富营养化指数，详见表7.2-25。

表7.2-25 富营养化项目及其标准

水质评价指数	评分值	TN/(mg/m³)	高锰酸盐指数/(mg/L)
1	10	20	0.15
	20	50	0.4
2	30	100	1.0
	40	300	2.0
3	50	500	4.0
	60	1000	8.0
4	70	2000	10
	80	6000	25
5	90	9000	40
	100	16000	60

2. 历史类似水文条件选取

太湖水位是流域整体水情的综合反映，因此，主要以太湖水位作为历史类似水文条件的选取依据。2013年型下，A2、A4方案供水与水生态环境调度期太湖平均水位分别为3.18m、3.16m，根据历史类似水文条件的选取要求，原则上选取太湖时段平均水位与A2、A4方案供水与水生态环境调度期太湖平均水位较为接近的时期，且根据历年太湖水位资料，以低于太湖多年平均水位作为枯水季节的历史类似水文条件。根据历史类似水文条件的选取原则，结合2013—2015年太湖水位资料，选取2013年4—5月、9月、12月，2014年6月、11月，2015年1—2月、5月作为历史类似水文条件。2013年4—5月、9、12

月，2014 年 6 月、11 月，2015 年 1—2 月、5 月期间太湖平均水位接近 2013 年型供水与水生态环境调度期太湖平均水位，且低于太湖多年平均水位，可作为历史类似水文条件。

结合实测历史水质资料情况，贡湖水源地采用沙墩港测站、贡湖测站数据，湖东水源地采用胥口测站数据，金泽水源地采用金泽测站数据，主要水质指标见表 7.2-26。

表 7.2-26   历史类似水文条件下水源地实测水质数据

水源地	测点	时间	水质/(mg/L)		
			COD	氨氮	TN
贡湖水源地	J18 号沙墩港	2013 年 4 月	16.20	0.17	2.08
		2013 年 5 月	16.20	0.05	1.55
		2013 年 9 月	23.30	0.07	2.08
		2013 年 12 月	7.50	0.05	0.96
		2014 年 6 月	16.20	0.03	1.79
		2014 年 11 月	7.50	0.04	0.56
		2015 年 1 月	7.50	0.37	2.93
		2015 年 2 月	7.50	0.89	3.32
		2015 年 5 月	7.50	0.04	2.64
	B23 号贡湖	2013 年 4 月	7.50	0.16	2.27
		2013 年 5 月	7.50	0.05	2.28
		2013 年 9 月	22.50	0.08	1.86
		2013 年 12 月	17.80	0.05	1.17
		2014 年 6 月	15.40	0.03	2.01
		2014 年 11 月	7.50	0.07	0.50
		2015 年 1 月	7.50	0.24	2.75
		2015 年 2 月	7.50	0.64	3.30
		2015 年 5 月	7.50	0.05	2.32
湖东水源地	浦庄	2013 年 4 月	18.10	0.18	2.51
		2013 年 5 月	17.90	0.04	2.07
		2013 年 9 月	22.20	0.06	0.47
		2013 年 12 月	7.50	0.06	0.58
		2014 年 6 月	15.20	0.03	1.48
		2014 年 11 月	7.50	0.06	0.44
		2015 年 1 月	7.50	0.08	0.71
		2015 年 2 月	7.50	0.22	0.89
		2015 年 5 月	7.50	0.06	1.73
太浦河金泽水源地	金泽	2013 年 4 月	15.60	0.60	—
		2013 年 5 月	20.10	0.94	—
		2013 年 9 月	25.70	0.53	—

续表

水源地	测点	时间	水质/(mg/L)		
			COD	氨氮	TN
太浦河金泽水源地	金泽	2013年12月	16.20	0.90	—
		2014年6月	16.20	0.64	—
		2014年11月	7.50	0.37	—
		2015年1月	7.50	0.41	—
		2015年2月	15.90	0.93	—
		2015年5月	7.50	0.22	—

注　资料来源为省界水体水质监测资料。

3. 水源地供水保障率提升分析

根据前述方法，分别计算历史类似水文条件下，A2、A4方案供水与水生态环境调度期各水源地水质状况综合指数，见表7.2-27、表7.2-28。在此基础上，计算水源地供水保障率提升情况，A2方案供水与水生态环境调度期太湖贡湖水源地、湖东水源地以及太浦河水源地水质保障率较历史类似水文条件下分别提升21.4%、25.5%、11.9%，A4方案分别提升19.7%、25.5%、11.9%，详见表7.2-28。

表7.2-27　　　　　　　　历史类似水文条件下水源地水质状况综合指数

时间	贡湖水源地		湖东水源地	太浦河金泽水源地
	J18号沙墩港	B23号贡湖	浦庄（J28号胥口）	金泽水源地
2013年4月	3.550	3.100	3.550	3.000
2013年5月	3.303	2.650	3.550	4.000
2013年9月	4.000	3.923	3.368	4.000
2013年12月	2.100	3.094	2.100	3.000
2014年6月	3.435	3.550	3.264	3.000
2014年11月	2.100	2.100	1.935	2.000
2015年1月	3.100	3.100	2.100	3.000
2015年2月	3.550	3.550	2.550	3.000
2015年5月	2.650	2.650	2.502	2.000

表7.2-28　　　　　　　A2、A4方案水源地供水安全保障率分析　　　　　　　%

水质安全达标保证率	贡湖水源地			湖东水源地	太浦河金泽水源地
	J18号沙墩港	B23号贡湖	平均	浦庄	金泽水源地
历史类似水文条件下	33.3	33.3	33.3	55.6	33.3
A2方案（供水与水生态环境调度期）	70.3	39.2	54.7	81.1	45.3
A2方案提升程度	36.9	5.9	21.4	25.5	11.9
A4方案（供水与水生态环境调度期）	66.9	39.2	53.0	81.1	45.3
A4方案提升程度	33.6	5.9	19.7	25.5	11.9

7.3 应对典型突发水污染事件应急调控策略研究

通过分析近几年太湖流域发生的蓝藻水华、锑浓度超标等水质恶化事件及其原因，选取典型突发水污染事件开展应急调控研究。太湖易受"蓝藻水华"事件的影响，根据《太湖健康状况报告》，空间分布上，重度蓝藻水华主要出现在梅梁湖、竺山湖和西部沿岸区，如 2007 年 5 月梅梁湖湾、贡湖湾受蓝藻暴发影响，水质急剧恶化，影响供水安全。太浦河是太湖流域引江济太重要供水河道，太浦河水源地上游区域纺织、印染企业众多，为锑释放的主要来源，当杭嘉湖区域降雨量较大时，太浦河周边河网含锑污水易进入太浦河干流，太浦河干流锑浓度存在超标风险。近年来，太浦河及周边河网多次发生锑浓度异常事件，影响太浦河水源地供水安全。因此，本节针对太湖（梅梁湖）蓝藻水华暴发事件，依托新建的新沟河工程，探索新沟河工程应急引水可行性，针对近年来太浦河及周边河网发生的锑浓度异常事件，研究提出太浦河周边锑浓度异常事件应急调控方案，避免或减小锑浓度异常事件对太浦河干流的影响，保障太浦河水源地供水安全。

7.3.1 应对梅梁湖突发水污染事件新沟河应急引水研究

7.3.1.1 问题提出

太湖发生蓝藻暴发是太湖水质恶化的典型事件，根据《太湖健康状况报告》，梅梁湖是太湖蓝藻暴发的重点湖区。根据新沟河工程定位，新沟河引长江水入梅梁湖，是应急处置梅梁湖突发水污染事件的重要手段，也是补充太湖水资源量、解决外排梅梁湖水后太湖水资源平衡的可行途径。实际调度中，对于引水入太湖的水质具有一定要求，原则上直湖港湖山桥断面水质达到Ⅲ类方可入湖。应对梅梁湖突发水污染事件对新沟河应急引水入梅梁湖水量、水质也有一定要求。因此，有必要研究应对梅梁湖突发水污染事件时的新沟河应急引水可行性及应急调控策略，为实际调度提供参考依据。

7.3.1.2 调度研究边界条件

考虑突发水污染事件，按照偏不利的原则，构建"水文-外边界-突发水污染事件"组合的调度研究边界条件，详见表 7.3-1。

表 7.3-1 调度研究边界条件表

降 雨	长江边界	污染事件发生地点	主要应对问题
1990 年实况降雨	1990 年实况	太湖梅梁湖	梅梁湖水质恶化

7.3.1.3 新沟河应急引水调度方案设计

为了保证新沟河引水入梅梁湖水质，初期引入的长江来水从新沟河支河退水入河网，待新沟河全线水质有所改善后开启直湖港闸引水入梅梁湖。基于以上思路，分为两个阶段实施应急引水调度。

第一阶段主要验证分析新沟河工程江边枢纽趁潮自引时引水水量、对于直武地区水体流动性提升、水环境改善的作用。新沟河江边枢纽趁高潮开闸引水，西直湖港闸站开闸南引，对新沟河石堰节制闸及其东支两岸支河口门进行控制，直湖港闸关闭，新沟河东支靠近太湖的 2 处口门（东岸洋溪河口门、西岸故城河口门）开启，其余支河口门关闭，以促进清水南下改善新沟河干流及运河以南河网水质。第一阶段初拟调度期为 5 天。

第二阶段分析新沟河江边枢纽闸泵引水方式下引水入湖的水量水质情况，分析论证新沟河应急引水入湖可行性。新沟河江边枢纽启用闸泵引水，西直湖港闸站开闸南引，新沟河东支两岸支河口门控制，直湖港闸视直湖港湖山桥断面水质、太湖水质情况开闸引水入湖或保持关闭。太湖流域目前开展的引江济太调度中，采用 NH_3-N、高锰酸盐指数作为水质调度指标，采用 TP、DO 作为调度参考指标。因此，直湖港入湖水质指标参照日常调度指标，当 NH_3-N、高锰酸盐指数满足Ⅲ类标准时，可开启直湖港闸引水入湖，若 NH_3-N、高锰酸盐指数不满足Ⅲ类标准，TP、DO 满足Ⅲ类时，有控制地开闸引水入湖。第二阶段初拟调度期为 5 天。

新沟河工程应急引水调度方案见表 7.3-2。

表 7.3-2 　　　　　　　　　新沟河工程应急引水调控方案

阶段	江边枢纽	石堰节制闸	西直湖港闸站	西直湖港北枢纽	西直湖港南枢纽	东支沿线口门	遥观北枢纽、遥观南枢纽	西支沿线口门	直湖港闸
第一阶段（第1～第5天）	高潮引水，低潮关闸（日均引水流量不足30m³/s，启用1台泵站辅助引水）	关闸	开闸南引	地涵畅通	地涵畅通，关闭西直湖港与锡溧漕河的沟通	运河以南2处口门（东岸洋溪河闸、西岸故城河闸）开启，适当向地区补水，其余口门关闭	保持北排	敞开	关闸
第二阶段（第6～第10天）	闸泵引水（引水流量不小于90m³/s）	关闸	开闸南引			全部关闭			视太湖水质情况开闸

7.3.1.4 新沟河应急引水可行性分析

为论证初拟的新沟河应急引水调度方案可行性，采用太湖流域水量水质数学模型进行模拟分析。鉴于 1990 年降雨规律接近流域多年平均状况，选择 1990 年作为典型年进行模拟计算，考虑应急引水的偏不利情形，选取长江潮位相对较低的 12 月中上旬为模拟时段。

1. 地区水位

模拟时段内，新沟河周边区域主要水位站特征水位见表 7.3-3。直武地区代表站戴溪水位为 3.26～3.35m，白芍山水位为 2.80～3.41m，地区水位低于区域 5 年一遇水位 4.5m，且基本满足河道通航水位、水利工程安全运行要求。

表 7.3-3 　　　　　　　　　模拟时段内主要水位站特征水位

水位站	平均水位/m	最低水位/m	最高水位/m
戴溪	3.31	3.26	3.35
白芍山	3.05	2.80	3.41

2. 新沟河工程引水量

第一阶段新沟河江边枢纽日均引水流量为 30.1～85.9m³/s，西直湖港北枢纽日均引水流量为 10.4～17.6m³/s；第二阶段新沟河江边枢纽启用闸泵联合引水，日均引水流量为 87.8～90.0m³/s，西直湖港北枢纽日均引水流量为 37.6～69.8m³/s，直湖港入湖流量为 43.8～66.1m³/s，见表 7.3－4。各阶段引水流量表明，新沟河引水入运河以南地区流量与新沟河江边枢纽引水流量具有较好的相关性，新沟河江边枢纽趁潮自引时引水流量普遍较小，引水入运河以南地区日均流量基本在 18m³/s 以下，新沟河江边枢纽启用闸泵联合引水后能够维持一定的引水流量，引水入运河以南地区流量显著增加。

表 7.3－4　　　　　　　　　　　新沟河沿程引水流量　　　　　　　　　单位：m³/s

阶　段		新　沟　河			
		新沟河江边枢纽	西直湖港北枢纽	西直湖港闸站	直湖港入湖
第一阶段	第 1 天	85.9	10.5	9.1	0.0
	第 2 天	57.9	17.6	15.8	0.0
	第 3 天	42.5	11.8	10.6	0.0
	第 4 天	30.1	10.4	9.7	0.0
	第 5 天	30.1	12.8	12.3	0.0
第二阶段	第 6 天	89.8	37.6	37.3	43.8
	第 7 天	90.0	52.8	51.8	47.1
	第 8 天	90.0	60.0	59.2	54.8
	第 9 天	90.0	65.5	64.8	61.2
	第 10 天	87.8	69.8	68.8	66.1

注　正值为引水。

3. 关键断面来水组成

模拟时段内新沟河干流来水组成统计见表 7.3－5。根据以往调水试验经验，取长江来水占比超过 10%（即长江来水组成值大于 0.1）作为断面开始受到引水影响的阈值。新沟河应急引水开始后，长江来水基本可于 1 天内影响运河以北新沟河、漕河等河道，引水第 2～第 4 天基本可影响到运河以南西直湖港、直湖港等河道。

表 7.3－5　　　　　　　　模拟时段内新沟河干流来水组成统计

阶　段		新沟河（与西横河交汇处）	漕河（近界河）	西直湖港（西直湖港闸站北侧）	直湖港（与洋溪河交汇处）	直湖港（入湖断面）
第一阶段	第 1 天	0.440	0.315	0.031	0.000	0.000
	第 2 天	0.891	0.721	0.294	0.008	0.000
	第 3 天	0.929	0.843	0.617	0.048	0.001
	第 4 天	0.970	0.895	0.745	0.180	0.004
	第 5 天	0.989	0.937	0.810	0.410	0.008
第二阶段	第 6 天	0.995	0.975	0.898	0.705	0.414
	第 7 天	0.998	0.993	0.970	0.919	0.886
	第 8 天	0.998	0.994	0.986	0.974	0.964
	第 9 天	0.998	0.995	0.988	0.981	0.975
	第 10 天	0.998	0.995	0.989	0.983	0.978

4. 入湖水质及梅梁湖水质分析

以 NH_3—N、高锰酸盐指数作为主要入湖调度指标，根据近几年直湖港湖山桥水质监测数据，该断面高锰酸盐指数相对较好，全年基本可满足Ⅲ类水要求，故模拟分析中，重点考察直湖港湖山桥 NH_3—N 浓度是否满足Ⅲ类水要求。结果显示，随着应急引水的持续，直湖港水质呈逐步改善趋势，直湖港-洋溪河交汇处、直湖港入湖断面湖山桥 NH_3—N 均可满足Ⅲ类水要求，直湖港水质变化详见表 7.3-6。

表 7.3-6　　　　　　　　　新沟河应急引水期间直湖港计算水质　　　　　　　单位：mg/L

阶　　段		NH_3—N	
		直湖港-洋溪河交汇处	湖山桥
本底水质		0.50	0.61
第一阶段	第 1 天	0.43	0.55
	第 2 天	0.50	0.51
	第 3 天	0.57	0.52
	第 4 天	0.56	0.53
	第 5 天	0.48	0.53
第二阶段	第 6 天	0.36	0.40
	第 7 天	0.24	0.25
	第 8 天	0.22	0.22
	第 9 天	0.21	0.22
	第 10 天	0.21	0.21

新沟河实施应急引水后，梅梁湖 NH_3—N、TN 指标浓度较应急引水前相比，降幅为7.8%、2.2%，见表 7.3-7。

表 7.3-7　　　　　　　　　新沟河应急引水后梅梁湖水质变化

水　　质	梅　梁　湖		
	TN	NH_3—N	COD
浓度变化幅度/%	-2.2	-7.8	2.3

5. 综合分析

新沟河江边枢纽启用闸泵联合引水后能够维持一定的引水流量，引水入运河以南地区流量显著增加，日均引水流量维持在 $37.6 \sim 69.8 \mathrm{m^3/s}$，引水量可得到保证。由重要断面来水组成分析可知，新沟河引水后，长江来水基本可于 1 天内影响运河以北河网，引水第2～第4天基本可影响到运河以南河网。水质模拟结果表明新沟河应急引水后直湖港湖山桥水质较应急引水前呈持续改善趋势，且满足入湖要求，新沟河应急引水入湖后，梅梁湖水质较应急引水前有所改善。由于模拟计算时采用的梅梁湖本底水质为常规水质，因此其水质改善程度有限。综合水量水质模拟结果，认为本次提出的新沟河应急引水调度方案具备可行性。

7.3.2　太浦河周边锑浓度异常事件应急调控策略

7.3.2.1　问题提出

太浦河是太湖流域引江济太重要供水河道,太浦河中下游为浙江省嘉善县、平湖市和上海市等市县的饮用水水源地,其中上海市金泽水库工程位于太浦河北岸,是太湖流域重要饮用水源地。供水格局的变化对太浦河水资源保护提出了新的要求。根据《地表水环境质量标准》(GB 3838—2002),集中式生活饮用水地表水源地特定项目中锑浓度指标限值为 $5\mu g/L$,《生活饮用水卫生标准》(GB 5749—2006)也明确规定水质非常规指标锑的限值为 $5\mu g/L$。

然而近年来,太浦河及周边河网多次发生锑浓度异常事件,影响太浦河水源地供水安全。太浦河水源地上游区域纺织、印染企业众多,为锑释放的主要来源。2017 年 6月,太浦河锑浓度异常,盛泽镇印染企业停产 50%。2018 年 4 月平望雪湖桥断面锑浓度连续 24h 超过《吴江区太浦河锑特征污染因子管控方案》明确的管控目标,2018 年 8 月黎里大桥断面锑浓度异常。根据经验及近年太浦河锑浓度异常事件实际发生情况,当杭嘉湖区域两日累计降雨 50mm 以上时,太浦河周边河网含锑污水易进入太浦河干流,太浦河干流锑浓度存在超标风险。因此,有必要针对太浦河周边发生锑浓度异常的情形,研究太浦河闸泵应急调控策略,避免或减小锑浓度异常事件对太浦河水源地的影响。

7.3.2.2　调度研究边界条件

太浦河干流发生锑污染主要与南岸支河锑浓度异常以及周边区域降雨有关,太浦闸调度与太湖水位有关,因此,研究情景设计主要考虑降雨、锑污染源、太湖水位等因素。

(1)降雨及太湖水位。原则上选取杭嘉湖区降雨量较大、太浦河南岸芦墟以西支河水流以入太浦河为主,且太湖水位较低的时段。结合相关规划研究成果,1971 年为流域枯水典型年($P=90\%$),因此,选择 1971 年杭嘉湖区降雨量较大同时太湖水位处于年平均水位附近的时段,形成相对不利条件。根据 1971 年降雨和太湖水位资料,5 月 30 日至 6月 5 日,杭嘉湖区降雨量约 149mm,太湖区、阳澄淀泖区降雨量分别约 110mm、109mm,杭嘉湖区降雨量相比于其他分区较大,太浦河南岸支河易形成入太浦河为主的水流趋势,且期间太湖水位基本处于 1971 年年平均水位附近。

(2)污染源设置。根据近几年太浦河周边锑浓度异常事件发生位置,综合降雨及太湖水位选取的时段,假设锑浓度异常事件发生于 5 月 30 日,异常点位于太浦河南岸澜溪塘附近,详见表 7.3-8。

表 7.3-8　　　　　　　　　　调度研究边界条件表

降雨	长江边界	污染事件发生地点	主要应对问题
1971 年实况	1971 年实况	太浦河周边	太浦河周边锑浓度异常事件

7.3.2.3　调控策略分析

针对太浦河及周边河网锑浓度异常事件,相关研究认为,加大太浦闸下泄流量在一定程度上可抬高太浦河干流水位,抑制南岸支河水量汇入。调度实践也表明,太浦河加大供水有助于减少南岸支河污染物汇入，加快污染物迁移。2015 年 10 月 3 日，太浦河干流芦墟大桥、金泽断面（为苏浙沪省界断面）锑浓度均超过限值 $5\mu g/L$，影响下游水源地供水，太湖局启动应急响应，实施太浦河应急调度，结合水位情况及时开闸供水，10 月 4 日加大供水流量到 $80m^3/s$；2016 年 9 月 20 日，太浦河干流金泽断面锑浓度为 $6.4\mu g/L$，遂加大太浦闸下泄流量至 $80m^3/s$；9 月 22 日，为加快消除污染影响，又加大太浦闸供水流量至 $200m^3/s$。2017 年 8 月 1 日，平西大桥、雪湖桥锑浓度分别为 $10.3\mu g/L$、$6\mu g/L$，在太浦闸处于关闭状态的情况下，当日启动泵站向下游供水。

因此，为应对太浦河南岸芦墟以西支河锑浓度异常，规避或减小对太浦河水源地供水安全的潜在影响，提出加大太浦闸供水流量的调控策略。

7.3.2.4 应急调控方案设计

根据国家防总批复的《太湖流域洪水与水量调度方案》，当太湖下游地区发生饮用水源地水质恶化或突发水污染事件时，可加大太浦闸供水流量，必要时启用太浦河泵站增加流量。《太浦河水源地供水调度方案（试行）》通过总结 2014 年太浦河调水试验成果和以往调度经验，提出了应对太浦河水污染事件的应急调度措施。根据该方案，若预测太浦河可能出现水质恶化情况时，加大太浦闸供排流量，如太浦河下游地区遭遇降雨、潮水顶托或风力影响等，导致太浦闸出现倒流被迫关闸时，实施太浦河闸泵联合调度，在确保防汛安全的前提下，及时启用太浦河泵站供水。若太浦河下游地区发生水污染事件影响水源地供水时，当嘉兴水位不超过 3.7m（保证水位）时，下游平原河网地区防汛安全基本可控，太浦河闸泵供排流量一般按 $200m^3/s$ 控制，同时，根据需要加强两岸口门控制运用，并视太湖水位根据需求组织实施引江济太；当嘉兴水位超过 3.7m 时，下游平原河网地区汛情较为紧张，若此时需加大太浦闸流量向下游供水，需商有关省（直辖市）防办后实施，太浦河闸泵流量按 $100\sim200m^3/s$ 向下游供水。

上述调度方案为应对太浦河周边锑浓度异常事件调度方案设计提供了借鉴。本书在《太浦河水源地供水调度方案（试行）》的基础上，提出应对太浦河周边锑浓度异常事件的调控方案，即视嘉兴水位是否超保证水位，不同程度加大太浦闸向下游供水，详见表 7.3-9。

7.3.2.5 调控效果分析

1. 太浦河干流及地区水位

本次模拟情景下，YJ-TP1～YJ-TP3 方案太浦河供水流量分别为 $120m^3/s$、$150m^3/s$、$200m^3/s$，太浦河不同供水规模下地区水位变化见图 7.3-1。模拟时段内各方案区域站点最高水位结果显示，YJ-TP3 方案由于太浦河下泄量最大，区域站点水位在各方案中相应最高，南浔、王江泾、嘉兴、平望等站最高水位均出现在 6 月 5—6 日，分别为 3.32m、3.19m、3.26m、3.18m，虽较 JC 方案有所上升，但均未超过其警戒水位，因此不会增加地区防洪风险。统计不同流量规模下时段水位平均值，发现太浦河泄量由 $120m^3/s$ 增加至 $150m^3/s$，区域站点平均水位抬高幅度均在 0.01m 以内；太浦河泄量由 $150m^3/s$ 增加至 $200m^3/s$，区域站点平均水位抬高幅度在 0.03m 以内，详见表 7.3-10。

综上所述，YJ-TP1～YJ-TP3 方案虽加大了太浦河泄量，但基本未增加地区防洪风险。

表 7.3-9　　　应对太浦河周边锑浓度异常事件太浦河闸泵应急调控方案

方案编号	太湖水位	太 浦 河 闸 泵
JC 方案	太湖水位≥防洪控制水位	当太湖水位≤3.50m 时，太浦闸泄水按平望水位≤3.30m 控制； 当太湖水位≤3.80m 时，太浦闸泄水按平望水位≤3.45m 控制； 当太湖水位≤4.20m 时，太浦闸泄水按平望水位≤3.60m 控制； 当太湖水位≤4.40m 时，太浦闸泄水按平望水位≤3.75m 控制； 当太湖水位≤4.65m 时，太浦闸泄水按平望水位≤3.90m 控制
	太湖水位＜防洪控制水位	当 2.8m≤太湖水位＜防洪控制水位时，闸泵泄水，泄水流量为 50m³/s； 当 2.65m≤太湖水位＜2.8m 时，闸泵泄水，泄水流量为 20m³/s； 当太湖水位＜2.65m 时，关闸
YJ-TP1 "太浦河闸泵 100～120m³/s 供水"	嘉兴水位≤3.7m，按 120m³/s 供水； 嘉兴水位＞3.7m，按 100m³/s 供水	
YJ-TP2 "太浦河闸泵 120～150m³/s 供水"	嘉兴水位≤3.7m，按 150m³/s 供水； 嘉兴水位＞3.7m，按 120m³/s 供水	
YJ-TP3 "太浦河闸泵 180～200m³/s 供水"	嘉兴水位≤3.7m，按 200m³/s 供水； 嘉兴水位＞3.7m，按平均 180m³/s 供水	

表 7.3-10　　　　　　　　各方案下区域站点日均水位　　　　　　　　　　单位：m

水位站	方　案	JC 方案	YJ-TP1 方案	YJ-TP2 方案	YJ-TP3 方案
南浔	6 月 5 日水位	3.22	3.29	3.29	3.31
	6 月 6 日水位	3.23	3.29	3.29	3.32
	5 月 30 日至 6 月 12 日平均水位	3.03	3.03	3.04	3.05
	5 月 30 日至 6 月 12 日平均水位变化		0	0.01	0.01
王江泾	6 月 5 日水位	3.11	3.13	3.14	3.17
	6 月 6 日水位	3.12	3.15	3.16	3.19
	5 月 30 日至 6 月 12 日平均水位	2.9	2.91	2.91	2.93
	5 月 30 日至 6 月 12 日平均水位变化		0.01	0	0.02
嘉兴	6 月 5 日水位	3.19	3.22	3.22	3.26
	6 月 6 日水位	3.13	3.14	3.14	3.15
	5 月 30 日至 6 月 12 日平均水位	2.86	2.87	2.87	2.88
	5 月 30 日至 6 月 12 日平均水位变化		0.01	0	0.01
平望	6 月 5 日水位	3.05	3.07	3.08	3.12
	6 月 6 日水位	3.09	3.11	3.13	3.18
	5 月 30 日至 6 月 12 日平均水位	2.91	2.92	2.93	2.96
	5 月 30 日至 6 月 12 日平均水位变化		0.01	0.01	0.03

　注　水位变化为较前一方案而言。

　　太浦河南岸发生锑浓度异常事件后，南岸携带污染物的支流与太浦河干流的水位差在极大程度上决定了支流污染物是否能进入太浦河干流。本次模拟突发锑浓度异常事件污染源设置于澜溪塘，锑污染主要由澜溪塘、雪湖两条支流汇入太浦河干流，各方案下澜溪塘、雪湖与太浦河干流水位差见图 7.3-2。干支流水位关系显示，污染发生时（5 月 30

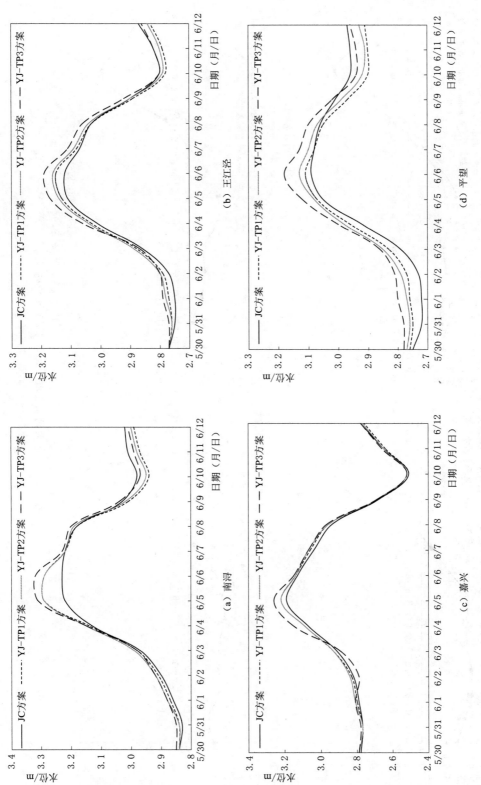

图 7.3 - 1 各方案太浦河周边区域主要站点水位过程

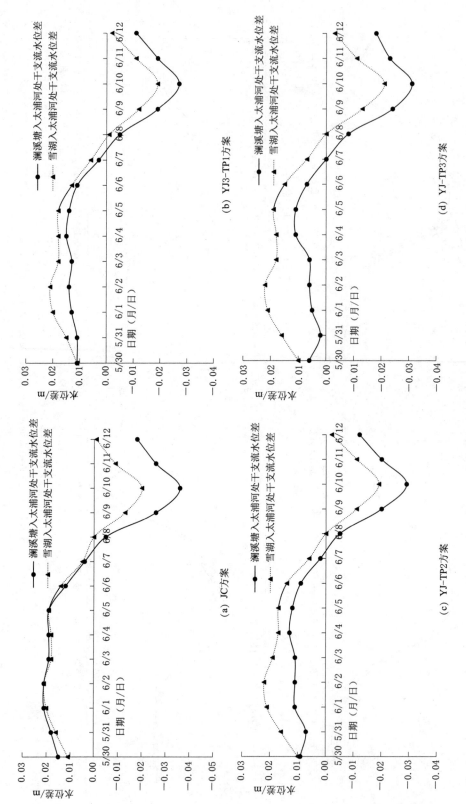

图 7.3-2 主要污染支流与大浦河干流水流水位差
（水位为正表示支流入大浦河）

日）澜溪塘和雪湖入太浦河处水位均高于太浦河干流水位，水位差为 0.01～0.02m；污染发生后，随着太浦河下泄流量的增大，在短时间内抬高了太浦河干流水位，减小了干支流的水位差，从而减少了支河汇入太浦河干流的水量；在 6 月 7—8 日前后，随着太浦河持续下泄，干支流基本无水位差；6 月 8—12 日，太浦河干流水位继续抬高，高于支流水位 0.02～0.04m，有助于抑制支流水量汇入。各方案中，YJ-TP3 方案太浦河下泄流量最大，干流水位抬升较快，6 月 7 日干支流基本无水位差，6 月 8 日后维持干流水位略高于支流水位，对于抑制支河污染进入太浦河干流作用较为明显。

2. 污染支流入太浦河干流水量

根据锑污染发生时芦墟以西未设控口门进入太浦河的水量情况，判断各方案对于抑制南岸支流污水进入太浦河的作用。本次模拟情景下各方案下芦墟以西 5 处未设控支流入太浦河水量统计情况见表 7.3-11。模拟时段内，JC 方案芦墟以西支流入太浦河水量为 1.09 亿 m³，YJ-TP2 和 YJ-TP3 方案随着太浦河下泄流量加大，进入太浦河干流的水量分别减小至 0.96 亿 m³、0.77 亿 m³。因此，若太浦河南岸支流发生锑浓度异常事件，较之其他方案，YJ-TP3 方案（太浦闸下泄流量 200m³/s）对于抑制南岸支流污水进入太浦河干流最为有利。

表 7.3-11　　　　　　　　　各方案南岸芦墟以西支流入太浦河水量统计

水　　量	JC 方案	YJ-TP1 方案	YJ-TP2 方案	YJ-TP3 方案
5 月 30 日至 6 月 12 日入流量/亿 m³	1.09	1.07	0.96	0.77

3. 太浦河金泽断面水质

本次模拟情景下，各方案太浦河金泽断面锑浓度变化过程见表 7.3-12。太浦河南岸芦墟以西支流发生锑浓度异常事件时，加大太浦河下泄量总体上缩短了锑污染到达金泽断面的时间，但降低了太浦河干流锑浓度值。JC 方案下金泽断面锑浓度指标达到或超过标准限值的天数为 5 天，YJ-TP1 方案下金泽断面锑浓度达到限值天数虽未减少但锑浓度未出现超过限值的情况，YJ-TP2 方案下锑浓度达到限值天数减少为 4 天，YJ-TP3 方案下金泽断面锑浓度均低于标准限值，基本不会影响水源地供水安全。因此，综合考虑金泽断面受污染时间、锑浓度超标天数，认为 YJ-TP3 方案可作为应对太浦河周边锑浓度异常事件的应急调控方案。

表 7.3-12　　　　　　各方案下太浦河金泽断面锑浓度变化过程　　　　　　单位：mg/L

日期 （月/日）	金 泽 断 面 浓 度			
	JC 方案	YJ-TP1 方案	YJ-TP2 方案	YJ-TP3 方案
5/30	0	0	0	0
5/31	0	0	0	0
6/1	0	0.001	0.001	0.001
6/2	0.002	0.002	0.002	0.002
6/3	0.003	0.003	0.003	0.003
6/4	0.004	0.004	0.004	0.004

日期 （月/日）	金 泽 断 面 浓 度			
	JC方案	YJ-TP1方案	YJ-TP2方案	YJ-TP3方案
6/5	0.005	0.005	0.005	0.004
6/6	0.006	0.005	0.005	0.004
6/7	0.006	0.005	0.005	0.004
6/8	0.005	0.005	0.005	0.004
6/9	0.005	0.005	0.004	0.004
6/10	0.004	0.004	0.004	0.004
6/11	0.004	0.004	0.003	0.003
6/12	0.003	0.003	0.003	0.003

注 根据《地表水环境质量标准》（GB 3838—2002），集中式生活饮用水地表水源地特定项目中锑浓度标准限值为 0.005mg/L。

7.4 小结

7.4.1 联合调度方案

按照多目标协同的思路，综合应对常规情景的工程调度方案以及应对典型突发水污染事件的工程应急调控策略，集成形成了多目标协同的水利工程体系联合调度技术方案。当年初太湖水位较低且预期汛前水雨情较为乐观的情况下，宜采用 A2 方案；当年初太湖水位较高或预期汛前水雨情条件不乐观，需要实施太湖预泄调度的情况下，宜采用 A4 方案，即在 A2 方案基础上利用望虞河工程、太浦河工程实施预泄调度，具体见表 7.4-1。

表 7.4-1　　　　　　多目标协同的水利工程体系联合调度技术方案

工程	工 程 调 度		
	A2方案		A4方案
望虞河工程	1. 常熟水利枢纽 （1）太湖水位≥防洪控制水位： 望虞河常熟水利枢纽泄水，当太湖水位超过 3.80m，并预测流域有持续强降雨时开泵排水。 （2）调水限制水位≤太湖水位＜防洪控制水位： 无锡水位≥3.6m，苏州水位时≥3.5m，开闸排水； 地区水位较低（无锡水位＜3.2m、苏州水位＜3.1m）或当太湖水质较差（贡湖或东太湖 TN≥2.00mg/L）时，适度开闸引水； 若无引水需要，关闸。 （3）泵引控制水位≤太湖水位＜调水限制水位： 张桥水位≥3.8m，关闸； 张桥水位＜3.8m，地区水位较低（湘城水位＜3.25m 或陈墓水位＜3.00m 或青阳水位＜3.50m），或太湖水质较差（贡湖或东太湖 TN≥2.00mg/L）时，闸泵引水，否则开闸引水。 （4）2.8m≤太湖水位＜泵引控制水位：		考虑太湖预泄调度，1—3月根据太湖预泄调度模式进行调度，其余时间，同 A2方案

续表

工程	工程调度	
	A2方案	A4方案
望虞河工程	张桥水位≥3.8m，关闸； 张桥水位<3.8m，当太湖水质较差（贡湖或东太湖 TN≥2.00mg/L），适当加大闸泵引水。 2. 望亭立交 （1）太湖水位≥防洪控制水位： 太湖水位≤4.20m，望亭水利枢纽泄水按琳桥水位不超过 4.15m 控制； 太湖水位≤4.40m，望亭水利枢纽泄水按琳桥水位不超过 4.30m 控制； 太湖水位≤4.65m，望亭水利枢纽泄水按琳桥水位不超过 4.40m 控制。 （2）调水限制水位≤太湖水位<防洪控制水位：适度开闸引水。 （3）2.80m≤太湖水位<调水限制水位： 北国水位≥4.35m，关闸； 北国水位<4.35m，适度引水。 3. 望虞河西岸口门 （1）调水限制水位≤太湖水位<防洪控制水位： 当无锡水位≥4.0m 时，西岸口门向望虞河排涝； 当无锡水位<4.0m 时，敞开。 （2）太湖水位<调水限制水位： 无锡水位≥4.0m 时，西岸口门向望虞河排涝； 当无锡水位<4.0m 时，针对重点时段增加流量，其他时段减少流量，同时按重点口门对望虞河西岸控制工程引水流量的时空分配进行调整（无锡水位<4.0m，西岸重点河道古市桥港、杨安港、卫浜按 1m³/s 持续引水，其余口门间隔引水，重点时段 1—4 月加大流量引水，其余时段减小流量引）	考虑太湖预泄调度，1—3 月根据太湖预泄调度模式进行调度，其余时间，同 A2 方案
太浦河工程	1. 太浦闸 （1）太湖水位≥防洪控制水位： 太湖水位≤3.50m，太浦闸泄水按平望水位不超过 3.30m 控制； 太湖水位≤3.80m，太浦闸泄水按平望水位不超过 3.45m 控制； 太湖水位≤4.20m，太浦闸泄水按平望水位不超过 3.60m 控制； 太湖水位≤4.40m，太浦闸泄水按平望水位不超过 3.75m 控制； 太湖水位≤4.65m，太浦闸泄水按平望水位不超过 3.90m 控制。 （2）2.80m≤太湖水位<防洪控制水位： 当 3.30m≤太湖水位<防洪调度水位时，冬春季（1—3 月）110m³/s，其余时段 80m³/s； 当 3.00m≤太湖水位<3.30m（或防洪控制水位）时，冬春季（1—3 月）90m³/s，其余时段 70m³/s； 当 2.80m≤太湖水位<3.00m 时，冬春季（1—3 月）70m³/s，其余时段 60m³/s。 2. 南岸口门 嘉善水位>3.6m，适时排水； 2.9m<嘉善水位≤3.6m，控制运用； 嘉善水位<2.9m，适度引水。 3. 北岸口门 陈墓水位>3.6m，适时排水； 3.0m<陈墓水位≤3.6m，控制运用； 陈墓水位<3.0m，适度引水	考虑太湖预泄调度，1—3 月根据太湖预泄调度模式进行调度，其余时间，同 A2 方案

续表

工程	工程 调度	
	A2 方案	A4 方案
新孟河工程	1. 界牌水利枢纽 （1）太湖水位≥防洪控制水位： 5—9月：坊前水位＜3.8m，关闸；坊前水位≥3.8m，开闸排水；坊前水位≥4.6m，开闸、开泵排水； 其余时间：坊前水位＜4.2m，关闸；坊前水位≥4.2m，开闸排水；坊前水位≥4.6m，开闸、开泵排水。 （2）调水限制水位≤太湖水位＜防洪控制水位： 坊前水位≥4.2m，开闸排水； 3.7m≤坊前水位＜4.2m，若竺山湖水质较差（TN≥2.5mg/L），闸泵引水，若竺山湖水质尚可（TN＜2.5mg/L），关闸； 坊前水位＜3.7m，若竺山湖水质较差（竺山湖 TN≥2.5mg/L），闸泵引水，若竺山湖水质尚可（TN＜2.5mg/L），开闸引水。 （3）泵引控制水位≤太湖水位＜调水限制水位： 坊前水位≥4.2m，开闸排水； 3.5m≤坊前水位＜4.2m，开闸引水； 坊前水位＜3.5m，闸泵引水。 （4）太湖水位＜泵引控制水位： 坊前水位≥4.2m，排水； 坊前水位＜4.2m，闸泵引水。 2. 奔牛水利枢纽 根据界牌水利枢纽相应调整调度	同 A2 方案
新沟河工程及相关工程	1. 新沟河江边枢纽 直武地区水位≥4.5m，闸泵排水； 2.8m≤直武地区水位＜4.5m，常州（三）≥4.3m 或无锡（大）≥3.8m，或青阳水位≥4.0m，闸泵排水，否则开闸排水； 直武地区水位＜2.8m，关闸。 2. 西直湖港闸站 直武地区水位＞4.8m，敞开； 直武地区水位处于 2.8～4.8m，开闸北排，根据需要启用闸泵北排； 直武地区水位＜2.8m，敞开。 3. 遥观南枢纽 直武地区水位≥4.8m，敞开； 3.3m≤直武地区水位＜4.8m，闸泵北排； 2.8m≤直武地区水位＜3.3m，开闸北排； 直武地区水位＜3.3m，同 JC 方案。 4. 遥观北枢纽 直武地区水位≥3.6m，或常州（三）≥4.3m 或无锡（大）≥3.8m，启用泵站北排，否则开闸北排。 5. 直湖港闸、武进港闸 直武地区水位＞4.8m，开闸向太湖排水。 6. 武南河闸 无锡水位＞4.2m 或常州水位＞4.8m，关闸； 无锡水位≤4.2m 且常州水位≤4.8m，开闸引水。 7. 采菱港节制闸 遥观南枢纽启用泵站北排期间，适当控制	同 A2 方案

工程	工 程 调 度	
	A2方案	A4方案
太湖区、阳澄淀泖区环湖口门	(1) 泵引控制水位≤太湖水位＜防洪控制水位： 枫桥水位≥3.80m（或陈墓水位≥3.60m），关闸； 3.10m≤枫桥水位＜3.80m（或3.00m≤陈墓水位＜3.60m），相机引水； 枫桥水位＜3.10m（或陈墓水位＜3.00m），适时引水。 (2) 2.80m≤太湖水位＜泵引控制水位： 6月下旬至10月下旬，枫桥（陈墓）水位≥2.90m，少量引水； 2.75m≤枫桥（陈墓）水位＜2.90m，口门按总计40m³/s控制引水； 枫桥（陈墓）水位＜2.75m，适时引水； 其余时段，枫桥（陈墓）水位≥2.90m，少量引水； 2.65m≤枫桥（陈墓）水位＜2.90m，口门按总计40m³/s控制引水； 枫桥（陈墓）水位＜2.65m，适时引水	同A2方案
走马塘工程	太湖水位＜防洪控制水位时： 1. 走马塘立交 无锡水位＞2.8m且老七干河水位＜3.6m，开启排水。 2. 走马塘退水闸 北国水位＞4.35m且老七干河水位＜3.6m，开启排水。 3. 走马塘闸站 无锡水位＞2.8m或北国水位＞4.35m，且老七干河水位小于3.6m，开闸泵排水。 4. 走马塘江边枢纽 无锡水位＞2.8m或北国水位＞4.35m，且老七干河水位小于3.6m，开启排水； 老七干河水位＞3.6m，开启排水	同A2方案
白屈港控制线	当白屈港闸引水时，适当控制白屈港控制线向东供水	同A2方案
太嘉河、杭嘉湖区骨干工程	1. 东导流口门 闸上水位＜3.8m或≥分洪水位，开启诸口门向杭嘉湖区引水或分洪； 3.8m≤闸上水位＜分洪水位，而杭嘉湖区水位较低时（新市水位＜3.2m），适度开闸向杭嘉湖区补充环境用水，杭嘉湖区水位较高（新市水位≥3.2m），关闸。 2. 湖州境内环湖口门 (1) 泵引控制水位≤太湖水位＜防洪控制水位： 双林水位≥3.1m，适度开闸引水； 双林水位＜3.1m，开闸引水。 (2) 太湖水位＜泵引控制水位： 7—10月嘉兴水位低于2.8m，开闸引水，否则关闸； 1—6月和11—12月嘉兴水位低于2.7m，开闸引水，否则关闸。 3. 长山闸、南台头闸 6月1日至10月16日，嘉兴水位≥2.8m，开闸排水； 其余时间，嘉兴水位≥2.9m，开闸排水	同A2方案

此外，当太湖或太浦河发生突发水污染事件时，宜采用应急调控策略，具体如下：

（1）当太湖梅梁湖发生突发水污染事件时，通过新沟河工程实施应急引水入湖。

（2）当太浦河周边地区发生锑浓度异常事件时，为保障太浦河下游地区供水安全，应加大太浦河闸泵下泄量，若嘉兴水位≤3.7m，太浦闸按200m³/s供水；若嘉兴水位＞3.7m，太浦闸按180m³/s供水。

本书第4～第6章以及本章成果集成形成保障水安全的水利工程体系联合调度技术方案，详见图7.4-1。

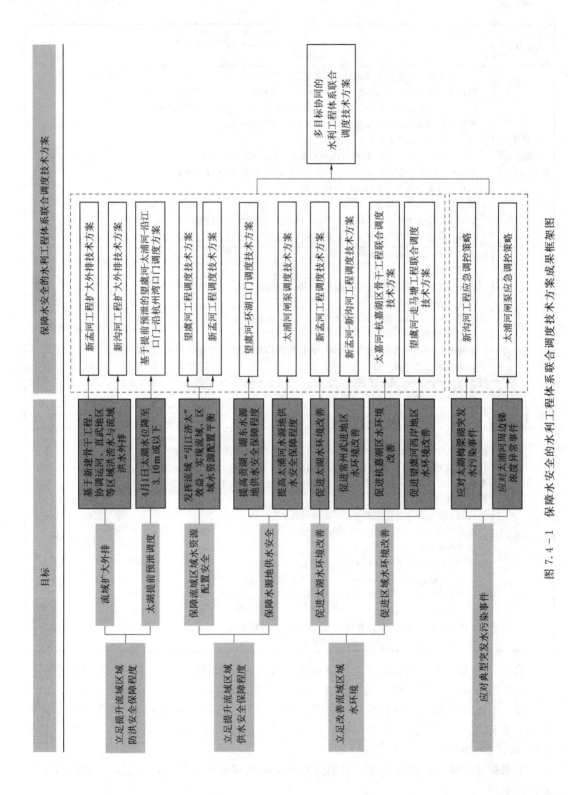

图 7.4-1　保障水安全的水利工程体系联合调度技术方案成果框架图

7.4.2 水安全保障效益

本次基于现有及规划工程体系、调度体系，按照"情景驱动-方案模拟-多目标协同决策优选"的全过程技术路线，研究提出了多目标协同的水利工程体系联合调度技术方案，在保障防洪安全、供水安全、水环境安全方面效益显著。

1. 防洪安全保障效益

立足提升流域区域防洪安全保障程度，针对流域上游地区扩大外排的需要，降低汛期新孟河界牌水利枢纽排水调度参考水位至3.8m（太湖水位处于防洪控制水位以上时）；针对汛期运河高水位问题、直武地区排涝与太湖水生态环境保护协调问题等，抬高直武地区入太湖控制水位至4.8m，同时在新沟河工程调度中增加常州、无锡作为调度参考站，当常州城市防洪工程或无锡城市防洪工程启用时，新沟河江边枢纽、遥观北枢纽相应启用泵站北排，以增加直武地区涝水北排长江。

通过上述调控措施，扩大了流域上游地区湖西区、武澄锡低片外排能力，有效降低了洪水期湖西区高水位，进而减少了汛期上游地区入太湖水量，有利于流域整体防洪安全，并提供了汛期运河高水位问题、直武地区排涝与太湖水生态环境保护协调问题的解决方案。在2016年型下，多目标协同的水利工程体系联合调度技术方案汛期湖西区、武澄锡低片排长江水量较JC方案分别增加0.71亿 m³（增幅6.2%）、0.30亿 m³（增幅4.6%），其中新孟河、新沟河排长江水量分别增加2.20亿 m³（增幅37.8%）、0.59亿 m³（增幅6.2%），同时湖西区、武澄锡低片入太湖水量分别减少1.55亿 m³、0.15亿 m³。针对汛前不同降雨预期情形下合理预降太湖水位问题，以4月1日太湖水位降至3.10m为预降目标，通过优化汛前望虞河、太浦河工程以及沿江、沿杭州湾重要口门调度，提出了具有实际操作性的太湖预泄调度模式，满足了汛前太湖提前预泄调度需要。

2. 供水安全保障效益

立足提升流域水资源供给保障程度，从保障流域区域水资源配置安全的角度，为充分发挥流域引江济太效益，实现流域、区域水资源配置平衡，优化了望虞河、新孟河工程调度，当太湖水位处于调水限制水位～低水位控制线之间时，对于区域水位较低水资源配置需求较大的时段加大工程引水规模。从保障流域水源地供水安全的角度，针对太湖水源地供水安全保障需求，基于关键限制因子驱动的思路，在望虞河工程调度中增加了太湖 TN指标作为调度参考，同时合理调控水源地周边环湖口门出湖水量，以期通过增加引江入湖水资源量、促进河湖有序流动等措施提升水源地供水（水质）安全保障程度；针对太浦河水源地供水安全保障需求，在现状太浦河闸泵工程分级调度的基础上，以改善太浦河水源地金泽断面水质为目标，在年内不同时段按太湖水位分级进行加大供水。

通过上述调控措施，太湖贡湖水源地、湖东水源地以及太浦河金泽水源地枯水季节供水保障率明显提高。在2013年型下，多目标协同的水利工程体系联合调度技术方案贡湖水源地、湖东水源地枯季供水保障率较历史类似水情条件下分别提升19%以上、25%以上，金泽水源地枯季供水保障率较历史类似水情条件下提升11%以上。

3. 水环境安全保障效益

立足改善流域区域水环境状况，针对太湖竺山湖等西北部湖区水环境改善需求，通过在新孟河界牌水利枢纽调度中增加竺山湖 TN 指标作为水质调度参考，显著提升了竺山湖水质，在 2013 年型下，太湖处于防洪控制水位以下时，A2 方案竺山湖 COD、TP、TN等指标较 JC 方案分别降低 3.2%、0.4%～1.5%、5.1%～5.9%，A4 方案与 A2 方案类似。针对杭嘉湖区、望虞河西岸地区以及新沟河周边武进地区水环境提升需求，分别通过太嘉河-杭嘉湖区骨干工程联合调控、望虞河-走马塘工程联合调控、新孟河-新沟河工程联合调控，有效促进了相关区域水环境改善。

8

典型区域水资源联合调度技术应用示范

8.1 目标与任务

在保障流域防洪安全的前提下，以枯水时期水资源安全保障为重点，以太湖为核心，并选取与流域、区域水资源调度关系密切的骨干河道及其相关区域为典型示范区，开展典型区域水资源联合调度技术应用示范，为提升水源地供水安全保障程度、优化水资源联合调度、改善河湖水生态环境提供数据积累和技术支撑。具体任务包括：

（1）评估多目标协同的水利工程体系联合调度技术方案合理性，为水资源联合调度关键技术研究提供数据支撑。通过典型区域水量水质同步监测，对通过模拟与决策优选手段得到的多目标协同的水利工程体系联合调度技术方案进行验证分析，评估其合理性，为水资源联合调度关键技术研究和成果优化提供数据支撑和建议。

（2）分析流域重要水源地供水保障率变化情况，评估本次应用示范的实际效果。太湖流域为典型的水质型缺水地区，故本次把太湖、太浦河水源地的水质提升效果作为评估重点，分析重要水源地供水保障率变化情况，验证本次研究提出的典型区域水资源联合调度技术应用示范方案的实际调度效果。

（3）分析验证新建骨干工程实际调度效果，为今后工程调度运行提供科学依据。新沟河引长江水入梅梁湖，是应急处置太湖梅梁湖湾突发水污染事件的重要手段，也是补充太湖水资源量、解决外排梅梁湖水后太湖水资源平衡的途径之一。开展本次调度示范，通过工程实际调度运用，研究新沟河应急引水可行性，探明新沟河延伸拓浚工程运行在流域水资源联合调度和区域河网水质提升中的作用，提出优化调度建议及措施，为新建骨干工程长效运行，发挥流域与区域水利工程联合调度效益，提升流域及区域水安全保障能力提供数据积累和技术支撑。

8.2 示范区选取及需求分析

8.2.1 示范区选取

本书第 7 章提出的多目标协同的水利工程体系联合调度技术方案涉及流域、区域、城市三个不同层面，工程众多，且工程实际运用限制条件较多。鉴于此，本次在保障流域防洪安全的前提下，为提高太湖、太浦河重要水源地供水保障率，选取与之存在密切水资源调度关系的骨干河道及其周边区域为示范区，即太湖、望虞河及其周边区域、太浦河及其周边区域；为分析新沟河应急引水的效果，选取新沟河、武澄锡虞区为示范区，开展应用示范，见图8.2-1。

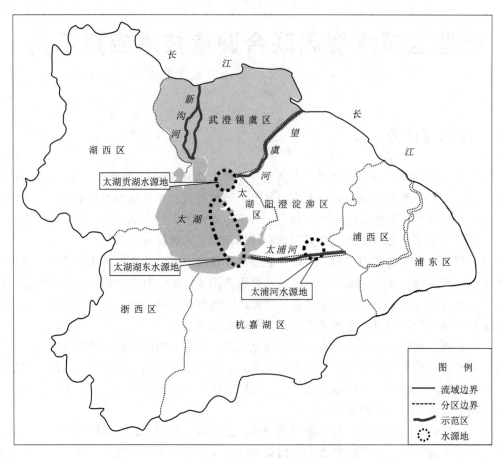

图 8.2-1 典型示范区及重要水源地分布示意图

（1）望虞河及其周边区域。望虞河地处江苏省无锡市和苏州市境内，是流域最重要的引长江水入太湖的骨干引水河道。实施引江济太是增强流域水资源水环境承载能力的重要措施之一，自 2002 年开始，历经 2002—2003 年引江济太调水试验、2004 年扩大引江济太调水试验，自 2005 年起进入长效运行。实践表明，引江济太加快了太湖及河网水体流动，增加河网水动力，改善了水流条件，促进了河湖有序流动，取得了显著的资源环境效益，尤其对太湖湖东水源地、贡湖水源地的供水安全起较大的保障作用，因此，将望虞河及其周边区域纳入本次应用示范区。

（2）太浦河及其周边区域。太浦河西起东太湖，东至泖河东大港，连接太湖和黄浦江，沿途穿越江苏省吴江市、浙江省嘉善县和上海市青浦区。根据国务院批复的《太湖流域水功能区划（2010—2030 年）》成果，太浦河从东太湖到西泖河全段划分为苏浙沪调水保护区，长度为 57.6km，水质目标为Ⅱ～Ⅲ类。从 2012—2014 年太浦河沿程各断面逐

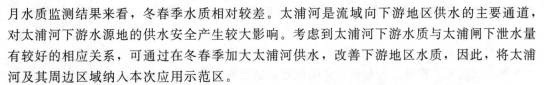

月水质监测结果来看，冬春季水质相对较差。太浦河是流域向下游地区供水的主要通道，对太浦河下游水源地的供水安全产生较大影响。考虑到太浦河下游水质与太浦闸下泄水量有较好的相应关系，可通过在冬春季加大太浦河供水，改善下游地区水质，因此，将太浦河及其周边区域纳入本次应用示范区。

（3）新沟河及其周边区域。新沟河工程北起长江，利用现有的新沟河拓浚至石堰，分成东、西两支。东支利用现有的漕河—五牧河拓浚至规划京沪高速铁路处，平地开河立交穿京杭运河与锡溧漕河改道段（北直湖港即京杭运河—锡溧漕河段）形成两河三堤即西直湖港，立交穿锡溧漕河接利用南直湖港段（锡溧漕河—太湖段）入太湖；西支利用已有的三山港拓浚至京杭运河，疏浚武进港至太湖。考虑到新建骨干工程新沟河延伸拓浚工程调度对示范区引排格局和太湖水环境均有着较大影响，故在本次示范过程中，对初步设计中提出的新沟河应急引水调度进行探索和验证。

（4）武澄锡虞区。武澄锡虞区处于太湖流域中上游，东以望虞河东岸为界，西与湖西区接壤，区域经济发达，人口密集，河流水系纵横，江串河，河连湖，形成了纵横交错、四通八达的河网，为典型的高城镇化水网区。但区域内地形相对平坦，河道坡降小，水流流向往复、流速缓慢，局部水环境存在进一步提升的需求。同时区域内水利工程众多，沿江引排能力较强，水量交换频繁，具有良好的引调水条件，通过新沟河工程及武澄锡虞区其他水利工程合理调控，可在一定程度上提升区域水环境，因此，将太浦河及其周边区域纳入本次应用示范区。

8.2.2　水资源联合调度需求

1. 太湖流域重要水源地供水安全保障需求

自2007年5月无锡供水危机后，中央决定全面开展太湖流域水环境综合治理，国务院于2008年5月批复实施《太湖流域水环境综合治理总体方案》，2013年12月，又批复了《太湖流域水环境综合治理总体方案（2013年修编）》。多年来，在江苏、浙江、上海两省一市和国务院有关部门的高度重视和共同努力下，太湖流域水环境综合治理工作取得全面进展，成效显著。

经过多年的流域综合治理和科学实施引江济太，太湖流域水环境得到明显改善，富营养化趋势得到遏制，太湖水质总体呈向好趋势。然而年内部分时间太湖水源地主要水质指标浓度较高，水源地供水（水质）安全保障需求较为突出。2017年，太湖贡湖水源地、湖东水源地 TN 指标年内部分时期（主要集中在2—5月）浓度超过或接近2.0mg/L，TP指标较差的时段浓度超过或接近0.1mg/L，水源地 TN、TP 指标距离相关规划目标仍有较大差距。太浦河水源地是流域另一重要水源地，处于长三角生态绿色一体化发展示范区的核心位置，其供水安全保障重要性尤为突出。近几年太浦河水源地水质总体较好，但年内部分时期（主要是冬春季）部分水质指标较差，影响水源地供水安全。

因此，在进一步加大污染源治理的前提下，通过相关水利工程体系实施水资源联合调度是提升太湖流域重要水源地供水安全保障程度的现实需要。

2. 梅梁湖水质改善需要与新建骨干工程调度探索

梅梁湖属太湖西北部湖区，水体流动缓慢，自净能力低，是太湖各湖区中水质相对较差的湖区，2017 年，梅梁湖 TN 浓度年均值处于 2mg/L 附近，TP 浓度年均值处于 0.1mg/L 以上。

新沟河延伸拓浚工程所在地位于太湖流域武澄锡虞区（武澄锡低片）无锡市和常州市结合部。新沟河工程是《太湖流域防洪规划》确定的流域防洪工程总体布局中洪水北排长江的重要引排河道之一，是《太湖流域水环境综合治理总体方案》明确的提高太湖流域水环境容量（纳污能力）的骨干引排工程之一，也是《太湖流域综合规划》提出的流域综合治理重点工程之一。工程具有提高流域、区域的防洪排涝能力的任务；同时，可减少直武地区入太湖污染负荷，改善梅梁湖水质，提高太湖水环境容量，还可通过新沟河外排梅梁湖水体，提高梅梁湖湖区水动力条件，形成湖体有序循环，必要时应急调长江水入湖。

《新沟河延伸拓浚工程初步设计报告》初步提出了工程调度运用的指导原则，确定了以改善太湖水环境、减轻太湖防洪压力为前提，考虑武澄锡虞区已有控制建筑物的调度运行情况，开展引排水和改善水环境调度的总体思想。新沟河工程涉及太湖水环境、流域防洪、区域防洪除涝、水环境等方面调度，调度运行涉及的因素较多，相关枢纽工程的调度仍需进一步细化，通过开展水资源联合调度应用示范，可验证不同调度方式下工程的实际调度效果。

3. 区域水环境改善需求

当前，我国社会主要矛盾已经转化为人民日益增长的美好生活需要和不平衡不充分的发展之间的矛盾，人民群众对优美生态环境的需求日益强烈。武澄锡虞区位于太湖流域的北部，经济发达，人口密集，为典型的高城镇化水网区。然而区域内河网水流缓慢，排水出路有限，局部水环境存在进一步提升的需求。根据《无锡市水资源公报》，2012—2014年期间，无锡市 110 处水域 156 个断面中每年超Ⅲ类水标准的断面占比均高于 80%。其中，新沟河新沟桥断面水质类别为Ⅳ类，东柳塘断面水质类别为Ⅴ～劣Ⅴ类，洋溪河富安桥断面水质为劣Ⅴ类，主要超标项目为 $NH_3—N$，见表 8.2-1。

表 8.2-1　　　　　　　2012—2014 年无锡市部分河道水质状况

年份	河道	断面	现状水质	水质目标	达标情况	超 标 项 目
2012	新沟河	新沟桥	Ⅳ类	Ⅲ类	未达标	五日生化需氧量、$NH_3—N$
	漕港河	东柳塘	劣Ⅴ类	Ⅲ类	未达标	溶解氧、高锰酸盐指数、五日生化需氧量、$NH_3—N$、化学需氧量
	洋溪河	富安桥	劣Ⅴ类	Ⅴ类	未达标	$NH_3—N$
2013	新沟河	新沟桥	Ⅳ类	Ⅲ类	未达标	高锰酸盐指数、五日生化需氧量、$NH_3—N$
	漕港河	东柳塘	Ⅴ类	Ⅲ类	未达标	溶解氧、五日生化需氧量、$NH_3—N$、化学需氧量
	洋溪河	富安桥	劣Ⅴ类	Ⅴ类	未达标	$NH_3—N$
2014	新沟河	新沟桥	Ⅳ类	Ⅲ类	未达标	$NH_3—N$
	漕港河	东柳塘	Ⅴ类	Ⅲ类	未达标	$NH_3—N$、溶解氧、化学需氧量、五日生化需氧量
	洋溪河	富安桥	劣Ⅴ类	Ⅴ类	未达标	$NH_3—N$

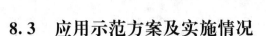

8.3 应用示范方案及实施情况

8.3.1 示范调度方案

8.3.1.1 望虞河-太湖-太浦河水资源联合调度

以太湖流域水资源联合调度决策系统优选的方案为基础，结合示范前水雨情实际、水源地水质状况，优化提出本次示范期间的工程调度方案。

《太湖流域水情月报（2018 年 9 月）》显示，9 月下旬太湖水位持续回落，10 月上旬太湖水位处于防洪控制水位以下。同时太湖水质自动站监测数据显示，9 月下旬至 10 月上旬太湖贡湖（沙墩港自动站）TN 浓度在 $1.31 \sim 2.56\text{mg/L}$，高于调度参考指标 2.00mg/L，故根据本书第 7 章研究结论，应加大常熟枢纽闸引水量。结合近几年流域引江济太实际情况，设置常熟枢纽分别按日均流量 $90\text{m}^3/\text{s}$、$110\text{m}^3/\text{s}$ 引水。

鉴于 9 月末太湖水位位于 $3.3\text{m} \sim$ 防洪控制水位，太浦闸宜按照 $80\text{m}^3/\text{s}$ 向下游供水，且根据太浦河 2014 年调水试验报告，太浦闸按 $80\text{m}^3/\text{s}$ 供水时，太浦河金泽断面 NH_3—N 指标达标率最高，综合确定本次应用示范期间太浦河按 $80\text{m}^3/\text{s}$ 供水。

应用示范分为示范初期、初步改善期、重点改善期，共计 15 天，具体如下。

1. 第一阶段：示范初期（10 月 20—22 日）

目的：通过望虞河常熟枢纽适时引排，改善望虞河水质，为长江优质水源入湖做准备；太浦闸保持适宜下泄量，保障太浦河水源地取水安全。

工程调度方案：

（1）望虞河工程：望虞河常熟枢纽适时引排调度，望亭立交关闭，望虞河两岸控制工程按照《太湖流域引江济太调度方案》和《太湖流域洪水与水量调度方案》进行调度。

（2）太浦河工程：太浦闸按 $80\text{m}^3/\text{s}$ 供水，太浦河两岸控制工程根据两岸需要进行适度引排。

2. 第二阶段：初步改善期（10 月 23—25 日）

目的：通过望虞河常熟枢纽引水，进一步改善望虞河水质，为后续引水入湖做好准备；太浦闸保持适宜下泄量，保障太浦河水源地取水安全。

工程调度方案：

（1）望虞河工程：常熟枢纽执行引水调度，维持日均引水流量 $90\text{m}^3/\text{s}$，望亭立交关闭。期间望虞河两岸控制工程按照《太湖流域引江济太调度方案》和《太湖流域洪水与水量调度方案》进行调度。

（2）太浦河工程：太浦闸按 $80\text{m}^3/\text{s}$ 供水，太浦河两岸控制工程根据两岸需要进行适度引排。

3. 第三阶段：重点改善期（10 月 26 日至 11 月 3 日）

目的：通过进一步加大望虞河常熟枢纽引水，向太湖水源地持续输送优质水源；太浦闸保持适宜下泄量，保障太浦河水源地取水安全。

工程调度方案：

（1）望虞河工程：常熟枢纽执行引水调度，维持日均引水流量110m³/s，望亭立交开启引水入湖。期间望虞河两岸控制工程按照《太湖流域引江济太调度方案》和《太湖流域洪水与水量调度方案》进行调度。

（2）太浦河工程：太浦闸按80m³/s供水，太浦河两岸控制工程根据两岸需要进行适度引排。

望虞河-太湖-太浦河水资源联合调度示范调度方案详见表8.3-1。

8.3.1.2　新沟河应急引水调度

以本书第7章提出的新沟河工程应急调度方案为基础，结合新沟河周边区域实际，设置2种工况，分别为"闸引为主，辅以泵引""闸泵联合引水"，开展新沟河应急引水调度试运行。在示范过程中，新沟河工程视直湖港入湖段水质及太湖水质情况决定是否开启直湖港闸引水入湖。

1. 第一阶段：10月20—22日

目的：分析新沟河江边枢纽趁潮自引引水水量、影响范围，以及对新沟河周边区域水体流动性提升、水环境改善的作用，着重改善新沟河运河以北段水质，为后续长江清水南下武澄锡虞区腹地做好准备。

新沟河江边枢纽趁高潮开闸自引，若节制闸自引困难，启用1台泵站辅助引水，维持日均引水流量30m³/s，西直湖港北枢纽关闭，石堰节制闸关闭。为了保证后续引水入直武地区水质，在引水入直武地区之前先引水入运河以北地区，使新沟河运河以北段水质得到改善，故示范初期新沟河东支运河以北口门中玉祁南闸开启，其余口门保持关，使初期引入的长江水从玉祁南闸退水入河网，为后续长江清水南下武澄锡虞区腹地做好准备。

2. 第二阶段和第三阶段：10月23日至11月3日

目的：分析新沟河江边枢纽闸泵联合引水影响范围、入直武地区水量，以及对新沟河尤其是环湖河段、直武地区整体水质改善的效果，探索新沟河应急引水改善太湖水质的可行性。

新沟河江边枢纽闸泵联合引水，西直湖港北枢纽、西直湖港闸站、西直湖港南枢纽开启引水，为促进清水往南进入区域腹地，新沟河东支洋溪河节制闸开启分水，石堰节制闸及东支其余支河口门保持关闭。期间，直湖港闸视直湖港入湖段水质及太湖水质情况决定是否开启引水入湖。

应用示范期间，为避免增加区域防洪风险，原则上新沟河引水调度时控制河道最高水位不高于4.50m，当石堰水位或白芍山水位高于4.50m时，应暂停引水。

望虞河-太湖-太浦河水资源联合调度示范调度方案详见表8.3-1。

8.3.2　监测方案

水量水质同步监测是典型示范研究的基础，根据示范目标，结合示范区水网及水文实际，合理布设水量水质同步监测站点。考虑到部分监测断面可能缺少历史类似条件下的水文或水质资料，因此，典型示范开始前的监测成果也可用于辅助对比。另外，在应用示范工程调度结束后，视监测断面位置和重要性开展3～5次水质跟踪监测。水量水质同步监

表8.3-1

应用示范期间初拟水利工程调度表

调度阶段	日期	水资源联合调度 望虞河工程				新建骨干工程调度 新沟河工程							
		常熟枢纽	望亭立交	大浦闸	江边枢纽	石堰节制闸	西直湖港北枢纽	西直湖港闸站	西直湖港南枢纽	东支沿线口门	遥观北枢纽、遥观南枢纽	西支沿线口门	直湖港闸
第一阶段：示范初期	10月20—22日	适时引排调度	关闸	80m³/s供水	闸引为主，辅以机引，维持日均引水流量30m³/s	关闸	地涵关闭	关闭	关闭	玉祁河南闸开启，运河以北其余口门关闭	保持北排	敞开	关闸
第二阶段：初步改善期	10月23—25日	维持日均引水流量90m³/s	关闸	80m³/s供水	闸泵引水	关闸	地涵开启	开闸	地涵开启	洋溪河闸开启，其余口门关闭	保持北排	敞开	关闸
第三阶段：重点改善期	10月26日至11月3日	维持日均引水流量110m³/s	开闸	80m³/s供水	闸泵引水	关闸	地涵开启	开闸	地涵开启	洋溪河闸开启分水，其余口门关闭	保持北排	敞开	视需要开闸

注 1. 应用示范期间，为避免免新沟河附近沿江沿江口门的影响，申港闸、芦埠港闸、利港闸、新夏港枢纽、定波闸等配合新沟河江边枢纽调度，当新沟河江边枢组引水时，附近沿江口门控制排水或暂停排水，无锡、常州其他沿江口门及环湖口门按照各市日常调度原则调度，东太湖周边按调度原则运行，对东岸引水实行控制运行，分水比例不超过常熟枢组引水量的30%。

2. 望虞河两岸口门按照《太湖流域洪水与水量调度方案》的相关要求运行，且总分水流量不超过50m³/s。望虞河实施水量调度期间，望虞河引江济太期间，望虞河枢组暂停排水。

3. 走马塘工程按照《省防汛抗旱指挥部关于走马塘张家港枢纽工程调度运用方案（试行）的批复》的相关要求运行，望虞河引江济太期间，张家港枢组暂停排水。

测范围包括望虞河、太浦河、新沟河沿线区域及贡湖区域。

8.3.2.1 监测站点布置

根据示范目标，监测断面主要有以下几种：①控制进出水量的关键断面或节点，包括武澄锡虞区沿江口门、环湖口门等；②骨干引排河道干流及其周边，包括望虞河、太浦河、新沟河及其两侧支流等；③区域内部反映示范期间水量分配规律、水体流动特性的断面。

结合望虞河、新沟河、太浦河等骨干河道以及太湖水源地的地理特征，本次应用示范共布设监测站点85处，其中，水量水质同步监测断面47处、水量监测断面5处、水位监测断面6处、水质采样点27处，详见表8.3-2。

表8.3-2　　　　　　　　应用示范水量水质同步监测站点一览表

区域	序号	河道名称	站点名称	东经	北纬	监测内容
望虞河区域（含贡湖水源地）	1	望虞河	常熟枢纽闸内	120°48′25.2″	31°46′14.2″	水量、水质
	2	张家港	大义桥	120°41′09.6″	31°42′38.9″	水量、水质
	3	望虞河	虞义大桥	120°39′57.6″	31°40′45.8″	水质
	4	锡北运河	新师桥	120°37′40.8″	31°40′40.1″	水量、水质
	5	望虞河	张桥	120°35′45.6″	31°36′42.5″	水量、水质
	6	九里河	鸟嘴渡	120°32′60.0″	31°34′41.2″	水量、水质
	7	冶长泾	冶长泾闸	120°34′44.4″	31°30′18.7″	水量、水质
	8	望虞河	蒟塘泾大桥	120°33′36.0″	31°30′04.0″	水质
	9	永昌泾	永昌泾	120°35′09.6″	31°28′6.6″	水量、水质
	10	伯渎港	大坊桥	120°31′40.8″	31°28′45.8″	水量、水质
	11	望虞河	大桥角新桥	120°31′55.2″	31°28′13.8″	水质
	12	琳桥	新琳桥	120°32′02.4″	31°27′44.6″	水量、水质
	13	望虞河	香山大桥	120°30′32.4″	31°27′38.2″	水质
	14	望虞河	南塘大桥	120°29′09.6″	31°27′07.6″	水质
	15	望虞河	望亭立交闸下	120°25′51.6″	31°27′04.0″	水量、水质
	16	太湖贡湖水源地	贡湖站	120°23′24.0″	31°26′17.1″	水质
太浦河区域（含湖东水源地）	1	太浦河	太浦闸下	120°28′55.2″	31°00′35.6″	水量、水质
	2	雪绿荡	库港大桥	120°33′10.8″	31°00′12.6″	水量、水质
	3	京杭运河	科林大桥	120°39′18.0″	31°02′44.9″	水量、水质
	4	太浦河	平望大桥	120°38′09.6″	30°59′44.2″	水质
	5	京杭运河	平西大桥	120°37′30.0″	30°58′26.8″	水量、水质
	6	雪湖荡	雪湖桥	120°39′21.6″	30°58′51.2″	水量、水质
	7	牛头河	玛瑙庵大桥	120°41′13.2″	30°59′20.4″	水量
	8	太浦河	黎里东大桥	120°43′58.8″	31°00′2.5″	水量、水质
	9	梅潭港	梅潭港大桥	120°46′15.6″	30°59′37.0″	水量、水质
	10	北窑港	北窑港预警站	120°49′51.6″	31°01′16.0″	水量、水质

区域	序号	河道名称	站点名称	东经	北纬	监测内容
太浦河区域 （含湖东水源地）	11	太浦河	芦墟大桥	120°50′20.4″	31°01′02.6″	水量、水质
	12	太浦河	金泽	120°53′20.4″	31°01′11.3″	水量、水质
	13	太浦河	朱枫公路太浦河大桥	121°02′38.4″	31°01′33.9″	水量、水质
	14	太湖湖东水源地	吴江水厂	120°27′43.2″	31°00′06.8″	水质
新沟河区域	1	利港	利港闸	120°05′02.4″	31°55′59.5″	水量
	2	申港	申港闸	120°08′02.4″	31°55′02.3″	水量
	3	长江	新沟	120°09′36.0″	31°55′21.4″	水质
	4	长江	新沟河（闸下游）	120°09′36.0″	31°54′45.7″	水位
	5	新沟河	新沟河江边枢纽	120°09′36.0″	31°54′28.8″	水量、水质
	6	新沟河	新沟桥	120°09′32.4″	31°54′11.9″	水量、水质
	7	新沟河	新沟河（闸上游）	120°09′32.4″	31°53′54.6″	水位
	8	新夏港	新夏港桥	120°11′52.8″	31°54′46.8″	水量
	9	老锡澄运河	定波闸	120°15′00.0″	31°54′58.0″	水量
	10	西横河	新农桥	120°10′04.8″	31°53′14.3″	水质
	11	西横河	澄东桥	120°08′31.2″	31°52′35.7″	水质
	12	新沟河	张家桥	120°09′46.8″	31°52′22.4″	水量、水质
	13	西横河	勃齐岸桥	120°05′38.4″	31°52′01.2″	水量、水质
	14	北塘河	河丰桥	120°06′43.2″	31°49′24.2″	水量、水质
	15	新沟河	焦溪	120°09′43.2″	31°49′20.6″	水位
	16	黄昌河	观西大桥	120°09′57.6″	31°49′36.83″	水质
	17	黄昌河	时家村桥	120°13′30.0″	31°50′19.67″	水量、水质
	18	环山河	沿山桥	120°12′07.2″	31°49′27.8″	水质
	19	北塘河	石堰桥	120°09′14.4″	31°48′36.4″	水量、水质
	20	新沟河	东柳塘	120°09′28.8″	31°48′06.5″	水量、水质
	21	三山港	石埝桥	120°09′14.4″	31°47′52.1″	水量、水质
	22	三山港	采菱桥	120°09′10.8″	31°47′14.6″	水量、水质
	23	北塘河	南塘桥	120°11′38.4″	31°43′37.9″	水质
	24	五牧河	东环桥	120°10′04.8″	31°43′27.5″	水量、水质
	25	横绛河	新造桥	120°07′19.2″	31°43′50.9″	水量、水质
	26	江南运河	横林大桥	120°05′42.0″	31°42′07.2″	水质
	27	五牧河	西直湖港北枢纽北	120°08′45.6″	31°40′59.5″	水位
	28	五牧河	万里大桥	120°9′25.19″	31°41′21.8″	水量、水质
	29	印桥港	印桥	120°10′26.4″	31°41′23.3″	水质
	30	直湖港	胜利桥	120°07′22.8″	31°38′20.0″	水量、水质

区域	序号	河道名称	站点名称	东经	北纬	监测内容
新沟河区域	31	西直湖港	西直湖港南枢纽南	120°07′26.4″	31°38′04.6″	水位
	32	横塘桥河	横塘桥	120°07′47.99″	31°37′05.9″	水质
	33	新渎河	新渎桥	120°06′25.2″	31°34′15.6″	水质
	34	直湖港	阳山大桥	120°08′02.4″	31°35′11.4″	水量、水质
	35	盛桥港	盛店桥	120°08′42.0″	31°35′23.3″	水质
	36	锡溧漕河	东尖大桥	120°04′08.4″	31°36′27.4″	水质
	37	武进港	戴溪步行桥	120°03′14.4″	31°35′54.4″	水量、水质
	38	陆区河	陆区西桥	120°04′55.2″	31°35′06.7″	水质
	39	洋溪河	富安桥	120°10′01.2″	31°35′7.1″	水质
	40	江南运河	高桥	120°14′31.2″	31°37′59.2″	水质
	41	双河	钱桥	120°14′31.2″	31°36′22.7″	水量、水质
	42	运河	吴桥	120°16′37.2″	31°35′29.7″	水质
	43	南直湖港	陆藕路桥	120°07′26.4″	31°33′28.1″	水量、水质
	44	洋溪河	张舍桥	120°07′55.2″	31°33′55.4″	水量、水质
	45	张缪舍河	张舍河	120°07′40.8″	31°33′16.6″	水量、水质
	46	龙延河	沙滩桥	120°06′18.0″	31°31′44.0″	水质
	47	故城河	故城桥	120°06′36.0″	31°31′06.2″	水质
	48	直湖港	湖山桥	120°06′57.6″	31°30′51.8″	水质
	49	直湖港	直湖港闸	120°07′15.6″	31°30′37.1″	水位
	50	武进港	龚巷桥	120°06′18.0″	31°30′25.2″	水量、水质
	51	三山港	横山大桥	120°06′39.6″	31°45′20.9″	水量、水质
	52	三山港	遥观北枢纽	120°04′37.2″	31°43′34.3″	水量、水质
	53	武进港	遥观南枢纽	120°03′46.8″	31°41′20.0″	水量、水质
	54	采菱港	采菱港桥	120°02′42.0″	31°40′45.8″	水量、水质
	55	武南河	振东大桥	120°03′25.2″	31°40′01.6″	水量、水质

此外，应用示范期间在梅梁湖布设水质采样点1处作为参考站点，以分析应急引水入湖需求。

8.3.2.2　水量水质监测要求

1. 水文监测

水文监测指标：大断面、水位（潮位）、流速、流量（含流速、流向等）。

2. 水质监测

水质监测指标：水温、pH、浊度、溶解氧、电导率、高锰酸盐指数、NH_3—N、TN、TP等。

监测频率：应用示范期间每天水质监测不少于1次，应用示范结束后视监测断面位置和重要性开展3～5次水质跟踪监测。水质的监测内容及方法按相关规范进行。

8.3.3 实施情况

8.3.3.1 水利工程运行情况

应用示范期间，水利工程基本按照调度计划运行。由于本次应用示范期间，太湖并无应急引水需求，因此直湖港闸未开启引水。

1. 望虞河、太浦河工程

10月20日至10月23日9时：望虞河常熟水利枢纽执行节制闸适时引排调度（太防总调〔2018〕45号），望亭水利枢纽关闭（太防总调〔2018〕46号）；太浦闸按80m³/s供水（太防总调〔2018〕49号），太浦闸工程调度在整个示范期间维持不变。

10月23日9时至10月26日12时：望虞河常熟水利枢纽引水，日引江水量按800万m³控制，同时张桥水位按3.70m控制（太防总调〔2018〕50号），望亭水利枢纽继续关闭（太防总调〔2018〕46号）。

10月26日12时至11月3日：望虞河常熟水利枢纽引水，日引江水量按1000万m³控制，同时张桥水位按不超过3.70m控制（太防总调〔2018〕52号）。10月26日12时起，望亭水利枢纽开启引水入湖，流量按50m³/s控制（太防调〔2018〕51号），自10月31日10时起，望亭水利枢纽引水入湖流量按80m³/s控制（太防调〔2018〕53号）。

2. 新沟河工程

（1）江边枢纽。新沟河江边枢纽调水分闸引、泵引两种运行方式，当长江潮位低于江边枢纽闸前水位时启用泵站引水，当长江潮位高于闸前水位时关泵开启节制闸引水。应用示范期间新沟河江边枢纽具体运行情况见表8.3-3。

表8.3-3　　　　　　　应用示范期间新沟河江边枢纽运行情况统计表

日 期	运 行 时 长/h				
	泵 站			节 制 闸	
	4号机	5号机	6号机	第一潮	第二潮
10月20日		14.0			2.7
10月21日		14.2		1.5	2.5
10月22日		5.7		2.5	3.3
10月23日	12.6	12.5	3.2	1.7	3.4
10月24日	13.5	13.4	2.9	1.7	2.9
10月25日	13.8	13.6	3.2	2.6	2.4
10月26日	10.7	10.7		2.9	5.5
10月27日	10.9	10.8		3.1	1.9
10月28日	16.8	4.8	15.1		1.7
10月29日	4.8	17.0	16		
10月30日	3.9	16.3	16	0.5	

续表

日　期	运 行 时 长/h				
	泵　　站			节 制 闸	
	4号机	5号机	6号机	第一潮	第二潮
10月31日	16.8	16.9	4.1		
11月1日	16.6	16.7	4.3		
11月2日	14.4	14.5	4.5		
11月3日	7.6	7.5	4.4		
平均	27.0			2.9	
合计	404.9			42.8	

10月20—22日：新沟河江边枢纽启用一台泵站引水，同时根据长江潮位适时停机开闸引水，按日平均引水流量30m³/s控制。示范初期，节制闸日引水时间为2.7～5.8h，泵站日引水运行时间为5.7～14.2h。

10月23日至11月3日：新沟河江边枢纽启用2～3台机组引水，引水时控制站前水位在4.50m以下，超过4.50m时减少开机台数，同时根据长江潮位适时停机开闸引水。示范期间，10月23日17：40新沟河江边枢纽开3台泵调水，引水流量增至90m³/s左右，江边枢纽闸前水位从3.80m开始上涨，21：00水位上涨至4.36m，并保持继续上涨趋势。为确保示范期间航运安全，21：00江边枢纽减少为2台泵引水，引水流量控制在60m³/s左右，江边枢纽闸前水位迅速下降至4.30m左右，至24日00：00关机停止调水，江边枢纽闸前水位有小幅下降，并稳定在4.25m左右。重点改善期，节制闸日引水时间为0.5～8.4h，每台泵站日引水运行时间为2.9～17.0h。

（2）西直湖港枢纽及支河口门建筑物。

10月20日至10月23日9时：关闭西直湖港北枢纽、打开玉祁南闸，关闭京杭运河以北新沟河沿线支浜其余闸门（石堰节制闸除外）。

10月23日9时至11月3日：打开西直湖港北枢纽，关闭玉祁南闸，新沟河运河以北其余各支河闸门保持关闭（石堰节制闸除外）。打开洋溪河东闸，关闭京杭运河以南直湖港沿线其余支河闸门，西直湖港南枢纽船闸套闸运行。

（3）直湖港闸。应用示范期间，10月29日太湖梅梁湖3号标站点综合水质类别为Ⅲ类，直湖港湖山桥断面综合水质类别可达到Ⅲ类，但略有波动，考虑到此次应用示范期间并无应急引水入湖的需求，因此，直湖港闸未开启入湖，新沟河引水经过洋溪河向东部河网退水。

3．其他沿江口门

应用示范期间，新沟河江边枢纽两侧利港闸、申港闸、新夏港枢纽、定波闸调度以引水为主，部分时间处于关闭或排水状态，具体调度见表8.3－4。

8.3.3.2　水量水质监测情况

根据《感潮河段与濒海水文测验及资料整编技术规范》（DB31/T 763—2013）、《水环境监测规范》（SL 219—2013）、《河流流量测验规范》（GB 50179—2015）等相关规范及类似调水试验经验，并结合实际情况确定本次应用示范水量水质监测频次。

表 8.3－4 　　　应用示范期间新沟河两侧附近沿江水利工程运行情况

日期	利港闸		申港闸		新夏港闸		定波闸	
	开闸时间	关闸时间	开闸时间	关闸时间	开闸时间	关闸时间	开闸时间	关闸时间
10月20日	13：00	15：00	14：00	15：50				
10月21日	13：10	16：30	13：30	15：25				
10月22日	13：30	17：30	13：40	15：50			13：25	16：19
10月23日	14：00	17：40	3：00	6：00			13：37	17：05
10月24日	14：30	17：40	2：10	5：30	5：30	6：00	9：25	13：37
					14：30	18：30	14：00	17：50
10月25日	14：40	18：00	14：30	17：30	3：00	7：00	14：12	17：50
					14：30	19：30		
10月26日	15：30	19：00	4：50	8：00	3：00	7：00	15：08	18：26
					15：20	19：20		
10月27日	16：00	19：20	16：00	19：15	5：20	7：20	9：00	15：30
					15：50	20：20	15：50	19：49
10月28日			16：50	19：45	4：30	7：40	16：12	18：32
					16：40	21：00		
10月29日			6：00	8：10	5：20	7：40	16：50	19：00
					17：00	21：00		
10月30日			6：50	8：30			17：20	19：48
10月31日			8：05	9：10			9：00	13：10
			19：00	22：15				

　　本次应用示范中监测断面、监测指标根据监测方案布设并实施监测，具体监测情况如下。

　　背景水质监测：应用示范开始前1周（10月13—19日）择机进行1次水质采样。

　　10月20日至11月3日：新沟河区域各断面水量监测频次为每天1～2次，其中对于水量变化较大的断面（主要位于运河以北）或者水量变化较大的时期选择每日上午、下午各安排1次监测，水质采样频次为每天1次。

　　11月4日至11月10日：应用示范结束后一周内，进行水质跟踪监测，以监测引水结束后水质变化，跟踪监测期每天进行1次水质采样，详见表8.3－5。

　　望虞河、太浦河区域水量水质监测根据引江济太要求实施。

表 8.3－5 　　　　应用示范期间新沟河区域水量水质监测情况表

监测阶段	监测日期	监测内容	监测频次		备注
			水量	水质	
背景值监测	10月13—19日（择机进行）	水质		1次	示范前

续表

监测阶段	监测日期	监测内容	监 测 频 次		备注
			水量	水质	
示范期间监测	10月20日	水量、水质	每天1~2次	每天1次	
	10月21日	水量、水质	每天1~2次	每天1次	
	10月22日	水量、水质	每天1~2次	每天1次	
	10月23日	水量、水质	每天1~2次	每天1次	
	10月24日	水量、水质	每天1~2次	每天1次	
	10月25日	水量、水质	每天1~2次	每天1次	
	10月26日	水量、水质	每天1~2次	每天1次	
	10月27日	水量、水质	每天1~2次	每天1次	
	10月28日	水量、水质	每天1~2次	每天1次	
	10月29日	水量、水质	每天1~2次	每天1次	
	10月30日	水量、水质	每天1~2次	每天1次	
	10月31日	水量、水质	每天1~2次	每天1次	
	11月1日	水量、水质	每天1~2次	每天1次	
	11月2日	水量、水质	每天1~2次	每天1次	
	11月3日	水量、水质	每天1~2次	每天1次	
跟踪监测	11月4日	水质		每天1次	示范结束第一天
	11月5日	水质		每天1次	示范结束第二天
	11月6日	水质		每天1次	示范结束第三天
	11月8日	水质		每天1次	示范结束第五天
	11月10日	水质		每天1次	示范结束第七天

8.4 示范成果分析

8.4.1 水雨情分析

8.4.1.1 降雨

　　10月20日至11月3日示范期间，太湖流域累计降雨量为10.8mm，流域降水量与多年平均相比偏低，示范期间流域降雨主要发生于10月21—22日以及25日，其余时间无明显降雨。

　　区域降雨过程与流域整体上较为类似，详见表8.4-1。应用示范期间，新沟河工程所在武澄锡虞区累计降雨量为12.6mm，最大单日降雨量为8.4mm，降雨等级为小雨，发生于10月21日，其余时间基本无明显降雨。望虞河、太浦河附近阳澄淀泖区累计降雨量为13.8mm，最大单日降雨量为7.5mm，杭嘉湖区累计降雨量12.1mm，最大单日降雨量6.7mm，其余时间基本无明显降雨。示范区所在的武澄锡虞区、阳澄淀泖区和杭嘉湖区降水量比多年平均分别低 36.7%、39.6%、50.2%，太湖区降水量比多年平均低 66.2%。

总体上，应用示范期间流域、区域降雨量较小，对于应用示范的开展和水量水质监测不会产生较大影响。

表 8.4-1 　　　　　　　　　　应用示范期间相关区域降雨过程

日　期	太湖水位 /m	降　雨　量/mm			
		太湖区	武澄锡虞区	阳澄淀泖区	杭嘉湖区
10 月 20 日	3.25	0.0	0.0	0.0	0.0
10 月 21 日	3.24	5.3	8.4	7.5	6.7
10 月 22 日	3.23	1.6	2.4	4.3	1.0
10 月 23 日	3.22	0.0	0.1	0.0	0.0
10 月 24 日	3.2	0.0	0.0	0.0	0.0
10 月 25 日	3.2	0.8	1.6	1.9	0.3
10 月 26 日	3.18	0.0	0.0	0.0	0.1
10 月 27 日	3.17	0.0	0.0	0.0	0.0
10 月 28 日	3.17	0.0	0.0	0.0	0.0
10 月 29 日	3.17	0.0	0.0	0.0	0.0
10 月 30 日	3.17	0.0	0.1	0.0	0.0
10 月 31 日	3.18	0.0	0.0	0.0	0.0
11 月 1 日	3.18	0.1	0.0	0.0	0.0
11 月 2 日	3.17	0.0	0.0	0.0	2.5
11 月 3 日	3.16	0.2	0.0	0.1	1.4
累计		8.0	12.6	13.8	12.1

8.4.1.2　长江潮位

2018 年 10 月 20 日至 11 月 3 日，望虞闸外长江最高潮位 3.54～4.41m，最低潮位 1.16～1.68m，潮差 1.89～3.10m，详见图 8.4-1。应用示范初期望虞闸外长江潮位呈上

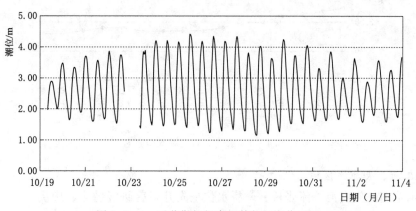

图 8.4-1　示范期间望虞闸外长江潮位过程

升趋势，至 10 月 25 日出现最高潮位 4.41m（农历九月十七），之后高潮位逐渐降低，至 11 月 3 日 16 时，高潮位已降低至 3.68m。

2018 年 10 月 20 日至 11 月 3 日，新沟河江边枢纽闸外长江最高潮位 3.49～4.53m，最低潮位 1.87～2.19m，潮差 1.42～2.44m，详见图 8.4-2。应用示范期间，长江潮位总体较为平稳，应用示范初期潮位呈上升趋势，至 10 月 25 日出现最高潮位 4.53m（农历九月十七），之后高潮位逐渐降低，至 11 月 3 日 16 时，高潮位降低至 3.49m。因江边枢纽调水抬高站前水位，同时江边枢纽长江高潮位逐渐降低，29 日开始，江边枢纽长江潮位略低于站前水位，江边枢纽开启节制闸已基本不能满足引水要求。

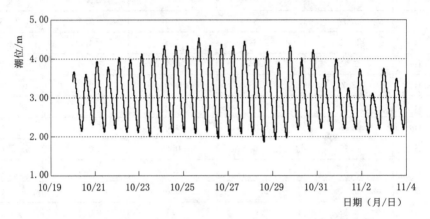

图 8.4-2 示范期间新沟河江边枢纽处长江潮位过程

8.4.1.3 水位

1. 太湖水位

应用示范期间太湖水位总体呈下降趋势，从 10 月 20 日的 3.25m 下降至 11 月 3 日的 3.16m，期间太湖平均水位为 3.19m，受望虞河引江济太影响，10 月 30 日后太湖平均水位有小幅上涨，见图 8.4-3。

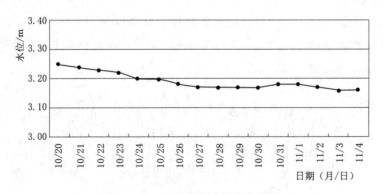

图 8.4-3 示范期间太湖水位过程

2. 望虞河、太浦河区域

应用示范期间望虞河干流张桥、琳桥水位呈先升高后回落趋势。10 月 20 日常熟水利枢纽开闸引水，张桥站、琳桥站水位逐步升高；10 月 26 日，望亭立交开闸引水入湖，张桥、琳桥水位缓慢下降。太浦河干流太浦闸水位在 10 月 22 日、10 月 26 日前后呈现上升趋势，后缓慢回落，其余时间总体较为稳定，太浦河平望站、金泽站水位呈现先上升后下降的趋势，详见表 8.4-2、图 8.4-4。

表 8.4-2　　　　　　　　望虞河、太浦河区域主要站点水位统计表

站名	平均水位/m	应用示范前水位/m	最高水位/m	最高水位出现时间	最大涨幅/m
张桥	3.50	3.36	3.67	10 月 26 日	0.17
琳桥	3.49	3.38	3.62	10 月 25 日、26 日	0.13
太浦闸上	3.21	3.24	3.39	10 月 26 日	0.18
平望	3.08	3.01	3.19	10 月 27 日	0.11
金泽	2.64	2.62	2.88	10 月 27 日	0.24

注　数据来自自动监测站。

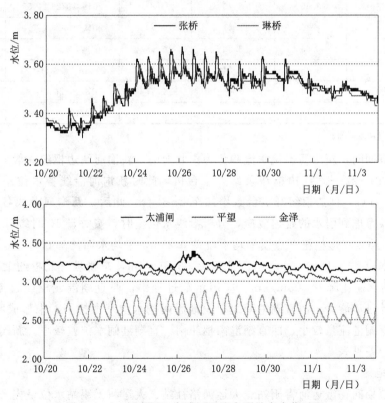

图 8.4-4　望虞河、太浦河干流主要站点水位过程

3. 新沟河干河

新沟河干流江边枢纽、焦溪、东柳塘、西直湖港北枢纽北、西直湖港南枢纽南等站点水位总体呈上升趋势。到 11 月 3 日 16 时，新沟河江边枢纽闸上（内河）最高水位 4.55m，比示范开始前升高 1.16m；三山港以北焦溪最高水位 4.15m，比示范开始前升高 0.65m；三山港以南东柳塘最高水位 3.95m，比示范开始前上涨 0.52m；西直湖港北枢纽北侧五牧段最高水位 3.86m，比示范开始前上涨 0.46m；西直湖港南枢纽南侧直湖港段

最高水位 3.82m，比示范开始前上涨 0.23m。受江边枢纽引水影响，新沟河沿线水位变化过程具有较好的同步性。应用示范期间，新沟河干流水位与周边骨干河道相比，东柳塘站比锡澄运河青阳站高 0.11m，西直湖港南枢纽南比大运河无锡站高 0.06m。应用示范期间新沟河干流主要站点水位变化详见表 8.4-3。

表 8.4-3　　　　　　　　　新沟河干流主要站点水位统计表

站　名	平均水位 /m	应用示范前水位 /m	最高水位 /m	最高出现时间 （年/月/日 时：分）	最大涨幅 /m
江边枢纽（闸上游）*	4.06	3.39	4.55	2019/10/25 16：25	1.16
焦溪*	3.91	3.50	4.15	2019/10/25 17：10	0.65
东柳塘*	3.75	3.43	3.95	2019/10/26 0：45	0.52
西直湖港北枢纽北*	3.66	3.40	3.86	2019/10/26 1：45	0.46
西直湖港南枢纽南*	3.66	3.40	3.82	2019/10/26 1：55	0.42
直湖港闸*		3.41	3.79	2019/10/26 2：10	0.38
陆藕路桥	3.65	3.50	3.75	2018/10/26 11：09	0.25
采菱桥	3.73	3.54	3.86	2018/10/28 14：21	0.32
戴溪步行桥	3.64	3.48	3.77	2018/10/26 10：41	0.29
龚巷桥	3.47	3.46	3.54	2018/10/26 11：40	0.08

*　数据来自自动监测站。

应用示范期间，新沟河干流水流趋势为由北向南，新沟河江边枢纽一般上午8时左右开机，10月20—22日，江边枢纽泵站开1台机，此时新沟河沿线各水位站点水位差较小。10月23日后，江边枢纽开机台数增加至2～3台，此后，新沟河沿线各水位站水位差较为明显，考虑到引水的延迟效应，分析沿线水位差时，按每日10时统计。10时同时刻沿线各水位站点江边枢纽—焦溪平均水位差0.23m，平均水面比降0.023m/km，焦溪—东柳塘平均水位差0.16m，平均水面比降0.0356m/km，东柳塘—北枢纽北平均水位差0.09m，平均水面比降0.005m/km。应用示范过程中，西直湖港北枢纽过流流量较小，远小于其设计过流能力，西直湖港南北枢纽地涵两侧水位基本持平，未形成明显水位差。同样，由于直湖港流量较小，西直湖港南枢纽南—直湖港闸水位差较小。新沟河干流沿线主要站点水位差见表 8.4-4。

　4. 锡澄地区

　　应用示范期间锡澄运河青阳站、大运河洛社站、大运河无锡站水位呈先升高后下降趋势。锡澄运河青阳站10月20日8时水位3.45m，11月3日16时水位3.57m，平均水位3.63m，受沿江引排影响，青阳站水位波动较大，最高水位3.89m，出现在10月26日，最低水位3.41m，出现在10月20日。洛社站10月20日8时水位3.42m，11月3日16时水位3.53m，示范期间平均水位3.60m，最高水位为3.69m（10月27日）。大运河无锡站10月20日8时水位3.28m，示范期间平均水位3.34m，最高水位为3.51m（10月27日）。应用示范期间，锡澄地区水位涨幅最大为23～44cm，表明新沟河以及沿江口门引排对地区水位影响较大。锡澄地区主要站点水位变化详见表 8.4-5。

表 8.4-4　　　　　　　　　新沟河干流沿线主要站点同时刻水位差

时间 （月/日 时：分）	水 位 差/m				
	江边枢纽—焦溪 （9.96km）	焦溪—东柳塘 （4.46km）	东柳塘—西直湖 港北枢纽北 （17.22km）	北枢纽北—西直 湖港南枢纽南 （6.63km）	西直湖港南枢 纽南—直湖港闸 （14.38km）
10/20 10：00	0.01	0.08	0.04	−0.02	−0.01
10/21 10：00	−0.01	0.10	0.05	0.00	0.02
10/22 10：00	−0.01	0.11	0.07	−0.02	0.02
10/23 10：00	0.06	0.13	0.08	−0.01	0.00
10/24 10：00	0.29	0.18	0.10	0.00	−0.01
10/25 10：00	0.28	0.17	0.10	−0.02	0.00
10/26 10：00	0.13	0.13	0.07	0.01	0.01
10/27 10：00	0.15	0.14	0.08	0.00	0.01
10/28 10：00	0.15	0.11	0.09	0.03	0.00
10/29 10：00	0.24	0.18	0.07	0.02	0.02
10/30 10：00	0.21	0.16	0.07	0.00	0.02
10/31 10：00	0.27	0.16	0.10	−0.01	0.01
11/1 10：00	0.24	0.17	0.09	0.00	−0.01
11/2 10：00	0.23	0.16	0.09	−0.01	0.01
11/3 10：00	0.20	0.15	0.11	−0.02	0.00

表 8.4-5　　　　　　　　　　锡澄地区主要站点水位统计表

站名	平均水位/m	应用示范前水位/m	最高水位/m	最高出现时间	最大涨幅/m
青阳*	3.63	3.45	3.89	10月26日、10月27日	0.44
洛社*	3.57	3.42	3.69	10月27日	0.27
无锡	3.34	3.28	3.51	10月27日	0.23

* 数据来自自动监测站。

8.4.2 水量交换及水流运动情况分析

8.4.2.1 示范区进出水量分析

1. 引江水量分析

（1）望虞河。应用示范期间望虞河常熟枢纽累计引水量 13748 万 m^3，日均引水量为 916.6 万 m^3。10月 20—23日 9时，常熟枢纽适时引排，日均引水流量 20.9～52.2m^3/s，自 10月 23日 9时起日引水量维持在 800 万 m^3 以上，并于 10月 26日 12时加大引水至日引水量维持在 1000 万 m^3 以上，期间日均引水流量 93.8～161m^3/s，详见表 8.4-6。

（2）新沟河及其周边沿江口门。应用示范期间，新沟河江边枢纽结合潮位情况，适时开启泵站和节制闸进行引水，累计引水 5371 万 m^3，其中泵站引水量 4391 万 m^3，节制闸引水量 980 万 m^3。引水过程中，10月 20—22日新沟河江边枢纽启用 1台泵站引水，引

表 8.4-6　　　　　　　　　　示范期间望虞河工程引水量统计表

日　期	太湖水位/m	常　熟　枢　纽	
		引水量/万 m³	折合日均流量/(m³/s)
10 月 20 日	3.25	181	20.9
10 月 21 日	3.24	267	30.9
10 月 22 日	3.23	451	52.2
10 月 23 日	3.22	898	104
10 月 24 日	3.20	810	93.8
10 月 25 日	3.20	907	105
10 月 26 日	3.18	1131	131
10 月 27 日	3.17	1030	119
10 月 28 日	3.17	1134	131
10 月 29 日	3.17	1392	161
10 月 30 日	3.17	1298	150
10 月 31 日	3.18	1065	123
11 月 1 日	3.18	1022	118
11 月 2 日	3.17	1140	132
11 月 3 日	3.16	1022	118
合计		13748	

水水量相对较小，日引水量 177 万～293 万 m³，日均引水 235 万 m³；10 月 23 日至 11 月 3 日，新沟河江边枢纽启用 2～3 台泵站引水，引水水量有所增加，日引水量 212 万～449 万 m³，日均引水 389 万 m³，详见表 8.4-7。

表 8.4-7　　　　　　　　　示范期间新沟河江边口门引排水情况统计

日　期	长江潮位/m			闸引水量/万 m³	泵引水量/万 m³	引水总量/万 m³	日均流量/(m³/s)
	最高	最低	潮差				
10 月 20 日	3.94	2.15	1.79	85	151	236	27.3
10 月 21 日	4.04	2.15	1.89	143	150	293	33.9
10 月 22 日	4.12	2.11	2.01	111	66	177	20.5
10 月 23 日	4.34	2.02	2.32	121	310	431	49.9
10 月 24 日	4.33	2.10	2.23	109	284	393	45.5
10 月 25 日	4.53	2.09	2.44	107	337	444	51.4
10 月 26 日	4.35	1.96	2.39	159	232	391	45.3
10 月 27 日	4.45	2.05	2.40	110	237	347	40.2
10 月 28 日	4.19	1.87	2.32	31	418	449	51.0
10 月 29 日	4.34	1.97	2.37	0	415	415	48.0
10 月 30 日	4.23	2.15	2.08	4	396	400	46.3

日 期	长江潮位/m			闸引水量 /万 m³	泵引水量 /万 m³	引水总量 /万 m³	日均流量 /(m³/s)
	最高	最低	潮差				
10 月 31 日	4.00	2.16	1.84	0	411	411	47.6
11 月 1 日	3.73	2.19	1.54	0	409	409	47.3
11 月 2 日	3.75	2.08	1.67	0	363	363	42.0
11 月 3 日	3.49	2.07	1.42	0	212	212	24.5
合计				980	4391	5371	

应用示范期间，新沟河附近利港、申港、新夏港、锡澄运河等河道以引水为主，部分时间处于关闭或排水状态，利港、申港、新夏港和锡澄运河引水水量分别为 180 万 m³、420 万 m³、454 万 m³ 和 837 万 m³，详见表 8.4 - 8。

表 8.4 - 8　　　　　示范期间新沟河江边口门引排水情况统计　　　　　单位：万 m³

时 间	利港	申 港		新夏港	锡澄运河	
	引水	引水	排水	引水	引水	排水
10 月 20 日	6	13				
10 月 21 日	15	18				
10 月 22 日	22	25			72	
10 月 23 日	24	39			98	
10 月 24 日	25	51		53	120	−95
10 月 25 日	30	51		109	125	
10 月 26 日	29	49		89	101	
10 月 27 日	29	54		76	125	−161
10 月 28 日		41		66	60	
10 月 29 日		22		61	67	
10 月 30 日		18			69	
10 月 31 日		39	−5			−96
11 月 1 日						
11 月 2 日						
11 月 3 日						
合计	180	420	−5	454	837	−352

注　正值为引水，负值为排水。

2. 出入湖水量分析

应用示范期间，望亭立交自 10 月 26 日起引水入湖，日引水量在 154 万～714 万 m³，10 月 27 日起入湖流量基本维持在 50m³/s 左右，并于 10 月 31 日起加大至 80m³/s 左右，示范期间望亭立交累计引水入湖 4565 万 m³。10 月 26 日以后，望虞河引水入湖效率为 34.1%～66.2%，10 月 31 日加大引水以后，平均引水入湖效率为 64.7%，较前一阶段提高约 29%。太浦河工程日供水量在 667 万～848 万 m³，累计供水量为 10646 万 m³，日均供水流量维持在 98.1~77.2m³/s，详见表 8.4-9、图 8.4-5。示范期间，太浦河出湖水量大于望亭立交入湖水量，太湖水位呈下降趋势。

表 8.4-9　　　　　　　　　　示范期间出入湖水量统计表

日　期	望亭水利枢纽		太　浦　闸	
	入湖量/万 m³	日均流量/(m³/s)	出湖量/万 m³	日均流量/(m³/s)
10 月 20 日			695	80.4
10 月 21 日			695	80.4
10 月 22 日			767	88.8
10 月 23 日			671	77.7
10 月 24 日			680	78.7
10 月 25 日			708	81.9
10 月 26 日	154	17.8	848	98.1
10 月 27 日	476	55.1	694	80.3
10 月 28 日	391	45.3	715	82.8
10 月 29 日	475	55.0	704	81.5
10 月 30 日	483	55.9	667	77.2
10 月 31 日	528	61.1	695	80.4
11 月 1 日	667	77.2	742	85.9
11 月 2 日	714	82.6	672	77.8
11 月 3 日	677	78.4	693	80.2
合　计	4565		10646	

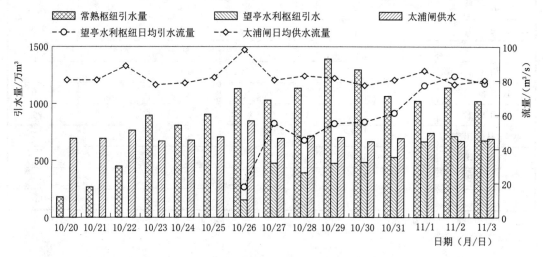

图 8.4-5　示范期间出入湖水量过程图

8.4.2.2　示范区水量分配

1. 整体水量分配情况

应用示范期间，望虞河常熟枢纽引水 13748 万 m³，新沟河江边枢纽引水 5371 万 m³，新沟河附近利港、申港、新夏港、锡澄运河等河道合计引水 1891 万 m³，排水 357 万 m³，望虞河、新沟河累计引水 19120 万 m³。示范期间，望虞河累计引水入湖水量为 4565 万 m³，引水入湖效率约为 45%（以引水入湖期间计），东岸琳桥、冶长泾、永昌泾等口门累计分流水量为 7368 万 m³，约为常熟枢纽引水量的 54%，太浦闸出湖水量为 10646 万 m³。新沟河引水经石堰节制闸后，东支累计来水水量为 2451 万 m³，西支累计分流水量为 2769 万 m³，详见图 8.4-6。

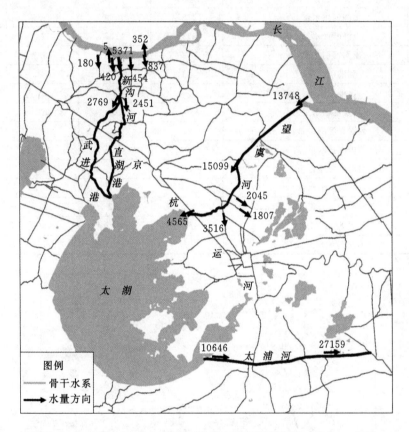

图 8.4-6 应用示范期间示范区总体水量分配示意图（单位：万 m³）

2. 分阶段水量分配情况

（1）示范初期（10月20—22日）。望虞河引水 899 万 m³，新沟河江边枢纽引水 706 万 m³，新沟河附近利港、申港、锡澄运河分别引水 43 万 m³、56 万 m³、72 万 m³，上述河道引水量合计为 1776 万 m³。

望虞河东岸张桥以下冶长泾、永昌泾、琳桥港等支河分流水量共计 1130 万 m³。太浦河出湖水量为 2157 万 m³，由于太浦河两岸支河汇入水量较大，至下游金泽断面过水量为 5535 万 m³。新沟河江边枢纽引水经石堰节制闸后，东支东柳塘断面过水量 331 万 m³，约占新沟河引水量的 46.9%，西支分流水量约为 284 万 m³，约占新沟河引水量的 40.3%，详见表 8.4-10、图 8.4-7。

表 8.4－10　　　　　　　　　　　　应用示范期间水量分配表

区域	项目	示范初期	初步改善期	重点改善期	合计
望虞河区域	望虞河引水量/万 m³	899	2615	10234	13748
	望虞河入湖水量/万 m³	0	0	4565	4565
	望虞河东岸引水量/万 m³	1131	1877	4361	7368
	望虞河引水入湖效率/%			45	
	东岸分水比例/%	≥100	71.8	42.6	53.6
太浦河区域	太浦河供水量/万 m³	2157	2059	6430	10646
	金泽断面水量/万 m³	5535	4177	17447	27159
新沟河区域	新沟河引水量/万 m³	706	1268	3397	5371
	利港引水量/万 m³	43	79	58	180
	申港引水量/万 m³	56	141	223	420
	新夏港引水量/万 m³	0	162	292	454
	锡澄运河引水量/万 m³	72	343	422	837
	申港排水量/万 m³	0	0	−5	−5
	锡澄运河排水量/万 m³	0	−95	−257	−352
	东柳塘断面水量/万 m³	331	605	1515	2451
	石堰节制闸分流水量/万 m³	284	552	1933	2669
	东柳塘断面分流比/%	46.9	47.7	44.6	45.6
	石堰节制闸分流比/%	40.3	43.6	56.9	51.6

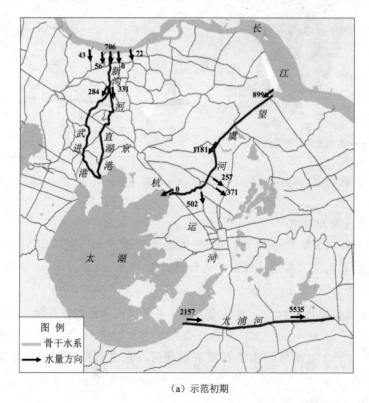

（a）示范初期

图 8.4－7（一）　示范区各阶段水量分配示意图（单位：万 m³）

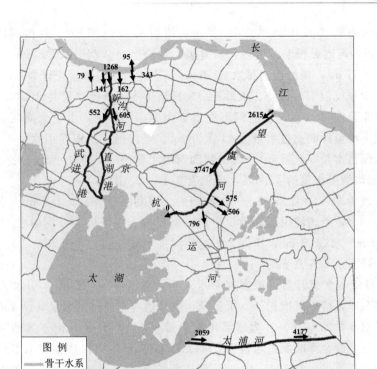

（b）初步改善期

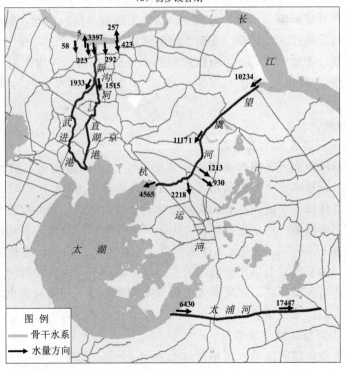

（c）重点改善期

图 8.4-7（二） 示范区各阶段水量分配示意图（单位：万 m³）

（2）初步改善期（10月23—25日）。望虞河引水2615万 m³，新沟河江边枢纽引水1268万 m³，新沟河附近利港、申港、新夏港、锡澄运河分别引水79万 m³、141万 m³、162万 m³、343万 m³，锡澄运河排水95万 m³，上述河道引水量合计为4608万 m³。

望虞河东岸张桥以下冶长泾、永昌泾、琳桥港等支河分流水量共计1877万 m³，相当于常熟枢纽引水量的71.8%。太浦河出湖水量为2059万 m³，由于太浦河两岸支河汇入水量较大，至下游金泽断面过水量为4177万 m³。新沟河江边枢纽引水经石堰节制闸后，东支东柳塘断面过水量605万 m³，约占新沟河引水量的47.7%，西支分流水量约为552万 m³，约占新沟河引水量的43.6%，详见表8.4-10、图8.4-7。

（3）重点改善期（10月26日至11月3日）。望虞河引水10234万 m³，新沟河江边枢纽引水3397万 m³，新沟河附近利港、申港、新夏港、锡澄运河分别引水58万 m³、223万 m³、292万 m³、422万 m³，申港、锡澄运河排水量分别为5万 m³、257万 m³，上述河道引水量合计为14626万 m³。

10月26日望亭立交开启，望虞河引水入湖水量为4565万 m³，引水入湖效率约为45%。望虞河东岸张桥以下冶长泾、永昌泾、琳桥港等支河分流水量共计4361万 m³，相当于常熟枢纽引水量的42.6%。太浦河出湖水量为6430万 m³，由于太浦河两岸支河汇入水量较大，至下游金泽断面过水量为17447万 m³。新沟河江边枢纽引水经石堰节制闸后，东支东柳塘断面过水量1515万 m³，约占新沟河引水量的44.6%，西支分流水量约为1933万 m³，约占新沟河引水量的56.9%，详见表8.4-10、图8.4-7。

各阶段水量分配情况显示，望虞河常熟枢纽—张桥断面水量基本未减少，但张桥以下，受到东岸支河分流影响，水量显著减少，总体上随着示范的持续，东岸冶长泾、永昌泾、琳桥港等支河分流比逐渐减少。受到太浦河两岸支河来水影响，相比于太浦闸下，下游金泽断面来水量显著增加，为太浦闸供水量的2.0~2.7倍。新沟河引水后，东支东柳塘断面过水量为新沟河引水量的44.6%~47.7%，西支分流水量约为新沟河引水量的40.3%~56.9%。

8.4.2.3 水流格局

1. 望虞河及其周边区域水流格局

应用示范各阶段望虞河区域水流格局详见图8.4-8。示范期间，望虞河维持引水状态，自10月26日起望亭立交开启引水入湖。张桥断面日均为23.4~166m³/s，流量与常熟枢纽日均流量总体较为接近，且日均流量变化趋势较为一致，常熟枢纽—张桥断面流量无明显递减。而张桥断面—望亭立交断面，由于两岸支河口门分水，日均流量总体呈沿程递减趋势，详见表8.4-11。望虞河东岸张桥以南主要引水口门中，琳桥港、永昌泾流向基本为出望虞河，冶长泾流向以出望虞河为主，部分时间流向为入望虞河。望虞河西岸伯渎港大坊桥、锡北运河新师桥、张家港大义桥等断面基本以入望虞河为主，九里河鸟嘴渡断面除10月28日流向为出望虞河，其余时间为滞留状态。

2. 太浦河及其周边区域水流格局

应用示范各阶段太浦河区域水流格局详见图8.4-8。太浦河维持持续供水状态，太浦河北岸重点监测了科林大桥、北窑港2处支河，南岸重点监测了库港大桥、平西大桥、雪湖桥、玛瑙庵大桥以及梅潭港大桥等断面。示范期间，除玛瑙庵大桥流向以出太浦河为

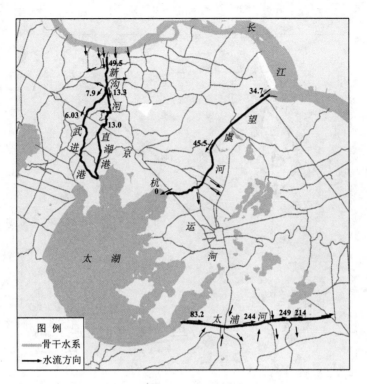

（a）示范初期

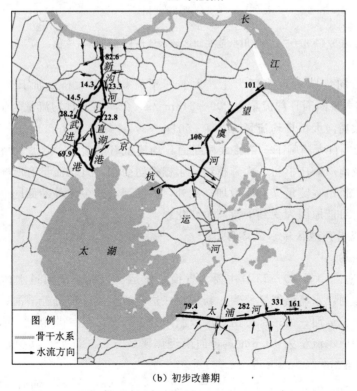

（b）初步改善期

图 8.4－8（一） 应用示范期间区域水流格局示意图（单位：m³/s）

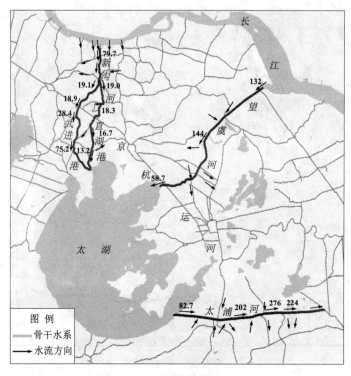

（c）重点改善期

图 8.4-8（二） 应用示范期间区域水流格局示意图（单位：m³/s）

主，其余支河流向均以入太浦河为主。太浦河干流黎里东大桥断面日均流量为 190～282m³/s，芦墟大桥断面日均流量为 209～343m³/s，金泽断面日均流量为 148～285m³/s，下游朱枫公路太浦河大桥日均流量为 294～501m³/s，详见表 8.4-11。由于两河支河水量汇入，太浦河沿线自太浦闸下—芦墟大桥断面日均流量有所增加，芦墟大桥—金泽断面由于金泽水库以及南岸陶庄枢纽、大舜枢纽、丁栅枢纽引水，日均流量有所减小，金泽—朱枫公路太浦河大桥沿程流量又有所增加。此外，太浦河沿线金泽等断面同一天内流向呈现往复流动状态，可能原因为受到下游潮位变化影响。

3. 新沟河及其周边区域水流格局

（1）水流格局。

1）示范初期。10 月 20—22 日主要为置换京杭运河以北干流河道水体，并经玉祁南闸退水入京杭运河，水流路线主要为：新沟河江边枢纽引水一部分经漕河、五牧河，由玉祁南闸退水入京杭运河；另一部分由石堰节制闸分流入三山港、北塘河。示范初期，新沟河江边枢纽平均引水流量为 49.5m³/s，向南经焦溪后分为三部分，其中，东支东柳塘断面平均流量为 13.3m³/s。

2）初步改善期。10 月 23 日玉祁南闸关闭，西直湖港北枢纽和西直湖港闸站枢纽开启，新沟河引水进入直湖港。初步改善期，新沟河江边枢纽引水一部分经漕河、五牧河，

表 8.4-11　　　　　　　　　　望虞河、太浦河沿线断面流量

日期	望虞河沿线断面日均流量 /(m³/s)			太浦河沿线断面日均流量 /(m³/s)				
	常熟枢纽	张桥	望亭立交	太浦闸	黎里东大桥	芦墟大桥	金泽	朱枫公路太浦河大桥
10月20日	20.9	23.4	0	80.4			236	
10月21日	30.9	47.0	0	80.4			207	
10月22日	52.2	66.2	0	88.8	244	249	198	364
10月23日	104	94.3	0	77.7			180	
10月24日	93.8	108	0	78.7			155	
10月25日	105	116	0	81.9	282	331	148	467
10月26日	131	128	17.8	98.1			187	
10月27日	119	162	55.1	80.3			164	
10月28日	131	135	45.3	82.8			234	
10月29日	161	154	55.0	81.5	214	343	202	501
10月30日	150	166	55.9	77.2			192	
10月31日	123	149	61.1	80.4			231	
11月1日	118	131	77.2	85.9	190	209	271	294
11月2日	132	137	82.6	77.8			285	
11月3日	118	132	78.4	80.2			254	

注　望虞河沿线流向为入太湖,太浦闸沿线流向为出太湖。

由西直湖港北枢纽进入运河以南的西直湖港,再由西直湖港闸站进入直湖港,并由洋溪河闸进入支河洋溪河;另一部分由石堰节制闸分流入三山港、北塘河。初步改善期,新沟河新沟桥断面平均流量为 82.6m³/s,石堰节制闸分流入北塘河平均流量为 7.0m³/s,入三山港平均流量为 14.3m³/s,东支东柳塘断面平均流量为 23.3m³/s,直湖港北枢纽平均流量为 22.8m³/s,京杭运河以南直湖港段平均流量为 8.0～9.4m³/s。

3) 重点改善期。重点改善期新沟河江边枢纽持续引水入直湖港并经洋溪河退水入周边河网,新沟河区域水流格局与初步改善期较为相似。新沟河江边枢纽持续稳定引水,新沟桥平均流量为 79.7m³/s,由石堰节制闸后东支东柳塘断面平均流量为 19.0m³/s。

新沟河及其周边区域水流格局详见图 8.4-8。

(2) 石堰节制闸分流流量分析。应用示范期间,石堰节制闸处于开启状态,因此导致引水向西岸的三山港和北塘河进行分流。根据实测流量计算,石堰节制闸分流流量占干流流量最大比例为 66.0%,最小为 24.7%,平均约为 50.3%,新沟河西支干河三山港分流流量占干流流量比例最大为 49.3%,最小为 21.6%,平均约为 37.5%。分析新沟河石堰节制闸分流比与干流来水流量关系,可以发现随着新沟河干流来水流量增加,石堰节制闸分流比在一定程度上有增加趋势,详见图 8.4-9。

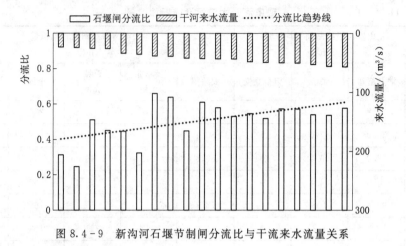

图 8.4-9　新沟河石堰节制闸分流比与干流来水流量关系

8.4.3　引水河道流速变化

1. 望虞河及周边河网流速

（1）望虞河干流。10 月 20—22 日，常熟枢纽日引水量较小，望虞河张桥断面日均流速在 0.03～0.09m/s，随着常熟枢纽日引水量增加，自 10 月 23 日起望虞河张桥断面日均流速显著增加，维持在 0.13～0.22m/s，应用示范期间，张桥日均流速最大提升至 6.8 倍。10 月 20—25 日，望亭立交关闭，处于滞留状态，自 10 月 26 日起望亭立交引水入湖，但由于张桥—望亭立交段两岸分流影响，望亭立交流量小于张桥断面，同样望亭立交日均流速小于张桥断面，日均流速维持在 0.04～0.12m/s，详见表 8.4-12。

（2）望虞河东岸支河。10 月 20—22 日，东岸琳桥港、永昌泾、冶长泾等支河日均流速维持在 0.13～0.16m/s，随着望虞河引水量增加，东岸支河流速呈增加趋势，琳桥港、永昌泾、冶长泾日均流速分别最大提升至 1.7 倍、1.5 倍、1.4 倍，详见表 8.4-12。

表 8.4-12　　　　　　　望虞河沿线及支河流速变化统计表　　　　　　　　单位：m/s

日　　期	望虞河沿线日均流速		望虞河沿线日均流速		
	张桥	望亭立交	琳桥港	永昌泾	冶长泾
10 月 20 日	0.03	0.00	0.13	0.13	0.14
10 月 21 日	0.06	0.00	0.13	0.13	0.16
10 月 22 日	0.09	0.00	0.14	0.15	0.16
10 月 23 日	0.13	0.00	0.17	0.17	0.16
10 月 24 日	0.14	0.00	0.22	0.19	0.33
10 月 25 日	0.15	0.00	0.22	0.18	0.47
10 月 26 日	0.17	0.11	0.22	0.15	0.40
10 月 27 日	0.21	0.08	0.21	0.11	0.29
10 月 28 日	0.18	0.04	0.19	0.11	0.27
10 月 29 日	0.20	0.07	0.19	0.12	0.24

续表

日 期	望虞河沿线日均流速		望虞河沿线日均流速		
	张桥	望亭立交	琳桥港	永昌泾	冶长泾
10月30日	0.22	0.09	0.19	0.11	0.20
10月31日	0.20	0.12	0.18	0.10	0.20
11月1日	0.17	0.12	0.17	0.11	0.16
11月2日	0.18	0.09	0.17	0.10	0.16
11月3日	0.18	0.12	0.17	0.10	0.16
平均	0.15	0.06	0.18	0.13	0.23
最大	0.22	0.12	0.22	0.19	0.47
最小	0.03	0.00	0.13	0.10	0.14
最大提升幅度/倍	6.8		1.7	1.5	3.4

注 望虞河沿线流向为入太湖,望虞河支河流向为出望虞河。

2. 太浦河及周边河网流速

应用示范期间,太浦闸供水流量较为稳定,因此太浦闸断面日均流速变化不大,维持在 0.11～0.14m/s。太浦河黎里东大桥、芦墟大桥、金泽、朱枫公路太浦河大桥等断面日均流速较大,其中太浦河金泽断面日均流速维持在 0.13～0.26m/s,并且示范期间太浦河干流各断面日均流速变化较大。应用示范期间太浦河沿程太浦闸下、金泽断面日均流速最大提升至 1.2 倍,详见表 8.4-13。

表 8.4-13　　　　　　　太浦河沿线及支河流速变化统计表　　　　　单位:m/s

日 期	太浦河沿线日均流速					太浦河支河日均流速
	太浦闸	黎里东大桥	芦墟大桥	金泽	朱枫公路太浦河大桥	北窑港
10月20日	0.12			0.21		0.096
10月21日	0.12			0.19		0.065
10月22日	0.13	0.29	0.29	0.18	0.31	0.049
10月23日	0.12			0.16		0.043
10月24日	0.11			0.14		0.025
10月25日	0.11	0.32	0.38	0.13	0.41	0.057
10月26日	0.14			0.17		0.050
10月27日	0.12			0.15		0.065
10月28日	0.12			0.21		0.094
10月29日	0.12	0.25	0.39	0.18	0.44	0.10
10月30日	0.11			0.17		0.098
10月31日	0.12			0.21		0.13
11月1日	0.12	0.22	0.24	0.24	0.26	0.15

续表

日　期	太浦河沿线日均流速					太浦河支河日均流速
	太浦闸	黎里东大桥	芦墟大桥	金泽	朱枫公路太浦河大桥	北窑港
11月2日	0.11			0.26		0.13
11月3日	0.13			0.23		0.097
平均	0.12	0.27	0.33	0.19	0.36	0.083
最大	0.14	0.32	0.39	0.26	0.44	0.15
最小	0.11	0.22	0.24	0.13	0.26	0.025
最大提升幅度/倍	1.2			1.2		1.6

注　太浦河沿线流向为出太湖，支河流向为入太浦河。

3. 新沟河及周边河网流速

（1）新沟河干流。由新沟河干流主要断面流速监测结果，可以发现新沟河东支张家桥—东柳塘—万里大桥—陆藕路桥沿程流速呈现"先减小、后增加、再减小"特征。东支张家桥—东柳塘段平均流速逐渐减小，东柳塘至胜利桥由于河道断面变小，水流流速略有增加，阳山大桥—陆藕路桥水流流速有一定降低。示范期间，张家桥、东柳塘、万里大桥、胜利桥、阳山大桥、陆藕路桥平均流速分别为 0.17m/s、0.11m/s、0.13m/s、0.12m/s、0.12m/s、0.083m/s。西支采菱桥至戴溪步行桥水流流速略有增加，平均流速分别为 0.23m/s、0.26m/s。

应用示范期间，新沟河沿程流速有不同程度的提升，其中，张家桥、万里大桥、陆藕路桥、采菱桥、戴溪步行桥等断面流速显著提升，最大提升幅度分别为 2.3 倍、1.5 倍、2.3 倍、2.1 倍、2.3 倍。应用示范期间新沟河沿程流速变化情况详见表 8.4-14。

表 8.4-14　　　　　　　　　新沟河沿程流速变化统计表　　　　　　单位：m/s

日　期	东　支						西　支	
	张家桥	东柳塘	万里大桥	胜利桥	阳山大桥	陆藕路桥	采菱桥	戴溪步行桥
10月21日	0.09	0.17	0.12					
10月22日	0.09	0.09	0.13			0.048	0.14	0.18
10月23日	0.15	0.13	0.18			0.076	0.13	0.22
10月24日	0.19	0.14	0.13			0.017	0.19	0.29
10月25日	0.18	0.13	0.13	0.12	0.15	0.093	0.24	0.26
10月26日	0.15	0.08	0.12	0.14	0.18	0.11	0.25	0.30
10月27日	0.16	0.10	0.12	0.12	0.13	0.10	0.23	0.31
10月28日	0.21	0.08	0.10	0.12	0.11	0.083	0.29	0.29
10月29日	0.21	0.12	0.14	0.12	0.11	0.10	0.30	0.27
10月30日	0.21	0.10	0.13	0.12	0.10	0.054	0.25	0.28
10月31日	0.21	0.11	0.11	0.10	0.06	0.11	0.27	0.25

续表

日 期	东 支						西 支	
	张家桥	东柳塘	万里大桥	胜利桥	阳山大桥	陆藕路桥	采菱桥	戴溪步行桥
11月1日	0.21	0.13	0.15	0.12	0.09	0.11	0.26	0.25
11月2日	0.20	0.11	0.14	0.13	0.13	0.11	0.27	0.25
11月3日	0.20	0.11	0.11	0.03	0.04	0.073	0.21	0.25
平均	0.17	0.11	0.13	0.12	0.12	0.083	0.23	0.26
最大	0.21	0.17	0.18	0.14	0.18	0.11	0.30	0.31
最小	0.09	0.08	0.10	0.03	0.04	0.017	-0.13	0.18
最大提升幅度/倍	2.3	1.0	1.5	1.2	1.2	2.3	2.1	2.3

注　正值为向南。

（2）新沟河支河。应用示范期间，京杭运河以北勃齐岸桥、河丰桥、时家村桥断面流向均出现往复变化。勃齐岸桥断面受利港、申港河道引水影响为主；河丰桥断面10月22—23日受石堰节制闸分流和申港、利港引水的共同影响，10月24日后主要受石堰节制闸分流影响，流向以出新沟河为主；时家村桥则主要受新夏港和定波闸引排水影响。京杭运河以南地区，洋溪河张舍桥断面从10月24日起由入新沟河改变为流出新沟河，应用示范期间断面平均流速为0.099m/s，出新沟河最大日均流速为0.17m/s。新沟河京杭运河以北、京杭运河以南支河流速变化详见表8.4－15。

表 8.4－15　　　　　　　　　新沟河支河流速变化统计表　　　　　　　单位：m/s

日 期	勃齐岸桥	河丰桥	时家村桥	张舍桥
10月22日	0.11	0.014	0.11	－0.11
10月23日	－0.043	－0.006	0.048	0.08
10月24日	0.10	0.14	0.12	0.015
10月25日	0.075	0.17	－0.1	0.085
10月26日	0.16	0.13	－0.091	0.17
10月27日	0.058	0.19	－0.10	0.16
10月28日	0.083	0.24	－0.047	0.16
10月29日	0.14	0.29	－0.058	0.17
10月30日	0.23	0.22	0.074	0.08
10月31日	0.063	0.26	－0.049	0.14
11月1日	0.055	0.17	－0.039	0.16
11月2日	0.11	0.23	－0.13	0.13
11月3日	0.014	0.12	0.021	0.046
平均	0.089	0.17	－0.019	0.099
最大	0.23	0.29	0.12	0.17
最小	0.014	0.014	0.021	0.015

注　正值为出新沟河；最大值、最小值统计时，仅统计正值。

8.4.4 水质成果分析

8.4.4.1 本底水质

根据非引江济太期间望虞河、太浦河水质监测情况，望虞河区域以 10 月 13 日水质监测结果作为水质背景值，太浦河区域以 10 月 18 日水质监测结果作为水质背景值。10 月 20—23 日 9 时，西直湖港北枢纽关闭，新沟河引水主要入运河以北区域，基本不影响运河以南区域，因此，结合应用示范期间水质监测情况，京杭运河以北区域以 10 月 19 日水质监测结果作为本底水质，京杭运河以南区域以 10 月 22 日水质监测结果作为本底水质，示范区河网背景水质状况见表 8.4-16、表 8.4-17。

表 8.4-16　　　　　　　　　　示范区河网本底水质类别

河道名称	站点名称	本底水质类别	河道名称	站点名称	本底水质类别
望虞河区域					
望虞河	常熟枢纽闸内	Ⅲ	冶长泾	冶长泾闸	Ⅲ
张家港	大义桥	Ⅲ	永昌泾	永昌泾	Ⅱ
望虞河	虞义大桥	Ⅲ	伯渎港	大坊桥	Ⅳ
锡北运河	新师桥	Ⅳ	望虞河	大桥角新桥	Ⅱ
望虞河	张桥	Ⅳ	琳桥港	新琳桥	Ⅳ
九里河	鸟嘴渡	Ⅲ	望虞河	望亭立交闸下	Ⅱ
太浦河区域					
太浦河	太浦闸下	Ⅱ	太浦河	黎里东大桥	Ⅱ
雪绿荡	厍港大桥	Ⅱ	梅潭港	梅潭港大桥	Ⅲ
京杭运河	科林大桥	Ⅲ	北窑港	北窑港预警站	Ⅱ
太浦河	平望大桥	Ⅱ	太浦河	芦墟大桥	Ⅱ
京杭运河	平西大桥	Ⅳ	太浦河	金泽	Ⅲ
雪湖荡	雪湖桥	Ⅳ	太浦河	朱枫公路太浦河大桥	Ⅱ
新沟河区域					
新沟河	新沟桥	Ⅳ	武进港	戴溪步行桥	劣Ⅴ
西横河	新农桥	Ⅲ	陆区河	陆区西桥	Ⅳ
西横河	澄东桥	Ⅲ	洋溪河	富安桥	Ⅳ
黄昌河	观西大桥	Ⅳ	江南运河	高桥	劣Ⅴ
环山河	沿山桥	Ⅳ	双河	钱桥	Ⅴ
新沟河	东柳塘	Ⅲ	运河	吴桥	劣Ⅴ
三山港	石埝桥	Ⅲ	南直湖港	陆藕路桥	Ⅲ
北塘河	南塘桥	Ⅳ	洋溪河	张舍桥	Ⅳ
横绛河	新造桥	Ⅳ	龙延河	沙滩桥	Ⅳ
江南运河	横林大桥	劣Ⅴ	故城河	故城桥	Ⅳ

河道名称	站点名称	本底水质类别	河道名称	站点名称	本底水质类别
五牧河	万里大桥	Ⅳ	直湖港	湖山桥	Ⅴ
印桥港	印桥	Ⅲ	武进港	龚巷桥	Ⅲ
直湖港	胜利桥	Ⅴ	三山港	横山大桥	Ⅳ
横塘桥河	横塘桥	劣Ⅴ	三山港	遥观北枢纽	Ⅳ
新渎河	新渎桥	劣Ⅴ	武进港	遥观南枢纽	Ⅳ
直湖港	阳山大桥	劣Ⅴ	采菱港	采菱港桥	Ⅳ
盛桥港	盛店桥	Ⅳ	武南河	振东大桥	Ⅴ
锡溧漕河	东尖大桥	劣Ⅴ			
太湖					
太湖	贡湖水源地	Ⅲ	太湖	湖东水源地	Ⅳ

表 8.4－17　　　　　　　　　河网本底水质类别分布情况

区域	时期	比　例/％				
		Ⅱ类	Ⅲ类	Ⅳ类	Ⅴ类	劣Ⅴ类
望虞河区域	背景值	25.0	41.7	33.3		
太浦河区域	背景值	58.3	25.0	16.7		
新沟河区域	背景值		20.0	42.9	14.3	22.9

注　本表不包含太湖水源地。

应用示范启动前，望虞河干流本底水质为Ⅱ～Ⅳ类[1]，望虞河两岸支河本底水质为Ⅱ～Ⅳ类，其中，西岸地区水质总体较差，基本为Ⅲ～Ⅳ类。太浦河干流及其周边区域河网本底水质总体较好，除雪湖桥、平西大桥水质为Ⅳ类，其余断面综合水质类别为Ⅱ～Ⅲ类，其中，太浦河金泽断面本底水质为Ⅲ类。新沟河区域，京杭运河以北段河道本底水质类别为Ⅲ～Ⅳ类，京杭运河及京杭运河以南河网本底水质多为Ⅳ～劣Ⅴ类，其中，京杭运河横林大桥、高桥、吴桥，直湖港阳山大桥、武进港戴溪步行桥、锡溧漕河东尖大桥等断面水质类别为劣Ⅴ类。

太湖贡湖水源地本底水质为Ⅲ类，太湖湖东水源地本底水质为Ⅳ类，金泽水源地本底水质为Ⅲ类。

8.4.4.2　边界来水水质

1. 望虞河来水水质

应用示范期间，常熟枢纽闸内主要水质指标溶解氧、NH_3—N 基本维持在Ⅰ类，溶解氧浓度均值为 7.9mg/L，NH_3—N 浓度均值为 0.04mg/L，高锰酸指数维持在Ⅱ类以上，均值为 1.95mg/L，TP 维持在Ⅱ～Ⅲ类，均值为 0.09mg/L，TN 指标均值为

---

❶　如无特殊说明，水质综合评价时 TN 不参评。

1.75mg/L，长江来水电导率维持在 $360\sim420\mu S/cm$，均值为 $365\mu S/cm$，详见图 8.4-10。主要水质指标中，除 TN 外，其他指标均达到或接近地表水Ⅱ类标准，尤其是 NH_3-N 指标较优，相较于区域河网，长江来水水质整体较好。

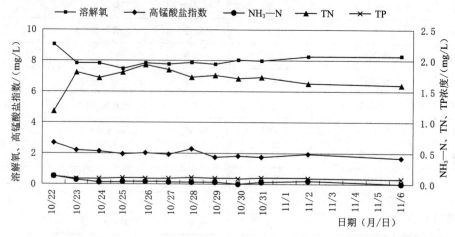

图 8.4-10 应用示范期间常熟枢纽闸内水质时程变化

2. 新沟河来水水质

10 月 19 日，新沟河长江口段溶解氧浓度为 8.08mg/L（Ⅰ类），高锰酸盐指数浓度为 2.1mg/L（Ⅱ类），NH_3-N 浓度为 0.03mg/L（Ⅰ类），TP 浓度为 0.149mg/L（Ⅲ类），TN 浓度为 1.87mg/L。应用示范期间新沟河长江口段的水质变化平稳。

分析新沟桥断面来水水质情况，应用示范期间新沟桥断面主要水质指标相对较好，其中溶解氧维持在Ⅰ类，高锰酸指数维持在Ⅰ～Ⅱ类，NH_3-N 维持在Ⅰ类，TP 维持在Ⅲ类，详见图 8.4-11。新沟桥断面来水水质接近长江水质，且水质相对稳定，综合水质类别基本维持在Ⅲ类。

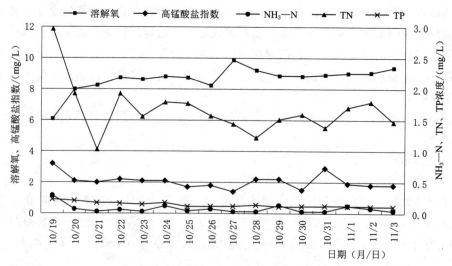

图 8.4-11 应用示范期间新沟桥水质时程变化

8.4.4.3 长江来水影响范围及时间

1. 望虞河区域

水体电导率主要表示水的纯度，电导率高说明水体中能导电的矿物质含量高。一般而言，长江水体电导率与河网水体电导率有显著差异，相关研究采用水体电导率变化表征引水后长江水源来水情况。根据本次监测结果，长江来水电导率基本在 $300\sim400\mu S/cm$，望虞河干流初始电导率基本在 $500\sim700\mu S/cm$，新沟河沿线河网初始电导率基本在 $600\sim800\mu S/cm$。因此，根据电导率变化情况，可间接分析引水影响范围及时间。

应用示范期间，望虞河沿线主要断面电导率变化见图 8.4 - 12。常熟枢纽闸内由于靠近长江，电导率接近长江水电导率，且较为稳定，示范期间电导率为 $347\sim377\mu S/cm$。10 月 23 日以后，随着常熟枢纽引水量的增加，张桥断面、莘塘泾断面电导率呈逐步下降趋势，其中张桥断面自 10 月 25 日起，电导率维持在 $400\mu S/cm$ 上下，表明水体置换程度

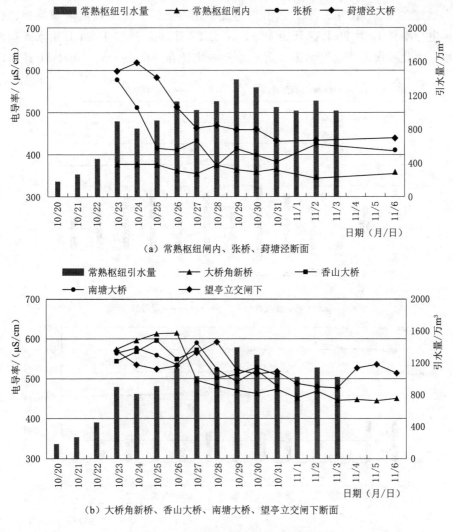

(a) 常熟枢纽闸内、张桥、莘塘泾断面

(b) 大桥角新桥、香山大桥、南塘大桥、望亭立交闸下断面

图 8.4 - 12 望虞河沿线水体电导率变化

较高；蔚塘泾、大桥角新桥断面自10月27日起，电导率维持在400～500μS/cm，表明水体置换程度较高；香山大桥、南塘大桥断面自10月28日起，电导率维持在500μS/cm左右；望亭立交闸下自10月29日起，电导率维持在500μS/cm左右，并且随着望亭立交引水入湖的持续，至11月3日，电导率进一步降低。

因此，可认为望虞河引水对于常熟枢纽闸内—张桥段的置换程度最高，在常熟枢纽日引水量维持在800万m³的情况下，2天可影响，3天（实际为示范第6天）置换程度较高；蔚塘泾—大桥角新桥段其次，同等引水量情况下，3～5天（实际为示范第6～8天）可影响；香山大桥—望亭立交闸下段由于距离长江较远，水质置换时间相对延长，同等引水量情况下，6～7天（实际为示范第9～10天）可影响。

2. 新沟河区域

应用示范期间，新沟河区域主要断面电导率变化见图8.4-13。引水后，受长江来水影响，京杭运河以北张家桥、东环桥、石埝桥等断面电导率显著降低，引水一定时间后电导率基本维持在300～400μS/cm。西直湖港北枢纽开启后，运河以南陆藕路桥、张舍桥断面水体电导率自10月26日起开始下降，10月27日（由于10月24日引水入运河以南流量较小，因此可视为持续引水第3天）后基本维持在400μS/cm。10月31日湖山桥断

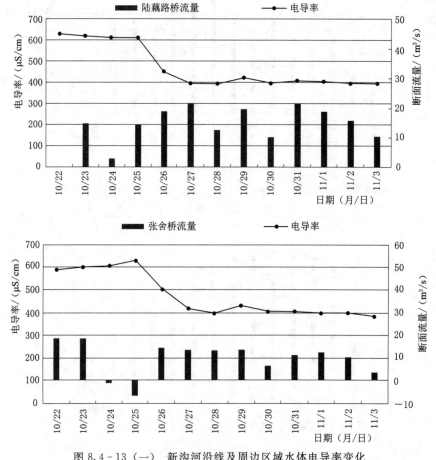

图8.4-13（一）　新沟河沿线及周边区域水体电导率变化

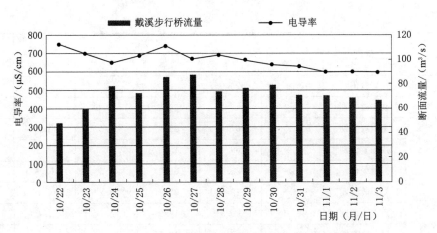

图 8.4-13（二） 新沟河沿线及周边区域水体电导率变化

面水体电导率为 $542\mu S/cm$，与初始电导率相比有所降低。引水后新沟河西支戴溪步行桥断面电导率略有降低，但仍维持在 $600\sim800\mu S/cm$。新沟河干河主要断面水体电导率变化情况表明，本次示范期间新沟河引水主要影响区域为新沟河干流及退水的洋溪河区域，新沟河引水后运河以北干河水体可得到充分置换，西直湖港北枢纽开启并持续引水约 3 天后，直湖港（湖山桥以北）长江来水对本底水量置换程度较高，此外，受石堰节制闸分流影响，长江来水对西支河道也有一定影响。

8.4.4.4 区域河网水质变化

1. 整体水质类别变化

应用示范期间，示范区各阶段水质情况见表 8.4-18、图 8.4-14。初步改善期，水质综合类别达到或优于Ⅲ类的断面比例为 60.3%，较背景值上升 17.9%。重点改善期，水质综合评价类别达到或优于Ⅲ类的断面比例为 75.3%，较背景值上升 32.9%。其中，望虞河区域、太浦河区域、新沟河区域的水质综合评价达到或优于Ⅲ类的断面比例分别为 80.0%、100% 和 67.4%，与背景值比较，分别上升了 13.3%、16.7% 和 47.4%。本次应用示范，水质综合评价达到或优于Ⅲ类水比例最高的为太浦河区域，其次为望虞河区域。

表 8.4-18　　　　　　　　　应用示范各阶段河网水质类别

区域	阶段	比例/%					达到或优于Ⅲ类比例/%
		Ⅱ类	Ⅲ类	Ⅳ类	Ⅴ类	劣Ⅴ类	
望虞河区域	背景值	25.0	41.7	33.3			66.7
	初步改善期	33.3	46.7	20.0			80.0
	重点改善期	26.7	53.3	20.0			80.0
	跟踪监测期	30.8	53.8	15.4			84.6
太浦河区域	背景值	58.3	25.0	16.7			83.3
	初步改善期	58.3	33.3	8.3			91.7
	重点改善期	58.3	41.7				100
	跟踪监测期	58.3	41.7				100

续表

区域	阶段	比 例/%					达到或优于Ⅲ类比例/%
		Ⅱ类	Ⅲ类	Ⅳ类	Ⅴ类	劣Ⅴ类	
新沟河区域	背景值		20.0	42.9	14.3	22.9	20.0
	初步改善期	2.2	43.5	34.8	13.0	6.5	45.7
	重点改善期		67.4	23.9	6.5	2.2	67.4
	跟踪监测期	2.2	69.6	15.2	10.9	2.2	71.7
示范区	背景值	16.9	25.4	35.6	8.5	13.6	42.4
	初步改善期	17.8	42.5	27.4	8.2	4.1	60.3
	重点改善期	15.1	60.3	19.2	4.1	1.4	75.3
	跟踪监测期	16.9	62.0	12.7	7.0	1.4	78.9

注 本表不包含太湖水源地。

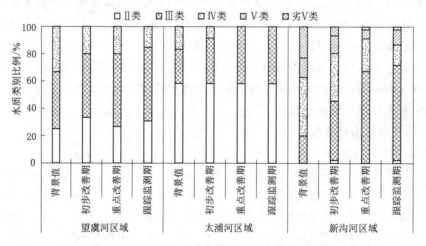

表 8.4-14 应用示范各阶段河网水质类别比例

2. 望虞河及其周边区域

应用示范前，望虞河区域水质综合类别为Ⅱ类、Ⅲ类、Ⅳ类的断面比例分别为25%、41.7%、33.3%；初步改善期Ⅱ类断面比例显著提高，Ⅳ类断面比例显著减少；重点改善期，水质综合评价类别为Ⅱ类的断面比例提高至26.7%，水质综合评价类别为Ⅳ类的断面比例减少至20%，综合水质类别达到或优于Ⅲ类的断面比例提高至80.0%，较背景值上升13.3%；跟踪监测期，望虞河区域整体水质进一步提升，达到或优于Ⅲ类的断面比例提高至84.6%，较背景值上升17.9%。望虞河及其周边区域各断面水质详见表8.4-19。

3. 太浦河及其周边区域

应用示范前，太浦河区域水质综合类别为Ⅱ类、Ⅲ类、Ⅳ类的断面比例分别为58.3%、25.0%、16.7%；初步改善期Ⅳ类断面比例显著减少，由示范前16.7%减少至8.3%；重点改善期，太浦河区域全面消除Ⅳ类断面，综合水质类别达到或优于Ⅲ类的断面比例提高至100%，较背景值上升16.7%；跟踪监测期，太浦河区域整体水质较为稳定，综合水质类别达到或优于Ⅲ类的断面比例维持100%。太浦河及其周边区域各断面水质详见表8.4-20。

表 8.4－19　　　　　　　　望虞河及其周边区域各断面水质类别变化

序号	河道名称	站点名称	水 质 类 别			
			背景值	初步改善期	重点改善期	跟踪监测期
1	望虞河	常熟枢纽闸内	Ⅲ	Ⅱ	Ⅱ	Ⅱ
2	张家港	大义桥	Ⅲ	Ⅳ	Ⅳ	Ⅲ
3	望虞河	虞义大桥	Ⅲ	Ⅲ	Ⅲ	Ⅲ
4	锡北运河	新师桥	Ⅳ	Ⅳ	Ⅳ	Ⅳ
5	望虞河	张桥	Ⅳ	Ⅲ	Ⅲ	Ⅲ
6	九里河	鸟嘴渡	Ⅲ	Ⅲ	Ⅲ	Ⅲ
7	冶长泾	冶长泾闸	Ⅲ	Ⅲ	Ⅲ	Ⅲ
8	望虞河	尌塘泾大桥		Ⅲ	Ⅲ	Ⅲ
9	永昌泾	永昌泾	Ⅱ	Ⅱ	Ⅱ	Ⅱ
10	伯渎港	大坊桥	Ⅳ	Ⅳ	Ⅳ	Ⅳ
11	望虞河	大桥角新桥	Ⅱ	Ⅲ	Ⅲ	Ⅱ
12	琳桥港	新琳桥	Ⅳ	Ⅲ	Ⅱ	Ⅱ
13	望虞河	香山大桥		Ⅱ	Ⅲ	
14	望虞河	南塘大桥		Ⅱ	Ⅲ	
15	望虞河	望亭立交闸下	Ⅱ	Ⅱ	Ⅲ	Ⅲ

表 8.4－20　　　　　　　　太浦河及其周边区域各断面水质类别变化

序号	河道名称	站点名称	水 质 类 别			
			背景值	初步改善期	重点改善期	跟踪监测期
1	太浦河	太浦闸下	Ⅱ	Ⅱ	Ⅱ	Ⅱ
2	雪绿荡	库港大桥	Ⅱ	Ⅱ	Ⅱ	Ⅱ
3	京杭运河	科林大桥	Ⅲ	Ⅲ	Ⅲ	Ⅲ
4	太浦河	平望大桥	Ⅱ	Ⅱ	Ⅱ	Ⅱ
5	京杭运河	平西大桥	Ⅳ	Ⅲ	Ⅲ	Ⅲ
6	雪湖荡	雪湖桥	Ⅳ	Ⅲ	Ⅲ	Ⅲ
7	牛头河	玛瑙庵大桥				
8	太浦河	黎里东大桥	Ⅱ	Ⅱ	Ⅱ	Ⅱ
9	梅潭港	梅潭港大桥	Ⅲ	Ⅲ	Ⅲ	Ⅲ
10	北窑港	北窑港预警站	Ⅱ	Ⅳ	Ⅲ	Ⅲ
11	太浦河	芦墟大桥	Ⅱ	Ⅱ	Ⅱ	Ⅱ
12	太浦河	金泽	Ⅲ	Ⅱ	Ⅱ	Ⅱ
13	太浦河	朱枫公路太浦河大桥	Ⅱ	Ⅱ	Ⅱ	Ⅱ

4. 新沟河及其周边区域

应用示范前，新沟河区域水质综合类别为Ⅲ类、Ⅳ类、Ⅴ类、劣Ⅴ类的断面比例分别为 20%、42.9%、14.3%和 22.9%；初步改善期部分断面提升或优于至Ⅱ～Ⅲ类，Ⅲ类断面比例显著增加，劣Ⅴ类断面比例显著减少，综合水质类别达到或优于Ⅲ类的断面比例提高至 45.7%；重点改善期Ⅲ类断面比例进一步增加，Ⅳ～劣Ⅴ类断面比例进一步减少，Ⅲ类、Ⅳ类、Ⅴ类、劣Ⅴ类断面比例分别为 67.4%、23.9%、6.5%和 2.2%，综合水质类别达到或优于Ⅲ类的断面比例提高至 67.4%，较背景值上升 47.4%；跟踪监测期新沟河区域水质进一步提升，综合水质类别达到或优于Ⅲ类的断面比例提高至 71.7%，较背景值上升 51.7%。新沟河及其周边区域各断面水质详见表 8.4-21。

表 8.4-21 　　　　　　　　　新沟河及其周边区域各断面水质类别变化

序号	河道名称	站点名称	水 质 类 别			
			背景值	初步改善期	重点改善期	跟踪监测期
1	利港	利港闸		Ⅲ	Ⅲ	Ⅴ
2	申港	申港闸		Ⅱ	Ⅲ	Ⅲ
3	新沟河	新沟桥	Ⅳ	Ⅲ	Ⅲ	Ⅲ
4	新夏港	新夏港桥		Ⅲ	Ⅲ	Ⅲ
5	老锡澄运河	定波闸		Ⅲ	Ⅲ	Ⅴ
6	西横河	新农桥	Ⅲ	Ⅲ	Ⅴ	Ⅴ
7	西横河	澄东桥	Ⅲ	Ⅲ	Ⅲ	Ⅲ
8	新沟河	张家桥		Ⅲ	Ⅲ	Ⅲ
9	西横河	勃齐岸桥		Ⅲ	Ⅲ	Ⅲ
10	北塘河	河丰桥		Ⅲ	Ⅲ	Ⅲ
11	黄昌河	观西大桥	Ⅳ	Ⅲ	Ⅲ	Ⅲ
12	黄昌河	时家村桥		Ⅲ	Ⅲ	Ⅲ
13	环山河	沿山桥	Ⅳ	Ⅲ	Ⅲ	Ⅲ
14	北塘河	石堰桥		Ⅳ	Ⅲ	Ⅲ
15	新沟河	东柳塘	Ⅲ	Ⅳ	Ⅲ	Ⅲ
16	三山港	石埝桥	Ⅲ	Ⅳ	Ⅲ	Ⅲ
17	三山港	采菱桥		Ⅲ	Ⅲ	Ⅲ
18	北塘河	南塘桥	Ⅳ	Ⅳ	Ⅲ	Ⅲ
19	五牧河	东环桥		Ⅲ	Ⅲ	Ⅲ
20	横绛河	新造桥	Ⅳ	Ⅳ	Ⅳ	Ⅳ
21	江南运河	横林大桥	劣Ⅴ	Ⅴ	Ⅳ	Ⅳ
22	五牧河	万里大桥	Ⅳ	Ⅳ	Ⅲ	Ⅲ
23	印桥港	印桥	Ⅲ	Ⅳ	Ⅲ	Ⅲ
24	直湖港	胜利桥	Ⅴ	Ⅴ	Ⅳ	Ⅲ
25	横塘桥河	横塘桥	劣Ⅴ	劣Ⅴ	劣Ⅴ	劣Ⅴ
26	新渎河	新渎桥	劣Ⅴ	劣Ⅴ	Ⅳ	Ⅳ
27	直湖港	阳山大桥	劣Ⅴ	Ⅳ	Ⅳ	Ⅲ

序号	河道名称	站点名称	水 质 类 别			
			背景值	初步改善期	重点改善期	跟踪监测期
28	盛桥港	盛店桥	Ⅳ	Ⅳ	Ⅲ	Ⅲ
29	锡溧漕河	东尖大桥	劣Ⅴ	劣Ⅴ	Ⅳ	Ⅳ
30	武进港	戴溪步行桥	劣Ⅴ	Ⅴ	Ⅳ	Ⅲ
31	陆区河	陆区西桥	Ⅳ	Ⅲ	Ⅲ	Ⅲ
32	洋溪河	富安桥	Ⅳ	Ⅳ	Ⅳ	Ⅲ
33	江南运河	高桥	劣Ⅴ	Ⅴ	Ⅳ	Ⅳ
34	双河	钱桥	Ⅴ	Ⅴ	Ⅴ	Ⅳ
35	运河	吴桥	劣Ⅴ	Ⅴ	Ⅴ	Ⅴ
36	南直湖港	陆藕路桥	Ⅲ	Ⅳ	Ⅲ	Ⅲ
37	洋溪河	张舍桥	Ⅳ	Ⅳ	Ⅲ	Ⅲ
38	龙延河	沙滩桥	Ⅳ	Ⅳ	Ⅲ	Ⅲ
39	故城河	故城桥	Ⅳ	Ⅳ	Ⅳ	Ⅲ
40	直湖港	湖山桥	Ⅴ	Ⅳ	Ⅳ	Ⅳ
41	武进港	龚巷桥	Ⅲ	Ⅳ	Ⅲ	Ⅲ
42	三山港	横山大桥	Ⅳ	Ⅳ	Ⅲ	Ⅲ
43	三山港	遥观北枢纽	Ⅴ	Ⅳ	Ⅳ	Ⅳ
44	武进港	遥观南枢纽	Ⅳ	Ⅲ	Ⅲ	Ⅲ
45	采菱港	采菱港桥	Ⅳ	Ⅲ	Ⅲ	Ⅲ
46	武南河	振东大桥	Ⅴ	Ⅲ	Ⅲ	Ⅲ

8.4.4.5 引水线路沿线水质变化

1. 望虞河沿线

(1) 总体变化过程。应用示范期间，望虞河干流溶解氧优于Ⅲ类，且总体呈升高趋势；高锰酸盐指数均低于 4mg/L，维持在Ⅰ～Ⅱ类，总体呈现先下降后略有升高的趋势；NH_3-N 浓度均低于 1mg/L，维持在Ⅰ～Ⅲ类，总体呈现先下降后略有升高的趋势；TP 浓度均低于 0.2mg/L，保持在Ⅱ～Ⅲ类，总体呈升高趋势；TN 浓度总体较为稳定。10 月 20—25 日，望亭立交关闭，期间望虞河干流沿程各断面之间水质存在显著差异；10 月 26 日望亭立交开启引水入湖，随着引水的持续，自 10 月 27 日起，望虞河干流沿程各断面之间水质差异显著缩小。

应用示范期间，望虞河西岸支河中鸟嘴渡溶解氧优于Ⅲ类，其余支河溶解氧在Ⅲ类附近波动，总体呈升高趋势；高锰酸盐指数均低于 4.5mg/L，维持在Ⅱ～Ⅲ类，总体呈现下降趋势；NH_3-N 浓度均低于 1mg/L，总体呈现波动变化；新师桥、鸟嘴渡断面 TP 浓度均低于 0.2mg/L，基本维持在Ⅱ～Ⅲ类，总体较为稳定，大坊桥、大义桥断面 TP 浓度在Ⅲ类附近波动，其中，大义桥 TP 浓度总体呈降低趋势，大坊桥 TP 浓度总体呈升高趋势；TN 浓度基本维持在 2～3.5mg/L，示范期间总体较为稳定。望虞河西岸各支流中，九里河水质相对较好。

（2）各阶段水质变化。望虞河干流及其东岸、西岸支河水质呈现不同的分部特征，望虞河干流 $NH_3—N$ 指标优于东岸支河，溶解氧指标与东岸支河无显著差异；而望虞河干流溶解氧、高锰酸盐指数、$NH_3—N$、TP、TN 等指标均优于西岸支河，尤其是溶解氧、$NH_3—N$、TP 等指标。

应用示范期间，望虞河干流溶解氧、高锰酸盐指数、$NH_3—N$、TP 等指标均有不同程度的改善。望虞河干流溶解氧平均浓度显著升高，由示范前 6.32mg/L 提升至 7.42mg/L，重点改善期望虞河干流各站点溶解氧浓度较示范前平均提高 23.7％。高锰酸盐指数逐步降低，由示范前 3.26mg/L 降低至 2.58mg/L，重点改善期望虞河干流各站点高锰酸盐指数较示范前平均下降 24.5％。$NH_3—N$ 浓度略有波动，由示范前 0.15mg/L 降低至 0.11mg/L，重点改善期河干流各站点 $NH_3—N$ 浓度较示范前平均下降 65.3％。TN 浓度略有上升，由示范前 1.70mg/L 上升至 2.00mg/L。

应用示范期间，望虞河东岸支河溶解氧、$NH_3—N$ 指标均有不同程度的改善。望虞河东岸支河溶解氧平均浓度显著升高，由示范前 6.17mg/L 提升至重点改善期 7.39mg/L，跟踪监测期进一步提升至 7.57mg/L；$NH_3—N$ 浓度由示范前 0.56mg/L 降低至重点改善期 0.41mg/L，跟踪监测期进一步降低至 0.31mg/L。应用示范期间，望虞河西岸支河主要以入望虞河为主，主要水质指标中溶解氧浓度有所上升，由示范前 5.07mg/L 升高至 5.65mg/L，$NH_3—N$、TN 浓度略有上升，高锰酸盐指数、TP 等指标无显著变化。

望虞河区域各阶段水质详见表 8.4-22、图 8.4-15。总体上，望虞河区域各站点溶解氧浓度较示范前平均提高 19.2％，高锰酸盐指数较示范前平均下降 12.2％，区域平均意义上，$NH_3—N$、TP 无显著变化，详见表 8.4-23。

2. 太浦河沿线

（1）总体变化过程。应用示范期间，太浦河干流各断面溶解氧维持在 Ⅰ～Ⅱ 类，其中太浦闸下溶解氧浓度最高，示范期间干流溶解氧总体呈升高趋势；高锰酸盐指数均低于 4.5mg/L，维持在 Ⅱ～Ⅲ 类，干流高锰酸盐指数总体较为稳定；$NH_3—N$ 浓度均低于 0.4mg/L，维持在 Ⅰ～Ⅱ 类，其中太浦闸下氨氮最低，黎里东大桥、朱枫公路太浦河大桥较高，干流 $NH_3—N$ 浓度总体变化不大；TP 浓度均低于 0.25mg/L，除黎里东大桥外，其余断面维持在 Ⅱ～Ⅲ 类。

应用示范期间，太浦河北岸支河中运河科林大桥、北窑港预警站溶解氧基本优于 Ⅲ 类，其余北窑港预警站溶解氧指标总体呈升高趋势；高锰酸盐指数均优于 Ⅲ 类，示范过程中略有波动；$NH_3—N$ 浓度均低于 1mg/L，其中，北窑港预警站 $NH_3—N$ 浓度在示范期间逐步下降，跟踪监测期间有所上升；TP 浓度均低于 0.2mg/L，示范过程中略有波动；北窑港预警站 TN 浓度基本维持在 1.5～2.0mg/L，示范期间总体较为稳定，运河科林大桥 TN 浓度呈波动上升趋势。

应用示范期间，太浦河南岸支河库港大桥、平西大桥、雪湖桥、梅潭港大桥等断面溶解氧优于 Ⅲ 类，其中，库港大桥、梅潭港大桥溶解氧指标总体呈升高趋势；库港大桥、雪湖桥、梅潭港大桥高锰酸盐指数均优于 Ⅲ 类，且示范过程中较为稳定，平西大桥高锰酸盐指数在 Ⅲ 类附近波动，总体呈下降趋势；库港大桥、雪湖桥 $NH_3—N$ 浓度均低于 0.6mg/L，

表 8.4-22 望虞河区域重点改善期水质均值表

断 面		阶段	平均水质浓度/(mg/L)				
			溶解氧	高锰酸盐指数	NH₃—N	TN	TP
望虞河干流	常熟枢纽闸内	背景值	6.88	2.40	0.04	1.74	0.136
		重点改善期	7.75	1.92	0.04	1.72	0.090
	虞义大桥	背景值	5.52	3.23	0.28	2.29	0.165
		重点改善期	7.50	2.43	0.13	2.00	0.127
	张桥	背景值	4.87	3.18	0.33	2.37	0.171
		重点改善期	8.10	2.37	0.08	1.95	0.117
	蒯塘泾大桥	背景值					
		重点改善期	7.30	2.66	0.13	2.15	0.114
	大桥角新桥	背景值	6.35	3.69	0.06	1.27	0.099
		重点改善期	7.44	2.73	0.09	2.14	0.115
	香山大桥	背景值					
		重点改善期	7.21	2.85	0.13	2.06	0.101
	南塘大桥	背景值					
		重点改善期	7.15	2.84	0.13	2.05	0.107
	望亭立交闸下	背景值	7.97	3.81	0.04	0.83	0.064
		重点改善期	6.90	2.81	0.11	1.96	0.107
	干流平均	背景值	6.32	3.26	0.15	1.70	0.127
		重点改善期	7.42	2.58	0.11	2.00	0.110
东岸支河	琳桥港	背景值	4.48		0.50		
		重点改善期	6.49		0.39		
	永昌泾自动站	背景值	7.00		0.50		
		重点改善期	7.14		0.47		
	冶长泾自动站	背景值	7.03		0.68		
		重点改善期	8.53		0.37		
	东岸支河平均	背景值	6.17		0.56		
		重点改善期	7.39		0.41		
西岸支河	大义桥	背景值	5.11	3.48	0.37	2.36	0.174
		重点改善期	5.40	3.81	0.71	3.23	0.221
	新师桥	背景值	4.86	3.12	0.33	2.19	0.209
		重点改善期	4.92	3.38	0.61	2.97	0.127
	鸟嘴渡	背景值	6.23	3.52	0.25	2.10	0.141
		重点改善期	7.60	3.53	0.35	2.52	0.149
	大坊桥	背景值	4.08	3.70	0.40	2.57	0.161
		重点改善期	4.66	3.49	0.46	2.64	0.189
	西岸支河平均	背景值	5.07	3.46	0.34	2.31	0.171
		重点改善期	5.65	3.55	0.53	2.84	0.172

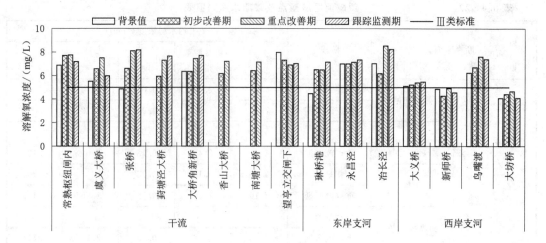

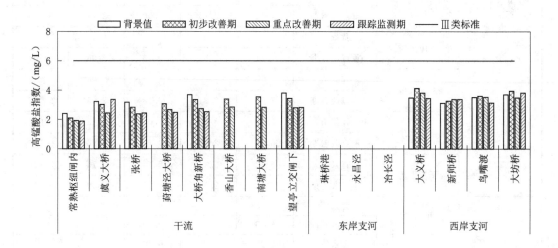

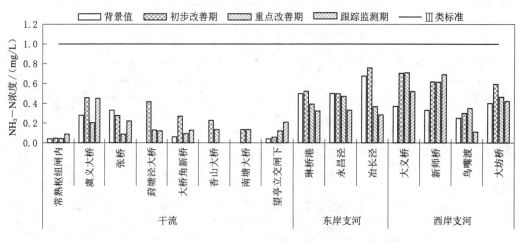

图 8.4－15（一） 望虞河区域各阶段水质变化

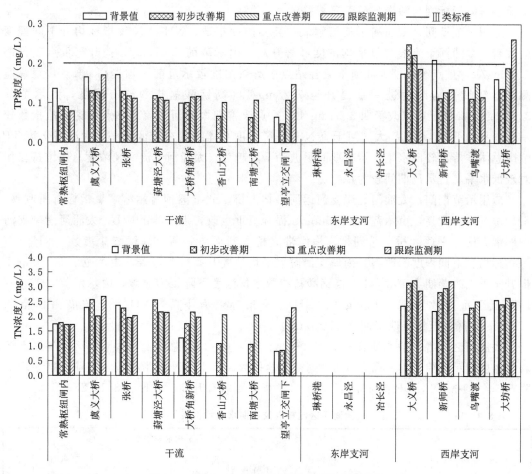

图 8.4-15（二） 望虞河区域各阶段水质变化

表 8.4-23 望虞河区域水质变化

区域	阶段	平 均 变 幅/%				
		溶解氧	高锰酸盐指数	NH_3-N	TN	TP
望虞河区域	初步改善期	8.1	−1.8	34.3	13.1	−16.0
	重点改善期	19.2	−12.2	3.3	29.9	0.7
望虞河干流	初步改善期	11.7	−9.7	23.5	10.3	−20.8
	重点改善期	23.7	−24.5	−65.3	34.7	−1.0

注 水质变幅为各阶段水质较背景值的变化；水质平均变幅为各站点水质变幅的均值。

且示范过程中较为稳定，平西大桥、梅潭港大桥 NH_3-N 浓度出现较大波动；库港大桥、梅潭港大桥 TP 浓度相对较低，基本维持在Ⅱ类，且示范过程中较为稳定，雪湖桥、平西大桥 TP 基本维持在Ⅲ类，示范过程总体呈下降趋势；库港大桥、平西大桥、雪湖桥 TN 浓度基本维持在 2.0mg/L 以下，且示范过程较为稳定，梅潭港大桥 TN 浓度呈轻微波动上升趋势。

（2）各阶段水质变化。太浦河干流及其北岸、南岸支河水质呈现不同的分部特征，太浦河干流 NH_3-N、TP、TN 等指标优于两岸支河，干流高锰酸盐指数优于南岸支河，干流溶解氧指标则与两岸支河无显著差异。

应用示范期间，太浦河干流溶解氧、高锰酸盐指数、NH_3-N 等指标均有不同程度的改善。太浦河干流溶解氧平均浓度显著升高，由示范前 6.47mg/L 提升至重点改善期 7.06mg/L，重点改善期太浦河干流各站点溶解氧浓度较示范前平均提高 9.1%，跟踪监测期溶解氧平均浓度进一步提升至 7.25mg/L。高锰酸盐指数略有降低，由示范前 3.71mg/L 降低至重点改善期 3.54mg/L，重点改善期太浦河干流各站点高锰酸盐指数较示范前平均下降 4.3%。太浦河干流 NH_3-N 浓度总体维持在较低水平。太浦河干流 TP 浓度总体维持在较低水平，示范期间呈波动下降趋势。太浦河干流 TN 浓度总体维持在相对较低水平，且示范期间较为稳定。

应用示范期间，太浦河北岸支河运河科林大桥、北窑港预警站溶解氧指标有所改善，平均浓度略有升高，由示范前 6.40mg/L 提升至重点改善期 6.56mg/L。太浦河南岸支河中庫港大桥、平西大桥、雪湖桥、梅潭港大桥等断面溶解氧、高锰酸盐指数、NH_3-N 等指标均有不同程度的改善。南岸支河解氧平均浓度升高较为显著，由示范前 6.50mg/L 提升至重点改善期 7.10mg/L。高锰酸盐指数平均浓度下降较为显著，由示范前 5.11mg/L 降低至重点改善期 4.67mg/L。NH_3-N 指标略有下降，NH_3-N 浓度由示范前 0.27mg/L 降低至重点改善期 0.24mg/L。

太浦河区域各阶段水质详见表 8.4-24、图 8.4-16。总体上，太浦河区域各站点溶解氧浓度较示范前平均提高 8.0%，高锰酸盐指数、NH_3-N 等指标较示范前分别平均下降 3.5%、16.7%，TP 指标略有下降，TN 指标则略有升高，详见表 8.4-25。

表 8.4-24 太浦河区域重点改善期水质均值表

断面		阶段	平均水质浓度/(mg/L)				
			溶解氧	高锰酸盐指数	NH_3-N	TN	TP
太浦河干流	太浦闸下	背景值	7.63	3.31	0.04	0.71	0.055
		重点改善期	8.37	3.35	0.03	0.62	0.051
	平望大桥	背景值	6.22	3.70	0.12	0.92	0.075
		重点改善期	6.75	3.23	0.05	0.72	0.053
	黎里东大桥	背景值	6.15	3.98	0.20	1.19	0.100
		重点改善期	6.49	3.89	0.18	1.31	0.073
	芦墟大桥	背景值	6.21	3.63	0.20	1.20	0.083
		重点改善期	7.00	3.51	0.20	1.27	0.071
	金泽	背景值	6.25	4.27	0.13	1.24	0.063
		重点改善期	6.90	3.83	0.12	1.30	0.052
	朱枫公路太浦河大桥	背景值	6.35	3.39	0.10	1.07	0.070
		重点改善期	6.86	3.46	0.21	1.26	0.062
	干流平均	背景值	6.47	3.71	0.15	1.05	0.074
		重点改善期	7.06	3.54	0.13	1.08	0.060

续表

断　面		阶段	平均水质浓度/(mg/L)				
			溶解氧	高锰酸盐指数	NH₃—N	TN	TP
北岸支河	科林大桥	背景值	6.72	4.91	0.48	1.99	0.183
		重点改善期	6.55	4.73	0.69	2.90	0.166
	北窑港预警站	背景值	6.08	3.82	0.29	1.31	0.089
		重点改善期	6.58	4.20	0.17	1.81	0.086
	北岸支河平均	背景值	6.40	4.37	0.39	1.65	0.136
		重点改善期	6.56	4.46	0.43	2.35	0.126
南岸支河	厍港大桥	背景值	7.50	3.74	0.10	0.90	0.072
		重点改善期	9.33	3.78	0.04	0.94	0.081
	平西大桥	背景值	6.80	6.80	0.39	1.78	0.109
		重点改善期	5.97	5.61	0.24	1.81	0.166
	雪湖桥	背景值	5.96	6.07	0.24	1.83	0.209
		重点改善期	6.61	5.08	0.21	1.83	0.106
	梅潭港大桥	背景值	5.75	3.83	0.35	1.85	0.066
		重点改善期	6.49	4.23	0.47	2.12	0.072
	南岸支河平均	背景值	6.50	5.11	0.27	1.59	0.114
		重点改善期	7.10	4.67	0.24	1.67	0.106

表 8.4-25　　　　　　　　　　太浦河区域水质变化

区域	阶段	平　均　变　幅/%				
		溶解氧	高锰酸盐指数	NH₃—N	TN	TP
太浦河区域	初步改善期	1.7	−7.1	25.9	3.8	−12.8
	重点改善期	8.0	−3.5	−16.7	8.9	−8.4
太浦河干流	初步改善期	7.3	−4.9	4.3	−0.7	−23.7
	重点改善期	9.1	−4.3	−20.5	0.5	−18.5

注　水质变幅为各阶段水质较背景值的变化，水质平均变幅为各站点水质变幅的均值。

3. 新沟河沿线

（1）总体变化过程。应用示范期间，新沟河干流京杭运河以北各断面溶解氧维持在
Ⅰ～Ⅱ类；高锰酸盐指数均小于 4mg/L（Ⅱ类），水质变化相对较小；NH₃—N 浓度总体
呈下降趋势，靠近京杭运河的部分河段受周边污染物进入影响，出现多次小幅波动；TP
浓度均值维持在Ⅲ～Ⅳ类，随着新沟河江边枢纽的持续调水，干流各河段水质浓度值均有
所下降；TN 浓度略有下降。新沟河干流京杭运河以南各断面高锰酸盐指数、NH₃—N、
TP、TN 浓度呈现明显下降，个别时段出现波动，应用示范期间高锰酸盐指数、NH₃—N
维持在Ⅰ～Ⅲ类，TP 基本稳定在Ⅲ～Ⅳ类。

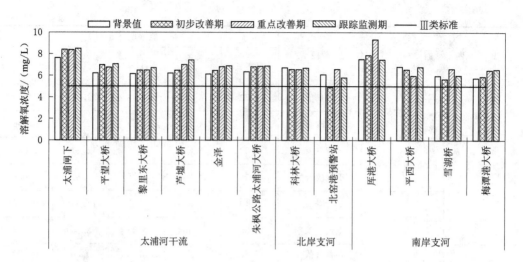

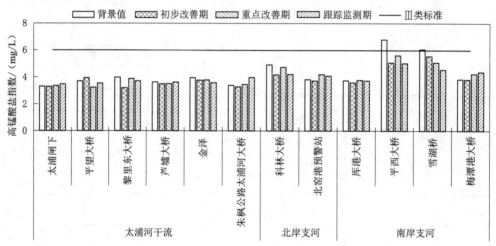

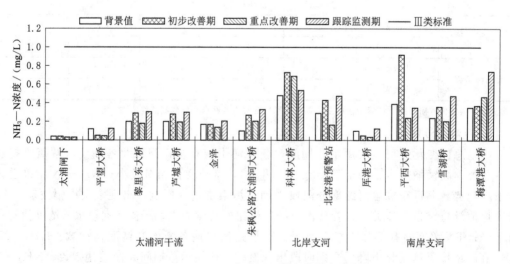

图 8.4-16（一） 太浦河区域各阶段水质变化

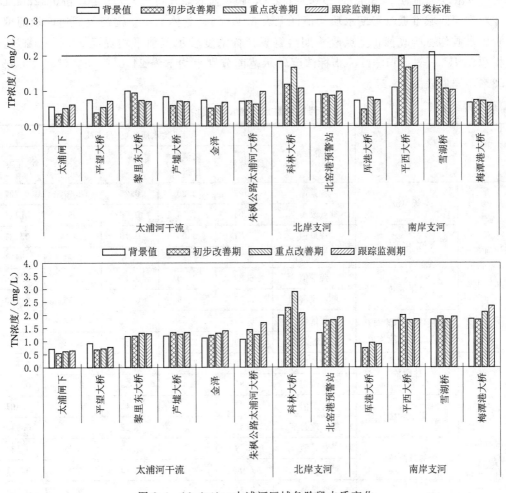

图 8.4-16（二） 太浦河区域各阶段水质变化

（2）各阶段水质变化。应用示范期间，不同阶段新沟河干流及两岸地区水质浓度呈现不同的变化情况，较示范前相比，总体上各水质浓度改善效果在初步改善期、重点改善期相对较好，以重点改善期为最优，部分区域的水质指标浓度在跟踪监测期得到进一步改善。

新沟河东支干流京杭以北部分，溶解氧、高锰酸盐指数、NH_3—N、TN 浓度变化趋势一致，在重点改善期改善效果最好，跟踪监测期略有反弹，其中重点改善期溶解氧由示范前 6.71mg/L 提升至重点改善期 8.69mg/L，高锰酸盐指数下降到 2.12mg/L，NH_3—N 浓度下降 0.15mg/L，TN 浓度下降到 1.76mg/L。新沟河干流京杭运河以南部分，NH_3—N、TN 在重点改善期改善效果最好，跟踪监测期略有反弹；溶解氧、高锰酸盐指数在跟踪监测期内改善效果最好，其中溶解氧浓度在跟踪监测期间进一步升高到 7.44mg/L，高锰酸盐指数在跟踪监测进一步下降到 2.55mg/L。

根据新沟河西支干流水质监测结果，溶解氧浓度在初步改善期、重点改善期和跟踪监测期较背景值均有升高，高锰酸盐指数和氨氮浓度呈现相同的变化趋势，在初步改善期、重点改善期均呈降低趋势，重点改善期最低，跟踪监测期有所回升，重点改善期高锰酸盐指数和

$NH_3—N$ 浓度分别为 2.98mg/L 和 0.31mg/L，跟踪监测期升高到 3.77mg/L 和 0.42mg/L。

新沟河区域重点改善期水质均值详见表 8.4-26。总体上，新沟河及周边区域河网不同阶段水质均有所改善，重点改善期溶解氧指标浓度较示范前平均提高 23.0%，高锰酸盐指数、$NH_3—N$、TP、TN 指标浓度较示范前分别平均下降 24.0%、26.4%、39.1%、15.3%，详见表 8.4-27。

表 8.4-26　　　　　　　　　新沟河区域重点改善期水质均值表

断　　面		阶段	平均水质浓度/(mg/L)				
			溶解氧	高锰酸盐指数	$NH_3—N$	TN	TP
新沟河东支（京杭运河以北）干流	新沟桥	背景值	6.09	3.20	0.29	2.97	0.227
		重点改善期	9.04	1.94	0.06	1.52	0.115
	东柳塘	背景值	7.21	3.00	0.18	2.13	0.181
		重点改善期	8.64	2.22	0.07	1.74	0.134
	万里大桥	背景值	6.83	3.00	0.47	2.87	0.216
		重点改善期	8.39	2.19	0.32	2.02	0.180
	新沟河东支（京杭运河以北）干流均值	背景值	6.71	3.07	0.31	2.66	0.208
		重点改善期	8.69	2.12	0.15	1.76	0.143
新沟河东支（京杭运河以南）干流	胜利桥	背景值	6.78	3.70	0.30	3.47	0.387
		重点改善期	7.81	2.47	0.29	2.16	0.208
	阳山大桥	背景值	5.97	3.60	0.42	2.53	0.401
		重点改善期	7.97	2.36	0.22	2.25	0.213
	陆藕路桥	背景值	5.79	3.38	0.35	3.19	0.133
		重点改善期	7.06	2.41	0.19	2.23	0.171
	湖山桥	背景值	5.77	4.90	0.57	3.73	0.304
		重点改善期	6.88	3.00	0.32	3.03	0.201
	新沟河东支（京杭运河以南）均值	背景值	5.84	3.96	0.45	3.15	0.279
		重点改善期	7.31	2.59	0.24	2.50	0.195
新沟河西支干流	石埝桥	背景值	5.33	4.50	0.31	2.44	0.187
		重点改善期	8.67	2.16	0.08	1.75	0.144
	遥观北枢纽	背景值	5.08	6.10	0.54	4.98	0.370
		重点改善期	8.12	3.13	0.30	4.53	0.240
	遥观南枢纽	背景值	4.88	2.90	0.79	4.41	0.190
		重点改善期	6.73	2.86	0.59	4.54	0.160
	戴溪步行桥	背景值	5.53	4.09	0.63	3.96	0.447
		重点改善期	6.37	3.76	0.25	3.64	0.322
	新沟河西支干流均值	背景值	5.20	4.40	0.57	3.95	0.300
		重点改善期	7.47	2.98	0.31	3.61	0.220

断面		阶段	平均水质浓度/(mg/L)				
			溶解氧	高锰酸盐指数	NH₃—N	TN	TP
新沟河西侧（京杭运河以北）	澄东桥	背景值	6.23	3.00	0.26	1.74	0.144
		重点改善期	9.90	4.78	0.45	2.04	0.149
	新造桥	背景值	8.57	7.00	0.68	2.54	0.227
		重点改善期	8.78	6.99	0.66	3.50	0.140
	新沟河西侧（京杭运河以北）均值	背景值	7.40	5.00	0.47	2.14	0.190
		重点改善期	9.34	5.89	0.56	2.77	0.140
新沟河东侧（京杭运河以北）	新农桥	背景值	6.37	2.80	0.42	1.97	0.175
		重点改善期	3.38	10.34	1.57	3.18	0.220
	观西大桥	背景值	5.58	4.20	0.31	1.86	0.263
		重点改善期	6.90	3.02	0.10	1.70	0.123
	沿山桥	背景值	5.32	4.60	0.41	2.79	0.245
		重点改善期	5.63	3.02	0.30	2.32	0.164
	南塘桥	背景值	6.91	2.70	0.25	2.39	0.220
		重点改善期	8.37	2.16	0.78	2.18	0.182
	印桥	背景值	6.81	4.00	0.11	2.02	0.159
		重点改善期	7.67	3.40	0.10	1.85	0.142
	新沟河东侧（京杭运河以北）均值	背景值	6.20	3.66	0.30	2.21	0.212
		重点改善期	6.39	4.39	0.57	2.25	0.166
新沟河西侧（京杭运河以南）	盛店桥	背景值	5.23	3.60	0.85	3.19	0.237
		重点改善期	5.46	2.78	0.34	2.65	0.163
	新渎桥	背景值	7.16	3.60	0.21	2.75	0.543
		重点改善期	5.99	3.48	0.93	2.96	0.261
	陆区西桥	背景值	4.02	4.00	0.51	2.42	0.200
		重点改善期	5.64	3.30	0.60	3.17	0.152
	东尖大桥	背景值	6.97	4.10	0.44	3.72	0.434
		重点改善期	7.32	3.68	0.30	3.30	0.298
	龚巷桥	背景值	6.74	3.82	0.48	3.45	0.162
		重点改善期	5.04	3.54	0.49	3.64	0.135
	沙滩桥	背景值	6.88	6.10	0.15	2.00	0.153
		重点改善期	7.55	4.14	0.17	1.74	0.108
	故城桥	背景值	5.41	4.20	0.72	3.19	0.260
		重点改善期	7.03	3.40	0.34	2.70	0.167
	新沟河西侧（京杭运河以南）均值	背景值	5.99	4.19	0.50	3.09	0.300
		重点改善期	6.30	3.51	0.43	2.97	0.200

断　　面		阶段	平均水质浓度/(mg/L)				
			溶解氧	高锰酸盐指数	NH₃—N	TN	TP
新沟河东侧 （京杭运河 以南）	张舍桥	背景值	4.10	3.89	0.94	3.37	0.126
		重点改善期	6.98	2.36	0.21	2.33	0.157
	富安桥	背景值	4.27	4.00	0.87	3.13	0.235
		重点改善期	8.06	2.49	0.27	2.50	0.206
	钱桥	背景值	6.24	4.50	0.49	4.33	0.353
		重点改善期	7.48	3.01	0.46	3.27	0.248
	横塘桥	背景值	7.71	7.10	8.90	9.72	0.096
		重点改善期	8.31	6.72	8.96	11.73	0.089
	新沟河东侧 （京杭运河以南）均值	背景值	5.58	4.87	2.80	5.14	0.203
		重点改善期	7.71	3.65	2.47	4.96	0.175
武进港西侧	采菱大桥	背景值	4.03	3.30	0.75	4.35	0.204
		重点改善期	6.75	2.97	0.64	4.77	0.162
	振东大桥	背景值	2.93	3.80	0.77	3.85	0.153
		重点改善期	6.35	3.03	0.52	4.71	0.163
	武进港西侧均值	背景值	3.48	3.55	0.76	4.10	0.179
		重点改善期	6.55	3.00	0.58	4.74	0.163

表 8.4 - 27　　　　　　　　　　新沟河区域各阶段水质变化情况

区域	阶段	水　质　变　幅/%				
		溶解氧	高锰酸盐指数	NH₃—N	TP	TN
新沟河及其 周边区域	示范初期	14.4	−13.4	−30.8	−20.3	−25.1
	初步改善期	12.1	−18.0	−27.7	−23.3	−14.2
	重点改善期	23.0	−24.0	−26.4	−39.1	−15.3
	跟踪监测期	19.7	−23.0	−19.5	−43.4	−0.8

8.4.4.6　关键断面水质变化情况

1. 望虞河沿线

（1）张桥断面。10 月 23 日，张桥断面溶解氧背景值为 5.17mg/L，高锰酸盐指数背景值为 3.33mg/L，NH₃—N 背景值为 0.55mg/L，TP 背景值为 0.141mg/L，溶解氧、

NH₃—N、TP 为相对较差指标，综合水质类别为Ⅲ类。10 月 23 日 9 时至 11 月 3 日，随着常熟枢纽引水水量增加，各项水质指标中溶解氧浓度逐步上升，最高浓度为 8.6mg/L；高锰酸盐指数、TN 浓度逐渐下降；NH₃—N 浓度随着引水的持续显著下降，10 月 25 日起下降至 0.04mg/L，并维持在该水平附近；TP 浓度基本维持稳定。11 月 6 日，各项水质指标中除 NH₃—N 浓度略有上升，其余指标较为稳定。应用示范期间，张桥水质变化与断面过水流量变化一致性较好，水质总体得到改善，详见图 8.4-17。

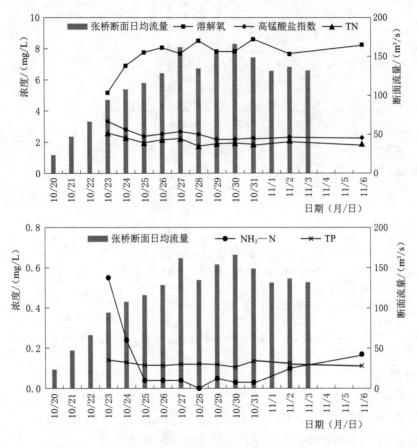

图 8.4-17　张桥断面水质变化过程

（2）望亭立交闸下。10 月 23 日，望亭立交闸下断面溶解氧背景值为 7.1mg/L，高锰酸盐指数背景值为 3.46mg/L，NH₃—N 背景值为 0.1mg/L，TP 背景值为 0.059mg/L，溶解氧、高锰酸盐指数、TP 为相对较差指标，综合水质类别为Ⅱ类。10 月 23 日 9 时至 10 月 26 日 12 时，望亭立交处于关闭状态，各项水质指标较为稳定，综合水质类别维持在Ⅱ类。10 月 26 日 12 时至 11 月 3 日，望亭立交开启引水入湖，各项水质指标中溶解氧浓度逐步上升；高锰酸盐指数略有下降趋势；NH₃—N 浓度随着引水的持续出现波动；随着长江来水水量的增加，TP 浓度逐步上升，后维持在 0.1～0.2mg/L；TN 浓度基本维持稳定。11 月 3—6 日，各项水质指标中总体较为稳定，详见图 8.4-18。

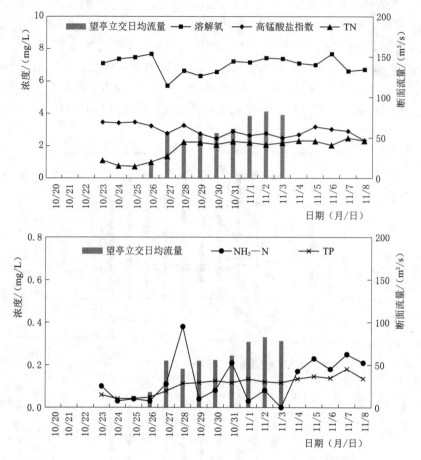

图 8.4 - 18　望亭立交闸下水质变化过程

2. 太浦河沿线

（1）黎里东大桥。10 月 22 日，黎里东大桥断面溶解氧背景值为 6.65mg/L，高锰酸盐指数背景值为 4.33mg/L，NH_3—N 背景值为 0.3mg/L，TP 背景值为 0.241mg/L，高锰酸盐指数、TP 为相对较差指标，综合水质类别为Ⅳ类。10 月 25 日至 11 月 1 日，各项水质指标中高锰酸盐指数略有下降，TP 指标显著下降，期间 TP 浓度最低为 0.065mg/L，其余各项指标较为稳定。11 月 5—8 日，各项水质指标中除 NH_3—N 浓度略有上升外，其余指标较为稳定，综合水质类别维持Ⅱ类，详见图 8.4 - 19。

（2）金泽。10 月 18 日，金泽断面溶解氧背景值为 6.25mg/L，高锰酸盐指数背景值为 4.27mg/L，NH_3—N 背景值为 0.13mg/L，TP 背景值为 0.063mg/L，综合水质类别为Ⅲ类。应用示范期间，各项水质指标中高锰酸盐指数浓度有所下降，溶解氧浓度有所上升；10 月 20—27 日，NH_3—N、TP 浓度有所下降，后小幅上升；TN 指标总体较为稳定，综合水质类别仍维持在Ⅱ～Ⅲ类，详见图 8.4 - 20。

3. 新沟河沿线

根据新沟河沿线监测断面布设情况，选取纳入省（市）考核断面和水功能区考核的新

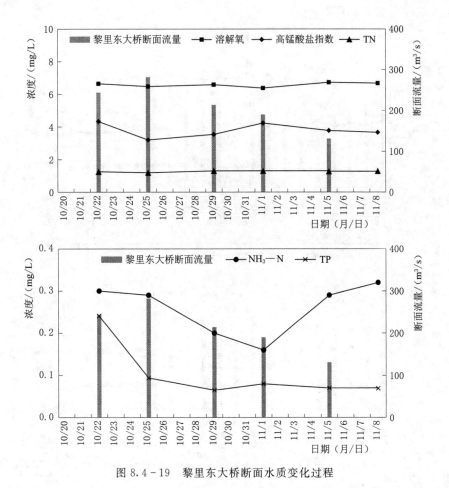

图 8.4 - 19　黎里东大桥断面水质变化过程

沟桥、东柳塘、阳山大桥、湖山桥和东尖大桥 5 个断面进行水质变化情况分析，考核断面
情况见表 8.4 - 28。

表 8.4 - 28　　　　　　　　　　　　新沟河及周边区域重要断面表

序号	监测断面（站点）	所在河流	考　核　断　面	考核目标
1	新沟桥	新沟河	市考核断面	Ⅲ类
2	东柳塘	新沟河	水功能区考核断面	Ⅲ类
3	阳山大桥	直湖港	省考核断面，水功能区考核断面	Ⅲ类
4	湖山桥	直湖港	市考核断面，水功能区考核断面	Ⅲ类
5	东尖大桥	锡溧漕河	省考核断面	

（1）新沟桥。断面背景监测各指标情况为溶解氧 6.09mg/L（Ⅱ类），高锰酸盐指数
3.2mg/L（Ⅱ类），NH₃—N 浓度 0.29mg/L（Ⅱ类），TP 浓度 0.227mg/L（Ⅳ类），TN 浓度
2.97mg/L，综合评价类别为Ⅳ类，相对较差指标为 TP。应用示范期间，溶解氧浓度波
动中上升；高锰酸盐指数、NH₃—N、TP、TN 浓度降低过程中出现波动；重点改善期溶
解氧浓度平均为 9.04mg/L（Ⅰ类），高锰酸盐指数平均为 1.94mg/L（Ⅰ类），NH₃—N

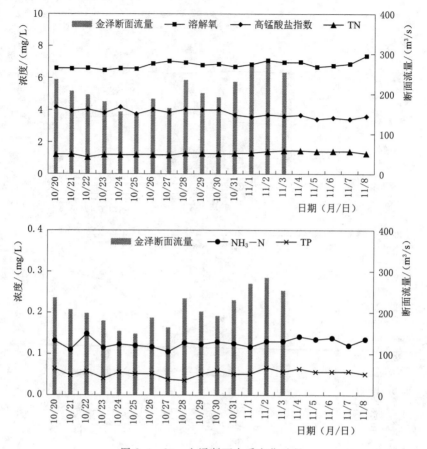

图 8.4-20 金泽断面水质变化过程

浓度平均为 0.06mg/L（Ⅰ类），TP 浓度平均为 0.112mg/L（Ⅰ类），TN 浓度下降到 1.88mg/L，示范初期、初步改善期、重点改善期和跟踪监测期水质综合类别维持为Ⅲ类，详见图 8.4-21。

（2）东柳塘。断面背景监测各指标情况为溶解氧 7.21mg/L（Ⅱ类），高锰酸盐指数 3.0mg/L（Ⅱ类），NH_3—N 浓度 0.18mg/L（Ⅱ类），TP 浓度 0.181mg/L（Ⅲ类），TN 浓度 2.13mg/L，综合评价类别为Ⅲ类，相对较差指标为 TP。应用示范期间，溶解氧浓度波动上升，高锰酸盐指数波动下降，TN 基本稳定，NH_3—N 浓度在初期出现异常值后总体下降，但过程中波动幅度较大，TP 浓度先升高后下降；重点改善期溶解氧浓度平均为 8.64mg/L（Ⅰ类），高锰酸盐指数平均为 2.22mg/L（Ⅱ类），NH_3—N 浓度平均为 0.07mg/L（Ⅰ类），TP 浓度平均为 0.13mg/L（Ⅲ类），TN 浓度下降到 1.74mg/L，初步改善期、重点改善期、跟踪监测期水质综合类别均为Ⅲ类，详见图 8.4-22。

（3）阳山大桥。断面背景监测各指标情况为溶解氧 5.97mg/L（Ⅲ类），高锰酸盐指数 3.6mg/L（Ⅱ类），NH_3—N 浓度 0.42mg/L（Ⅱ类），TP 浓度 0.40mg/L（劣Ⅴ类），TN 浓度 2.53mg/L，综合评价类别为劣Ⅴ类，相对较差指标为 TP。应用示范期间，溶解氧浓度升高过程中出现波动，高锰酸盐指数、TN 浓度总体下降，NH_3—N 浓度总体下降

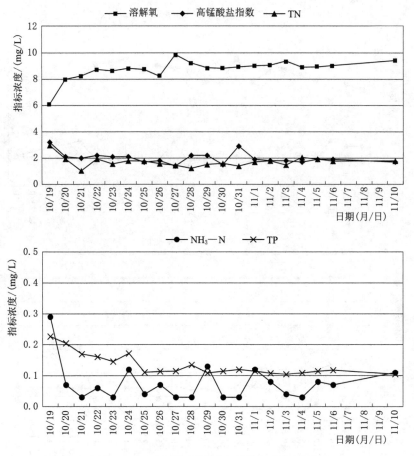

图 8.4 - 21　新沟桥断面水质指标变化过程

但过程中波动幅度较大，TP 浓度明显下降后基本稳定，水质类别总体向好；重点改善期溶解氧浓度平均为 7.97mg/L（Ⅰ类），高锰酸盐指数平均为 2.36mg/L（Ⅱ类），NH_3—N 浓度平均为 0.22mg/L（Ⅱ类），TP 浓度平均为 0.21mg/L（Ⅳ类），TN 浓度下降到 2.25mg/L，水质综合类别在初步改善期、重点改善期均为Ⅳ类，跟踪监测期达到Ⅲ类，详见图 8.4 - 23。

（4）湖山桥。断面背景监测各指标情况为溶解氧 5.7mg/L（Ⅲ类），高锰酸盐指数 4.9mg/L（Ⅲ类），NH_3—N 浓度 0.57mg/L（Ⅲ类），TP 浓度 0.30mg/L（Ⅴ类），TN 浓度 3.73mg/L，综合评价类别为Ⅴ类，相对较差指标为 TP。应用示范期间，溶解氧浓度波动升高，高锰酸盐指数、总氮浓度总体波动下降，NH_3—N 浓度持续下降，TP 浓度小幅下降后基本稳定；重点改善期溶解氧浓度平均为 6.88mg/L（Ⅱ类），高锰酸盐指数平均为 3.00mg/L（Ⅱ类），NH_3—N 浓度平均为 0.32mg/L（Ⅱ类），TP 浓度平均为 0.20mg/L（Ⅳ类），TN 浓度到 3.03mg/L，水质综合类别在初步改善期、重点改善期、跟踪监测期均维持Ⅳ类，详见图 8.4 - 24。

（5）东尖大桥。断面背景监测各指标情况为溶解氧 6.9mg/L（Ⅱ类），高锰酸盐指数 4.10mg/L（Ⅲ类），NH_3—N 浓度 0.44mg/L（Ⅱ类），TP 浓度 0.43mg/L（劣Ⅴ类），

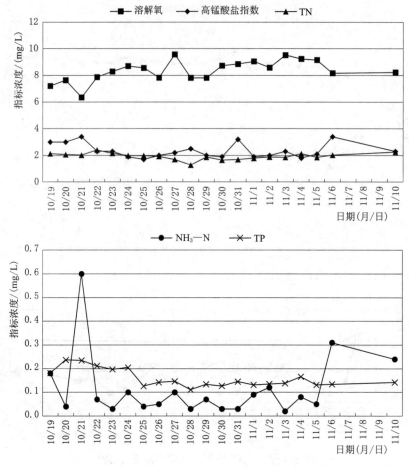

图 8.4-22　东柳塘断面水质指标变化过程

TN 浓度 3.72mg/L，综合评价类别为劣 V 类，相对较差指标为 TP。应用示范期间，溶解氧浓度基本稳定，高锰酸盐指数略有下降，TN 浓度过程中出现小幅改善后反弹至原水平，NH_3—N、TP 浓度先升高后维持下降趋势，后期过程中小幅波动；重点改善期溶解氧浓度平均为 7.32mg/L（Ⅱ类），高锰酸盐指数平均为 3.68mg/L（Ⅱ类），NH_3—N 浓度平均为 0.30mg/L（Ⅱ类），TP 浓度平均为 0.30mg/L（Ⅳ类），TN 浓度到 3.30mg/L，水质综合类别在初步改善期为劣 V 类，重点改善期、跟踪监测期均维持Ⅳ类，详见图 8.4-25。

8.4.5　示范效果综合评估

8.4.5.1　示范区水环境效益时空变异性评估

1. 评估方法

根据相关文献，本次分别引入水质改善系数、类别变化指数评估引水对示范区的水环境影响。

（1）水质改善系数。计算水质改善系数时，首先需计算综合污染指数。水质综合污染指数，是用水体各监测项目的监测值与其评价标准之比作为各单项污染标准指数，累加各

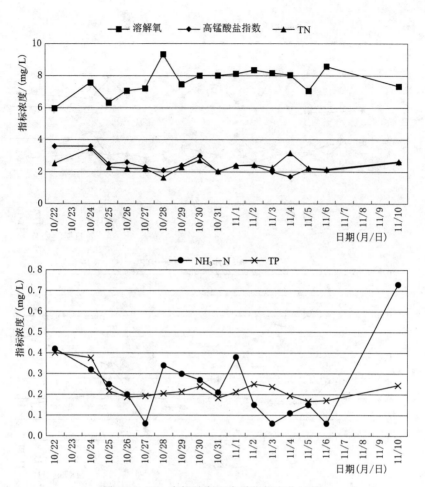

图 8.4 - 23　东柳塘断面水质指标变化过程

单项污染标准指数的和，除以项目数计算得到，具体如下：

$$S_{ij} = \frac{C_{ij}}{C_{si}} \tag{8.4-1}$$

$$P = \frac{1}{n} \sum_{i=1}^{n} S_{ij} \tag{8.4-2}$$

式中：P 为综合污染指数；S_{ij} 为单项污染标准指数；C_{ij} 为评价因子 i 在 j 点的实测浓度值，mg/L；C_{si} 为评价因子 i 的地表水水质标准，mg/L。

考虑到引水对示范区河网的水环境影响是一个动态过程，为便于评估这种影响，本次采用水环境平均改善系数 I 和最大改善系数 I_m 分别表征引水带来的平均改善程度和最大改善程度。计算公式如下：

$$\overline{I} = 100 \times \frac{P_0 - \overline{P}}{P_0} \tag{8.4-3}$$

$$I_m = 100 \times \frac{P_0 - P_{min}}{P_0} \tag{8.4-4}$$

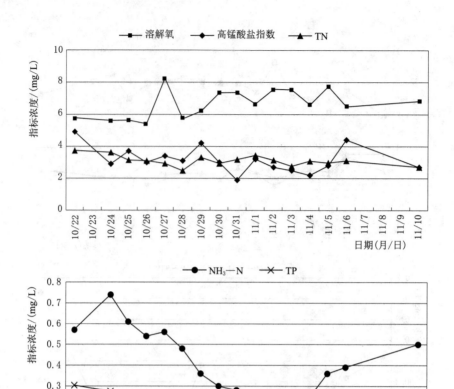

图 8.4 - 24　湖山桥断面水质指标变化过程

式中：$\overline{I}$ 为平均改善系数；I_m 为最大改善系数；P_0 为各监测断面的本底综合污染指数；$\overline{P}$ 为各监测断面的平均综合污染指数；P_{min} 为各监测断面的最小综合污染指数。

本次选取 NH_3-N、高锰酸盐指数、TP 等 3 项指标，以Ⅲ类水作为评价标准，计算综合污染指数、平均改善系数和最大改善系数。

（2）类别变化指数。类别变化指数属于均值型多因子指数，反映引水前后水质类别变化（改善或降低）的等级，数值为正表示水质类别改善，数值为负表示水质类别下降，计算公式如下：

$$G = \frac{1}{n}\sum_{i=1}^{n}(G_{bi} - G_{ai}) \tag{8.4-5}$$

式中：G 为类别变化均值指数；G_{ai} 为引水后第 i 种污染物的水质类别；G_{bi} 为引水前第 i 种污染物的水质类别；i 为参加评估因子的数目。

本次选取溶解氧、NH_3-N、高锰酸盐指数、TP 等 4 项指标计算水质类别变化指数。

2. 水环境效益评估

（1）望虞河区域水质变化综合评估。

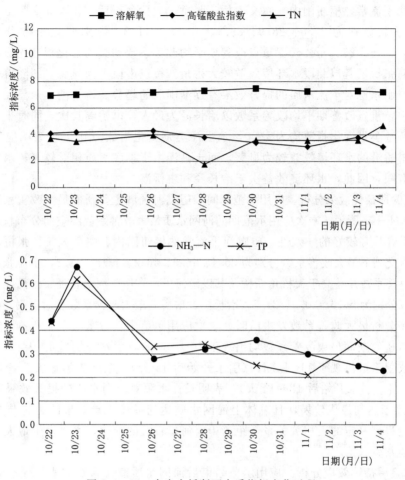

图 8.4 - 25 东尖大桥断面水质指标变化过程

1）长历时综合变化分析。应用示范期间，望虞河区域主要河道平均改善系数、类别变化指数分布情况如表 8.4 - 29 所示。重点改善期，望虞河区域大部分断面平均改善系数、类别变化指数为正值，表明区域总体水质得到提升，应用示范对于望虞河区域的水环境效益较为显著。

分析各阶段平均改善系数、类别变化指数，望虞河干流初步改善期、重点改善期平均改善系数分别为 8.8、17.4，初步改善期、重点改善期类别变化指数为分别为 0.1、0.35，望虞河东岸支河初步改善期、重点改善期平均改善系数为分别为 -5.5、24.3，初步改善期、重点改善期类别变化指数为分别为 0.17、0.67。各阶段平均改善系数、类别变化指数显示对于望虞河干流及东岸支河，应用示范期间水环境效益总体为逐步增强态势。而应用示范期间，望虞河西岸支河主要以入望虞河为主，因此，引水对于西岸支河无显著的水环境效益，各阶段平均改善系数为 -12.2～ -9。

分析平均改善系数、类别变化指数的空间差异性，总体上望虞河东岸支河平均改善系数、类别变化指数最大，望虞河干流其次，西岸地区欠佳，表明应用示范对于望虞河干流水环境效益较优，对于东岸地区的水环境效益则最为显著。就引水线路沿程变化趋势来看，望虞河干流常熟枢纽闸内、虞义大桥、张桥、大桥角新桥、望亭立交闸下重点改善期平均改善系数分别为 27.6、28.9、38.1、4.1、−11.8，类别变化指数分别为 0.75、0.75、1.00、−0.25、−0.50。重点改善期平均改善系数和类别变化指数均显示应用示范对于望虞河张桥及其以北段水环境效益较大桥角新桥以南段更为显著，即随着引水距离逐渐增加，引水水源对干流水质的提升效果有逐渐削弱的趋势。琳桥港、永昌泾、冶长泾等东岸支河中，重点改善期平均改善系数以冶长泾为最大，琳桥港其次，同时重点改善期冶长泾、琳桥港类别变化指数均为 1.00，永昌泾类别变化指数为 0.00，表明应用示范对于冶长泾、琳桥港的水环境效益较为显著，而永昌泾由于本底水质相对较好，水质进一步提升的空间有限，因此，水环境效益次于冶长泾和琳桥港。

2）试验期最优效果分析。应用示范期间，望虞河区域主要断面最大改善系数及其出现时间如表 8.4 − 29 所示。本次应用示范期间河网水质最大改善系数的空间分布特征与各阶段平均改善系数具有较好的一致性。望虞河干流常熟枢纽闸内、虞义大桥、张桥、大桥角新桥、望亭立交闸下最大改善系数分别为 35.4、45.5、46.3、13.5、19.3，干流张桥及其以北断面最大改善系数显著高于大桥角新桥及其以南河段，东岸支河冶长泾、永昌泾、琳桥港最大改善系数分别为 59.6、20.0、34.7，冶长泾、琳桥港最大改善系数相对更高。

进一步分析最大改善系数发生历时。本次应用示范中，望虞河干流常熟枢纽闸内、虞义大桥、张桥等断面最大改善系数均出现于 10 月 30 日（引水开始后 10 天），大桥角新桥断面最大改善系数出现于 11 月 3 日（引水开始后 14 天），东岸支河最大改善系数出现于 11 月 1—3 日（引水开始后 12～14 天），表明长江水源对河网水质的提升效果在示范开始 10 天之后逐渐达到最优效果，且总体上河网水质达到最优改善效果的历时与其距离引水水源的远近呈现一定的正相关关系，距离望虞河口较远的断面，水质发生最大改善所需的引水历时通常较长。

3）试验后持续效应分析。应用示范结束后河网水质改善系数如表 8.4 − 29 所示。跟踪监测期，望虞河干流常熟枢纽闸内、张桥、大桥角新桥等断面水质改善效果基本维持在重点改善期的水平，虞义大桥、望亭立交闸下水质呈恶化趋势，望虞河干流平均改善系数为 2.2，总体而言干流水质较重点改善期有所下降，但较应用示范前仍有所提升。

望虞河东岸支河冶长泾、永昌泾、琳桥港等断面在跟踪监测期维持引水，各断面改善系数均进一步增大，跟踪监测期东岸支河平均改善系数由重点改善期的 24.3 进一步增加至 42.3，表明应用示范对于东岸支河具有较好的持续性效果。

（2）太浦河区域水质变化综合评估。

1）长历时综合变化分析。应用示范期间，太浦河区域主要河道平均改善系数、类别变化指数分布情况如表 8.4 − 30 所示。重点改善期，太浦河区域大部分断面平均改善系数、类别变化指数为正值，表明区域总体水质总体得到提升，应用示范对于太浦河区域具有较好的水环境效益。

分析各阶段平均改善系数、类别变化指数，太浦河干流初步改善期、重点改善期平均改善系数为分别为 6.49、8.61，各阶段平均改善系数显示对于太浦河干流，尽管应用示范期间干流水质类别未出现显著提升，但从水质变化来看水环境效益总体为逐步增强态势。应用示范期间，太浦河两岸支河水流主要以入太浦河为主，太浦河北岸支河初步改善

表 8.4－29　　　　　　　　　　　　　**望虞河区域水环境效益计算表**

断　面		阶段	改　善　系　数			类别变化指数 G
			平均改善系数 $\bar{I}$	最大改善系数 I_m	出现日期	
望虞河干流	常熟枢纽闸内	示范初期	－16.0	35.4	10月30日	0.25
		初步改善期	24.1			0.50
		重点改善期	27.6			0.75
		跟踪监测期	30.2			0.50
	虞义大桥	示范初期		45.5	10月30日	
		初步改善期	2.0			0.25
		重点改善期	28.9			0.75
		跟踪监测期	－13.3			0.00
	张桥	示范初期	－3.0	46.3	10月30日	0.00
		初步改善期	18.8			0.50
		重点改善期	38.1			1.00
		跟踪监测期	31.1			0.75
	大桥角新桥	示范初期		13.5	11月3日	
		初步改善期	－13.8			－0.50
		重点改善期	4.1			－0.25
		跟踪监测期	5.1			0.00
	望亭立交闸下	示范初期	－10.6	19.3	10月24日	－0.25
		初步改善期	12.8			－0.25
		重点改善期	－11.8			－0.50
		跟踪监测期	－42.1			－0.75
	干流平均	示范初期	－9.8	32.0		0.00
		初步改善期	8.8			0.10
		重点改善期	17.4			0.35
		跟踪监测期	2.2			0.10
望虞河东岸支河	琳桥预警站	示范初期	2.2	34.7	11月1日	1.00
		初步改善期	－4.9			0.50
		重点改善期	21.2			1.00
		跟踪监测期	35.1			1.00
	永昌泾自动站	示范初期	－0.8	20.0	11月3日	－0.50
		初步改善期	0.7			0.00
		重点改善期	5.9			0.00
		跟踪监测期	33.8			0.00
	冶长泾自动站	示范初期	－2.2	59.6	11月3日	0.00
		初步改善期	－12.2			0.00
		重点改善期	45.6			1.00
		跟踪监测期	58.0			1.00

断 面		阶段	改 善 系 数			类别变化指数 G
			平均改善系数 $\bar{I}$	最大改善系数 I_m	出现日期	
望虞河东岸支河	东岸支河平均	示范初期	−0.3	38.1		0.17
		初步改善期	−5.5			0.17
		重点改善期	24.3			0.67
		跟踪监测期	42.3			0.67
望虞河西岸支河	大义桥	示范初期		−12.7	11月2日	
		初步改善期	−44.6			−0.75
		重点改善期	−34.6			−0.50
		跟踪监测期	−11.2			−0.25
	新师桥	示范初期		15.9	10月24日	
		初步改善期	9.2			0.00
		重点改善期	4.3			0.00
		跟踪监测期	−1.8			0.00
	鸟嘴渡	示范初期		15.7	10月23日	
		初步改善期	5.6			0.00
		重点改善期	−9.4			0.25
		跟踪监测期	21.6			0.25
	大坊桥	示范初期		11.9	11月3日	
		初步改善期	−6.1			−0.25
		重点改善期	−9.2			0.00
		跟踪监测期	−29.8			−0.25
	西岸支河平均	示范初期		7.7		
		初步改善期	−9.0			−0.25
		重点改善期	−12.2			−0.06
		跟踪监测期	−5.3			−0.06

期、重点改善期平均改善系数为分别为−0.2、0.68，类别变化指数为分别为−0.38、−0.25；太浦河南岸支河初步改善期、重点改善期平均改善系数为分别为−0.11、5.02，类别变化指数为分别为0.13、019。

分析平均改善系数、类别变化指数的空间差异性，总体上重点改善期太浦河干流平均改善系数最大，其次为南岸支河，北岸支河再次之，表明应用示范对于太浦河干流水环境效益最为显著。就引水线路沿程变化趋势来看，太浦河干流太浦闸下、平望大桥、黎里东大桥、芦墟大桥、金泽、朱枫公路太浦河大桥重点改善期平均改善系数分别为3.0、23.7、12.7、7.2、12.3、−7.2，金泽断面类别变化指数为0.25，朱枫公路太浦河大桥类别变化指数为−0.25，干流其余断面类别变化指数均为0.00。重点改善期平均改善系数和类别变化指数显示应用示范对于太浦河干流太浦闸下断面具有一定的水环境效益，而

表 8.4－30 太浦河区域水环境效益计算表

断面		阶段	改善系数			类别变化指数 G
			平均改善系数 $\overline{I}$	最大改善系数 I_m	出现日期	
太浦河干流	太浦闸下	示范初期	9.8	11.9	10月25日	0.00
		初步改善期	11.9			0.00
		重点改善期	3.0			0.00
		跟踪监测期	−5.2			0.00
	平望大桥	示范初期	−2.8	25.0	10月29日	0.00
		初步改善期	19.3			0.00
		重点改善期	23.7			0.00
		跟踪监测期	4.0			0.00
	黎里东大桥	示范初期	−63.3	18.2	10月29日	−0.75
		初步改善期	5.1			0.00
		重点改善期	12.7			0.00
		跟踪监测期	6.7			0.00
	芦墟大桥	示范初期	6.4	15.7	10月29日	0.00
		初步改善期	5.6			0.00
		重点改善期	7.2			0.00
		跟踪监测期	−2.4			0.00
	金泽	示范初期	6.2	19.5	10月27日	0.00
		初步改善期	12.4			0.25
		重点改善期	12.3			0.25
		跟踪监测期	13.3			0.25
	朱枫公路太浦河大桥	示范初期	−24.3	−6.4	10月29日	−0.50
		初步改善期	−15.4			−0.25
		重点改善期	−7.2			−0.25
		跟踪监测期	−45.7			−0.25
	干流平均	示范初期	−11.34	14.0		−0.21
		初步改善期	6.49			0.00
		重点改善期	8.61			0.00
		跟踪监测期	−4.89			0.00
太浦河北岸支河	科林大桥	示范初期	11.6	11.6	10月22日	−0.25
		初步改善期	9.0			−0.25
		重点改善期	−4.3			−0.25
		跟踪监测期	20.0			−0.25
	北窑港预警站	示范初期	−23.8	8.5	10月29日	−0.50
		初步改善期	−9.4			−0.50
		重点改善期	5.7			−0.25
		跟踪监测期	−19.7			−0.50

断　　面		阶段	改　善　系　数			类别变化指数 G
			平均改善系数 $\bar{I}$	最大改善系数 I_m	出现日期	
太浦河北岸支河	北岸支河平均	示范初期	−6.11	10.1		−0.38
		初步改善期	−0.20			−0.38
		重点改善期	0.68			−0.25
		跟踪监测期	0.12			−0.38
太浦河南岸支河	库港大桥	示范初期	9.1	18.5	10月25日	0.00
		初步改善期	18.5			0.00
		重点改善期	1.5			0.00
		跟踪监测期	−2.8			−0.25
	平西大桥	示范初期	−17.4	12.3	11月1日	0.25
		初步改善期	−33.2			0.00
		重点改善期	3.2			0.00
		跟踪监测期	1.5			0.25
	雪湖桥	示范初期	30.0	39.7	11月1日	0.75
		初步改善期	14.2			0.50
		重点改善期	31.2			0.75
		跟踪监测期	24.2			0.50
	梅潭港大桥	示范初期	−26.7	0.5	10月29日	−0.50
		初步改善期	−3.9			0.00
		重点改善期	−15.9			0.00
		跟踪监测期	−36.0			−0.25
	南岸支河平均	示范初期	−1.26	17.7		0.13
		初步改善期	−1.11			0.13
		重点改善期	5.02			0.19
		跟踪监测期	−3.31			0.06

由于太浦闸下本底水质较优，因此进一步提升空间有限；对于平望大桥—金泽河段的水环境效益较为显著，随着与太浦闸距离的逐渐增加，太浦河供水对干流水质的提升效果总体呈逐渐削弱的趋势。

2）试验期最优效果分析。应用示范期间，太浦河区域主要断面最大改善系数及其出现时间如表8.4-30所示。本次应用示范期间河网水质最大改善系数的空间分布特征与各阶段平均改善系数具有较好的一致性。太浦河干流太浦闸下、平望大桥、黎里东大桥、芦墟大桥、金泽、朱枫公路太浦河大桥最大改善系数分别为11.9、25.0、18.2、15.7、19.5、−6.4，干流平望大桥—金泽断面最大改善系数相对较高；北岸支河科林大桥、北窑港预警站最大改善系数分别为11.6、8.5，南岸支河库港大桥、平西大桥、雪湖桥、梅潭港大桥最大改善系数分别为18.5、12.3、39.7、0.5，同样，雪湖桥最大改善系数显著

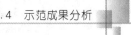

高于南岸其他支河。

　　进一步分析最大改善系数发生历时。本次应用示范中，太浦河干流太浦闸下最大改善系数出现于 10 月 25 日（示范开始后 5 天），金泽断面最大改善系数出现于 10 月 27 日（示范开始后 7 天），其余断面最大改善系数出现于 10 月 29 日（示范开始后 9 天），表明太浦闸供水对干流水质的提升效果在示范开始 7～9 天之后逐渐达到最优效果。

　　3）试验后持续效应分析。应用示范结束后河网水质改善系数如表 8.4-30 所示。跟踪监测期，太浦河干流水质较重点改善期有所下降，朱枫公路太浦河大桥平均改善系数为 −45.7，其余各断面水质基本维持在示范开始前水平，其中，平望大桥、黎里东大桥、金泽断面平均改善系数为正值，表明上述断面水质较应用示范前仍有所提升。

　　（3）新沟河区域水质变化综合评估。

　　1）长历时综合变化分析。应用示范期间，新沟河区域主要河道平均改善系数、类别变化指数分布情况如表 8.4-31 所示。重点改善期，除个别监测断面外，新沟河区域大部分断面平均改善系数、类别变化指数为正值，表明区域水质总体得到提升，应用示范对于新沟河区域具有较好的水环境效益。

　　分析各阶段平均改善系数、类别变化指数，新沟河东支干流初步改善期、重点改善期平均改善系数分别为 5.5、33.2，初步改善期、重点改善期类别变化指数为分别为 0.39、0.68。各阶段平均改善系数、类别变化指数变化情况表明新沟河干流水环境效益总体为逐步增强态势。新沟河东支运河以北、运河以南支河初步改善期、重点改善期大部分段面平均改善系数、类别变化指数较示范初期呈上升趋势；个别断面平均改善系数、类别变化指数较示范初期有所下降，如澄东桥断面，由于本底水质类别为Ⅲ类，示范期间高锰酸盐指数和 TP 指标浓度出现上升，导致改善系数为负。

　　分析平均改善系数、类别变化指数的空间差异性。总体上重点改善期新沟河干流平均改善系数最大，其次为京杭运河以南新沟河两岸支河，表明应用示范对于新沟河区域整体水环境效益较优，其中对于新沟河干河的水环境效益最为显著。新沟河西支干流三山港石埝桥、遥观北枢纽平均改善系数为分别为 41.8、40.3，类别变化指数为分别为 1.00、1.50；遥观南枢纽平均改善系数为 14.9，类别变化指数为 0.50，对比遥观南枢纽、遥观北枢纽水质改善情况，说明新沟河西支分水经京杭运河后水环境效益明显减弱。

　　2）试验期最优效果分析。应用示范期间，新沟河区域主要断面最大改善系数及其出现时间如表 8.4-31 所示。新沟河东支干流新沟桥、东柳塘、万里大桥、胜利桥、阳山大桥、陆藕路桥、湖山桥最大改善系数分别为 57.2、39.9、39.8、54.2、58.2、45.8、47.0，可以看出新沟河东支干流最大改善系数普遍较高；西支干流石埝桥、横山大桥、遥观北枢纽、遥观南枢纽、戴溪步行桥最大改善系数分别为 50.7、55.7、51.5、44.1、65.9，结合出现时间可以看出，石埝桥、遥观北枢纽最大改善系数出现时间相对较早，水质改善主要受石堰节制闸分流的作用。京杭运河以北西岸澄东桥、新造桥最大改善系数分别为 9.7、37.2，改善效果相对较低，东岸观西大桥、沿山桥改善系数相对较高，分别为 50.8、46.4，南塘桥、印桥相对较低，分别为 34.6、18.9；京杭运河以南两侧河网由于本底水质总体较运河以北河网较差，水质改善空间更大，最大改善系数普遍较高。其中，最大为新渎桥（60.0），最小为陆区西桥（39.4）。

表 8.4－31　　　　　　　　　　　　新沟河区域水环境效益计算表

断　面		阶段	改　善　系　数			类别变化指数 G
			平均改善系数 $\bar{I}$	最大改善系数 I_m	出现日期	
东支干流	新沟桥	示范初期	33.8	57.2	10月27日	0.75
		初步改善期	43.5			1.00
		重点改善期	50.9			1.00
		跟踪监测期	52.4			1.00
	东柳塘	示范初期	－17.4	39.9	10月25日	－0.25
		初步改善期	20.2			0.75
		重点改善期	30.2			0.50
		跟踪监测期	18.8			0.25
	万里大桥	示范初期	－37.8	39.8	11月1日	－0.25
		初步改善期	－33.6			－0.25
		重点改善期	22.7			0.50
		跟踪监测期	14.3			0.50
	胜利桥	示范初期		54.2	11月4日	
		初步改善期	5.8			0.00
		重点改善期	38.8			0.50
		跟踪监测期	35.2			0.50
	阳山大桥	示范初期		58.2	11月6日	
		初步改善期	24.9			0.75
		重点改善期	44.6			1.00
		跟踪监测期	47.5			1.25
	陆藕路桥	示范初期		45.8	11月6日	
		初步改善期	－41.1			0.00
		重点改善期	8.1			0.25
		跟踪监测期	22.9			0.75
	湖山桥	示范初期		47.0	11月3日	
		初步改善期	18.5			0.50
		重点改善期	37.2			1.00
		跟踪监测期	34.6			1.00
	东支干流平均	示范初期	－7.1	48.9		0.08
		初步改善期	5.5			0.39
		重点改善期	33.2			0.68
		跟踪监测期	32.3			0.75

续表

断　　面		阶段	改　善　系　数			类别变化指数 G
			平均改善系数 $\bar{I}$	最大改善系数 I_m	出现日期	
西支干流	三山港石埝桥	示范初期	−17.3	50.7	10月28日	0.25
		初步改善期	27.1			0.75
		重点改善期	41.8			1.00
		跟踪监测期	10.6			0.75
	横山大桥	示范初期	−6.45	55.7	11月1日	−0.25
		初步改善期	26.47			0.50
		重点改善期	50.14			0.75
		跟踪监测期	12.61			0.00
	遥观北枢纽	示范初期	−29.7	51.5	10月31日	−0.25
		初步改善期	31.6			1.25
		重点改善期	40.3			1.50
		跟踪监测期	16.4			0.50
	遥观南枢纽	初步改善期	−5.8	44.1	11月3日	0.50
		重点改善期	14.9			0.50
		跟踪监测期	13.8			0.50
	戴溪步行桥	初步改善期	16.2	65.9	11月6日	0.25
		重点改善期	29.8			1.00
		跟踪监测期	56.5			1.50
	西支干流平均	示范初期	−17.8	53.6		−0.10
		初步改善期	19.1			0.70
		重点改善期	35.4			1.00
		跟踪监测期	22.0			0.70
京杭运河以北西岸支河	澄东桥	示范初期	−24.7	9.7	11月4日	0.25
		初步改善期	−20.9			0.00
		重点改善期	−34.9			0.00
		跟踪监测期	9.7			0.50
	新造桥	示范初期	−11.7	37.2	10月30日	0.00
		初步改善期	−4.2			0.25
		重点改善期	15.1			0.25
		跟踪监测期	13.9			0.00
	运河以北西岸平均	示范初期	−18.2	23.4		0.13
		初步改善期	−12.5			0.13
		重点改善期	−9.9			0.13
		跟踪监测期	11.8			0.25

断　面		阶段	改　善　系　数			类别变化指数 G
			平均改善系数 $\overline{I}$	最大改善系数 I_m	出现日期	
京杭运河以北东岸支河	观西大桥	示范初期	10.7	50.8	10月26日	0.50
		初步改善期	39.1			0.50
		重点改善期	47.5			1.00
		跟踪监测期	43.4			1.00
	沿山桥	示范初期	7.0	46.4	10月26日	0.25
		初步改善期	24.9			0.50
		重点改善期	32.2			0.50
		跟踪监测期	34.0			1.00
	南塘桥	示范初期	−10.0	34.6	10月30日	0.50
		初步改善期	−11.9			0.00
		重点改善期	−13.7			0.25
		跟踪监测期	23.9			0.75
	印桥	示范初期	−29.8	18.9	11月3日	−0.50
		初步改善期	−90.9			−1.00
		重点改善期	12.4			0.25
		跟踪监测期	11.8			0.00
	运河以北东岸平均	示范初期	−10.0	37.7		0.05
		初步改善期	−12.8			−0.10
		重点改善期	−14.2			−0.05
		跟踪监测期	−10.7			0.15
京杭运河以南西岸支河	盛店桥	初步改善期	3.2	59.3	11月4日	−0.25
		重点改善期	38.7			0.50
		跟踪监测期	59.3			0.75
	新淉桥	初步改善期	11.4	60.0	11月4日	0.00
		重点改善期	20.0			0.00
		跟踪监测期	60.0			0.75
	陆区西桥	初步改善期	9.4	39.4	11月4日	0.25
		重点改善期	12.4			0.25
		跟踪监测期	39.4			1.00
	东尖大桥	初步改善期	−35.3	43.2	11月1日	−0.25
		重点改善期	27.0			0.75
		跟踪监测期	33.8			0.75
	龚巷桥	初步改善期	18.5	41.2	11月6日	−0.50
		重点改善期	9.2			−0.25
		跟踪监测期	21.2			−0.25

断　　　面		阶段	改 善 系 数			类别变化指数 G
			平均改善系数 $\bar{I}$	最大改善系数 I_m	出现日期	
京杭运河以南西岸支河	沙滩桥	初步改善期	26.6	45.6	11月4日	0.25
		重点改善期	27.5			0.25
		跟踪监测期	45.6			0.75
	故城桥	初步改善期	−2.3	52.1	11月4日	0.00
		重点改善期	36.1			1.00
		跟踪监测期	52.1			1.00
	运河以南西岸平均	初步改善期	4.5	48.7		−0.07
		重点改善期	24.4			0.36
		跟踪监测期	44.5			0.68
京杭运河以南东岸支河	张舍桥	初步改善期	−2.4	56.3	11月4日	0.00
		重点改善期	37.6			0.75
		跟踪监测期	40.7			0.75
	富安桥	初步改善期	7.1	56.8	11月4日	0.00
		重点改善期	36.9			1.00
		跟踪监测期	34.4			1.00
	钱桥	初步改善期	−26.6	43.2	11月4日	−0.50
		重点改善期	26.6			0.50
		跟踪监测期	34.1			0.50
	横塘桥	初步改善期	45.6	45.9	11月1日	−0.50
		重点改善期	0.3			0.00
		跟踪监测期	15.5			0.25
	运河以南东岸平均	初步改善期	5.9	50.5		−0.25
		重点改善期	25.4			0.56
		跟踪监测期	31.2			0.63
武进港西侧支河	采菱大桥	初步改善期	7.28	1.7	10/25	0.75
		重点改善期	16.19			0.75
		跟踪监测期	7.23			0.75
	振东大桥	初步改善期	1.72	30.0	11/3	0.75
		重点改善期	15.07			0.75
		跟踪监测期	16.24			0.75
	武进港西侧平均	初步改善期	4.5	15.9		0.80
		重点改善期	15.6			0.80
		跟踪监测期	11.7			0.80

进一步分析最大改善系数发生时间，本次应用示范过程中，京杭运河以北新沟河东支干流大部分断面最大改善系数发生在重点改善期，西支干流石堍桥最大改善系数同样发生在重点改善期，京杭运河以南的西支干流戴溪步行桥、东支干流直湖港及两侧河网最大改善系数发生在跟踪监测期内。

3）试验后持续效应分析。应用示范结束后河网水质改善系数如表8.4-31所示。跟踪监测期，新沟河东支干流、西支干流水质平均改善系数较重点改善期略有下降，但较示范前仍为明显改善，表明受前期引水作用，停止引水后其水环境作用仍会持续一段时间。

8.4.5.2　望虞河引水水量水质响应分析

通过分析主要引水河道沿程电导率变化趋势（图8.4-26），可推断引水水源的到达时间和影响时间，同时，采用水质综合污染指数表征水体污染程度，通过水质综合污染指数与长江来水水量变化特征分析，进一步研究望虞河沿程水质与长江来水水量的响应关系。

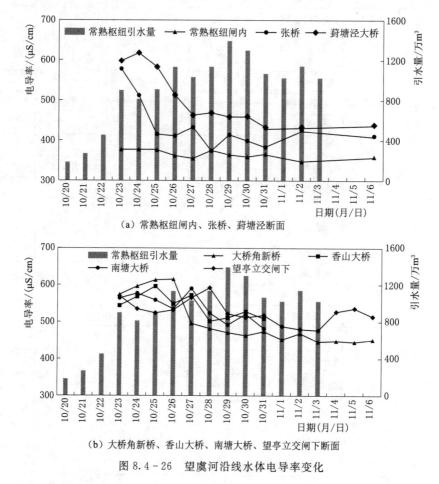

（a）常熟枢纽闸内、张桥、莳塘泾断面

（b）大桥角新桥、香山大桥、南塘大桥、望亭立交闸下断面

图8.4-26　望虞河沿线水体电导率变化

望虞河干流常熟枢纽闸内、张桥、望亭立交闸下等断面水质综合污染指数与累计来水量变化如图8.4-27所示。10月23日常熟枢纽闸内水体电导率为377μS/cm，已基本接

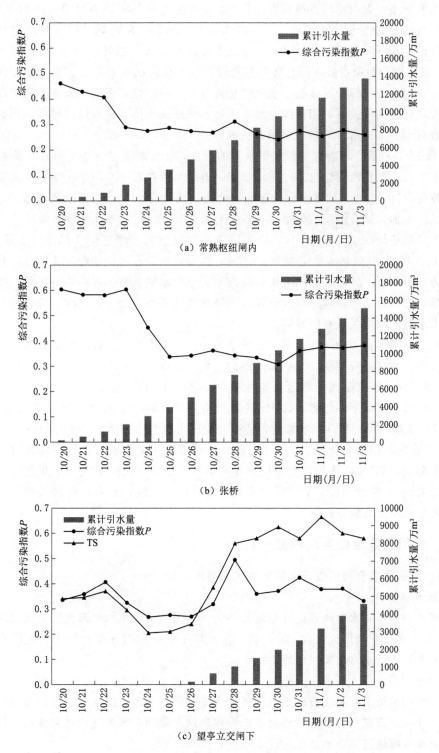

图 8.4-27　望虞河干流主要断面综合污染指数、累计引水量变化图

近长江水电导率，表明水体置换程度已较高，后续示范期间则较为稳定。10 月 20 日望虞河常熟枢纽闸内综合污染指数为 0.46，应用示范开始后，随着累计引水量的增加，综合污染指数呈逐步下降趋势，10 月 20—23 日下降速率较大（累计引水量 1797 万 m^3），自 10 月 23 日后综合污染指数下降趋势明显趋缓，基本维持在 0.2~0.3。常熟枢纽闸内水体电导率变化趋势与其综合污染指数变化趋势具有高度一致性，表明引水前 4 天该断面水量水质具有较好的响应关系；当持续引水 4 天后，该断面水体置换程度已较高，因此，综合污染指数对于后续来水量的响应关系有所减弱。

10 月 23 日以后，随着常熟枢纽引水量的增加，张桥断面电导率呈逐步下降趋势，表明长江水源到达张桥断面，自 10 月 25 日起，电导率维持在 $400\mu S/cm$ 左右，表明水体置换程度较高。10 月 20 日望虞河张桥断面综合污染指数为 0.60，应用示范开始后，随着累计引水量的增加，综合污染指数呈逐步下降趋势，10 月 20—23 日张桥断面综合污染指数呈轻微下降趋势，10 月 23—25 日，综合污染指数呈急剧下降趋势（累计引水量 3928 万 m^3），自 10 月 26 日后基本稳定在 0.3~0.4。张桥断面综合污染指数变化趋势与其电导率变化趋势具有高度一致性，表明应用示范前 6 天水量水质具有较好的响应关系；当持续引水 5 天后，张桥断面水体置换程度已较高，且河网水质有所提升，因此，综合污染指数对于后续来水量的响应关系有所减弱。

望亭立交闸下自 10 月 29 日起，电导率维持在 $500\mu S/cm$ 左右，表明水体已达到一定的置换程度，并且随着望亭立交引水入湖的持续，至 11 月 3 日，电导率进一步降低。10 月 20 日望虞河望亭立交闸下综合污染指数为 0.34；应用示范开始后，10 月 20—25 日，综合污染指数呈波动下降趋势；10 月 26 日望亭立交开启引水入湖，10 月 26—28 日，由于受到 TP 单项污染指数升高的影响，望亭立交闸下综合污染指数呈上升趋势，尤其是 10 月 28 日综合污染指数上升到 0.49；10 月 29 日后综合污染指数呈轻微下降趋势，而受到长江来水影响，TP 单项污染指数则保持较高水平。望亭立交闸下电导率变化特征与其综合污染指数、TP 单项污染指数变化特征具有较好的一致性，表明自引水入湖后，望亭立交闸下水量水质具有较好的响应关系。

8.4.6 应用示范目标实现程度分析

8.4.6.1 水资源联合调度提升水源地供水保障率分析

1. 计算依据

根据水利部水利水电规划设计总院发布的《全国城市饮用水水源地安全状况评价技术细则》，引入水质安全评价指数，并计算一定标准下的达标保证率，对比分析历史类似水文条件下水源地供水（水质）保障率。

2. 代表站点

本次应用示范主要关注流域重要水源地太湖贡湖水源地、湖东水源地以及太浦河金泽水源地，其中，贡湖水源地选择贡湖站作为代表站点，湖东水源地选择吴江水厂作为代表站点，金泽水源地选择金泽站作为代表站点。

考虑到 10 月 26 日望亭水利枢纽开闸引水入湖，认为此后示范调度开始对水源地水质改善发挥作用，因此，水源地供水保障率提升分析针对重点改善期。

3. 计算分析方法

（1）水源地供水保证率计算。水源地供水保障率计算分析方法同本书7.2节。

（2）水源地水质状况综合指数计算。根据《全国重要江河湖泊水功能区水质达标评价技术方案》，高锰酸盐指数、氨氮为水功能区限制纳污红线主要控制项目。综合相关技术导则并结合本次监测的实际情况，应用示范水源地供水保障率提升分析主要包括一般污染物项目和富营养化项目，其中一般污染物项目选取高锰酸盐指数和氨氮2项指标，富营养化项目选取TN、高锰酸盐指数2项指标，在此基础上进行综合评价。故本次采用以下方式计算水源地水质状况综合指数：

对于太浦河水源地，水质状况综合指数直接采用一般污染物指数来表征。

对于太湖水源地，水质状况综合指数＝0.45×一般污染物指数＋0.55×富营养化指数。

具体计算分析方法同本书7.2节。

4. 历史类似水文条件下水源地供水（水质）保障率提升分析

（1）历史类似水文条件选取及水源地水质。本次应用示范主要立足流域层面，关注太湖水源地、太浦河水源地，太湖水位是流域整体水情的综合反映，因此，主要以太湖水位作为历史类似水文条件的选取依据。应用示范期间，太湖水位在3.16～3.25m，平均水位为3.19m，根据历史类似水文条件的选取要求，原则上选取与本次应用示范期间太湖水位较为接近的时期；根据2000年以后太湖水位资料，太湖多年平均水位在3.2m附近，考虑到枯水季节的选取要求，原则上选取太湖水位处于3.2m以下的时期。因此，选取2013—2015年太湖水位处于3.0～3.2m的时期作为历史类似水文条件。考虑到金泽水库建成通水后太浦河金泽断面水质有所提升，金泽水质更具比较意义，因此对于金泽水源地，历史类似水文条件考虑从2013—2015年以及金泽水库建成通水后的2017年中选取，其中，2013—2015年历史背景值主要用于参考，2017年历史背景值用于对比水源地供水保障率。

根据上述历史类似水文条件选取原则以及2013—2015年太湖水位资料，对于太湖水源地，选取2013年4—5月、9月、12月，2014年6月、11月，2015年1—2月、5月作为历史类似水文条件，期间太湖平均水位接近3.1m，满足枯水季节选取要求；对于太浦河水源地，除上述时段外，另选取2017年2—4月、5—6月、8月、12月相关时间作为历史类似水文条件。

结合历史水质资料情况，贡湖水源地采用贡湖测站数据，湖东水源地采用庙港测站数据，金泽水源地采用金泽测站数据。

（2）应用示范期间水源地水质。应用示范重点改善期，太湖贡湖水源地高锰酸盐指数较应用示范前有所下降，$NH_3—N$指标总体较优，且无明显变化，TN浓度略有升高；湖东水源地高锰酸盐指数、$NH_3—N$、TN等指标较应用示范前均有不同程度的改善，其中，$NH_3—N$浓度下降81.8%，TN浓度下降4.3%；太浦河金泽水源地高锰酸盐指数、氨氮指标有不同程度的改善，其中，重点改善期高锰酸盐指数下降10.3%，$NH_3—N$浓度下降7.7%，见表8.4-32。

对比历史类似水文条件下各水源地水质背景值，总体上应用示范重点改善期太湖贡湖

表 8.4 - 32　　　　　　　　　　应用示范前后水源地水质变化

项　目	时　段	水质浓度/(mg/L)		
		高锰酸盐指数	NH₃—N	TN
贡湖水源地	示范期间	3.63	0.14	1.62
	示范前	4.32	0.12	1.01
	历史背景值	3.68	0.24	2.14
湖东水源地	示范期间	3.40	0.02	0.67
	示范前	3.61	0.11	0.70
	历史背景值	3.99	0.12	1.23
金泽水源地	示范期间	3.83	0.12	
	示范前	4.27	0.13	
	历史背景值*	4.10	0.51	
	历史背景值**	3.89	0.27	

　*　金泽水库建成通水前历史背景值，作为参考。

　**　金泽水库建成通水后历史背景值。

水源地、湖东水源地以及太浦河金泽水源地高锰酸盐指数、NH₃—N、TN 等指标有不同程度的改善，其中，贡湖水源地 TN 指标较历史背景值下降 24.3%，湖东水源地 TN 指标较历史背景值下降 45.5%，金泽水源地 NH₃—N 指标较历史背景值下降 55.6%，见表 8.4 - 32。

（3）水源地供水（水质）保障率分析。根据前述方法，分别计算历史类似水文条件下、本次应用示范（重点改善期及跟踪监测期）各水源地水质状况综合指数，见表 8.4 - 33。在此基础上，计算水源地供水（水质）保障率提升情况，本次应用示范（重点改善期及跟踪监测期），太湖贡湖水源地、湖东水源地、太浦河水源地水质保障率较历史类似水文条件下分别提升 14.4%、11.1%、24.7%，详见表 8.4 - 34。

表 8.4 - 33　　　　　　　　　应用示范期间水源地水质状况综合指数

日　期	贡湖水源地			湖东水源地			金泽水源地
	一般污染物项目指数	湖库营养状况指数	水质状况综合指数	一般污染物项目指数	湖库营养状况指数	水质状况综合指数	水质状况综合指数
10 月 26 日	3	3.00	3.00				3
10 月 27 日	2	3.00	2.55				2
10 月 28 日	2	3.00	2.55				3
10 月 29 日	2	3.00	2.55	2	3.00	2.55	2
10 月 30 日	2	3.00	2.55				3
10 月 31 日	2	3.00	2.55				2
11 月 1 日	2	3.00	2.55	2	2.88	2.48	2
11 月 2 日	2	3.00	2.55				2
11 月 3 日	2	3.00	2.55				2

续表

日　　期	贡湖水源地			湖东水源地			金泽水源地
	一般污染物项目指数	湖库营养状况指数	水质状况综合指数	一般污染物项目指数	湖库营养状况指数	水质状况综合指数	水质状况综合指数
11月4日	2	3.00	2.55				2
11月5日	2	3.00	2.55	2	2.92	2.51	2
11月6日	2	3.00	2.55				2
11月7日	2	3.00	2.55				2
11月8日	2	3.00	2.55	3	3.00	3.00	2

表 8.4-34　　　　　　　　应用示范期间水源地供水（水质）保障率分析

水质安全达标保证率	贡湖水源地	湖东水源地	金泽水源地	
			金泽水库建成通水前	金泽水库建成通水后
历史类似水文条件背景值	85.6%	88.9%	14.2%	53.9%
本次应用示范（重点改善期及跟踪监测期）	100.0%	100.0%	78.6%	
提升程度	14.4%	11.1%	64.4%	24.7%

8.4.6.2　新建骨干工程应急调度效果分析

1. 河网水质改善效果

根据 8.4.3.3 节分析，重点改善期新沟河区域大部分监测断面水质改善效果较好，通过实施应用示范，重点改善期超过 93% 的断面水质得到不同程度的改善，其中最大改善系数为 50.9，最小改善系数为 0.3。跟踪监测期间，京杭运河以南新沟河两侧支河水质改善系数大于重点改善期水质改善系数，表明跟踪监测期间，京杭运河以南河网水质得到进一步提升。综合认为，新沟河工程调度对于工程沿线及周边区域具有较为显著的水环境效应。

2. 新沟河应急引水入湖可行性分析

应急引长江水进入梅梁湖是新沟河工程的任务之一，根据《新沟河延伸拓浚工程初步设计报告》，应急引水时入湖流量为 $50 m^3/s$。本次应用示范期间，由于石堰节制闸敞开导致西支分流水量较大，分流比超过 50%，因此导致直湖港陆藕路桥断面流量仅为 $16 m^3/s$ 左右，尚未满足新沟河引水入湖流量的要求。水质方面，直湖港湖山桥水质满足Ⅲ类水质的情况下方能入湖。应用示范期间，10 月 25—28 日，湖山桥水质综合类别已满足Ⅲ类。综合水量水质监测结果，认为新沟河应急引水调度具备可行性，但应急引水入湖时，建议对石堰节制闸及新沟河东支支河口门进行有效控制，以保证入湖水量。

8.4.6.3　联合调度方案合理性分析

示范调度时段为非汛期，不存在突出的防洪安全问题，故重点从调度可能产生的次生防洪风险、供水效益、水生态环境效果 3 个角度分析联合调度方案的合理性。

1. 防洪风险分析

根据本章 8.4.1 节分析成果可知，应用示范调度期间太湖水位总体呈下降趋势，望虞河干流张桥、琳桥站，太浦河太浦闸上、平望、金泽站水位，以及武澄锡虞区青阳站、大运河洛社站、大运河无锡站等主要地区代表站水位均呈先上升后下降的趋势，虽有部分时段因引水呈现抬升现象，但各站最高水位均未超过其警戒水位，表明示范调度未产生次生防洪风险，详见表8.4-35。

表8.4-35　　　　　　　　　　示范区主要水位站最高水位表　　　　　　　　单位：m

水　位　站	警　戒　水　位	最　高　水　位
太湖	3.80	3.25
张桥	3.80	3.67
琳桥	3.80	3.62
太浦闸上	3.80	3.39
平望	3.70	3.19
金泽	3.55	2.88
青阳	4.00	3.89
洛社	4.00	3.69
无锡	3.90	3.51

2. 供水效益分析

供水目标领域应重点关注骨干引供水工程的供水效率、代表站旬均水位、水源地水质改善情况和水源地水质达标情况。由本章8.4.2节和8.4.5节分析可知，示范调度期间望虞河引水入湖效率稳步提升，太湖贡湖水源地、湖东水源地和太浦河金泽水源地供水保障率显著提升。可见，示范调度取得了较好的供水效益。

3. 水生态环境效益分析

水生态环境目标领域重点关注湖泊生态水位满足情况、调度影响区水质改善情况、河道流速改善情况等。太湖生态水位为2.8m，由本章8.4.1节太湖水位变化过程来看，示范调度期间可持续满足太湖生态需求。本次示范调度主要影响望虞河及其周边区域、太浦河及其周边区域、新沟河及其周边区域，由本章8.4.3节分析可知，示范调度期间望虞河干流及其支河、太浦河干流及其支河、新沟河干流的流速均明显增大；而由本章8.4.4节和8.4.5节分析可知，各调度影响区总体水质得到提升，示范调度取得了较好的水环境效益。

综上所述，通过太湖流域水资源联合调度决策系统优选提出的多目标协同的水利工程体系联合调度技术方案有利于提升流域重要水源地枯水季节供水保障率，同时促进相关区域水环境改善。

本次围绕太湖、太浦河等流域重要水源地，选取望虞河、太浦河、新沟河以及武澄锡虞区等与水资源供给保障存在密切关系的骨干河道及其周边区域作为示范区，基于多目标协同的水利工程体系联合调度技术方案，同时结合引江济太工作以及新沟河工程应急调水试验工作开展应用示范。实际应用示范期间（10月29日），太湖梅梁湖三号标站点综合水质类别为Ⅲ类，直湖港湖山桥断面综合水质类别可达到Ⅲ类，但略有波动，考虑到此次应用示范期间并无应急引水入湖的需求，因此直湖港闸未开启入湖。此外，由于地区协调难度较大，本次应用示范期间石堰节制闸处于开启状态，示范过程受到石堰节制闸分流影响，新沟河东支来水量有限，因此，为提升新沟河工程应急引水效益，建议后续引水调度时对石堰节制闸进行有效控制。

8.5 小结

8.5.1 启示

为评估多目标协同的水利工程体系联合调度技术方案合理性，结合流域引江济太实际，开展了以提高流域重要水源地供水保障率为重点的典型区域应用示范，同时验证了新建骨干工程实际调度效果。本章通过分析应用示范期间水量水质监测数据，探索得出主要启示如下。

（1）本书研究提出的多目标协同的水利工程体系联合调度技术方案基本合理，依托望虞河及太浦河工程的科学调度，有助于提高引江济太入湖效率，增加太湖向下游供水量，增强示范区河网水体流动性，改善河网总体水质，进而促进流域及区域水安全保障能力的整体提升。应用示范后示范区河网水质逐步得到提升，重点改善期示范区水质综合评价类别达到或优于Ⅲ类的断面比例达到 75.3%，较背景值上升 32.9%，Ⅳ～Ⅴ类断面比例显著下降，且示范区内基本消除劣Ⅴ类断面，其中望虞河区域、太浦河区域、新沟河区域的水质综合评价达到或优于Ⅲ类的断面比例分别为 80.0%、100%、67.4%，与背景值比较，分别上升了 13.3%、16.7%、47.4%。

（2）引水河道及区域河网与长江来水存在一定的水量水质响应关系。总体上河网水质达到最优改善效果的历时与其距离引水水源的远近呈现一定的正相关关系，距离引水水源较远的断面，水质发生最大改善所需的引水历时通常较长。结合水体电导率变化趋势与综合污染指数变化趋势分析，认为引水前 4 天常熟枢纽闸内水体电导率变化趋势与其综合污染指数变化趋势具有高度一致性，4 天后综合污染指数对于后续来水量的响应关系有所减弱，表明引水前 4 天该断面与长江来水有着密切水量水质响应关系，4 天后该断面水体置换程度已较高，故而这种响应关系减弱。张桥断面在应用示范 6 天以后、望亭立交闸下在引水入湖之后也表现出相似地规律。

（3）通过合理调度，可以提升流域重要水源地供水（水质）保障率。本次应用示范期间太湖贡湖水源地、湖东水源地以及太浦河水源地水质保障率较历史类似水文条件下分别提升 14.4%、11.1% 以及 24.7%。

（4）通过工程实际调度运用，验证了新沟河工程实际调度效果以及应急引水调度的可行性，为今后工程调度运行提供科学依据。应用示范期间，10 月 25—28 日，湖山桥水质综合类别达到Ⅲ类，后续引水经洋溪河退水，10 月 29 日至 11 月 3 日，湖山桥水质略有波动。综合水量水质监测结果，认为新沟河应急引水调度具备可行性。

8.5.2 建议

（1）本书提出的多目标协同的水利工程体系联合调度技术方案是面向太湖流域整体的

长期性方案，在实施局部地区的水资源调度时，应结合当地实际，适当优化调整后进行应用。

（2）水源地水质安全与多种因素有关，可控条件下的引水虽可在短时间内改善水质，但并不能从根本上解决问题，其关键还是在于水污染防治。因此，建议进一步做好水源地上游水环境综合治理，确保流域重要水源地水质安全。

（3）新建的新沟河工程是武澄锡虞区的主要排水工程，考虑其在太湖发生突发水污染事件时可应急引水，本次应用示范开展了新沟河应急引水的调度探索。示范发现石堰节制闸分流比较大，影响新沟河引水效果，建议后续相关调水试验中，与相关区域、地市协商，考虑在新沟河引水期间根据实际需求优化石堰节制闸调度。本次应用示范期间新沟河东支可能存在支流分流的情况，后续试验可予以关注。

（4）为加强关键节点水量平衡分析，充分考虑水流延迟效应和数据代表性，建议后续相关调水试验继续优化监测断面，适当延长监测时间、加密监测频次。

9

结　论　与　展　望

9.1　结论

太湖流域为长三角典型的复杂江河湖地区，随着流域治理与管理的不断推进，经济社会快速发展和水利工程调度理念的逐步升华，水资源联合调度在保障流域防洪安全、供水安全和水生态环境安全中的作用愈加明显。本书基于太湖流域现有调度体系、水资源调度实践及调度新形势，立足流域实际情况，剖析了太湖流域复杂江河湖水资源联合调度难点与需求，识别流域时空尺度多目标协同情景，并研究水资源多目标协同策略，探索提出了复杂水系水资源联合调度多目标协同准则。针对太湖流域水利工程众多、调度体系复杂的特点，提出了"情景驱动-方案模拟-优选决策"的水资源联合调度技术，建立"信息输入-优选决策-互馈修正"的决策模式，依托基于多目标协同的水资源联合调度技术，提出了保障太湖流域水安全的水利工程体系联合调度技术方案，集成形成了覆盖流域、区域、城市多层面的长三角典型复杂江河湖水资源联合调度关键技术，为发挥水利工程调度的综合效益，实现水资源可持续利用，支撑经济社会可持续发展提供了技术支撑。主要成果总结如下。

（1）基于太湖流域现有调度体系、水资源调度实践及调度新形势，解析了现阶段太湖流域水资源联合调度难点和需求。

现阶段太湖流域水资源联合调度存在的难点主要表现为，洪水出路不足，洪涝统筹难度大；水质型缺水严重，水资源时空调控难度大；蓝藻水华时有发生，水环境保护压力大。具体来看，防洪调度方面，一是遇流域性降雨太湖水位易涨难消，高水位持续时间较长，流域防洪安全与上游地区排泄洪涝水有待协调，需要加快新孟河、新沟河等流域骨干排水通道建设，增加洪水出路；二是汛期统筹望虞河、太浦河、京杭运河等流域区域骨干河道调度与地区防洪除涝难度大。供水调度方面，需进一步保障太湖、太浦河等流域重要水源地供水安全，并进一步加强流域水资源调配能力，统筹流域整体供水安全与相关区域水资源需求。水生态环境调度方面，太湖蓝藻水华发生具有一定的不确定性，流域水环境问题依然严峻。同时，不同水情条件下流域、区域防洪、供水、水生态环境调度目标不一，调度统筹难度较大，迫切需要探索基于多目标协同的水资源调度理论。

（2）太湖流域水资源联合调度核心要义在于实现多目标协同、多尺度协同、多水源联合、多工程协同。

所谓防洪-供水-水生态环境改善多目标协同，即协同旱涝不同水情期防洪、供水、水生态环境调度需求，寻求不同调度目标满足度的平衡点，尽可能实现整体目标满足度最大化；所谓流域-区域-城市多尺度协同，即通过剖析流域与区域、上下游区域之间、区域与城市以及上下游城市之间防洪调度、水资源调度以及水生态环境调度的影响关系、协同效应，从流域层面进一步统筹特定水情期流域、区域、城市多尺度的调度需求；所谓江河湖多源联合，即统筹利用长江过境水资源与本地水资源，合理调度水利工程，实现长江、太湖、河网水资源联合调度与优化配置，改善河湖水生态环境，保障太湖流域水安全；所谓流域与区域复杂水利工程群协同，即依托现有及规划工程布局体系与能力，提升水利工程群调度的协同性。通过流域水资源联合调度，实现流域工程体系效益最大化，最终保障流域防洪、供水、水生态环境安全。

（3）采用综合集成方法，按时间尺度与空间层面分类，从协同问题与矛盾类型角度出发，归纳了太湖流域水资源联合调度多目标协同情景，提出了针对不同情景的协同策略，作为多目标协同的联合调度技术的理论基础。

太湖流域水资源联合调度问题属于多目标优化的范畴，多目标优化问题原则要求各分量目标都达到最优，但实际上多目标优化是个复杂的问题，尤其当各分量目标存在矛盾时更是如此，甚至有时不存在唯一的全局最优解。针对长三角典型复杂江河湖地区太湖流域河湖水系特点，根据太湖流域水资源联合调度需求，考虑时间和空间两个层面，从协同问题与矛盾类型角度对太湖流域时空尺度多目标协同问题情景进行分类，归纳为汛期前后流域多目标协同情景、旱涝急转期流域多目标协同情景、流域-区域防洪目标协同情景、流域供水-水生态环境与区域防洪目标协同情景、流域-区域供水与水生态环境目标协同情景，并在此基础上研究水资源多目标协同策略，为多目标协同的联合调度技术奠定了理论基础。

（4）构建了太湖流域水资源多目标协同联合调度模型，耦合集成自动决策优选技术与水量水质数学模型，研发了太湖流域水资源联合调度决策系统，形成了基于多目标协同的水资源联合调度技术，为多目标自动决策提供了系统工具。

采用层次分析法，考虑防洪目标、水资源供给目标、水生态环境改善目标，研究构建了包括防洪、供水、水生态环境三个对象层，涵盖重点外排枢纽排水效率、供水代表站水位满足度、湖泊生态水位满足度等指标在内的太湖流域水资源联合调度决策指标体系，并根据不同调度情景，明确了指标权重分配方案。基于可拓物元法与层次分析法等理论方法，采用"文献资料归纳-优化算法筛选-模型开发"的技术思路，筛选了适用于太湖流域复杂江河湖水系与水利工程群的多目标决策方法，开发现有流域数学模型缺乏的优化决策模块，构建了太湖流域水资源多目标协同联合调度模型。在此基础上，以目标实现为导向，耦合集成多目标智能决策优选技术与水量水质数学模型，研发构建了水资源联合调度决策系统，实现了基于多目标满足的多种调度方案的自动决策优选。

（5）首次系统性研究太湖流域长江边界条件，构建了保障防洪安全、供水安全的水利工体系联合调度方案集以及改善水环境的水利工程体系联合调度方案集，通过决策优选提出了常规情景下基于多目标协同的水利工程体系联合调度技术方案，研究提出了应对典型突发水污染事件的工程应急调控策略，相关成果形成保障水安全的水利工程体系联合调度技术方案，有效支撑长三角地区供水安全。

针对长三角核心区太湖流域水利工程众多、调度体系复杂的特点，统筹流域-区域-城市多尺度、多目标、多对象的不同调度需求，首次系统性研究提出了太湖流域降雨、流域长江边界条件以及污染源组合的调度研究边界条件；遵循"情景驱动-方案模拟-多目标协同决策优选"的全过程技术路线，针对不同调度研究边界条件，以问题和目标为导向，分别研究提出了若干保障防洪安全、供水安全的水利工程体系联合调度方案集、改善水环境的水利工程体系联合调度方案集以及应对突发水污染事件的应急调控方案集。按照"信息输入-决策优选-互馈修正"的决策模式，采用课题研发的太湖流域水资源联合调度决策系统，通过自动决策优选分别提出了保障防洪安全、供水安全的水利工程体系联合调度技术方案以及改善水环境状况的水利工程体系联合调度技术方案。

立足提升流域区域防洪安全保障程度，分别提出了新孟河工程、新沟河工程扩大外排技术方案，提供了汛期运河高水位问题、直武地区排涝与太湖水生态环境保护协调问题的解决方案；从发挥太湖调蓄能力的角度，以 4 月 1 日太湖水位降至 3.10m 为预降目标，基于数据挖掘与精细化模拟相结合的技术，首次从理论层面提出了具有实际操作性的太湖预泄调度模式。立足提升流域水资源供给保障程度，从保障流域水源地供水安全的角度，依托望虞河、水源地周边环湖口门提出了保障太湖水源地供水安全的工程调度技术方案，同时依托太浦河闸泵提出了保障太浦河水源地供水安全的工程调度技术方案，有效支撑了枯水季节供水保障率提升的目标。立足提升流域水环境安全保障程度，从促进太湖水环境改善的角度，探索提出了关键限制因子驱动的新孟河工程水环境调度技术方案；从流域、区域水环境安全联合调控的角度，分别提出了太嘉河-杭嘉湖区骨干工程联合调度技术方案、望虞河-走马塘工程联合调度技术方案，有效改善了地区水环境。

在此基础上，基于多目标协同的思路，联合保障防洪安全、供水安全的水利工程体系联合调度技术方案、改善水环境的水利工程体系联合调度技术方案，按照目标满足度最大原则，进一步利用水资源联合调度决策系统，优选提出了常规情景下多目标协同的水利工程体系联合调度技术方案。此外，从应对典型突发水污染事件的角度，通过"水文-人工干预-污染因素"多因子响应关系分析和精细化模拟技术，分别提出了有效应对太湖梅梁湖突发水污染事件、太浦河周边锑浓度异常事件的应急调控方案。

上述成果集成形成了保障水安全的水利工程体系联合调度技术方案，该技术方案下枯水季节流域重要水源地供水保障率显著提升，有效支撑长三角地区供水安全。

（6）以枯水时期水资源安全保障为重点，以太湖为核心，选取与流域水资源调度关系密切的望虞河、太浦河、新沟河周边区域为示范区实施应用示范，太湖水源地、太浦河水源地供水（水质）保障率较历史类似水文条件下提高 10％以上。

基于多目标协同的水利工程体系联合调度技术方案，以太湖为核心，选取与流域水资源调度关系密切的望虞河、太浦河、新沟河周边区域为示范区实施应用示范。应用示范成果表明，本书研究提出的多目标协同的水利工程体系联合调度技术方案基本合理，有助于提高引江济太入湖效率，增加太湖向下游供水量，增强示范区河网水体流动性，改善河网总体水质，进而促进流域及区域水安全保障能力的整体提升。本次应用示范期间太湖贡湖水源地、湖东水源地、太浦河水源地水质保障率较历史类似水文条件下分别提升 14.4％、

11.1％、24.7％，支撑了长三角地区枯水季节供水保障率提升。同时，通过应用示范的实施，揭示了引水河道及区域河网水体与长江来水的水量水质响应关系，验证了新沟河工程实际调度效果以及应急引水入梅梁湖的可行性，为今后工程调度运行提供科学依据。

太湖流域经济社会发展的不同阶段，对防洪、供水和水生态环境安全方面的需求有所不同，综合考虑不同时空尺度、不同利益主体需求的多目标协同调度是太湖流域水资源联合调度的重点和难点。本书研发的太湖流域水资源多目标协同联合调度模型以及决策系统攻克了复杂江河湖多层面、多对象、多时空、多目标协同的水利工程体系联合调度技术方案优选的难题，丰富并发展了复杂江河湖水资源多目标调度技术手段。成果在太湖流域水利工程体系联合调度技术方案决策中得到较好的应用，并经应用示范验证其决策优选结果的合理性。提出的多目标协同的水利工程体系联合调度技术方案统筹考虑了流域-区域-城市多尺度、多目标、多对象的不同调度需求，基于"信息输入-决策优选-互馈修正"思路形成的多目标协同决策优选技术突破了目前人工决策存在的局限性，提升了太湖流域复杂江河湖地区的多目标协同决策优选水平。同时，本书首次将调度研究边界条件与调度技术相融合，考虑了长江枯水情况对于调控方案的制约和调控效果的影响，具有较好的创新性。

综上，本书提出的复杂江河湖水资源联合调度关键技术成果，在理论和技术层面均有所突破和创新，适用于长三角复杂江河湖地区，具有较好的科学价值和实际应用价值。

9.2　展望

随着太湖流域治理的不断推进，以及经济社会的快速发展和水利工程调度理念的逐步升华，流域水利工程调控在保障流域防洪安全、供水安全和水生态环境安全中的作用愈加明显。流域尺度的江河湖水资源联合调度是协调矛盾，实现防洪、供水、水生态环境"三个安全"的必然选择和要求，新形势下太湖流域综合治理与管理工作对流域调度提出了更高的要求。为保障太湖流域防洪、供水、水生态环境"三个安全"，有力支撑长三角一体化发展，提出今后流域调度领域的重点研究方向建议。

（1）为支撑长三角一体化发展战略，需进一步加强污染源治理，改善流域、区域水生态环境。依托水利工程群的水资源联合调度是改善河湖水生态环境的重要措施之一，然而流域区域水生态环境改善的根本措施依然是水污染防治和水环境治理。建议根据区域污染特点，结合水污染防治和水环境治理等，多管齐下，流域内各省（直辖市）需要坚持生态文明理念，加强顶层设计，发展绿色循环经济、优化产业结构，以水功能区管理、污染物排放总量控制为基础，严格执行污（废）水排放标准，切实加强控源截污，实施污染源治理，落实限制排污总量意见，减少流域废污水排放，因地制宜，采用合适可行的河湖水体修复治理技术开展河湖水体治理与保护。同时，因时制宜调整优化太浦河等重要省际边界河道调度，以支撑长三角一体化发展战略。

（2）结合智慧水利的建设，进一步加强多目标优化与智能决策领域的技术攻关。本书研发了太湖流域水资源多目标协同联合调度模型和水资源联合调度决策系统，并应用于保障水安全的水利工程体系联合调度技术方案决策优选。建议结合智慧水利的建设，推进水资源联合调度优化决策模型完善，持续加强多目标优化与智能决策领域的技术攻关。

（3）本书提出的基于多目标协同的水资源联合调度技术、保障水安全的水利工程体系联合调度技术方案为长三角地区水资源联合调度提供了解决方案与技术工具，成果在太湖流域得到较好的应用。建议加强关键技术的推广应用，通过在长三角地区或其他类似复杂江河湖地区开展应用，进一步验证并完善水资源联合调度关键技术。

参 考 文 献

[1] 郑大俊，刘兴平，胡芬娟. 从城市与水的关系看水文化的发展 [J]. 河海大学学报（社会科学版），2008，10（1）：1-3.

[2] Surian N, Rinaldi M. Morphological response to river engineering and management in alluvial channels in Italy [J]. Geomorphology, 2003, 50 (4): 307-326.

[3] 林芷欣，许有鹏，代晓颖，等. 城市化对平原河网水系结构及功能的影响——以苏州市为例 [J]. 湖泊科学，2018，30（6）：1722-1731.

[4] 陈秋潭，张永勇. 淮河中上游流域基流时空变化特征及闸坝调控影响 [J/OL]. 南水北调与水利科技：1-17.［2019-9-4］. http://kns.cnki.net/kcms/detail/13.1334.TV.20190902.1539.002.html.

[5] 管新建，胡栋，孟钰. 多风险因素影响下的水库防洪调度风险综合评估研究 [J]. 中国农村水利水电，2019（3）：161-166.

[6] 俞月阳，陈冬云. 蒙特卡罗方法在河网计算中的应用 [J]. 浙江水利水电专科学校学报，2002（4）：10-12.

[7] 卢士强，徐祖信. 平原河网水动力模型及求解方法探讨 [J]. 水资源保护，2003（3）：5-9，61.

[8] 芮孝芳，冯平. 多支流河道洪水演算方法的探讨 [J]. 水利学报，1990（2）：26-32.

[9] 杨洪林. 太湖流域骨干工程的防洪调度 [A] //中国水利学会. 太湖高级论坛交流文集 [C]. 中国水利学会，2004：6.

[10] 石林，曾光明，刘卡波，等. 复杂河网平原地区的防洪调度决策——基于洪水灾害时空模拟的西洞庭湖冲柳地区案例研究 [J]. 自然灾害学报，2010，19（2）：28-31.

[11] 梁庆华，李灿灿. 江苏省阳澄淀泖区水资源调度最低目标水位研究 [J]. 水资源保护，2012，28（5）：90-94.

[12] 贺新春，黄芬芬，汝向文，等. 珠江三角洲典型河网区水资源调度策略与技术研究 [J]. 华北水利水电大学学报（自然科学版），2016，37（6）：55-60.

[13] 鲁春霞，刘铭，曹学章，等. 中国水利工程的生态效应与生态调度研究 [J]. 资源科学，2011，33（8）：1418-1421.

[14] 吴浩云. 大型平原河网地区水量水质耦合模拟及联合调度研究 [D]. 南京：河海大学，2006.

[15] 郝文彬，唐春燕，滑磊，等. 引江济太调水工程对太湖水动力的调控效果 [J]. 河海大学学报（自然科学版），2012，40（2）：129-133.

[16] 蔡梅，李敏，马农乐. 基于有序流动的平原河网区水环境联合调度探讨 [J]. 人民珠江，2018，39（2）：60-64.

[17] 石林. 基于 GIS 和 HydraN 的复杂河网地区洪水风险管理及水资源联合调度应用研究 [D]. 长沙：湖南大学，2010.

[18] 孙海洲. 水库汛限水位的多目标决策和风险分析 [D]. 保定：河北农业大学，2009.

[19] 郭生练，陈炯宏，刘攀，等. 水库群联合优化调度研究进展与展望 [J]. 水科学进展，2010，21（4）：496-503.

[20] 赵鸣雁，程春田，李刚. 水库群系统优化调度新进展 [J]. 水文，2005，25（6）：18-23.

[21] 邓坤，张璇，杨永生，等. 流域水资源调度研究综述 [J]. 水利经济，2011，29（6）：23-27，70.

［22］ Needham J，Watkins D，Lund J，et al. Linear programming for flood control in the Iowa and Des Moines rivers［J］. Journal of Water Resources Planning and Management，2000，126（3）：118－127.

［23］ Shim K C，Fontane D，Labadie J. Spatial decision support system for integrated river basin flood control［J］. Journal of Water Resources Planning and Management，2002，128（3）：190－121.

［24］ 李寿声，彭世彰，汤瑞凉，等. 多种水源联合运用非线性规划灌溉模型［J］. 水利学报，1986（6）：11－19.

［25］ Barros M，Tsai F，Yang S，et al. Optimization of Large－scale hydropower system operations［J］. Journal of Water Resource Planning. and Management，2003，129（3）：178－188.

［26］ Little J D C. The use of storage water in a hydroelectric system［J］. Operational Research，1955（3）：187－197.

［27］ 董增川，许静仪. 水电站库群优化调度的多次动态线性规划方法［J］. 河海大学学报，1990，18（6）：63－69.

［28］ 梅亚东. 梯级水库优化调度的有后效性动态规划模型及应用［J］. 水科学进展，2000，11（2）：194－198.

［29］ 陈禹六. 大系统理论及其应用［M］. 北京：清华大学出版社，1988.

［30］ 谢新民，周之豪. 水电站水库群与地下水资源系统联合运行多目标管理模型［J］. 水电能源科学，1993，11（2）：96－104.

［31］ Holland J. Adaptation in natural and artificial systems［M］. AnnArbor：The University of Michigan Press，1975.

［32］ 武新宇，程春田，廖胜利，等. 两阶段粒子群算法在水电站群优化调度中的应用［J］. 电网技术，2006，30（20）：25－28.

［33］ 徐刚，马光文，梁武湖，等. 蚁群算法在水库优化调度中的应用［J］. 水科学进展，2005，16（3）：397－400.

［34］ 高海东，解建仓，张永进，等. 冶峪河流域供水水库优化调度及用水补偿研究［J］. 水资源与水工程学报，2015，26（1）：149－153.

［35］ 王东生，曹磊. 混沌、分形及其应用［M］. 合肥：中国科学技术大学出版社，1995.

［36］ 芮钧，梁伟，陈守伦，等. 基于变尺度混沌算法的混联水电站水库群优化调度［J］. 水力发电学报，2010，29（1）：66－71.

［37］ Storn R，Price K. Differential Evolution：A simple and efficient adaptive scheme for global optimization over continuous spaces［R］. University of California，Berkeley：ICSI，1995.

［38］ 侯翔. 神经网络在洪水预报中的应用研究［D］. 成都：电子科技大学，2013.

［39］ 胡铁松，万永华，冯尚友. 水库群优化调度函数的人工神经网络方法研究［J］. 水科学进展，1995，6（1）：54－60.

［40］ 左幸，马光文，徐刚，等. 人工免疫系统在梯级水库群短期优化调度中的应用［J］. 水科学进展，2007，18（2）：277－281.

［41］ 王正初，周慕逊，李军，等. 基于人工鱼群算法的水库优化调度研究［J］. 继电器，2007，35（21）：43－47.

［42］ Nagesh Kumar D，Janga Reddy M. Ant Colony Optimization for Multi－Purpose Reservoir Operation［J］. Water Resources Management，2006，20（6）：879－898.

［43］ Reddy M J，Kumar D N. Evolving strategies for crop planning and operation of irrigation reservoir system using multi－objective differential evolution［J］. Irrigation Science，2008，26（2）：177－190.

［44］ 高仕春，滕燕，陈泽美. 黄柏河流域水库水电站群多目标短期优化调度［J］. 武汉大学学报（工学版），2008，41（2）：15－17.

［45］ 叶云鹏，费良军，路梅，等. 汾河灌区水资源联合调度［J］. 河北水利电力学院学报，2018（2）：

42 - 46.

[46] Tabari M M R，Soltani J. Multi - Objective Optimal Model for Conjunctive Use Management Using SGAs and NSGA - II Models [J]. Water Resources Management，2013，27 (1)：37 - 53.

[47] 李昱. 复杂水库群供水优化调度方法及应用研究 [D]. 大连：大连理工大学，2016.

[48] 陈珽. 决策分析 [M]. 北京：科学出版社，1987.

[49] 王建明. 多目标模糊识别优化决策理论与应用研究 [D]. 大连：大连理工大学，2004.

[50] 熊锐，蒋晓亚. 层次分析法在多目标决策中的应用 [J]. 南京航空航天大学学报，1994 (2)：283 - 288.

[51] 李育学，李幼鹏. 主成因分析法在柴油机热力性能故障诊断中的应用 [J]. 海军工程学院学报，1990 (3)：96 - 100.

[52] 郭显光. 一种新的综合评价方法——组合评价法 [J]. 统计研究，1995 (5)：56 - 59.

[53] Bellman R E，Zadeh L A. Decision - Making in a Fuzzy Environment [J]. Management Science，1970，17 (4)：141 - 164.

[54] 陈守煜. 多阶段多目标决策系统模糊优选理论及其应用 [J]. 水利学报，1990，(1)：1 - 10.

[55] 邹强，张利升，李文俊. 基于累积前景理论和最大熵理论的水库多目标防洪调度决策方法 [J]. 水电能源科学，2018，36 (1)：57 - 60，56.

[56] 太湖流域管理局水利发展研究中心. 黄浦江上游太浦河和松浦大桥取水安全水利联合调度关键技术研究 [R]. 2016.

[57] 汪秀丽. 国外流域和地区著名的调水工程 [J]. 水利电力科技，2004，30 (1)：1 - 25.

[58] 崔国韬，左其亭. 生态调度研究现状与展望 [J]. 南水北调与水利科技，2011，9 (6)：90 - 97.

[59] 吴浩云，金科. 太湖流域水灾害应急对策研究 [J]. 中国水利，2012 (13)：40.

[60] 叶建春，章杭惠. 太湖流域洪水风险管理实践与思考 [J]. 水利水电科技进展，2015，35 (5)：136 - 141.